Stefan Merath

Die Schwarzgurt-Unternehmer

Gewidmet meinem kompletten Team bei Unternehmercoach sowie all meinen Mentoren, Coaches und Kunden, mit denen ich gemeinsam lernen durfte und darf

»Wenn dein Unternehmen wächst, hast du als Unternehmer zwei Möglichkeiten. Entweder du wächst als Persönlichkeit mit und hast Erfolg. Oder dein Unternehmen wächst dir über den Kopf und du gehst unter. Du hast die Wahl!«

STEFAN MERATH

Weitere Bücher von Stefan Merath

Der Weg zum erfolgreichen Unternehmer

Wie Sie und Ihr Unternehmen neue Dynamik gewinnen

978-3-89749-793-1

Dein Wille geschehe

Führung für Unternehmer. Der Weg zu Selbstbestimmung und Freiheit

978-3-86936-751-4

Die Kunst, seine Kunden zu lieben

Neurostrategie® für Unternehmer

978-3-86936-176-5

Stefan Merath

Die Schwarzgurt-Unternehmer

Das letzte Geheimnis der leichten, menschlichen und wirksamen Unternehmensführung

GABAL

Externe Links wurden bis zum Zeitpunkt der Drucklegung des Buches geprüft. Auf etwaige Änderungen zu einem späteren Zeitpunkt hat der Verlag keinen Einfluss. Eine Haftung des Verlags ist daher ausgeschlossen.

Ein Hinweis zu gendergerechter Sprache: Die Entscheidung, in welcher Form alle Geschlechter angesprochen werden, obliegt den jeweiligen Verfassenden.

Jede Ähnlichkeit mit lebenden Figuren ist rein zufällig.

Bibliografische Information der Deutschen Nationalbibliothek

Die Deutsche Nationalbibliothek verzeichnet diese Publikation in der Deutschen Nationalbibliografie; detaillierte bibliografische Daten sind im Internet über http://dnb.d-nb.de abrufbar.

ISBN 978-3-96739-177-0

Lektorat: Achim Gralke
Umschlaggestaltung: Martin Zech Design, Bremen | www.martinzech.de
Autorenfoto: Momentesammler Patrick Reymann
Satz und Layout: Herstellungsbüro, Hamburg | www.buch-herstellungsbuero.de
Druck und Bindung: Salzland Druck, Staßfurt

Wir drucken in Deutschland.

www.gabal-verlag.de
www.gabal-magazin.de
www.facebook.com/Gabalbuecher
www.twitter.com/gabalbuecher
www.instagram.com/gabalbuecher

PEFC
PEFC/04-31-2251

PEFC zertifiziert
Dieses Produkt stammt aus nachhaltig bewirtschafteten Wäldern und kontrollierten Quellen.

www.pefc.de

Inhalt

Für die Leser dieses Buches: Hier findest du wertvolle Tools, die dich bei deiner Entwicklung als Unternehmer unterstützen: www.uc-link.com/tools

Probekapitel

Auf unserem GABAL eCAMPUS erhalten unsere Leser exklusiv ein **Grußwort** von Stefan Merath und drei umfangreiche **Probekapitel** aus seinen bisherigen Werken kostenlos zum Download.

Einfach anmelden und gleich hineinlesen!

https://gabal-ecampus.de/downloads/course/digitale-zusatzinhalte-zum-buch-die-schwarzgurt-unternehmer-von-stefan-merath

Personenübersicht

- Jan Morgenstern, frischgebackener Hotelbesitzer

Familie

- Julia, Jans Frau
- Leon, Sohn, drei Jahre
- Mia, Tochter, anderthalb Jahre
- Walter, Julias Vater, vor Kurzem gestorben
- Hans, Jans Vater, selbstständiger Architekt, 2010 gestorben
- Werner, Jans Opa, Unternehmer, 1978 gestorben
- Johann, Jans Uropa, Unternehmer, 1948 gestorben

Hotel

- Joachim, Hotelmanager
- Sebastian, Vertriebsleiter
- Sabrina, Marketingmitarbeiterin
- Lea, Assistentin und Personal
- Birgit, Leiterin Veranstaltungsmanagement
- Wim, Leiter Küche
- Katharina, Leiterin Rezeption/Büro

Coaches

- Wolfgang Radies, der Mentor
- Thomas Willmann, Unternehmercoach Strategie und Systeme
- Carlos Anconia Sanchez, Unternehmercoach Klarheit und innerer Status
- Sofia Steinbach, Unternehmercoachin Mitgefühl

Seine Unternehmergruppe

- Peter, Unternehmer, der Jan kontrolliert (»Bertram«)
- Caro, Unternehmerin, die von Jan in der »Bertram«-Rolle kontrolliert wird

Sonstige

- Dominik, ehemaliger Geschäftspartner von Jan bei der Softwarefirma Dojan
- Sven, Unternehmer Multi-Level-Marketing
- Iris, Sabrinas Tante und Mentorin, Managerin in einem Konzern

1. Prolog: Ausgebrannt

(JUNI 2021)

1.1 Der Rockstrohhof

Der Spiegel war brutal! Gerade noch hatten ihn die drei einzigen Abendessensgäste in seinem Hotel in ein nettes Gespräch verwickelt. Aber als Jan mit der Bestellung in die Küche ging, traf ihn sein Spiegelbild unerbittlich: müde, aschfahl im Gesicht, erste kleine Falten, erste graue, lichter werdende Haare. Sein Gang: trotz seiner imposanten Größe von 1,89 m energielos. Sein Blick: traurig und ausgebrannt.

Die zu enge neue Jeans ließ den Bauch schonungslos überquellen. Es waren bestimmt 20 kg zu viel. Dabei würde er nächste Woche erst 40 werden. Und er wusste nicht einmal, mit wem er diesen Meilenstein feiern sollte. Freunde? Dafür hatte er keine Zeit. Familie? Anstrengend.

Schnell ging er weiter, aber das Bild in seinem Kopf ließ ihn nicht mehr los. Wie anders waren die drei Gäste, die er eben noch bedient hatte. Sie schienen zusammenzugehören, denn sie trugen alle einen Löwen-Pin mit schwarzer Schleife. Der südländisch Aussehende war vielleicht so alt wie er, die anderen beiden, eine Frau und ein Mann, mochten zehn Jahre älter sein. Sie wirkten so glücklich und durchtrainiert. Eine Kraft und innere Ruhe strahlten sie aus, die er nie hatte.

Als aus dem Tischgespräch in einem kurzen Nebensatz klar geworden war, dass die drei auch Unternehmer waren, war das bei ihm wie eine Bombe eingeschlagen: Wie konnte man mitten in der Corona-Zeit so entspannt sein? Bestimmt machten sie ihre Kohle mit überteuerten Masken und Test-Centern. Aber so abzockerisch wirkten sie nun auch wieder nicht. Es war ihm ein Rätsel.

In der Küche sackte er zusammen. Seine Gedanken wanderten zurück. 20 Jahre zuvor war er glücklich, hatte viele Freunde, war Hobby-Bodybuilder und durchtrainiert. Er wohnte in einem schönen Haus bei seinen Eltern und die Welt stand ihm offen. Er hatte Träume! Und nun saß er in einer bestenfalls funktionalen, hässlichen Hotelküche und versuchte, das Hotel, das er vor ein paar Wochen gemeinsam mit seiner Frau Julia von ihrem Vater Walter geerbt hatte, zu retten.

Dabei hatte er doch eigentlich auf seine Gesundheit schauen wollen. Nun hatte er stattdessen dieses Hotel an der Backe. Und Julia dankte ihm seinen Einsatz noch nicht mal.

Hatte er einfach nur Pech? Oder machte er etwas grundlegend falsch? Seine anderen beiden Unternehmen hatten ja auch nicht funktioniert. War irgendwas nicht richtig mit ihm? Da draußen saßen diese drei scheinbar glücklichen Unternehmer und er sackte hier in der Küche zusammen. Was war nur aus ihm geworden! Dabei hatte er alles versucht. Er hatte richtig Vollgas gegeben.

Das Klappern der Töpfe riss ihn aus seinen düsteren Gedanken. Irgendwas mussten diese drei wissen, was ihm nicht zugänglich war. Irgendein Geheimnis. Ja, er hatte selbst schon viele Bücher gelesen und einige Erfolgsseminare gemacht. Aber außer ein paar großen Zielen, die er nicht erreicht hatte, und ein paar Sprüchen wie »Du musst dein Leben selbst in die Hand nehmen« oder »Erfolg ist 1 Prozent Inspiration und 99 Prozent Transpiration« war nicht viel dabei herumgekommen.

Und in diesem Moment kam ein Gedanke bei ihm hoch: Er könnte ja einfach die drei Gäste fragen. Vielleicht erfuhr er etwas über ihr Geheimnis. Irgendein Geheimnis musste es geben! Ein zarter Funken Hoffnung meldete sich bei ihm. Zugleich spürte er aber auch Angst: Würden ihn diese drei Unternehmer überhaupt ernst nehmen?

Und plötzlich, fast unmerklich, spürte Jan einen Hauch von Sehnsucht, wie ein Flüstern, dass er doch noch die Träume seiner Jugend leben könne. Schlimmer konnte es nicht werden. Mit einem tiefen

Atemzug stand er auf, gewillt, dem Schicksal ins Auge zu sehen und etwas zu verändern.

»Ihr seid auch Unternehmer? Zumindest klang das vorher in einem Nebensatz an«, fragte Jan, als er sich dem Tisch der drei Gäste näherte.

Die Frau blickte ihn freundlich an und nickte. Sie zeigte auf den älteren der beiden Männer: »Das hier ist Thomas Willmann.« Und dann deutete sie auf den anderen: »Das ist Carlos Anconia Sanchez aus Argentinien. Und ich bin Sofia.«

»Ich bin Jan, Jan Morgenstern, der Inhaber des Hotels«, stellte sich Jan vor.

»Was ist denn mit Walter?«, warf Thomas überrascht ein. »Wir kennen ihn von unseren früheren Besuchen und haben oft mit ihm geredet. Es ist etwa ein knappes Jahr her, seit wir das letzte Mal hier im Rockstrohhof waren …«

»Walter ist vor vier Wochen gestorben und ich bin jetzt für das Hotel verantwortlich«, erwiderte Jan traurig.

Die drei blickten sich betroffen an und Carlos sagte schließlich: »Mein Beileid, amigo. Wir mochten Walter sehr. Was ist passiert?«

»Walters Frau, also meine Schwiegermutter, starb letztes Jahr an Corona. Und das zusammen mit dem Corona-Abwehrkampf hier im Hotel war wohl zu viel für ihn. Er hat sich abends ins Bett gelegt und ist nicht mehr aufgewacht.«

Sofia nickte mitfühlend. Dann zeigte sie auf den leeren Platz an ihrem Tisch: »Ist ja sonst außer uns kein Gast da. Magst du dich setzen? Lässt sich bequemer reden.«

Das ging ja einfacher als gedacht, schoss es Jan durch den Kopf, als er sich setzte. »Was habt ihr denn mit Walter immer geredet?«

Sofia erwiderte: »Thomas, Carlos und ich treffen uns jedes Jahr zwei bis drei Mal, um uns das Wochenende über unsere Unternehmen auszutauschen.«

Thomas ergänzte: »Carlos macht recht komplexe Maschinenbauprojekte, Sofia ist im Bereich Employer Branding und Recruiting tätig und ich in den Bereichen Software und künstliche Intelligenz. Wir haben für uns das Ziel, die besten Unternehmer zu werden, die wir sein können. Und wir entwickeln die Teams in unseren Unternehmen zu absoluten Spitzenteams. Das fand Walter auch spannend. Wir bekamen dabei einige Einblicke in die Besonderheiten der Hotellerie und gaben ihm umgekehrt ein paar Tipps.«

»Das klingt interessant«, erwiderte Jan vorsichtig. Angesichts dessen, dass die meisten seiner Mitarbeiter in Kurzarbeit waren und er deshalb noch nicht mal ein einigermaßen funktionierendes Team hatte, fühlte er sich noch kleiner als zuvor vor diesen drei scheinbar erfolgreichen Unternehmern.

Carlos hatte Jan genau beobachtet und ergänzte: »Mir geht es gerade ähnlich wie dir. Aufgrund von Lieferkettenproblemen und abgesagten Projekten sind viele Mitarbeiter in Kurzarbeit. Das ist eine spannende und herausfordernde Zeit.«

Jan nickte schweigend. Die schienen also auch ihre Probleme zu haben. Er entspannte ein wenig. Und dann nahm er seinen Mut zusammen und fragte: »Aber wie kommt es, dass ihr angesichts dieser Krisensituation so ausgeglichen, glücklich und erfolgreich wirkt? Gibt's da ein Geheimnis? Ich fühle mich ziemlich überfordert und am Ende.« Nach dem letzten Satz biss sich Jan auf die Lippen. Der war ihm einfach so rausgerutscht und jetzt nahmen ihn die drei sicher nicht mehr ernst.

Carlos nickte anerkennend: »Deine Offenheit braucht Mut. Und Mut schätzen wir. Willst du wirklich eine Antwort auf deine Frage?«

Jan war etwas irritiert durch die Rückfrage, aber zugleich verstärkte diese nochmals seine Sehnsucht: Die schienen wirklich etwas zu wissen. Und so nickte er.

Carlos erklärte: »Wenn du wirklich eine Antwort willst, brauchen wir deine Offenheit und sind umgekehrt ziemlich direkt. Das kann wehtun. Oberflächliches Gequatsche gibt's schon genug. Und damit kommst du keinen Schritt weiter. Bist du dazu bereit, compadre[1]?«

Jan war einen Moment überrascht, aber dann nickte er nochmals voller Hoffnung. Was konnte schon mehr wehtun als die jetzige Situation?

»Dann hol dir doch noch was zum Trinken und erzähl uns von deiner Situation«, schlug Sofia vor.

Kurze Zeit später kam Jan mit einem Glas Rotwein zurück und legte

---

1 Spanisch »Kumpel«

sein Handy vor sich auf den Tisch. Als Carlos die Augenbraue hochzog, fiel Jan erst auf, dass die anderen alle Wasser tranken und keine Handys dabeihatten. So verstaute er sein Handy in seiner Tasche und nahm einen tiefen Schluck Wein. »Was wollt ihr wissen?«

Carlos blickte Jan offen und freundlich an: »Du hast das Hotel jetzt seit vier Wochen. Und vermutlich ist es in dieser Corona-Zeit nicht leicht, ein Hotel zu führen. Aber mira[2], so wie du aussiehst, hast du diese Probleme nicht erst seit vier Wochen. Erzähl uns mal von Anfang an.«

Shit, dachte sich Jan. Insbesondere dieser Carlos quatschte definitiv nicht rum. Nach einem kurzen innerlichen Kampf begann er: »Ich komme aus einer Unternehmerfamilie. Schon mein Uropa hatte ein Unternehmen. Ich will auch erfolgreich werden und habe mich 2009 selbstständig gemacht. Ich habe damals mit einem Partner, Dominik, unsere Softwarefirma Dojan gegründet. Er war der Programmierer, ich der Verkäufer. Am Anfang war das cool und ich fand immer mehr Kunden. Wir wuchsen deshalb bis 2015 auf zehn Leute an.

Danach wurde es mit Dominik leider immer anstrengender. Ich wollte verkaufen. Er wollte zuerst die Software perfekt machen und erst dann verkaufen. Keine Ahnung, womit er so lange die anderen acht Mitarbeiter bezahlen wollte. Wir stritten uns immer öfter und das kostete unglaublich viel Energie.

Alles wurde immer sinnloser und ich wollte ihn irgendwann nur noch loswerden. Aber ich fand jahrelang keine Möglichkeit. Er war der beste Programmierer von allen und ich konnte ihn bei 50:50 nicht einfach rauswerfen. Und ausbezahlen konnte ich ihn auch nicht, weil ich das Geld nicht hatte.

Über all den inneren Konflikten wurden unsere Kunden immer unzufriedener und ich musste das ausbügeln und arbeitete deshalb immer mehr. Letztes Jahr vielleicht 85 Stunden pro Woche. Zu Hause bekam ich auch keine Unterstützung: Wir hatten immer mehr Konflikte, weil ich nie da war und die ganze Familienarbeit an Julia hing. Ich empfand das als ungerecht: Ich arbeitete doch nur für unsere Familie so viel!«

Jan zuckte hilflos mit den Achseln und fuhr nach einer kurzen

2 Spanisch »Schau!«

Pause fort: »Ende letzten Jahres bekam ich dann Herzprobleme und ging zum Arzt. Absurd eigentlich«, Jan schüttelte traurig den Kopf, »ich werde nächste Woche erst 40 und habe Herzprobleme. Jedenfalls sagte mein Arzt wenig feinfühlig, dass ich bei diesen Blutwerten die nächsten zwei Jahre kaum überleben würde. Ich müsste mich komplett anders ernähren, maximal halb so viel arbeiten und wieder mit Sport beginnen.

Der war echt lustig! Wie sollte das für einen Selbstständigen gehen, nur halb so viel zu arbeiten. Heißt doch schon selbst und ständig. Müsste er als selbstständiger Arzt eigentlich auch wissen. Ich ging deshalb zu einem zweiten Arzt und hoffte, dass der fähiger wäre. Aber der sagte dasselbe – und das hat mich dann aus den Schuhen gehauen.«

»Kann ich absolut nachvollziehen«, nickte Thomas. »Ich war vor über 15 Jahren sogar bei 100 Stunden pro Woche und bin dann im Krankenhaus aufgewacht.«

»Echt?«, wollte Jan wissen. »Du hattest das auch mal? Hätte ich jetzt nicht gedacht.« Hoffnung keimte auf, dass er sein Leben dann vielleicht auch ändern könnte.

Thomas lächelte: »Man sieht bei anderen immer nur das Ergebnis, aber nicht, was sie durchleiden mussten, um dorthin zu kommen. Aber davon später. Jetzt geht's um dich. Was hast du nach der zweiten Diagnose gemacht?«

Jan wurde plötzlich bewusst, dass er noch nie mit jemandem über diese Themen gesprochen hatte. Aber es fühlte sich gut an, diese Erlebnisse endlich mal zu teilen, und so fuhr er fort: »Nach dieser zweiten Arztdiagnose war mir schlagartig klar, dass ich so nicht weitermachen konnte. Und plötzlich entstand eine neue Möglichkeit in meinem Kopf: Ich würde nicht mehr versuchen, Dominik rauszuekeln, sondern umgekehrt meinen Anteil an ihn verkaufen. Das wäre mir zuvor immer wie ein Scheitern vorgekommen.

Vor drei Monaten habe ich dann schließlich meine Anteile an Dominik verkauft. Im Grunde ist es immer noch ein Scheitern für mich, aber was soll man machen, wenn die Gesundheit nicht mehr mitmacht?«

»Da wirst du aufgrund deiner Notsituation beim Verkauf kaum viel bekommen haben?«, warf Carlos ein.

»Da hast du leider recht«, stimmte Jan zu. »Ich wollte eigentlich eine Million, habe am Ende aber nur 180 000 € bekommen. 100 000 € sofort und 80 000 € in einem Jahr. Und davon geht auch noch die Steuer ab! Und das für zwölf Jahre Einsatz! Weniger als 1000 € pro Monat.«

Nachdenklich ergänzte Jan: »Ich habe vor Jahren mal ein Erfolgsseminar gemacht. Da sollten wir alle unsere Wünsche aufschreiben. Julia will eine kleine Villa und ein Segelboot, ich will meinen alten silbernen Audi A3 durch einen Aston Martin ersetzen, dann wollen wir zusammen jedes Jahr acht Wochen Urlaub machen: Südsee, Hawaii, Rundreise durch Amerika und so.

Nachdem ich alles aufgeschrieben hatte, sollte ich jeweils einen Preis dazu schreiben. Und dann ausrechnen, wie viel Kapital ich brauchen würde, um das alles aus den Erträgen meines Kapitals zu bezahlen. Diese Idee fand ich echt krass: Alle Wünsche wären befriedigt und das Kapital wäre immer noch komplett da. 8,5 Millionen wären das bei mir und ich wäre dann finanziell frei. Julia, die Kinder und ich hätten dann ein schönes Leben.

Aber davon bin ich jetzt weiter weg als zuvor. Wenn ich mit den Arztdiagnosen nicht so an der Wand gestanden hätte, dann hätte ich mich sicher nicht so verarschen lassen.«

Sofia nickte mitfühlend: »Vermutlich trotzdem die richtige Entscheidung wegen deiner Gesundheit. Dann hattest du ab März viel Zeit?«

Jan nickte nachdenklich und war froh, dass die drei ihn verstanden. »Ja, ich saß dann zu Hause rum und langweilte mich. Deshalb bastelte ich ein bisschen an meiner zweiten Firma, einem Onlineshop für Nahrungsergänzungsmittel. Den hatte ich vor vier Jahren, als der Stress mit Dominik immer größer wurde, als Ausweichlösung gegründet.«

»Klingt jetzt auch nicht supererfolgreich?«, fragte Carlos zweifelnd.

»Nein«, erwiderte Jan langsam. »Ich finde zwar Nahrungsergänzungsmittel seit meiner Bodybuilding-Zeit vor 20 Jahren spannend, aber bei einem Onlineshop kann ich mein Verkaufstalent gar nicht richtig einsetzen. Und irgendwelche Ads zu schalten, langweilte mich auch. Außerdem nahmen die Konflikte mit meiner Frau noch weiter zu, während ich im Wohnzimmer Anzeigen schaltete. Manchmal hatte ich das Gefühl, dass Julia auch nicht weiß, was sie will: Bin ich nicht da, ist es schlecht. Bin ich da, ist es auch schlecht.«

Jan zuckte hilflos mit den Achseln und fuhr dann fort: »Ich habe mich dann eben mit Wein betäubt und bin hin und wieder in Online-Games und Social Media abgeglitten oder habe mit meinen Kindern Leon und Mia Fernsehen geschaut. Eigentlich liebe ich meine Kinder und will miterleben, wie sie aufwachsen. Aber ich habe in den zwei Monaten auch keinen Bezug zu ihnen bekommen. Vielleicht bin ich ja irgendwie verkehrt ...

Manchmal starrte ich einfach ins Leere. Der einzige Lichtblick war, mit unserem Berner Sennenhund Paul Gassi zu gehen. Ansonsten fühlte ich mich orientierungslos und als Versager.«

»Ziemlich mutiger Versager, uns das hier offen zu erzählen«, unterbrach Carlos. »Meinen Respekt!«

Jan blickte die drei nacheinander traurig an. Vielleicht hatte er sich von ihnen zu viel erhofft. So was wie einen Zaubertrank gab's ja schließlich nicht.

»Immerhin hast du weniger gearbeitet und hattest etwas Bewegung mit Paul«, warf Thomas ein. »Das müsste erst mal für das Herz gut gewesen sein?«

»Ja, schon«, erwiderte Jan. »Aber diese Leere ... Und dann starb im Mai Walter. Ich war wohl trauriger als Julia. Sie hat noch einen richtigen Hass auf ihn, weil er sich in ihrer Kindheit nie um sie gekümmert hat. Walter vererbte uns das Hotel und Julia wollte gleich verkaufen, aber mitten in der Corona-Zeit? Und mit 2 Millionen Schulden drauf. Das ist doch nichts wert.

Und wenn ich ehrlich bin, dann habe ich es zu Hause auch nicht ausgehalten. Mir fiel die Decke auf den Kopf. Da ich vor 20 Jahren eine Ausbildung zum Hotelfachmann gemacht hatte, dachte ich mir, dass das ein besserer Weg als die Softwarefirma sei, um erfolgreich zu werden. Dann wäre ich wieder nicht mehr so viel zu Hause. Und ich glaube, der Einzige, der darüber unglücklich ist, ist unser Hund Paul. Wir lieben uns abgöttisch.«

Resignierend schloss Jan: »Ich will doch nur mit meiner Familie glücklich werden und erfolgreich sein. Jetzt habt ihr den Überblick.«

Carlos nickte: »Vale[3], danke für deine Offenheit. Jetzt verstehe und spüre ich, warum du so wirkst. Du bist also Unternehmer und hast zusammen mit deiner Frau ein Hotel. Da sie sich nicht damit auseinandersetzen will, hast du Entscheidungsfreiheit. Das ist gut! Dann willst du erfolgreich werden. Und du lässt dich, obwohl dir klar sein dürfte, dass das in Corona-Zeiten ein ziemlich schwieriges Unterfangen ist, darauf ein. Das beweist Mut!

Ich stelle dir dennoch eine harte Frage: Wieso bist du dann jetzt Bedienung und bringst uns das Essen, wenn du erfolgreich werden willst? Zumal du dich gesundheitlich schonen solltest?«

Getroffen von Carlos' Direktheit, erklärte Jan verteidigend: »Die meisten Mitarbeiter sind wegen Corona in Kurzarbeit. Und die Mitarbeiterin, die hier sein sollte, ist kurzfristig krank geworden. Und dann bin ich – das kennt ihr ja als Selbstständige sicher auch – eben kurzfristig eingesprungen. Irgendwer muss euch ja das Abendessen bringen.«

»Wenn du das öfter so machst, dann arbeitest du locker wieder 60 Stunden pro Woche, oder?«, fragte Carlos weiter. »Und das nur vier Wochen, nachdem du hier im Hotel begonnen hast?«

Jan versuchte zu rechnen: »Also, wenn ich alles zusammenzähle, dann komme ich diese Woche wieder auf – Moment – etwa 80 Stunden.«

»Und was sagt dein Arzt dazu?«, fragte Sofia geschockt.

Ausweichend erwiderte Jan: »Ach, ich konnte mich ja zwei Monate erholen. Die Spaziergänge mit Paul taten mir gut. Und Corona ist jetzt bald vorbei und dann wird das Hotel schon laufen. Also muss ich nicht mehr lange so viel arbeiten.

Außerdem habe ich keine Ahnung, wie das anders gehen kann. Machen ja alle Selbstständigen so. Wird schon ...«

Thomas unterbrach: »Du hattest uns vorher eine Frage gestellt: wie es uns gelänge, trotz Krise so ausgeglichen und erfolgreich zu sein. Du warst offen mit uns und Offenheit ist die entscheidende Zutat, um etwas zu ändern. Deine Frage verdient deshalb eine Antwort. Und auch weil du weißt, dass es *nicht* einfach so gut wird. Genau genommen spürst du, dass du seit mindestens einem halben Jahr vor lauter

---

3 Spanisch »okay«

toten Enden stehst. Ohne Ausweg. Und dein Körper zeigt dir, dem Ex-Bodybuilder, das auch.«

Beschämt nickte Jan schließlich. Und während er schwieg, fragte er sich, warum er hier so offen war. Vermutlich konnten sie ihm auch nicht helfen. Wieder eine Hoffnung weniger. Gerade als er aufstehen und gehen wollte, kam noch ein letzter Hoffnungsschimmer in ihm hoch: »Thomas, du hast doch vorher gesagt, dass du früher auch so viel gearbeitet hast und dann im Krankenhaus aufgewacht bist. Was ist passiert?«

Thomas nickte langsam und erinnerte[4] sich: »Ja, jetzt ist die Zeit, drüber zu sprechen. Es war vor 15 Jahren noch ein bisschen heftiger als bei dir jetzt. Meine Partnerin hat sich damals von mir getrennt. Gewinne gab es keine mehr. Mitarbeiter kündigten und ich hatte Stress mit Kunden. Ich war kurz vor der Insolvenz und kippte irgendwann um. Dann brachte mich eine Bekannte mit Wolfgang Radies, einem Unternehmercoach zusammen.«

»Einem Berater?«, fragte Jan. »Die erzählen doch meist auch nur, wie es gehen müsste, haben es aber selbst noch nie gemacht.«

»Den Einwand hatte ich damals auch«, lachte Thomas. »Nur ist Wolfgang kein Berater, sondern erfolgreicher Unternehmer. Er lebt das, was er sagt, auch. Du trainierst auch nicht Fußball bei jemandem, der nie Fußball gespielt hat. Deswegen muss ein Unternehmercoach auch selbst erfahrener und erfolgreicher Unternehmer sein.

Wolfgang hat bereits das Leben Zehntausender Unternehmer verbessert. Nicht nur wirtschaftlich, denn viel wichtiger als das äußere Wachstum ist das innere: Sie wurden dabei zu herausragenden Unternehmern. Sie fühlen sich erfüllt und leben in innerer Ruhe. Und in ihren Unternehmen entsteht oft eine einzigartige Team-Flow-Kultur.

Wolfgang hat auch uns geholfen. Carlos macht nur das, was er wirklich will. Und Sofia hier ist die Beste von uns dreien. Sie gründete vor acht Jahren ihr Unternehmen, arbeitete nie mehr als 30 Stunden pro

---

4 Thomas' Geschichte findet sich ausführlich im Buch »Der Weg zum erfolgreichen Unternehmer«. www.uc-link.com/weg-buch

Woche, hat heute 120 Mitarbeiter und wurde letztes Jahr beste Arbeitgeberin Deutschlands[5].«

»Das ging mit meinen Prioritäten gar nicht anders«, erklärte Sofia grinsend, während sie zu Thomas schaute und ihn am Unterarm berührte: »Wenn bei Thomas etwas nicht klappte, dann machte er es mit Zeiteinsatz. Zuerst 50, dann 60, dann 70 Stunden und so weiter. Bis er nach vier Jahren schließlich umfiel. Und erst als er wieder aufstand, begann er mit Wolfgangs Hilfe nachzudenken.

Ich hatte eine schöne Kindheit, weil sich meine Eltern Zeit für mich nahmen. Und dasselbe wollte ich meinen Kindern auch bieten. Ich habe deshalb nie mehr als 30 Stunden in der Woche für meine Firma zur Verfügung. Der Löwenanteil meiner Zeit ist für mich, meinen Mann und meine Kinder reserviert – in dieser Reihenfolge.[6]

Jedenfalls musste ich aufgrund dieser klaren Begrenzung auf 30 Stunden pro Woche, wenn etwas nicht funktionierte, sofort lernen, nachdenken und eine bessere Lösung finden. Ich hatte Thomas' Option des Zeiteinsatzes nicht.«

»Und deshalb fand unsere Sofia«, fuhr Thomas fort, »sehr viel schneller als ich bessere Lösungen und investierte von Anfang an etwa 50 Prozent der Zeit, also 15 Stunden pro Woche, in ihre Weiterentwicklung. Und führte nur die anderen 15 Stunden pro Woche operativ.«

Die Hauptfrage in der Führung ist, wie man eine Kultur schaffen kann, in der Team-Flow und Liebe zu den Kunden entsteht. Dann geschieht alles wie von allein und es macht wahnsinnig viel Freude.

Jans Augen wurden immer größer. Nur 15 Stunden operative Führung erschien ihm unmöglich.

»Meine Hauptfrage war immer nur«, fuhr Sofia fort: »Wie kann ich eine Kultur schaffen, in der Team-Flow[7] und Liebe zu den Kunden entsteht? Dann geschieht alles wie von allein und es macht zudem auch noch wahnsinnig viel Freude.«

---

5 Mehrere Kunden von Unternehmercoach sind bereits beste Arbeitgeber Deutschlands geworden. Sofia ist allerdings, wie alle anderen auch, eine Kunstfigur.

6 Zum Thema Prioritäten und Reihenfolge siehe Kapitel 6.2.4.

7 Siehe Kapitel 5.

»120 Mitarbeiter mit nur 30 Stunden pro Woche … Freude …«, murmelte Jan. Voller Respekt blickte er zwischen Carlos, Sofia und Thomas hin und her. Sofia erschien ihm nun fast wie von einem anderen Stern. Deshalb wandte er sich wieder an Thomas: »Und wo stehst du jetzt?«

»Das hat damals schon ein halbes Jahr gedauert, bis ich die wichtigsten Probleme gelöst hatte. Dann habe ich mein Unternehmen verkauft und seither noch sieben Unternehmen gegründet. Eines funktionierte gar nicht und zwei habe ich wieder verkauft. Bleiben noch vier Unternehmen, die ich aktuell führe. Ich nehme mir Zeit für Sport, meine Weiterentwicklung, gesunde Ernährung und meine Familie. Und vor allem fühle ich mich nicht mehr wie der Sklave meines Unternehmens.«

»Sklave meines Unternehmens trifft mein Gefühl ziemlich gut«, unterbrach Jan frustriert. »Ich muss hier andauernd Feuer löschen.«

Thomas fuhr fort: »Ich lebe heute frei und selbstbestimmt. Und habe so großartige Freunde wie Sofia oder Carlos. Ich lebe täglich im Flow, und das, was ich tue, erscheint mir sinnvoll und gibt mir Erfüllung. Ich bin der geworden, der ich sein will. Und das wiederum kann ich an mein Umfeld weitergeben. Also an meine Mitarbeiter, meine Kunden und die Unternehmer wie dich, denen ich helfe.«

»Das ist für mich weiter entfernt als der Mond«, schüttelte Jan nochmals hoffnungslos den Kopf. »Und zugleich sehne ich mich nach einem ähnlichen Leben. Glaubt ihr denn, das geht bei mir auch? Dann könnte ich vermutlich sogar meine Beziehung mit Julia wieder auf die Reihe bekommen. Ich will und kann so keinesfalls weitermachen! Aber ich habe keine Ahnung, wo ich anfangen soll.«

1.2 Die erste Zeitreduktion

Sofia berührte Jan leicht am Arm: »Die Antwort ist: Das geht! Und wir helfen dir dabei, wenn du möchtest. Ich bin zwar, mal abgesehen von dem ein oder anderen Call, wegen meiner 30-Stunden-Begrenzung raus. Aber mit Thomas und Carlos hast du – nach Wolfgang Radies –

die besten Unternehmer, die dir helfen können, das hinzubekommen. Und alle drei waren mal in einer ähnlichen Situation wie du jetzt. Natürlich hat das Ganze seinen Preis.«

»Was meinst du mit Preis? Geld?«, fragte Jan.

»Dinge, die etwas taugen, sind nie kostenlos«, nickte Sofia. »Aber das meinte ich nicht. Du wirst dich von alten Gewissheiten verabschieden müssen – das tut oft weh. Und es kostet vor allem Zeit. Wenn du ein schnelles Ergebnis willst, und das brauchst du in deinem Zustand, wirst du nach einer gewissen Anlaufphase rund 20 Stunden pro Woche in deine eigene Entwicklung investieren müssen.«

Jan schüttelte den Kopf: »Wie soll das gehen? Soll ich wie Thomas vor 15 Jahren auch die 100 Stunden voll bekommen?« Etwas verärgert, entstand bei ihm der Eindruck, dass sie ihn vielleicht doch nicht ganz verstanden hatten. Wo war er hier nur hineingeraten? Er brauchte einen Moment Abstand: »Wollt ihr noch was trinken?«

Bevor Carlos Jan wieder festnageln konnte, bestellte Sofia für jeden noch ein Wasser. Als Jan weg war, erklärte sie Carlos: »Er braucht gerade einen Moment für sich.«

»Dir ist schon klar, dass er heute Abend beginnen muss, etwas zu ändern, wenn es ihm wirklich ernst ist?«, fragte Carlos zurück.

»Absolut«, nickte Sofia. »Er wird sonst weitermachen wie bisher.«

»Ja, denke ich auch«, stimmte Thomas ebenfalls zu. »Was machen wir mit seiner 8,5-Millionen-Motivation? Schaut, jeder von uns dreien hat die finanzielle Freiheit erreicht. Aber keinem von uns hat es irgendetwas gegeben, als wir diesen Punkt erreicht hatten. Uns war schon lange vorher klar, dass das Leben selbst viel wichtiger ist.«

»Die Hoffnung können wir ihm jetzt nicht nehmen«, schüttelte Sofia ihren Kopf. »Er braucht gerade jeden Antrieb, den er bekommen kann. Und selbst wenn es eine Zeit lang dieses Luftschloss der finanziellen Freiheit ist.«

»Und das Gequatsche, dass er alles nur für Julia, Mia und Leon tut?«, unterbrach Carlos. »Wenn sie ihm wirklich wichtig wären, dann wäre er bei ihnen und nicht 80 Stunden pro Woche auf der Flucht!«

Sofia legte beschwichtigend die Hand auf Carlos' Unterarm und lächelte: »Ist Teil unserer westlichen Kultur. Die Prinzen glaubten schon immer, dass sie zur Abenteuertour aufbrechen und den Drachen töten müssen, um die Prinzessin zu gewinnen. Es hat ihnen keiner gesagt, dass sie der Prinzessin Aufmerksamkeit schenken sollten, oder gar, wie das geht.«

Thomas ergänzte: »Auch wenn er sich mit seiner Familie was vormacht und nicht wahrnimmt, was ihn da wirklich antreibt, glaube ich doch, dass er sie genug liebt, um etwas zu ändern.«

»Vale, ihr habt mich überzeugt«, stimmte Carlos lachend zu. »Ich werde ausnahmsweise mal schweigen und nicht mitten rein stechen.«

Als Jan mit dem Wasser für die drei und einem weiteren Viertel Rotwein für sich zurückkam, hatte er sich wieder etwas gefangen. »Euch ist klar, dass ich jetzt noch eine Antwort brauche, wo ich Platz für diese 20 Stunden pro Woche hernehmen soll?«, fragte Jan. »Und was ich da überhaupt tun soll?«

Thomas nickte: »Die Antwort ist nicht, die 20 Stunden obendrauf zu packen. Wir werden andere Dinge streichen. Lass uns also zuerst Zeit schaffen. Damit habe ich vor 15 Jahren auch begonnen.«

»Aber das wird kaum gehen«, erwiderte Jan. »Ich habe bei Dojan schon alles Mögliche probiert: die Eisenhower-Methode[8] oder ›Getting Things Done‹[9]. Hat nicht funktioniert und wird dann wohl im Hotel auch nicht funktionieren. Sicher kann ich an der einen oder anderen Stelle effizienter werden. Damit komme ich vielleicht auf 70 Stunden. Aber das wird wohl nicht reichen?«

»Aktuell bist du bei 80 Stunden, hermano[10]. Dein Ziel liegt bei 30 Stunden operativer Arbeit«, erwiderte Carlos. »Besser nur 20. Dazu kommen 20 Stunden Zeit-Invest, um deine Situation zu ändern. Damit wärst du dann bei 40 Stunden gesamt. Mit einer Reduktion nur

---

8 Die Eisenhower-Methode unterscheidet zwischen dringenden und wichtigen Aufgaben und teilt diese dann in vier Quadranten ein. Wichtig und dringend, wichtig und nicht dringend usw. Die Idee ist dann, vor allem die wichtigen und nicht dringenden Dinge zu tun und die nicht dringenden und nicht wichtigen komplett in die Tonne zu treten.

9 »Getting Things Done« (GTD) ist eine Zeitmanagement-Methode von David Allen, die auf dem Prinzip basiert, alle Aufgaben und Informationen aus dem Kopf in ein verlässliches System auszulagern, um den Geist frei für konzentriertes und kreatives Arbeiten zu halten.

10 Spanisch »Bruder«

um 10 Stunden auf 70 Stunden kommen wir bei deiner Konstitution nicht weit. Du erinnerst dich an deinen Arzt?«

Dieser Carlos war echt beinhart! »Aber das geht nicht«, wehrte sich Jan. »Wie soll ich dann dieses Hotel vor dem Corona-Untergang retten?«

»Ich kann dir heute Abend das wichtigste Modell schildern, das ich damals von Wolfgang gelernt habe«, erwiderte Thomas. »Das ist für Unternehmer der Einstieg in jede Änderung. Damit kannst du beginnen. Aber danach wirst du weitere Unterstützung benötigen.«

Jan zögerte einen Moment. Vielleicht schien jetzt das Geheimnis zu kommen und so beschloss er, seinen Widerstand vorerst aufzugeben: »Bei euch habe ich das erste Mal seit Langem das Gefühl, dass ihr mich ernst nehmt und dass ich offen reden kann. Ihr wart ehrlich mit mir. Und ich habe das Gefühl, dass ihr da seid, wo ich hinwill. Ich spüre eure Hilfsbereitschaft. Erklär mir dieses Modell von Wolfgang, bitte.«

Thomas begann: »Schau, dass du jetzt 80 Stunden arbeitest, hat nichts mit deinem Hotel zu tun. Und auch nicht mit deiner vorigen Firma. Du könntest jede beliebige Firma führen und wärst immer bei 80 Stunden. Du hast es auch jetzt hier im Hotel geschafft, innerhalb von nur vier Wochen von 0 auf 80 zu kommen.«

»Wie meinst du das? Ich muss doch einspringen, wenn die reguläre Servicekraft krank wird. Ich muss doch die Löcher stopfen. Hätte ich euch denn verhungern lassen sollen?«, zuckte Jan mit den Schultern.

»Wir drei haben auch hin und wieder Löcher in unseren Unternehmen«, besänftigte Thomas, »das gehört einfach dazu. Mal springt kurzfristig ein großer Kunde ab, mal kündigt der beste Mitarbeiter und mal taucht plötzlich ein Wettbewerber auf, der den ganzen Markt verändert. Aber ich glaube, bei jedem von uns ist es viele Jahre her, dass wir das letzte Mal durch eigenen Einsatz Löcher gestopft haben.« Sofia und Carlos nickten.

Carlos nahm das Wort auf: »Ich käme nicht mal im Traum auf die Idee, das selbst zu machen. Vorher lasse ich – und selbst das mache ich nicht selbst – ein ›Restaurant leider geschlossen‹-Schild aufstellen.«

»Wenn man so erfolgreich ist wie ihr, ist das leicht«, gab Jan frustriert zurück.

»Nein, umgekehrt«, erwiderte Thomas fest. »Weil wir glauben, dass wir diese Löcher nicht selbst stopfen sollten, sind wir so erfolgreich.

Lass mich erklären, Jan. Es gibt drei Rollen im Unternehmen[11], drei Arten von Aufgaben.

F – Fachkraft-Aufgaben. Also bei deiner Softwarefirma zum Beispiel verkaufen, beim Shop Social-Media-Anzeigen schalten, im Hotel bedienen.

Dann gibt's M – Management-Aufgaben. Also Systeme schaffen, Mitarbeiter finden und entwickeln und solche Tätigkeiten.

Und dann noch U – Unternehmer-Aufgaben. Da geht's um die Vision, um die Strategie und Positionierung, um die Kultur im Unternehmen, um die Energie, die alles antreibt. Die Fachkraft erbringt die Leistung für den Kunden, der Manager erschafft ein System, in dem unterschiedliche Fachkräfte Ergebnisse vergleichbarer Qualität erzeugen, und der Unternehmer gibt dem Ganzen Richtung und Sinn.«

Erfolg entsteht nicht durch das Stopfen von Löchern. Erfolg entsteht durch die Konsequenz, entstehende Löcher nicht selbst zu stopfen.

»Ja und?«, fragte Jan. »Habe ich doch alles mehr oder weniger gemacht!«

»Das ist genau das Problem! In einem gut funktionierenden Unternehmen ab einer bestimmten Größenordnung solltest du das gar nicht alles tun. Da solltest du zum größten Teil Unternehmer-Aufgaben ausführen. In deinem Webshop lagen natürlich alle drei Rollen bei dir, weil kein anderer da war.

Aber in einem Hotel dieser Größenordnung dürften wir – Corona mal außen vor gelassen – bei einer Mitarbeiterzahl von mindestens 40 Vollzeitstellen liegen. Solange du deine Rollen nicht klar hast, funktionieren auch Eisenhower-Methode oder ›Getting Things Done‹ nicht. Für die Fachkraft sind andere Dinge wichtig als für Manager und Unternehmer, und wenn du nicht weißt, in welcher Rolle du nach Wichtigkeit sortieren sollst, bist du verwirrt. Deshalb solltest du irgendwann gar keine Fachkraft-Aufgaben mehr ausführen *müssen.*«

»Ja, aber wenn niemand sonst da ist«, beharrte Jan.

---

11 Ausführlich dazu in meinem Bestseller »Der Weg zum erfolgreichen Unternehmer«. www.uc-link.com/weg-buch

»Dann haben Unternehmer und Manager ihren Job schlecht gemacht«, erklärte Thomas. »Der Manager sollte aufgrund eines Auftrags des Unternehmers ein Krisensystem eingerichtet haben, das in solchen Fällen automatisch greift. Du solltest noch nicht mal etwas davon mitbekommen.«

»Du meinst so etwas wie eine Stellvertreter-Regelung oder eine WhatsApp-Gruppe für alle Mitarbeiter, wo im Krisenfall eine Message eingestellt wird, dass wir Ersatz brauchen. Und einer der 25 Leute wird bestimmt kurzfristig aus der Kurzarbeit heraus Zeit haben. Ist aber einiges an Formalkram …«

Je mehr Fachkraft-Aufgaben du ausführst, desto mehr trainierst du, wie eine Fachkraft zu denken. Damit wirst du bessere Fachkraft und zugleich schlechterer Unternehmer.

»… für deine Assistenz oder deinen Manager«, warf Thomas ein.

Jan dachte einen Moment nach: »Aber warum soll ich – außer aus den Zeitgründen – eigentlich keine Fachkraft-Aufgaben mehr ausführen?«

»Aus zwei Gründen«, erläuterte Thomas. »Jede dieser Rollen hat andere Prioritäten, braucht ein anderes Mindset, eine andere Motivation, eine andere Wahrnehmung. Die Fachkraft reagiert auf Kundenanfragen. Wir bestellen, die Bedienung *reagiert* und bringt das Essen. Ein Unternehmer sollte ausschließlich *agieren* und sich seine Ziele selbst setzen. Je mehr Fachkraft-Aufgaben du ausführst, desto mehr trainierst du, wie eine Fachkraft zu denken. Damit wirst du bessere Fachkraft und zugleich schlechterer Unternehmer.

Zweitens bleibt dir keine Zeit für U- und M-Aufgaben, wenn du zu viele Fachkraft-Aufgaben ausführst. Und dann bleiben diese liegen, weil es sonst keiner macht. Und daraus ergeben sich dann unendlich viele Folgeprobleme. Es gibt keine Systeme, es gibt keine klare Strategie, es gibt keine einheitliche Kultur und Einstellungspolitik, es gibt keine klare Führung. Mitarbeiter sind unzufrieden und kündigen.

Und in der Folge entstehen immer mehr Chaos und Frust. Und um das zu bewältigen, gehen die meisten schlechten Unternehmer direkt in die Problemlösung und machen dann noch mehr F-Aufgaben. Weil es kein System gab, was zu tun ist, wenn die letzte Bedienung krank wird, hast du F-Aufgaben gemacht. Und deine Unternehmer-Aufgaben blieben liegen. Ich zeichne dir den Mechanismus mal auf.«

Wie man zum Sklaven seiner Firma wird

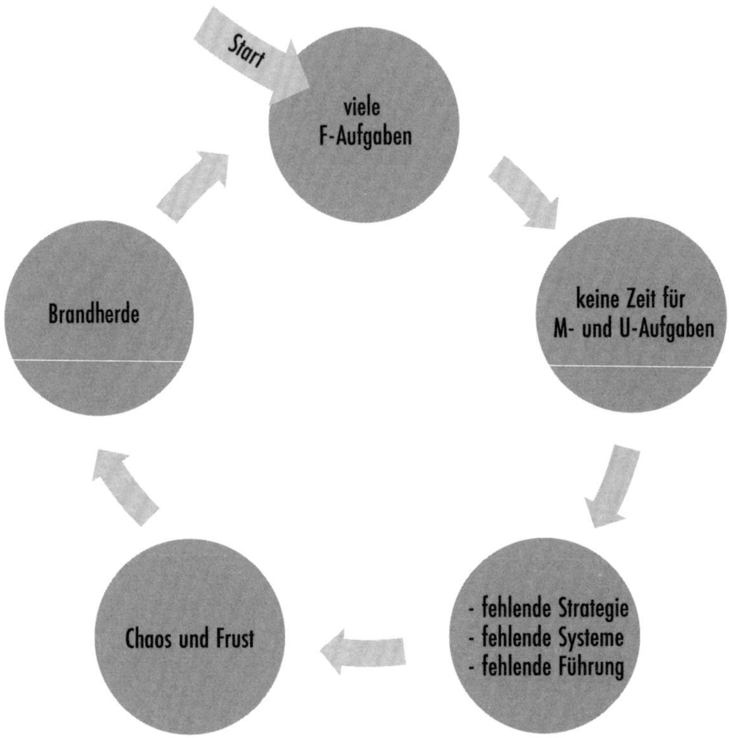

»Und das ist der zentrale Mechanismus, zum Sklaven seiner eigenen Firma zu werden: wenn man nicht klar hat, dass man – ab einer bestimmten Unternehmensgröße[12] – keine F-Aufgaben mehr machen sollte«, ergänzte Carlos.

»Ich war auch echt wütend, dass ich als Bedienung einspringen musste«, erklärte Jan. »Aber so klar wie ihr jetzt hätte ich das nicht ausdrücken können.«

»Die Wut ist gut«, nickte Sofia, »wenn sie eine Richtung bekommt. Ein Problem taucht auf. Lass das Problem lösen! Und dann nutze deine Energie, um dafür zu sorgen, dass das Problem nie wieder auftaucht. Zum Beispiel, indem du deinen Manager beauftragst, ein System zu schaffen. Oder solange du keinen hast, selbst in die M-Rolle wechselst und das System schaffst.«

»Aber hier sind so viele Probleme«, beharrte Jan immer noch. »Und die Mitarbeiter sind auch größtenteils unfähig oder unmotiviert.«

Carlos unterbrach: »Mira, bis vor vier Wochen warst du gar nicht da. Und jetzt glaubst du, es wird besser, wenn du bedienst? Was machst du denn in den übrigen der 80 Stunden noch?«

Jan schwieg lange. Dann antwortete er: »Ich bin an der Rezeption eingesprungen, habe bei der Haustechnik geholfen, habe Waren für die Küche aus dem Lkw ausgeladen. Das sind offensichtlich alles F-Aufgaben ...« Beschämt schwieg Jan wieder.

»Haben wir alle so gemacht«, gab Carlos zu. »Es braucht Mut, das einzugestehen. Gibt es denn etwas, das nicht in diese F-Kategorie passt?«

Jan nickte langsam: »Ich habe versucht, einige Veranstaltungskunden zu gewinnen, und mir das Organigramm, die Zahlen und die Systeme angeschaut.«

»Veranstaltungskunden gewinnen ist auch eine F-Aufgabe. Lass das mal raus. Wie viel Zeit hast du in den Rest investiert?«

»Vielleicht 15 Stunden oder etwas weniger«, gab Jan zu. »Aber

---

12 Bei Unternehmen mit drei oder fünf Mitarbeitern wird man natürlich einen bestimmten Prozentsatz F-Aufgaben machen müssen. Damit wird schließlich das Geld verdient. Aber wenn man dann Richtung 12, 15 oder 20 produktiver und fakturierbarer Mitarbeiter geht, sollte dieser Anteil immer mehr Richtung 0 Prozent zurückgehen.

meine Mitarbeiter machen die F-Aufgaben nicht so, wie ich mir das vorstelle.«

»Bis vor vier Wochen hat es ohne dich funktioniert und dieselben Mitarbeiter konnten es«, warf Thomas ein. »*Wenn du es dir anders vorstellst, dann änderst du es nicht, indem du es selbst machst.* Ich will direkt sein: Der größte Teil dessen, was du aktuell machst, ist für dich das Falsche und wird deine Probleme nicht lösen, *sondern verschärfen.* Diese Tätigkeiten rauben dir kostbare M- und U-Zeit. Genauso wie bei mir damals auch. Nur kam ich schlechter raus, weil ich die Aufgaben schon über Jahre an der Backe hatte. Und wir waren nur 13 Mitarbeiter.[13] Wenn du es ernst meinst, dann sind hier, im konsequenten Abgeben der F-Aufgaben, deine 65 Stunden Reduktion.«

»Und was soll ich jetzt tun?«

»Keine F-Aufgaben mehr. Und jeden Abend setzt du dich kurz hin und überlegst, welche F-Aufgaben du trotzdem gemacht hast und warum. Das kann sein, dass ein Mitarbeiter mit ›Kannst du mal …?‹ kam. Das kann sein, dass jemand ausfiel. Das kann sein, dass dich etwas, das du gesehen hast, geärgert hat. Oder weil dir schlicht langweilig war.

Und in jedem Fall überlegst du dir, wie ein langfristiges System aussehen könnte, das genau dies verhindert: dass du noch mal diese F-Aufgabe ausführst.«

»So einfach?«, fragte Jan. »Das sollte ich hinbekommen. Dann hattet ihr vorher noch was von 20 Stunden Zeit-Investment gesagt. Was meintet ihr damit? Lernen?«

»Nein, nicht lernen, sondern Training«, schüttelte Carlos den Kopf. »*Wenn du etwas gelernt hast, dann weißt du es, kannst es aber noch nicht.* Du hast jetzt gerade den Unterschied zwischen F, M und U *gelernt.* Das bringt dir gar nichts, wenn du nicht regelmäßig *trainierst,* F-Aufgaben zu übergeben, und dabei immer besser wirst.«

Jan nickte nachdenklich: »Und was soll ich alles trainieren?«

Carlos schüttelte lachend den Kopf »Oh, F-Aufgaben zu reduzieren und konsequent zu bleiben, ist für den Anfang Training genug. Es

---

13 Wie man das Problem löst, wenn sich diese unnötigen Aufgaben schon über Jahre angestaut haben, ist ausführlich in meinem Bestseller »Der Weg zum erfolgreichen Unternehmer« beschrieben. www.uc-link.com/weg-buch

dauert ein paar Wochen, bis du das kannst und dann weitere Trainingsaufgaben bekommst. Und erst dann kommst du nach einiger Zeit zu den 20 Stunden Training. Die meisten Unternehmer wollen gleich wieder zu viel und zu schnell – und bekommen dann nichts auf die Kette. Der Rest kommt also später ausführlicher.

Die meisten Unternehmer wollen gleich wieder zu viel und zu schnell – und bekommen dann nichts auf die Kette.

Außer natürlich: Mit dem Sport könntest du wieder anfangen. Dein Körper muss in einen anderen Zustand kommen. Hast du ja früher auch gerne gemacht.«

»Stimmt«, nickte Jan. »Aber wenn ich in der Woche nur noch 15 Stunden arbeite, 5 Stunden Sport mache und meinetwegen jeden Tag eine Stunde überlege, wie ich Systeme schaffen lasse, die die F-Aufgaben von mir wegbringen, dann bin ich bei 25 Stunden und habe noch 15 Stunden übrig. Was mache ich damit?«

Sofia lächelte: »Klingt jetzt plötzlich nach einem ziemlichen Luxusproblem, oder?«

Jan grinste schief: »Ja, aber ich will doch vorankommen!«

Thomas nickte: »Du wirst dich in einigen Wochen mit Strategie, Führung und all diesen Themen beschäftigen müssen. Je mehr du dann über das Hotel weißt, desto leichter wird dir das fallen. Du bist jetzt seit vier Wochen im Hotel. Hast du dich denn mal allen Mitarbeitern vorgestellt? Hast du mit Kunden, zum Beispiel den Tagungsveranstaltern, gesprochen?«

»Nein, habe ich noch nicht«, schüttelte Jan den Kopf. Und er fuhr widerwillig fort: »Ich habe eigentlich keine Lust dazu, mit meinen Mitarbeitern und den Veranstaltern zu sprechen. Aber ein paar Informationen über das Hotel schaden sicher nicht. Okay, mache ich also. Und dann? Wie geht es jetzt weiter?«

»Indem wir ins Bett gehen«, zwinkerte Sofia ihm zu. »Morgen und Sonntag bleiben wir drei unter uns für unsere eigenen Themen. Und du hast genügend Grundlagen für die nächsten Tage und Wochen. Fokussiere dich auf die Reduktion deiner F-Aufgaben und verhindere über Systeme, dass neue zu dir kommen. Mach Sport. Mach Dinge, die dir guttun, wie mit Paul rauszugehen. Führe Gespräche mit deinen Mitarbeitern und Kunden und vielleicht noch eines mit Julia.«

Thomas reichte Jan seine Handynummer und ergänzte: »Sobald du weitere Unterstützung brauchst, meldest du dich bei mir und wir schauen, wie es dann weitergeht. In Ordnung?«

Und mit diesen Worten verabschiedeten sie sich und ließen Jan im Hotelrestaurant allein. Nachdem er den Tisch abgeräumt hatte, saß er noch eine Weile da und versuchte sich zu vergegenwärtigen, was gerade passiert war. Einerseits spürte er Verwirrung. Dann war da auch etwas Hoffnung. Das erste Mal seit Langem ein wirklicher Lichtblick: Er würde keine Fachkraft-Aufgaben mehr machen. Je weiter er sich aber die Zukunft vorstellen wollte, desto nebulöser wurde sie.

Schließlich gab er sich einen Ruck und beschloss, trotz der Verwirrung beim Nächstliegenden zu beginnen. Und so schrieb er noch eine kurze Message an seinen Hotelmanager Joachim, dass er ein solches Vertretungssystem, das auch bei kurzfristigen Krankheitsfällen funktioniert, einrichten solle. Dann löschte er das Licht und fuhr nach Hause.

1.3 Sebastians Kündigung

Julia saß allein im dunklen Wohnzimmer. Die Kinder waren im Bett. Den Fernseher hatte sie ausgeschaltet – die Ablenkung funktionierte einfach nicht mehr. Einsamkeit umklammerte ihr Herz, verbunden mit einem brennenden Hass auf ihren Vater. Warum hatte er ihr das antun müssen?

Nach dem Tod der Mutter hatte er das Testament geändert und sie erbte das Hotel nicht mehr allein, sondern mit Jan. Wäre es nur ihres gewesen, hätte sie sofort verkauft.

Walter wusste aber genau, dass Jan mit seiner Erfolgsorientierung diese Chance nicht einfach an sich vorüberziehen lassen würde. Und statt sich um seine Gesundheit zu kümmern und wieder in der Familie anzukommen und endlich mal wahrzunehmen, dass er eine Frau und Kinder hatte, stürzte er sich nun gleich in sein nächstes Abenteuer. Und zu allem Überfluss belog er sich noch selbst, dass er das für die Familie tun würde, und glaubte sich seine Story auch noch.

Zuerst hatte ihr Vater ihre Kindheit geraubt, indem er nie da war. Und nun raubte er ihr auch noch den Mann! Und der blickte nicht mal, was gespielt wurde. Tränen rannen leise über ihr Gesicht, getrieben von einer Liebe, die nun in Verzweiflung ertrank.

Sie sah keinen Weg, ihn von seinem Vorhaben abzubringen. Keinen Weg, ihn dazu zu bringen, sich um seine Gesundheit zu kümmern. Und keinen Weg, für die Kinder und sich seine Aufmerksamkeit zu gewinnen. Jan sollte endlich wieder sein Leben in den Griff bekommen – als sie sich verliebt hatten, war er so selbstbewusst und stark.

Sie hatten sich ein so schönes Leben zusammen erträumt, und jetzt? Sie hatte für ihn und die Kinder ihren Beruf und das Malen, das sie so liebte, aufgegeben. Und jetzt hatte sie Angst, alles zu verlieren. Jan war keine Kraftquelle mehr, sondern eine Last. Je ohnmächtiger sie sich fühlte, desto wütender wurde sie zugleich.

*

Julia hatte ihm – wie zu erwarten – direkt an dem Abend nach dem Gespräch mit Sofia, Thomas und Carlos wieder vorgeworfen, dass er sich zu wenig um die Kinder und sie kümmern würde. Leon und Mia würden ihn gar nicht mehr kennen. Er wäre aus dem Haus, bevor sie aufwachten, und zurück, nachdem sie im Bett waren. Und alles würde an ihr hängen bleiben.

Er hatte sich das geduldig angehört und Julia dann erzählt, dass er jetzt weniger arbeiten und das gemeinsame Hotel retten würde. Und dass er ab jetzt mehr Zeit für die Familie hätte. Julia entgegnete nur: »Ja, deine Versprechungen kenne ich.« Und dann schlug sie die Türe hinter sich zu.

Die nächsten Tage schlief er im Wohnzimmer, aber er achtete darauf, früh nach Hause zu kommen und sich Zeit für Mia und Leon zu nehmen. Auch wenn ihm das schwerfiel, mit so kleinen Kindern was anzufangen. Mitten während des Spiels fingen sie plötzlich an, miteinander zu streiten, oder sie schrien wild durcheinander. Das Hotel war schon anstrengend genug, aber diese Streiterei gab ihm den Rest! Wenn sie älter würden, wäre das vermutlich einfacher. Lediglich wenn sie zusammen mit Paul draußen waren, machte es richtig Spaß.

Nach ein paar Tagen wurde Julias Stimmung etwas besser. Und Joachim, sein Hotelmanager, richtete tatsächlich sofort ein Krisensystem ein, sodass Jan nun aus Krisenvertretungen raus war. Auch das mit den Fachkraft-Aufgaben funktionierte einigermaßen.

Am Mittwochabend kam sein Unternehmerfreund Sven, den er bei einem Vertriebsseminar kennengelernt und mit dem er noch ein paar Seminare gemeinsam besucht hatte, für eine Stunde bei ihm im Hotel vorbei.

»Ist ja Totentanz hier«, eröffnete Sven wenig feinfühlend. »Bei uns im Multi-Level-Marketing[14] ist Corona ein wahres Goldgräberfest, aber hier? Wenigstens hast du noch deinen Nahrungsergänzungsmittel-Shop.«

»Pausiert«, schüttelte Jan etwas unsicher den Kopf. »Ich werde mich nur noch auf den Rockstrohhof fokussieren.«

»Abgefahren!«, entfuhr es Sven. »Zuerst verschenkst du deine Softwarebude und jetzt setzt du auf das toteste Pferd von allen? Du führst deine Unternehmen wie der Kapitän die *Titanic.*«

Jan, der durch diese klaren Äußerungen verunsichert wurde, erzählte Sven nach und nach alles, was an dem Freitagabend passiert war.

»Also, wenn ich schon Entscheidungen getroffen hätte«, erwiderte Sven, »dann hätte ich das Hotel deine Frau führen lassen – ist ja die Bude von ihrem Alten. Und ich hätte meine ganze Energie auf den Nahrungsergänzungsmittel-Shop gesetzt. Hätte dort einen Killer-Sales-Funnel[15] aufgebaut und hintendran die Euros gezählt. Und du wärst komplett frei und unabhängig gewesen. Der König! Alle Erfolgs-Speaker, bei denen wir waren, sagen doch: ›Du bist durch die Grenzen, die du dir selbst setzt, dein eigenes Limit‹.«

»Meinst du echt?«, überlegte Jan. Einen Moment zweifelte er ange-

---

14 Multi-Level-Marketing (MLM) ist ein Vertriebsmodell, bei dem Vertriebsmitarbeiter nicht nur für den Verkauf von Produkten belohnt werden, sondern auch für das Anwerben neuer Vertriebsmitarbeiter, wodurch oft eine Art Schneeballsystem entsteht.

15 Ein Sales-Funnel ist ein Modell, das den Prozess von der ersten Kundenansprache über die Interessentengewinnung bis hin zum Verkaufsabschluss darstellt und darauf abzielt, die Interessenten möglichst effizient zu Kunden zu konvertieren.

sichts der plumpen Sprüche. Aber er selbst war gerade ziemlich orientierungslos und Sven wirkte sehr überzeugt und damit überzeugend.

»Ist deine Entscheidung«, zuckte Sven mit den Schultern. »Aber wenn du den Lagerbestand vom Shop nicht auflöst, kannst du ja jederzeit noch umschalten. Du kannst jetzt auch alternativ für dein Hotel einen Sales-Funnel aufbauen und Affiliates oder Vertriebspartner gewinnen. Ist auch einen Versuch wert. Soll ich dir mal zeigen, wie wir das im Multi-Level-Marketing machen?«

Jan nickte zweifelnd. Vielleicht könnte ihm das für sein Hotel helfen. Und so schrieb er die wichtigsten Punkte mit, während Sven erklärte. Ein bisschen fühlte er sich von Svens Energie auch überfahren. Als Sven fertig war, unterhielten sie sich noch einige Zeit über die Seminare, bei denen sie zusammen gewesen waren. Jan wunderte sich, wie Sven nur die ganzen platten Sprüche im Kopf behalten konnte. Als er nachfragte, erwiderte Sven nur: »Ist mein Morgenritual. Jeden Morgen voller Energie alle Erfolgsgesetze laut wiederholen. Programmiere so mein Unterbewusstsein. Müsstest du doch eigentlich auch machen!«

Jan nickte. Kannte er, hatte er aber nie gemacht. Irgendwas daran kam ihm falsch und komisch vor. Schließlich verabschiedeten sie sich und Jan fühlte sich etwas erleichtert. Zugleich war ihm durch Sven aber auch bewusst geworden, dass er mit dem Shop noch eine Option offen hatte.

Und das mit dem Sales-Funnel war auch überlegenswert. So schrieb er Sabrina, seiner Marketingmitarbeiterin im Hotel, noch eine Mail, in der er sie bat, bis morgen Nachmittag erste Ideen für einen Sales-Funnel zu entwickeln.

Als er nach Hause kam, schlief Julia zum Glück schon und er schrieb im Wohnzimmer eine weitere Mail an Sabrina, weil die vermutlich gar nicht wusste, was ein Sales-Funnel war. Sie war gerade erst mit ihrem Studium fertig und hatte vermutlich null Plan. Was sich Walter vor einem halben Jahr wohl gedacht haben mochte, eine so junge, unerfahrene Mitarbeiterin einzustellen? Er brauchte auf dem Marketingposten eigentlich auch einen Profi wie seinen Vertriebsleiter.

*

Endlich hatte ihr Vorgesetzter Sebastian, der Vertriebsleiter im Rockstrohhof, Zeit. Seit heute Morgen um 8 Uhr, als sie ihre E-Mails gelesen hatte, war Sabrina aufgelöst und wütend. Was dachte sich dieser Jan eigentlich? Schlich hier im Hotel rum und keiner wusste, was er da eigentlich tat. Sebastian war ihr Vorgesetzter. Und dann war da drüber noch Joachim, der Hotelmanager. Jedenfalls nicht Jan. Und genau der schrieb ihr nun E-Mails, die vor allem ausdrückten, dass er sie für blöd hielt!

»Sebastian, ich habe gestern Abend um 21:40 Uhr von Jan eine E-Mail bekommen, in der er mich bittet, bis nachher um 14 Uhr ein Konzept für einen Sales-Funnel für unser Hotel zu erarbeiten. Und dann kam gestern um 23:17 eine weitere Mail von ihm, in der er mir erklärt, was ein Sales-Funnel sei. Als ob ich das nicht checken würde! Vermutlich weiß er nicht mal, dass ich meinen Master im Marketing mit 1,3 abgeschlossen habe.

Aber ein Sales-Funnel bringt erst was, wenn wir eine klare Strategie mit einer klaren Zielgruppe haben. Und das haben wir nicht. Wir haben Wellnessgäste, wir haben Seminar- und Business-Events und wir haben Hochzeiten und Geburtstage. Was soll ich denn jetzt machen? Und wer ist eigentlich jetzt mein Chef? Du oder Joachim oder er?«

Sebastian, ein verschwitzter Mittvierziger mit billigem, ausgebleichtem H&M-Anzug, schwieg einen Moment. Er schien über etwas nachzudenken. Dann begann er: »Sabrina, dieses Hotel wird untergehen. Egal, ob du jetzt einen Sales-Funnel erarbeitest oder nicht.«

Einen Moment schaute Sabrina Sebastian fassungslos an. Wie konnte er so etwas sagen? Er war doch Führungskraft hier. Und sein Job war, Probleme zu lösen und Mitarbeitern Mut zu machen. Er sollte seinen Mitarbeitern bei ihren Herausforderungen helfen und dafür sorgen, dass ihre Arbeitsplätze sicher sind. Dann fing sie sich wieder: »Was soll ich denn jetzt aus deiner Perspektive als Chef tun?«

»Ex-Chef«, unterbrach Sebastian. »Ich habe vorhin diesem Jan meine Kündigung auf den Tisch gelegt. Die 15 Monate Corona haben das Hotel an den Abgrund gebracht. Und Corona wird die nächsten beiden Winter noch mal zuschlagen.

Ich habe keine Lust und keine Energie mehr, noch ein oder zwei Lebensjahre in der Hotellerie zu verschwenden. Zumal dieser Jan sowieso glaubt, dass er besser verkaufen kann als ich. Und besser Marketing als du glaubt er mit seinem Sales-Funnel auch zu können. Sabrina, dir würde ich raten, ebenfalls zu gehen. Auf einem sinkenden Schiff lässt sich keine Karriere aufbauen.«

Einen Moment spielte Sabrina mit dem Gedanken, wirklich alles hinzuschmeißen. Aber dann schüttelte sie ihren Kopf: »Das kann und will ich nicht!«

»Wieso denn nicht?«, wollte Sebastian wissen. »Du bist jung, superqualifiziert und noch nicht mal fest an diese Untergangsbranche Hotellerie gebunden.«

Jung! Dieser fette, ungepflegte Sack nahm sie überhaupt nicht ernst. Niemand schien sie ernst zu nehmen. Und deshalb platzte es, obwohl sie Sebastian mit Sicherheit nichts von sich erzählen wollte, trotzdem aus ihr heraus: »Weil ich nicht meinen zweiten Job auch schon wieder nach einem halben Jahr hinschmeißen will! Ich will nicht einfach aufgeben!«

Sebastian schüttelte verständnislos den Kopf: »Aber dann beweise es dir doch auf einer Stelle, wo nicht alles umsonst ist!«

»Nein!« Sabrina stand auf. »Ich zieh das hier durch! Dann ist Jan jetzt wohl mein Chef, wenn du weg bist. Richtig?«

Sebastian zuckte mit den Schultern: »Jan? Joachim? Keine Ahnung! Walter ist es jedenfalls nicht mehr. Der ist tot. Und ich auch nicht. Ich bin weg.«

Sabrina verließ wütend Sebastians Büro. Jan hielt sie mit seinem Sales-Funnel für bescheuert und Sebastian für jung und unerfahren. Und beide schienen gleichermaßen unfähig zu sein. Dann würde sie eben allein das Hotel retten! Schließlich hatte sie dafür studiert, um etwas in der Welt zu bewirken und es allen zu zeigen. Jedenfalls würde sie nicht aufgeben.

*

Gegen 14 Uhr am Donnerstag bog Jan auf den Hotelparkplatz ein. Was für ein Elend! Sie hatten 86 Zimmer und es standen zwölf Autos auf dem Parkplatz. Zwölf!

Jan betrat das Hotel und ging direkt zu Sabrinas Büro. Er musterte sie kurz. Unscheinbare Brille, kurze braune Haare, sportliche Mittzwanzigerin, die aussah wie höchstens zwanzig und auf ihn leicht naiv wirkte. Vermutlich war sie das auch. Heute wirkte sie allerdings wütend. Als sie aufstand, um ihn zu begrüßen, fiel ihm auf, dass sie ihm höchstens bis zur Schulter reichte.

»Hallo Sabrina«, begann Jan. »Konntest du mit meinen Mails was anfangen? Und was hast du schon umgesetzt?«

»Hast du schon mit Sebastian gesprochen?«, fragte Sabrina zurück.

»Nein, wieso? Hat er was mit dem Sales-Funnel zu tun?«, blockte Jan Sabrinas Ausweichversuch. Dass Mitarbeiter nie klar auf Fragen antworten konnten, stand ihm wirklich bis zum Hals.

»Dann weißt du es noch gar nicht?«, ließ Sabrina nicht locker.

»Was soll ich nicht wissen?«, biss Jan schließlich doch an.

»Oh, also nicht? Das soll er dir dann lieber selbst sagen«, biss sich Sabrina auf die Lippen.

»Jetzt sag schon!«, forderte Jan sie auf. »Ich kann ja schlecht zu Sebastian gehen und ihn bitten, das zu sagen, was du nicht sagen willst.«

Was für ein Idiot, dachte sich Sabrina. Andererseits, wenn er es noch nicht wusste, dann könnte sie sich Jan erst mal eine Zeit lang vom Leib halten und vielleicht vergaß er das mit dem Sales-Funnel angesichts des neuen Problems auch einfach wieder. Und so erwiderte sie unschuldig: »Sebastian hat wohl einen Brief in dein Büro gelegt. Vielleicht hat es damit was zu tun?«

Eine Kündigung!, fuhr es Jan siedend heiß durch den Kopf. Das kann er nicht machen! Gerade jetzt, wo Corona vorbei ist und das Hotel wieder Fahrt aufnehmen muss, kann er als Vertriebler nicht gehen! Wer soll denn dann die Veranstalter akquirieren? Und in Gedanken verabschiedete er sich von seinem Ziel, keine F-Aufgaben mehr zu übernehmen und das Hotel kurzfristig auf die Erfolgsspur zurückzubringen. Eilig verließ Jan Sabrinas Büro, um nachzuschauen, was in dem Brief stand.

Als Jan den Raum verlassen hatte, sackte Sabrina auf ihrem Stuhl in sich zusammen und spürte, wie ihr zwei Tränen über die Wangen liefen. Wieso wurde sie immer mit solchen Männern bestraft? Zu Hause wurde sie von ihren sechs älteren Brüdern immer als die Kleine behandelt, die man nicht ernst nehmen musste. Zwar hatte sie dann als Einzige den Master-Abschluss gemacht, aber sie wurde immer noch nicht ernst genommen. Und nun dieser Typ hier. Einen Moment kam der Vorschlag von Sebastian hoch, doch woanders ihr Glück zu versuchen. Aber das war keine Option! Vermutlich gab es überall Idioten als Chefs.

*

Nach einem kurzen, heftigen Gespräch mit Sebastian wurde Jan klar, dass dessen Entscheidung endgültig war. Da er aufgrund seines Resturlaubs sowieso nur noch wenige Tage da wäre, stellte er Sebastian kurzerhand frei. Solche illoyalen Mitarbeiter machten ihn unglaublich wütend!

Da Sabrina für die Website und das Marketing zuständig war, konnte sie nicht verkaufen. Immerhin konnte sie sich um Booking & Co. kümmern. Die Leute im Veranstaltungsmanagement organisierten nur, wenn der Kunde bereits zugesagt hatte, die Veranstaltung durchzuführen.

Der Einzige, der verkaufen konnte, war er, Jan. Also musste er wieder ran, um die Firmen und Seminarveranstalter als Kunden zu gewinnen. Und die brachten dann Gäste mit. Das durfte jetzt keinesfalls zusammenbrechen. Erst in diesem Moment wurde ihm klar, dass Sebastian aufgrund der Freistellung keine Übergabe mehr gemacht hatte und er gar nicht wusste, mit wem Sebastian gerade im Gespräch gewesen war. Das machte ihn noch wütender!

Und so wurde es wieder spät. Julia war wieder frostig. Das waren stimmungsmäßig echt super Aussichten für seinen 40. Geburtstag am Samstag. An diesem Donnerstagabend wurde Jan endgültig klar, dass er allein nicht mehr weiterkommen würde. So rief er bei Thomas an. Der hörte einige Minuten zu, dann erwiderte er, dass er einen Termin bei Wolfgang Radies in die Wege leiten könne. Jan stimmte umgekehrt zu, dass Thomas Wolfgang von ihrem ersten Gespräch im Hotelrestaurant berichten dürfe.

2. Um was es wirklich geht

(FR., 25. JUNI 2021)

2.1 Der begrenzte Nutzen von Zielen

2.1.1 Das anfängliche Ziel

Wolfgang stand an der langen Fensterfront des Besprechungsraums in einem Hotel südlich von Stuttgart und schaute ins Tal hinunter, als Jan eintrat. Er drehte sich um und lächelte Jan mit entwaffnender Offenheit an: »Hallo Jan, schön, dich kennenzulernen. Angenommen, es käme eine gute Fee und du hättest einen Wunsch frei, was würdest du dir wünschen?«

Jan war von Wolfgangs herzlichem Lächeln angenehm überrascht und betrachtete ihn einen Moment. Er war etwa 1,70 m groß, schlank und drahtig, wirkte wie vielleicht 60 und war gut gekleidet. Sein direkter Gesprächseinstieg war allerdings, milde ausgedrückt, ein bisschen kauzig. Jan zweifelte einen Moment, worauf er sich da eingelassen hatte. Und so fragte er: »Du bist Wolfgang Radies? Und du kannst mir in meiner jetzigen Situation helfen?«

Wolfgang nickte: »Ja, ich bin Wolfgang Radies. Aber ob ich dir helfen kann, weiß ich ehrlicherweise noch nicht. Ich weiß ja noch nicht mal, wobei ich dir genau helfen soll. Lass uns also noch mal zur Fee zurückkommen: Was würdest du dir wünschen?«

Jan musste innerlich grinsen. Es schien, als ob Wolfgang genau wusste, warum er diese Frage stellte, und vermutlich würde er auch nicht von seiner Fee ablassen. Vielleicht hatte er doch eine Idee, wie er ihm helfen könnte. »Ich wünsche mir einen Ersatz für meinen Vertriebsleiter, damit ich nicht mehr seine F-Aufgaben machen muss«, antwortete Jan und spielte das Spiel mit.

Wolfgang schüttelte den Kopf abwehrend: »Da kann dir auch irgendein Headhunter helfen. Ich als Fee wäre bei so einem Wunsch wirklich beleidigt.« Lächelnd fuhr er fort: »Also noch mal!«

Irritiert dachte Jan einen Moment nach. Dieser Wolfgang meinte wohl nicht die kurzfristigen Probleme, sondern seine langfristigen Ziele. Aber er hatte angesichts seiner Vertriebsprobleme gar keinen Kopf dafür. Und das sagte er dann auch Wolfgang.

Wolfgang lächelte verständnisvoll: »Keine Sorge, wir werden uns heute Nachmittag mit deinen aktuellen Herausforderungen befassen. Das wird, kann ich dir jetzt zusichern, vergleichsweise einfach. Aber wieso sollen wir ein Problem am Wegesrand lösen, wenn wir nicht wissen, ob wir auf dem richtigen Weg sind? Du hast also noch mal einen Wunsch frei.«

Und so versuchte es Jan ein weiteres Mal: »Okay, also 8,5 Millionen Euro. Und ich bin hier, um das Geheimnis zu erfahren, wie ich da hinkomme.«

Etwas schief schaute Wolfgang zu Jan hoch, zeigte dann zu einem Flipchart und bat Jan, oben 8,5 Millionen Euro hinzuschreiben. »Warum 8,5 Millionen?«

Jan schilderte, was er bei dem Erfolgstrainer gelernt hatte und wie er zu der Zahl gekommen war. Und dass er frei sein wolle und schließlich deshalb auch Unternehmer geworden sei.

»Und welche Wünsche willst du dann mit den 8,5 Millionen erfüllen?«, fragte Wolfgang interessiert.

»In einer kleinen Villa wohnen, einen Aston Martin fahren, mit meiner Familie eine Weltreise machen, meinen Kindern die bestmögliche Ausbildung bieten, den Segelschein machen … Soll ich fortfahren? Ich bin da sehr klar!«

»Und wozu willst du einen Haufen Steine, den du Villa nennst, und einen Haufen Blech, den du Aston Martin nennst?«, fragte Wolfgang weiter.

Der Typ schien noch kauziger zu sein, als er aussah.

»Na ja«, versuchte es Jan erneut, »in dem Steinhaufen will ich mich mit meiner Familie wohlfühlen und mit dem Haufen Blech will ich Spaß haben.«

»Ah, wir nähern uns der Sache«, erwiderte Wolfgang Radies lächelnd. »Wohl fühlen, Spaß haben ... Es geht also nicht um Steine, Blech, bunt bedrucktes Papier mit Zahlen drauf oder um ein paar Bytes auf dem Server einer Bank, sondern um Gefühle. Bitte schreib auf das zweite Flipchart hier, welche Gefühle du noch erleben willst.«

Jan schrieb: »Spaß, wohlfühlen mit Familie« und dachte nach. »Geht auch ›innere Ruhe‹ oder Ausgeglichenheit oder Gelassenheit? Mein Leben ist viel zu anstrengend gerade.«

»Geht alles, was du magst«, ermunterte Wolfgang ihn.

Jan schrieb »innere Ruhe« auf. Er überlegte. Gefühle? Das war echt schwer. Was verband er mit Erfolg? So fragte er: »Geht auch Begeisterung, Energie, Abenteuer, Neugier, Mut, Entschlossenheit?«

»Alles drauf aufs Flipchart«, nickte Wolfgang. »Noch was?«

Jan sinnierte, wie er die Partnerschaft mit Julia gerne hätte, und ergänzte schließlich: »Liebe, Nähe, Faszination, Verbindung, Lebendigkeit, Dankbarkeit.«

Und dann kam nochmals das Bild im Spiegel vor zwei Wochen hoch. So wollte er nicht sein und so schrieb Jan drei weitere Begriffe auf, die er vorlas: »Selbstsicherheit, Kraft, Stolz. Mehr fällt mir jetzt nicht mehr ein. Reicht das?«

»Absolut«, nickte Wolfgang. »Zumindest fürs Erste. Bitte sei nun einmal ehrlich zu dir und antworte nicht vorschnell: Welche dieser Gefühle erlebst du heute regelmäßig?«

Jan fühlte sich in diesem Moment, wie wenn er eine Faust mitten ins Gesicht bekommen hätte. Er musste sich am Tisch festhalten und schaute Wolfgang hilflos an. Einige Gefühle wie Ausgeglichenheit, Nähe, Energie oder Stolz konnte er sofort streichen – die erlebte er überhaupt nicht. Andere wie Begeisterung nur selten.

»Spaß, wenn ich mit Paul rausgehe. Und Verbindung manchmal. Vor zwei Wochen, als ich den Abend mit Sofia, Carlos und Thomas verbrachte«, sagte Jan schließlich.

»Thomas hat mir von eurem Abend erzählt«, nickte Wolfgang. »Aber wenn dir diese Gefühle heute fehlen, wann möchtest du damit beginnen, all diese Gefühle zu erleben? In 2, 5, 10 oder 20 Jahren, wenn du vielleicht die 8,5 Millionen Euro hast? Falls – Thomas hat mir mit deinem Einverständnis auch davon erzählt – dein Arzt nicht vorher recht behält?«, hakte Wolfgang nach.

»Ich muss eben schneller die 8,5 Millionen erreichen«, erwiderte Jan. »Oder willst du mir jetzt verkaufen, dass ich mein Ziel loslassen soll? Erfolgsmenschen haben eben Ziele. Steht doch in jedem Erfolgsbuch und wird bei jedem Seminar so gelehrt!«

2.1.2 Das Ziele-Paradox

»Jetzt wird's spannend«, lächelte Wolfgang. »Erst einmal werde ich dir gar nichts verkaufen. Ist dein Leben, nicht meins. Ich biete – bis du ein Commitment eingegangen bist und wir beschlossen haben, einen Teil des Wegs gemeinsam zu gehen – nur andere Perspektiven. Lass uns zuerst über das Ziele-Paradox sprechen.«

»Ziele-Paradox?«, fragte Jan irritiert.

»Nun, ein Beispiel. Ich habe viele Unternehmer-Kunden, die wollen frei sein. Das ist ihr wahres Ziel.«

»Ich will auch frei sein«, warf Jan ein. »Deswegen habe ich ja 2009 mein erstes Unternehmen Dojan und später meinen Onlineshop gegründet. Kein Chef mehr, der mir sagt, was ich tun soll. Endlich frei! Und deswegen will ich ja auch die 8,5 Millionen.«

»Gut. Jan, als du gegründet hast, hast du dich da frei gefühlt?«

Jan nickte: »Am Anfang war das echt cool. Wir hatten mit meinem Vater einen ersten Kunden, wir konnten den Firmennamen und das Logo und die Einrichtung frei auswählen. Wir überlegten uns, für welche Kunden wir welches Produkt anbieten wollten. Wir konnten frei entscheiden, wo wir unser Produkt bekannt machen wollten. Es gab vielleicht die eine oder andere finanzielle Grenze, aber zumindest quatschte uns niemand mehr rein und das fühlte sich frei an.«

»Ist am Anfang oft so«, nickte Wolfgang. »Bei der Gründung hat und fühlt man eine unglaubliche Freiheit. Und, kleine Randnotiz: Du hattest die Freiheit ohne 8,5 Millionen.«

»Ja, aber mit 8,5 Millionen ist man definitiv noch freier«, erwiderte Jan, ein klein wenig aus dem Konzept gebracht.

Wolfgang lachte: »Schauen wir mal. Euer Unternehmen ist dann gewachsen. Ihr bekamt mehr Kunden und mehr Mitarbeiter. Plötzlich wollten alle was von dir. Dazu kamen noch Steuerberater, Banken, Behörden, Finanzamt und Rechtsanwälte. Die Zahl der Konflikte und deiner Arbeitsstunden nahm zu, richtig?«

»Ja, war so«, nickte Jan. »Die Mitarbeiter und die Kunden gingen mir echt auf den Zeiger. Die einen bekamen nichts hin und die anderen nervten nur noch.«

»Hast du dich dann freier gefühlt oder unfreier?«

»Unfreier«, gab Jan zögernd zu. Und dann verstärkte er noch: »Und ohnmächtig!«

»Und ich vermute, du warst aber zumindest etwas näher an den 8,5 Millionen als bei der Gründung, richtig?«

»Stimmt«, stellte Jan irritiert fest. »Ich hatte mehr Geld *und* war unfreier. Wo ist da der Fehler? Ich wollte doch frei sein und habe alles richtig gemacht. Gegründet. Gewachsen. Leute eingestellt. Erfolg gehabt. Kontostand gestiegen. Wie kommt das, dass ich mich dann unfreier fühle?«

»Das ist das Ziele-Paradox«, erklärte Wolfgang. »Du strebst etwas an, findest Mittel und Wege, um es zu erreichen, und landest beim Gegenteil.«

»Moment mal, wenn das stimmen würde«, überlegte Jan fassungslos, »dann könnte es sein, dass ich irgendwann 8,5 Millionen habe, aber kein bisschen freier bin. Schlimmstenfalls sogar noch unfreier! Und dass ich die Gefühle hier am Flipchart auch dann nicht erleben würde. Das bedeutet, Geld wäre das falsche Mittel, um frei zu sein?«

»Nein«, schüttelte Wolfgang den Kopf. »*Jedes* Mittel ist das falsche Mittel! Jugendliche wollen auch frei sein. Einige rennen deshalb von einer Party zur nächsten und nehmen dort irgendwelche Substanzen, die ein noch freieres Verhalten ermöglichen. Und am Schluss sind sie nicht frei, sondern abhängig.

Andere gehen auf eine einsame Insel, um frei zu sein. Dort können sie machen, was sie wollen. Aber nach Tagen, Wochen oder spätestens Jahren fühlen sie sich dort wie ein Gefangener. Wie Robinson Crusoe. Geld, Substanzen, einsame Insel. *Jedes* Mittel ist in dieser langfristigen Ziele-Konstruktion das falsche!«

»Ja, aber was soll ich denn dann machen? Mich von meinen Zielen verabschieden?«

»Ja, in gewissem Sinne«, nickte Wolfgang lächelnd. »Das Problem liegt darin, dass wir uns auf Ziele konzentrieren, die wir in 2, 5, 10 oder 20 Jahren erreichen wollen. Das bedeutet, dass wir sie 2, 5, 10 oder 20 Jahre lang *nicht* erreicht haben. Erst am Ende. Und am Ende ist es oft so, dass erreichte Ziele sich fade und leer anfühlen. Und wenn sich der Weg, die Jahre zwischendrin, auch nicht toll anfühlten, was habe ich dann? Was habe ich dann aus meinem Leben gemacht?«

Wolfgang ließ diese Frage einen Moment nachwirken und fuhr dann fort: »Als ich mir selbst mein Ziel der ersten Million gesetzt habe, habe ich zwei Jahre drauf hingearbeitet. Ich habe das 1981 mit meiner ersten Firma auf dem Papier erreicht. Willst du wissen, wie lange ich mich gefreut habe?«

»Keine Ahnung«, zuckte Jan mit den Schultern.

»Volle zwei Minuten. Ich habe es damals in mein Tagebuch geschrieben. Und dann hatte ich wieder zu tun in meiner Firma. Anders ausgedrückt: Ich habe zwei Jahre geackert für zwei Minuten Glücksgefühl. Und vor allem: In den zwei Jahren hatte ich *kein* Glücksgefühl, sondern ziemlich viel Stress und Ärger. Scheint mir kein sonderlich schlaues Konzept zu sein.«

Das Ziel ist unwichtig. Das Leben besteht aus den Jahren zwischendrin.

»Das ging dir also auch mal so?«, wollte Jan wissen.

Wolfgang nickte.

Jan spürte in sich hinein und fasste schließlich zusammen, was er verstanden hatte. »Es kommt also nicht auf das Ziel an, sondern auf die Jahre zwischendrin«, stellte er konsterniert fest. »Das ist völlig anders als alles, was wir von klein auf lernen.

Ich hatte an dem Abend vor zwei Wochen ein Gefühl, das ich nicht genau benennen konnte. Sofia, Thomas und Carlos schienen überhaupt nicht an dem Erreichten zu hängen. Also, sie waren zwar stolz drauf, aber viel wichtiger schien ihnen ihr Leben als Unternehmer zu sein. Also nicht das Resultat, sondern die Jahre zwischendrin.«

Wolfgang lächelte zustimmend: *»Ja, das ganze Leben besteht aus den Jahren zwischendrin und dem, was du dabei erlebst. Die Jahre zwischendrin sind der Schlüssel. Das Ziel und das Ergebnis sind nahezu unwichtig!«*

»Aber dann wäre es ja völlig bescheuert, sich Ziele zu setzen«, entfuhr es Jan. »Und die Zielsetzung aus den Erfolgsbüchern und Seminaren wäre falsch?«

»Ach nein, so weit würde ich nicht gehen«, schüttelte Wolfgang den Kopf. »*Ziele sorgen dafür, dass wir den Hintern hochbekommen.* Nur verabschiede dich von der Vorstellung, dass du am Ende glücklich wirst. Das wird nicht geschehen. Oder zumindest nicht in einem Umfang und einer Dauer, die den Aufwand lohnen.

Es geht nicht darum, Erfolg zu haben, um glücklich zu sein. Sondern darum, glücklich Erfolg zu haben. Es geht um den Weg und nicht das Ziel.

Der tibetische Mönch Atisha sagte schon im 11. Jahrhundert: ›Wenn du dich darauf versteifst, zu bekommen, was du willst, und zu vermeiden, was du nicht willst, wirst du kein Glück finden.‹ *Es geht nicht darum, Erfolg zu haben, um glücklich zu sein, sondern darum, glücklich Erfolg zu haben.* Es geht um das Glück, den Spaß, das Wohlfühlen, das Abenteuer *auf dem Weg* und nicht am Ziel. Es geht nicht darum, irgendwann mal ein Unternehmen zu haben, das mir Freiheit gibt. *Es geht darum, sich jeden Tag die Frage zu stellen, wie ich heute mein Unternehmen so umbauen kann, dass ich heute und morgen mehr Freiheit und Freude und Flow erlebe. Und mein Team am besten auch!*

Es geht um die Gefühle, die du ans Flipchart geschrieben hast. Und zwar nicht in zehn Jahren, sondern heute, morgen, übermorgen. Die Neurowissenschaft zeigt übrigens, dass alles, was wir häufig tun, uns immer leichter fällt. Es bilden sich neuronale Autobahnen. Das gilt auch für Gefühle. Manche sind so oft mies gelaunt, dass sie sich gar nicht mehr freuen können. Wenn du zehn Jahre lang Unfreiheit gefühlt und die positiven Gefühle auf dem Flipchart nicht empfunden hast, dann wird es dir in zehn Jahren praktisch unmöglich sein, dich frei zu fühlen und all die positiven Gefühle zu erleben. Selbst wenn die Rahmenbedingungen in zehn Jahren stimmen würden. Dein Gehirn weiß gar nicht mehr, wie das geht.«

»Krass«, entfuhr es Jan. »Ich habe mir bei Dojan also eine miese Stimmung antrainiert, und weil ich das gut kann, habe ich das auch die zwei Monate zu Hause gemacht und setze das gerade im Hotel fort.

Wir müssten uns also überlegen, wie ich *jetzt* diese Gefühle auf dem Flipchart erleben kann?«

»Könnten wir machen. Ist aber für unsere weitere Arbeit noch zu oberflächlich. Und die Gefahr ist groß, dass wir am Ende Dingen hinterherlaufen, die gar nicht wirklich deine sind. Ich habe zu oft mit Kunden gearbeitet, die Zielen oder Werten anderer – also von Eltern oder Partnerin oder von Freunden – hinterhergerannt sind, teilweise, ohne dass sie das wussten. Das Ziel mit den 8,5 Millionen hattest du vermutlich vor dem Erfolgsseminar auch noch nicht. Und dann hast du das Ziel eines Erfolgstrainers übernommen und dir selbst noch eingeredet, du wärst klar dabei. Und das wäre dein Ziel. War es aber nicht. Es war seins.

Letztlich wissen wir noch nicht, ob diese Gefühle auf dem Flipchart wirklich dein Weg wären. Es gibt nur eine Möglichkeit: Wir finden heraus, welche positiven Gefühle du in deinem Leben schon erlebt hast. Denn das waren deine Gefühle und nicht die von jemand anderem. Und dann schauen wir, wie du diese Gefühle – möglichst täglich – wieder erleben kannst.«

2.2 Jans neuer Weg

2.2.1 Jans bisheriges Leben

»Du willst jetzt meine Lebensgeschichte wissen?«, fragte Jan.

»Ja, spring einfach mal in irgendeine Zeit zurück. Dann werde ich dir einige Fragen stellen«, erwiderte Wolfgang.

Jan versetzte sich zurück: »In meiner Kindheit war schon immer klar, dass ich irgendwann mal Unternehmer werden würde. Wie mein Vater, mein Opa und mein Uropa auch. Wenn es nach meinem Vater gegangen wäre, würde ich heute wie mein Uropa Johann heißen. Das war eines der wenigen Male, wo nicht mein Vater, sondern glücklicherweise meine Mutter ihren Willen durchgesetzt hatte.«

»War nur deinem Vater das klar, dass du Unternehmer werden sollst, oder wolltest du das auch?«

Jan dachte einen Moment nach: »Kann ich dir gar nicht genau sagen. Meine Kindheit war mit den Geschichten über Uropa Johann und Opa Werner gefüllt. Uropa Johann hatte vor dem Krieg eine Fabrik für Röhrenradios mit 150 Arbeitern aufgebaut, die aber im Krieg zerbombt wurde. 1948 starb er dann viel zu früh mit 49 Jahren.

Opa Werner hat es dann direkt nach Johanns Tod, da war er 18, noch mal versucht und das lief in den 50ern ganz gut, aber dann hat er sich mit Röhrenfernsehern verzockt und die Transistorradios verschlafen. Anfang der 60er machte er Konkurs und begann zu saufen. 1978, also drei Jahre bevor ich geboren wurde, starb er dann mit einer kaputten Leber.«

»Da war er dann 48?«, rechnete Wolfgang. »Deine männliche Linie scheint nicht die höchste Lebenserwartung zu haben.«

»Wohl nicht«, nickte Jan traurig. »Die Ärzte haben mir ja vor einem halben Jahr auch nur noch zwei Jahre gegeben. Eigentlich hoffe ich, dass das bei mir anders wird. Auch für meine Kinder. Mein Vater starb 2010 auch mit 56 Jahren. Er war extrem leistungsorientiert und jähzornig. Vermutlich, weil er seine späte Kindheit mit seinem Alkoholiker-Vater in Armut erlebt hat.

Und er wollte mit aller Kraft, dass ich in Johanns Fußstapfen trete und endlich wieder ein großes Unternehmen aufbaue. Dazu müsse ich etwas lernen. Ich erlebte deshalb die Schule als extremen Druck. Als Kind konnte ich dem Druck nur deshalb etwas ausweichen, weil ich sehr gute Noten hatte. Aber wenn ich ehrlich bin: Egal, welche Noten ich hatte, es war nie genug.

Und zu deiner Frage zurück: Vor allem wollte mein Vater, dass ich Unternehmer werde. Aber die Geschichten von Opa und Uropa faszinierten mich auch. Und in mancher Hinsicht wollte ich so sein wie sie, also vor allem wie Johann. Er war der Einzige, der wirklich erfolgreich war – bis der Krieg kam. Das wurde noch deutlicher, als ich feststellte, dass mein Vater mit seinem Architekturbüro auch keine 150 Mitarbeiter, sondern nur maximal zwölf Leute hatte.«

Wolfgang nickte nachdenklich: »Klingt nach ziemlich hohem Druck. Kam dieser Druck nur von deinem Vater oder auch von deiner Mutter?«

Jan schüttelte traurig den Kopf: »Nein, meine Mutter hatte bei meinem jähzornigen Vater nicht viel zu sagen. Und da mein Vater sich null für meine jüngere Schwester interessierte, schufen sich meine Mutter und meine Schwester ihr Paralleluniversum. Dazu hatte ich nie Zugang.

Meine Mutter unterstützte mich zwar, aber nur, solange mein Vater nicht da war. Das machte mich einerseits traurig, aber andererseits hatte ich schon als Kind das Gefühl, dass meine Mutter und meine Schwester nichts auf die Reihe bekamen. Heute habe ich nur ein Mal im Jahr an Weihnachten Kontakt zu ihnen.«

Wolfgang nickte mitfühlend: »Gab es dann eine Zeit, wo du dich von dem Druck deines Vaters befreit hast?«

»Ja«, leuchteten Jans Augen auf. »1997, also mit 16, und bis zum Abi war eine super Zeit! Ich verbrachte neben der Schule die meiste Zeit im Fitnessstudio. Ich baute mir einen krassen Body auf. Außerdem fing ich an, von meiner Heimat Nürnberg aus, Busfahrten zur Loveparade, dem Karneval der Kulturen oder angesagten Clubs wie dem E-Werk oder Bunker in Berlin zu organisieren. Ich sorgte dafür, dass wir auch mit unter 18 in die Clubs kamen. Da gingen die Megapartys ab und alle wollten dabei sein. Ich war der Mittelpunkt. Auch bei den Mädels.«

»Wenn du die Gefühle damals beschreiben solltest, welche waren das?«

»Freiheit«, überlegte Jan. Dann schaute er aufs Flipchart: »Begeisterung, Mut, Neugier, Stolz, Gemeinschaft oder Verbundenheit, Spaß, Abenteuer, Erfüllung, Lebensfreude. Ich war glücklich und zufrieden. Das war geil«, strahlte Jan. »Es hat sich irgendwie nach Flow angefühlt. Und sinnvoll und erfüllt fühlte es sich auch an, dieses damalige Lebensgefühl allen, die mitfuhren, zu ermöglichen. Gut, einige haben sich auch komplett zugedröhnt, aber das war nicht meine Welt.«

»Kann ich gut nachvollziehen«, lächelte Wolfgang. »Ich war um '68 rum und danach bei vielen Open-Air-Konzerten. Hendrix, Genesis, die Stones … War ein ganz besonderes Lebensgefühl.«

»Echt, du kennst das?«, fragte Jan.

»Du meinst, weil ich ein bisschen älter bin, kenne ich das nicht?«, grinste Wolfgang. »Aber lass uns bei dir weitermachen. Was geschah dann?«

»Mit meinen Noten hätte ich Medizin studieren können. Und da ich als Bodybuilder den Körper spannend fand und im Biologie-Leistungskurs richtig gut war, lag das auch nahe. Aber mein Vater übte beständig Druck auf mich aus und natürlich sollte ich dann nicht nur eine Arztpraxis, sondern gleich eine Privatklinik gründen. Darauf hatte ich aber definitiv null Bock. Da ich damals nebenbei in einem Hotel in deren Fitnessbereich jobbte und Kurse gab und das Klima dort auch ziemlich nett war, begann ich aus Protest eine Lehre als Hotelfachmann.«

»Okay, dein Vater dürfte getobt haben«, gluckste Wolfgang. »Aber wie ging es dir damit?«

»Ich habe mich ziemlich unterfordert gefühlt. Aber mit Menschen konnte ich früher immer gut und so hat mir das auch irgendwie Spaß gemacht. Und nebenbei habe ich, wenn meine Zeit es zuließ, weiter trainiert und die Fahrten nach Berlin organisiert.«

»›Auch irgendwie Spaß‹ klingt jetzt nicht mehr so nach Lebensfreude wie die Jahre davor?«

»Nein, war es auch nicht«, schüttelte Jan nachdenklich den Kopf. »Und danach wurde es noch übler. Nach meiner Ausbildung habe ich Zivildienst im Krankenhaus gemacht. Vielleicht würde ich ja doch noch Medizin studieren. Mich hatte Medizin damals wegen der Gesundheit interessiert. Wie können Menschen gesünder und energiegeladener leben?

Aber im Krankenhaus erlebte ich nur Verwaltung von Krankheit und Kampf um Krankenkassengelder. Die Krankenschwestern und einige wenige Ärzte wollten den Menschen schon helfen, aber das System ließ es gar nicht zu. Und die Frage, was man tun könne, damit die Menschen erst gar nicht krank werden, stellte fast niemand.«

»Klingt ziemlich desillusioniert«, stellte Wolfgang fest.

»Ja, Medizin schied nach dieser Erfahrung aus. Und so hatte ich keine Ahnung, was ich nach meinem Zivildienst machen sollte. Ich war, auch wenn ich immer noch etwas trainierte, ziemlich kraftlos. Also mental. Meine Begeisterung war weg. Und deshalb begann ich einfach bei meinem Vater im Architekturbüro zu jobben.«

»Autsch«, konstatierte Wolfgang. »Fühlt sich an wie vor dem Vater und seinen Wünschen eingeknickt.«

»Ja, das ging auch nicht lange gut«, schüttelte Jan traurig den Kopf. »Dann habe ich es ein Jahr im Immobilienverkauf probiert. Das konnte ich ganz gut und bekam darüber wieder die Kurve. Und habe dann, weil ich mehr wollte, 2007 bis 2010 BWL studiert. Da war ich zwar ganz gut, aber eigentlich fühlte ich mich schon zu alt, um zu studieren. Ich wollte was bewegen, frei sein.

Und dann tat sich 2009 unerwartet eine Chance auf. Mein Vater brauchte in seinem Architekturbüro eine Individualsoftware. Und ich hatte im Studium Dominik kennengelernt, der gut programmieren konnte. Zuerst brachte ich die beiden nur zusammen. Dabei freundete ich mich mit Dominik an und er erklärte mir, dass man diese Software dann auch bei anderen Architekten einsetzen könne und er dazu jemanden benötige, der gut verkaufen könne.

Und ich dachte mir, dass es völlig egal ist, ob ich Immobilien oder Software verkaufe, und begann das neben dem Studium. Recht schnell gründeten wir dann unsere gemeinsame Firma Dojan und ich redete mit vielen Architekten. Vertrieb war wieder mega. Nachdem das dann ein Vollzeitjob geworden war, brach ich mein BWL-Studium ab. Mein Vater tobte wieder und ich fühlte mich frei. Bei Dojan kamen dann allerdings immer mehr Programmierer dazu, und mit denen kam ich gar nicht zurande. Das ist echt ein schräges Volk! Ich machte damals einige Erfolgsseminare und fühlte mich wie von einer Horde von Bremsern umgeben. Die sahen den ganzen Tag nur irgendwelche Probleme und erklärten mir, warum irgendwas nicht geht.

2013 lernte ich dann meine Frau Julia kennen. Ihre Fröhlichkeit und ihre strahlenden Augen zogen mich sofort in ihren Bann. Wir waren jeden Tag zusammen und es fühlte sich toll an, sie um mich zu haben. Sie vertraute mir, dass ich alles hinbekäme und für sie da wäre, und ich fühlte mich in ihrer Gegenwart stark und geliebt.«

Jan hielt einen Moment inne und sein Leuchten in den Augen erlosch: »Das ging etwa zwei Jahre, bis die zunehmenden Streits mit Dominik meine ganze Aufmerksamkeit erforderten. Auch die Kunden und die Mitarbeiter nervten nur noch. Und seither ging es gefühlt eigentlich nur bergab.«

Jan hielt kurz inne und ergänzte dann: »Auch wenn es jetzt nicht positiv endet: Es tat gerade richtig gut, das alles zu erzählen.«

Wolfgang legte mitfühlend seine Hand auf Jans Arm: »Wie fühlst du dich jetzt, wenn du dein Leben betrachtest?«

Jan zögerte einen Moment: »Wenn ich an die Qualität des Weges denke, über die wir vorher sprachen, dann bin ich unglaublich traurig. Ich habe in meinen 40 Lebensjahren die drei Jahre zwischen 1997 und 2000 und dann noch mal zwei Jahre nach der Gründung von Dojan richtig Lebensfreude verspürt. Und ich war zwei Jahre so richtig doll in Julia verliebt.« Und dann fügte Jan traurig hinzu: »Nur sieben gute Jahre von 40 Jahren.«

»Wie war das, als deine Kinder geboren wurden?«, unterbrach Wolfgang.

Jan schluckte. Und spürte, wie seine Augen feucht wurden. »Die Geburt von Leon war sicher der schönste Moment in meinem Leben. Aber das war nur dieser eine Tag. Ich war damals im Clinch mit Dominik und wir hatten Stress mit Kunden und Mitarbeitern. Meine Firma brauchte meine volle Aufmerksamkeit. Und Julia begann gefühlt ab diesem Tag zu nerven. Und statt mir zu helfen, belastete sie mich noch zusätzlich.«

»Und bei Mia?«, fragte Wolfgang.

Jan liefen die Tränen über die Wangen. »Ich konnte bei der Geburt nicht dabei sein. Wichtiges Kunden-Meeting.« Nach einer gefühlten Ewigkeit schüttelte Jan den Kopf: »Ich wollte doch immer Kinder. Ich hatte mir das aber ganz anders vorgestellt. Ich würde so gerne erleben, wie meine Kinder aufwachsen. Und zugleich bekomme ich kaum eine Beziehung zu ihnen. Vielleicht ist bei mir was falsch im Kopf?«

Nach einer weiteren Pause fuhr Jan fort: »Aber wenn ich so weitermache wie bislang, dann lebe ich vielleicht noch eineinhalb Jahre, wie mein Arzt gesagt hat. Ich werde nicht erleben, wie meine Kinder aufwachsen. Selbst dann, wenn ich noch 16 Jahre lebe und so alt würde wie mein Vater, würde ich es nicht erleben. So wenig, wie er wirklich erlebt hat, wie ich aufgewachsen bin.

Außer den bisherigen sieben guten Jahren würde kaum mehr etwas Schönes dazukommen. Ich kann und will so nicht mehr weiterleben! Schluss und vorbei!

Ich habe aber keine Ahnung, was ich ändern kann. Gut, Dojan ist weg und der Shop pausiert. Das führt zu einer gewissen Freiheit. Aber jetzt habe ich wieder ein Hotel und das war schon vor 20 Jahren nicht wirklich der Brüllwitz. Und die Mitarbeiter nerven mich und machen alles anders, als ich mir das vorstelle. Ich habe das Gefühl, es frisst mich auf.«

2.2.2 Der Schlüssel zum erfüllten Unternehmersein

Wolfgang schaute Jan lange in die Augen: »Jetzt spüre ich dich und jetzt können wir zusammen den Grundstein legen. Für viele gute Jahre für den Rest deines Lebens. Bereit?«

Jan sah Wolfgang mit traurigen Augen an, während sich eine Mischung aus Niedergeschlagenheit und Hoffnung in ihm regte. Die Worte Wolfgangs durchdrangen langsam seine trüben Gedanken und ließen ihn innehalten. Er spürte, dass Wolfgang wirklich an seiner Seite stand und bereit war, ihn auf diesem neuen Weg zu begleiten.

Der Funke der Hoffnung begann langsam in Jans Herzen zu glimmen. Er spürte eine große Erleichterung, als er sich vorstellte, dass es möglich sein könnte, eine Veränderung herbeizuführen und ein erfüllteres Leben zu führen. Obwohl er noch nicht genau wusste, wie dieser Weg aussehen würde, fühlte er sich gestärkt durch die Gewissheit, dass er nicht allein damit war.

Schließlich nickte Jan: »Ich bin neugierig, wo du den Ausgang siehst. Ich sehe ihn nicht. Nur eins weiß ich jetzt.« Und mit diesen Worten stand Jan auf, ging zum Flipchart und riss das Blatt mit den 8,5 Millionen ab. Er zerknüllte es und warf es in den Papierkorb. »Geld schadet vermutlich nicht, aber der Fokus darauf führt mich eher nicht dahin, wo ich hinwill. Auch wenn ich noch gar nicht weiß, wo ich stattdessen hinwill.«

»Ach, eigentlich weißt du es schon«, lächelte Wolfgang. Er stand auf und forderte Jan auf, ihm zu der breiten Fensterfront zu folgen und hinauszublicken: »Du willst wieder zu deinem Leben von 1997 bis 2000 zurück, also zu den Gefühlen und deinen Erfahrungen dort. Ich hätte dich damals wirklich gerne erlebt. Das ist jetzt unser emotionales Referenzbild. Wir müssen lediglich andere Wege finden, dieselben Gefühle wieder zu erleben. Dann kann ich dich wieder mit dieser Stimmung und Energie erleben. Und dann heben deine Familie und dein Unternehmen fast von allein ab.«

»Meinst du wirklich?«, wollte Jan zweifelnd wissen.

Wolfgang nickte: »Der einzige Schlüssel, den du brauchst, ist dein emotionales Referenzbild. Bislang bist du mit der in unserer Gesellschaft fix verankerten Idee, durch Erfolge glücklich zu werden, dem Erfolg hinterhergerannt. Wenn du erst mal Abi hast, dann ... Wenn du erst mal studiert hast, dann ... Wenn du erst mal einen richtig guten Job hast, dann ... Wenn du erst mal x Millionen hast, dann ... Die Realität ist genau umgekehrt. Diejenigen, die zu Beginn glücklicher sind und mehr Freude erleben, werden erfolgreicher.

Viele rennen dem Erfolg hinterher mit der fixen Idee, durch Erfolge glücklich zu werden. Tatsächlich aber werden wir umgekehrt durch Glück erfolgreich.

Kinder lernen in den Bereichen, in denen sie am meisten Freude empfinden, am schnellsten. Und deshalb werden sie dort besser als in anderen Bereichen. Und haben dann mehr Erfolg. Shawn Achor[16] hat mehrere Hundert Studien zusammengetragen, die alle eins aussagen: Glück geht dem Erfolg voraus und nicht umgekehrt. Zum Beispiel haben sie bei neu eingestellten Mitarbeitern das Glücks-Level gemessen. Und dann nach 18 Monaten geschaut, wer erfolgreicher war. Es waren die, die zu Beginn glücklicher waren.«

Jan zweifelte: »Wir schauen also, wie ich glücklicher werde, und dann kommt der Erfolg schon nach? Das erscheint mir angesichts der Zahlen und Probleme im Hotel wenig Erfolg versprechend.«

»Vordergründig plausibler Einwand«, nickte Wolfgang. »Wenn am Ende das Geld weg ist, dann ist das nicht ganz so prickelnd. Um das zu verhindern, werden wir uns in den nächsten Monaten mit Finanzen, Strategie und Führung beschäftigen müssen.

Aber mal ganz plump gefragt: *Könnte es sein, dass du diese Tätigkeiten fokussierter angehst, wenn sie dich mit Freude erfüllen? Und könnte es sein, dass du sie dann auch schneller erlernst?* Das Glück ist keine Garantie für den Erfolg, aber es erhöht dramatisch die Wahrscheinlichkeit.«

Jan nickte nachdenklich, bevor Wolfgang fortfuhr: »Noch ein Ge-

16 Shawn Achor: Das Happiness-Prinzip.

danke dazu: Deine Mitarbeiter im Hotel sind angesichts von Corona vermutlich verunsichert. Wann wirst du sie eher begeistern können: Wenn du Glück ausstrahlst? Oder wenn du eine Stimmung hast wie zurzeit?«

Jan dachte einen Moment an Sebastian. Den hatte er nicht mehr halten können. Wenn Joachim oder andere Führungskräfte wie Birgit oder Wim folgen würden, könnte er sich alles abschminken und den Hof schließen. In diesem Moment kroch die Angst in ihm hoch. Und die Angst führte zu folgendem Einwand: »Ist ja alles schön und gut mit dem Glück. Aber das löst ja meine aktuellen Probleme nicht.«

Wolfgang hatte Jan genau von der Seite beobachtet und berührte ihn am Arm: »Ich weiß, angesichts deiner aktuellen Situation hättest du gerne schnelle Lösungen. Du würdest dich gerne voll auf die Rettung des Hofs konzentrieren und nicht mit mir über Gefühle reden. Und ich werde dir bei der Rettung helfen.

Bitte mach dir jedoch immer wieder bewusst, dass du den bisherigen Weg mit sieben guten aus 40 Jahren nicht weitergehen willst. Und deshalb brauchen wir zuerst die Grundlage für dich und dein Leben. Und zwar nicht nur als hohle Ziele-Listen oder Mindmaps in der Theorie, sondern so, dass es funktioniert. Das ist was völlig anderes! Dazu brauche ich dein Vertrauen, auch zwischendurch unkonventionelle Wege mitzugehen.

Und heute Nachmittag kommen wir zu den konkreten Herausforderungen. In Ordnung?«

Jan schwieg einen Moment. Und dann wurde ihm plötzlich klar: Sein BWL-Wissen und die ganzen Erfolgsseminare mit den so gut klingenden, aber letztlich leeren Sprüchen hatten ihn auch nur dahin gebracht, wo er jetzt stand. Vermutlich war das bei 90 Prozent der BWL-Studenten und Seminarteilnehmer so. Schließlich nickte er: »Okay, lass uns deinen Weg gehen, Wolfgang.«

Wolfgang dankte Jan für das Vertrauen und fuhr fort: »Du hast vorher, als du die Zeit zwischen 1997 und 2000 beschrieben hast, ein paar Begriffe genannt: Glück und Zufriedenheit, Erfüllung, Sinn, Flow, Spaß und Freude oder Lebensfreude.

Meist werden diese Begriffe sehr unscharf und austauschbar benutzt. Aber wenn ich nicht exakt weiß, was ich damit genau meine, kann ich auch nicht bestimmen, was es braucht, um diese Gefühle zu erleben. Lass uns zuerst ein paar Unterscheidungen treffen und dann formulieren, was du in deinem emotionalen Referenzbild siehst und was du wirklich willst. Und dann sage ich dir, ob ich dir das bieten kann und will.«

Jan nickte zweifelnd: »Wenn du meinst ... Für mich ist das alles dasselbe.«

Wolfgang grinste: »Genau deshalb machen wir es ja. Aber wir müssen heute auch nicht alle dieser Begriffe auseinanderhalten. Nur die grundlegenden. Lass uns beginnen.

Zufriedenheit: Zufrieden bin ich, wenn die Welt so ist, wie ich mir das vorstelle. Also wenn die Arbeit getan ist, wenn die richtigen Menschen um mich herum sind, wenn alles rosarot ist. Dann gibt es keinen weiteren Antrieb, etwas zu tun, und ich lege mich aufs Sofa. Fertig.«

»Sofa hatte ich vor zwei Monaten schon. Das half mir auch nicht weiter«, schüttelte Jan den Kopf.

»Vermutlich nicht«, stimmte Wolfgang zu. »Obwohl man zwischendurch Phasen der Zufriedenheit braucht, um nicht auszubrennen. Aber wir streben Zufriedenheit nur zur Regeneration bewusst an.

Dann **Spaß**: Spaß hat man meist bei kurzfristigen schönen, neuen, abwechslungsreichen Tätigkeiten. Spaß ist die momentane Befriedigung der Stimulanz[17]. Ob das auf irgendeine Weise produktiv oder nützlich ist, ist dem Spaß egal. Spaß macht manche Dinge einfacher und fühlt sich gut an. Die meisten Menschen, die dem Spaß hinterherjagen, erleben jedoch hauptsächlich Langeweile, bis sie vom nächsten Spaß-Kick herausgerissen werden.«

»Aber es schadet nicht, hin und wieder Spaß zu haben«, warf Jan ein.

»Nein«, lachte Wolfgang. »Wer Spaß hat, lebt länger und hat mit geringerer Wahrscheinlichkeit einen Herzinfarkt. Das wäre schon mal ziemlich hilfreich für dich. Aber weder Zufriedenheit noch Spaß sind das, was wir als Unternehmer *primär* anstreben sollten.

Lass uns zum dritten Begriff kommen, dem **Flow**: Da gibt es jetzt

---

17 Zum Begriff der Stimulanz findet sich mehr bei Hans-Georg Häusel und seiner Limbic Map®.

seit über 40 Jahren intensive Forschungen vor allem von Mihály Csíkszentmihályi und später Martin Seligman, die die Richtung der positiven Psychologie mit begründet haben.

Flow ist auf der Gefühlsebene ein Zustand intensiver Konzentration und völligen Aufgehens in einer Tätigkeit. Es ist ein Zustand, in dem man sich vollkommen eins mit dem gegenwärtigen Moment fühlt und alles um einen herum vergisst. In diesem Zustand sind die Handlungen mühelos, das Bewusstsein ist fokussiert und die Zeit scheint wie im Flug zu vergehen. Wenn jemand im Flow ist, erlebt er ein tiefes Glücksgefühl und eine tiefe Befriedigung. Deswegen unterscheide ich Flow und Glück auch nicht.

Mittlerweile weiß man ziemlich genau, wann so etwas wie Flow entstehen kann. Nehmen wir mal einen Kletterer als Beispiel. Er hat ein Ziel: den Gipfel. Aber der Flow entsteht nur, wenn die Route anspruchsvoll und das Klettern selbst wichtiger ist als das Erreichen des Gipfels. Wer unterwegs dauernd an die Brotzeit auf dem Gipfel denkt, kommt nicht in den Flow.«

Jan unterbrach: »Das ist das, was wir vorher hatten: Solange ich dauernd an die 8,5 Millionen, also den Gipfel, denke, kann kein Flow entstehen. Es geht um den Weg, richtig?«

Wolfgang lächelte und fuhr fort:

- »Flow kann entstehen, wenn in jedem Moment sowohl die **grundsätzliche Richtung** als auch der **nächste Schritt** klar sind. Weiß der Kletterer nicht, welchen Griff oder Tritt er als Nächstes machen soll, ist der Flow weg und es kommt vielleicht Panik auf.
- Die **Rückmeldung** erfolgt sofort. Würde der Kletterer erst am nächsten Tag erfahren, ob der nächste Griff der richtige war, wäre er – zumindest als Freeclimber – heute schon tot.
- Die **Anforderungen übersteigen die Fähigkeiten ein bisschen**. Sind die Anforderungen deutlich zu hoch, entstehen Überforderung, Stress oder Panik. Sind sie zu niedrig, entsteht Langeweile. Flow entsteht da, wo ich völlig achtsam sein muss und lerne.

Das sind die Basics für den Quick-Start. Später kommen wir nochmals ausführlicher auf die Einflussgrößen zu sprechen.[18] Wenn das alles zusammenkommt, dann entsteht dieses magische Flow-Gefühl, das den Pulsschlag beschleunigt und die Sinne schärft. In diesem Moment der absoluten Konzentration scheint die Welt um einen herum zu verblassen, während man in eine andere Dimension eintaucht. Das ganze Zeitgefühl verändert sich, als ob die Minuten zu Sekunden werden und die Stunden wie im Flug vergehen.

Und noch viel intensiver als das ist das Gefühl des Verschmelzens. Das Ich-Gefühl löst sich auf und man wird eins mit der Umgebung. Es ist, als ob man mit jedem Atemzug die Energie der Welt um sich herum aufnimmt und sich damit auflädt. Man spürt die Vibrationen, die in der Luft liegen, und fühlt sich wie ein Teil eines größeren Ganzen.«

Jan unterbrach mit glänzenden Augen: »Solche Erlebnisse hatte ich im Fitnessstudio. Oder nach einem Tag Tanzen bei der Loveparade. Oder manchmal beim Verkaufen.« Seine Stimme klang begeistert, als er von diesen Momenten sprach, in denen er das Gefühl hatte, dass alles miteinander verschmolz und er in vollkommenem Einklang mit seinem Handeln war.

Er konnte die Energie förmlich spüren, die durch seinen Körper strömte, wenn er sich an vergangene Flow-Situationen erinnerte. Es war eine unbeschreibliche Erfahrung, die ihm das Gefühl gab, dass er zu wahrer Größe fähig war. Und so fuhr Jan fort: »Ich glaube, wenn ich dieses Flow-Gefühl die ganze Zeit hätte, dann wäre das genau das Richtige! Es ist mit Höchstleistung verbunden und fühlt sich gut an.«

Wolfgang lächelte: »Ja, Csíkszentmihályi hat auch erforscht, wie Spitzenleistungen erbracht wurden, egal ob jetzt in der Wirtschaft, im Sport, in der Kunst oder der Wissenschaft. In den weitaus meisten Fällen agierten diese Spitzenleister im Flow und wurden gerade erst deshalb Spitzenleister. Spitzenleistung ist die Folge von Flow. Tennisspieler, die im Flow sind, Wissenschaftler, die die Zeit vergessen, Musiker, für die nur noch die Musik und das Publikum da sind. Stell dir

18 Das sind die Basics für Flow. Ausführlicher für individuellen Flow siehe Kapitel 3.2.6.2. Und für Team-Flow Kapitel 5.2.

nur mal hypothetisch vor, du wärst beim Unternehmersein den größten Teil der Zeit im Flow!«

»Hammer!«, entfuhr es Jan. »Genau das will ich!«

»Genau da werden wir die nächsten Monate drauf hinarbeiten!«, lächelte Wolfgang. »Das wird allerdings noch nicht das Ende unserer Arbeit sein. Wir werden den Flow nach und nach mit Lebensfreude, Sinn und schließlich Erfüllung anreichern. Der Flow ist nur der Anfang.

> ***Spitzenleistung ist die Folge von Flow.***
> **Stell dir nur mal hypothetisch vor, du wärst beim Unternehmersein den größten Teil der Zeit im Flow!**

Mir geht es darum, dass du als Unternehmer den größten Teil im Flow verbringst und dass du dein Team und deine Kunden in diesem Erleben mitnimmst.[19] Aber du wirst dich ein wenig gedulden müssen, bis du dort bist. Und es ist auch kein Zustand, in dem man 100 Prozent seiner Zeit verbringen kann. Der Kletterer muss zwischendurch immer mal wieder zufrieden auf dem Gipfel ankommen und danach regenerieren. Und manchmal bricht er die Route auch frustriert ab, weil sie zu anspruchsvoll ist. Okay?«

Jan nickte: »Ich verstehe jetzt, warum die Unterscheidungen zwischen Zufriedenheit, Spaß und Flow wichtig sind. Wären diese nicht klar, hätte ich keinen Ansatzpunkt, den Mitarbeitern, die unter Flow die Sofa-Zufriedenheit oder den Spaß verstehen, etwas entgegenzuhalten. Flow ist also mit Leistung und Anstrengung verbunden.«

»Absolut«, stimmte Wolfgang zu. »Sogar manchmal mit Schmerz – vorausgesetzt, er ist selbst gewählt. Nehmen wir noch mal den Kletterer: Wenn die Strecke bewusst etwas schwerer gewählt war als gewöhnlich – und nur so entsteht der Flow –, dann ist er oben fix und fertig. Und hat vermutlich auch die eine oder andere Schürfwunde. Flow ist auch, aber nicht nur Spaß oder Friede, Freude, Eierkuchen.«

Jan unterbrach: »Also so, wie ich es damals beim Bodybuilding erlebt habe. Beim Bankdrücken schaffte ich bequem 110 kg. Aber das Hochgefühl stellte sich erst ein, wenn ich auf 120 kg erhöhte und alles gab. Und zugleich war das auch mit Schmerz verbunden. So wie Arnold Schwarzenegger einmal sagte: ›Schmerz ist gut!‹«

19 Zur Unterscheidung dieser Flow-Arten siehe Kapitel 7.2.

Wolfgang nickte: »Aber natürlich nur, wenn du das selbst willst! Den Bereich, in dem du leicht in den Flow kommst, findest du am Anfang oft da, wo dir eine Tätigkeit Spaß macht. Um dann aber überhaupt in den Flow zu kommen, braucht es erst mal anstrengendes Training. *Flow entsteht, wenn du bewusst den schweren Weg wählst. Plötzlich bist du hellwach, weil du weißt, dass du alles geben musst.*

Flow entsteht, wenn man *bewusst* den unsicheren und schweren Weg wählt. Plötzlich bist du hellwach, weil du weißt, dass du alles geben musst.

Das klingt im ersten Moment allerdings schwerer, als es ist. *Schwerer Weg heißt nicht Selbstkasteiung.* Du hattest Lust auf 120 kg. Du hattest Lust dazu, den ganzen Tag bei der Loveparade durchzutanzen. Trotzdem war es an der Grenze deiner Leistungsfähigkeit, und weil du an diese Grenze gingst, entstand der Flow.«

Jan dachte einen Moment nach: »Wir haben jetzt Zufriedenheit, Spaß und den Flow mit seinen Glücksgefühlen unterschieden. Da habe ich ein klares Bild. Willst du mir noch von den anderen drei Gefühlen erzählen: Lebensfreude, Sinngefühl und Erfüllung?«

»Kommt noch«, verneinte Wolfgang lächelnd. »Mein Ziel ist, dass du dich auf das fokussierst, was jetzt ansteht. Jeder zusätzliche Wissensschnipsel jetzt würde die Wahrscheinlichkeit wieder verringern, dass du es umsetzt. Das würde dich aktuell ablenken. Denk mal drüber nach, was dich noch von dem Flow-Konzept abbringen könnte.«

Jan hörte in sich hinein und erwiderte schließlich: »Während du mir das alles geschildert hast, leuchtete es mir komplett ein. Aber immer, wenn ich an die konkrete Situation in meinem Hotel denke, rastet wieder mein altes Denken ein. Es ist, wie wenn ein Schalter umgelegt wird. Und dann will ich Erfolgsmethoden und Maßnahmen. Was mache ich dagegen?«

»Respekt, dass du das erkennst!«, freute sich Wolfgang. »Die meisten sehen das nicht. Wir sind so darauf geprägt, Ziele zu setzen und Ergebnisse produzieren zu wollen und dazu Systeme, Methoden und Maßnahmen zu nutzen, dass wir immer wieder unterschwellig drauf einrasten. Das passiert dir jetzt gerade und erst recht, wenn du heute Abend hier rausgehst. Und allerspätestens, wenn dich jemand fragt, was du jetzt im Hotel machen willst, bist du wieder voll im zielorientiert-methodischen Denken.«

»Ja, aber wie komme ich aus dieser Nummer raus?«, fragte Jan resigniert. »Wenn ich das zu Ende denke, dann bringen uns diese ganzen Gespräche ja gar nichts, weil ich immer wieder zu den alten Mustern zurückkehre.«

»Wir können diese neuen Muster zwar erkennen wie jetzt hier in unserem Gespräch, aber um danach auch zu agieren, benötigt es viele Wiederholungen, Training. Was das bedeutet, erkläre ich nachher noch genauer. Training ist jedenfalls *der* Hebel, Erkenntnisse zu verankern.

Ich möchte dir eins mitgeben: Ich bin jetzt seit 42 Jahren Unternehmer. Dabei habe ich vieles gelernt. Wie man Strategien entwickelt und verwirklicht, wie man sein Unternehmen so aufbaut, dass es automatisch Gewinn macht, viele verschiedene Führungsstile und noch manches mehr. *Das hier, was wir gerade besprochen haben, ist mit weitem Abstand das Wichtigste, was ich in all diesen Jahren gelernt habe.*

Zuerst geht es um dich. Es geht um deinen Flow-Zustand. Und zwar bei allen unternehmerischen Tätigkeiten. Es geht zum Beispiel nicht darum, mal eine Strategie zu entwickeln, sondern um die Fähigkeit, bei der Strategieentwicklung und gemeinsamen Strategieumsetzung in einen Flow-Zustand zu kommen. Dann wirst du Strategie nie wieder vernachlässigen. Du wirst von Mal zu Mal besser. Du fühlst dich gut dabei. Und du steckst die anderen mit diesem Gefühl und damit auch der neuen Strategie an. Wenn du selbst den Flow nicht lebst, kannst du ihn auch nicht ausstrahlen. Es beginnt also bei dir.

Dann geht es um deine Mitarbeiter. Je mehr Flow sie erleben, desto mehr Erfolg werden sie haben. Sie lernen schneller. Sie wollen wieder Flow erleben und wiederholen die Handlungen öfter. Sie strahlen diese Energie aus und es kommen plötzlich neue Mitarbeiter, die auch mitmachen wollen. Diese Art von Unternehmen hat keine Probleme mehr mit dem Recruiting.

Und dann steigern wir das Ganze noch mal: Wir beziehen auch unsere Kunden mit ein. Können unsere Kunden durch unsere Unternehmen Flow erleben? Dann beginnen Kunden von allein zu kommen. *Wer mühsam verkaufen muss, hat etwas falsch gemacht.*

Und dann die letzte Steigerung: Wir schaffen nicht nur Flow bei einzelnen Mitarbeitern und Kunden, sondern einen Flow im Zusammenspiel. Wenn eine Fußballmannschaft über sich hinauswächst und überirdisch spielt, dann werden alle mitgerissen. Spieler, Trainer, Fans, alle. Das ist dann *innerhalb des Unternehmens Team- und mit den Kunden Group-Flow*. Und genau das wollen wir im Unternehmen mit unseren Mitarbeitern und Kunden erzeugen: ein großes Wir statt viele Ichs. Gemeinsame tägliche Weiterentwicklung, gemeinsame Spitzenleistung. Und das geht nur in einer Flow-Community.«

»Sofia sprach an unserem ersten Abend davon«, überlegte Jan. »Sie erwähnte Flow in Teams und dass dann alles Freude würde. Das zog mich schon vor zwei Wochen magisch an, ohne dass ich hätte benennen können, warum.

Das war«, ergänzte Jan mit leuchtenden Augen, »das Gefühl, das ich damals bei der Organisation der Loveparade-Touren hatte. Wir haben das gemeinsam gemacht. Wir wussten, was zu tun ist. Die Anforderungen waren für uns als 16-Jährige hoch. Wir wirkten in der Organisation als Team zusammen. Es war scheinbar manchmal chaotisch, aber da wir als Gruppe wirkten, fand es sich am Ende immer optimal zusammen. Und zugleich führte ich klar die Organisation, weil ich ein Bild hatte. Wir hatten jederzeit das Gefühl der Kontrolle. Die Zeit schien stillzustehen. Wir waren keine Ichs, sondern ein Wir. Und das strahlte auf alle anderen Teilnehmer ab.«

Wolfgang schwieg neugierig und Jan fuhr fort: »Wenn es möglich wäre, auf diese Art ein Unternehmen zu führen, das wäre der Hammer. Wir würden jedes Problem lösen können. Wir würden dabei permanent wachsen und besser werden. Und Wettbewerb gäbe es dann auch keinen mehr, einfach weil in dieser Liga niemand sonst spielt.«

»Nicht so hastig«, bremste Wolfgang lachend. »Ich kenne schon einige Unternehmer, die in dieser Liga spielen. Sofia, Thomas, Carlos und noch viele andere, die ich trainierte. Aber natürlich hast du recht: Die meisten spielen nicht in dieser Liga! Und es fühlt sich mega an, dazuzugehören.«

2.2.3 Das Ziel, um den Weg des Flows zu gehen

»Wie gehen wir das jetzt an?«, fragte Jan begeistert.

»Du erinnerst dich, wie ich sagte, dass Ziele doch ganz hilfreich wären? Zum Beispiel will der Kletterer auf den Gipfel eines bestimmten Berges. Natürlich erlebt er einen Moment des Stolzes und tiefe Zufriedenheit, wenn er oben ist, aber das wichtigere Element ist das Flow-Gefühl auf dem Weg. Genau genommen setzt er sich das Ziel, auf diesen Gipfel zu kommen, nur, um unterwegs das Flow-Gefühl zu erleben.

Wenn er wirklich weiß, was er tut, findet eine Umkehrung von Ziel und Mittel statt. Damit vermeidet er das Ziele-Paradox, über das wir heute schon gesprochen haben. Für ihn ist nicht der Gipfel das Ziel, sondern das Gefühl beim Klettern. Und das Klettern ist nicht das Mittel, um ans Ziel zu kommen, sondern das Gipfelziel ist ein Mittel, um dem Flow eine Struktur zu geben. Ziel und Mittel werden vertauscht.«

Die Weg-Ziel-Umkehrung

Alt:	Motiv	Ziel	Umsetzung	Gegenteil des Motivs
Neu:	Motiv	tägliche Optimierung des Wegs	Ziel als Mittel	

Etwas verwirrt schaute Jan Wolfgang an: »Und was heißt das jetzt?«

»Nun«, grinste Wolfgang breit, »um den Flow zu erleben, brauchen wir ein Ziel.«

»Also doch die 8,5 Millionen?«, fragte Jan irritiert.

Die Frage lautet nicht, was du haben oder erreichen willst. Sie lautet: Wer willst du werden?

»Die Frage lautet nicht, was du haben oder erreichen willst«, schüttelte Wolfgang den Kopf. »Sie lautet: Wer willst du werden?«

In diesem Moment kam Jan plötzlich eine Antwort: »Ich will wie Sofia, Thomas und Carlos werden! Sie hatten eine unglaubliche Anziehungskraft auf mich. Und sie scheinen die meisten der Gefühle, die hier auf dem Flipchart stehen, zu erleben und auszustrahlen. Und sie haben diese Flow-Teams. Natürlich will ich keine direkte Kopie von ihnen sein, sondern das Ganze auf Jan-Art.«

Wolfgang schrieb über das Flipchart mit den Gefühlen: »Auf Jan-Art wie Sofia, Thomas und Carlos werden.«

Dann drehte er sich um: »Was haben diese drei außer den Gefühlen noch gemeinsam?«

»Sie scheinen großartige Unternehmer zu sein«, erwiderte Jan.

»Großartig ist ein klein wenig unspezifisch«, erwiderte Wolfgang lächelnd. »Lass mich die drei folgendermaßen beschreiben. Sie agieren in jeder Situation aus einer inneren Haltung der Ruhe. Sie sind frei, selbstbestimmt und leben ein erfülltes Leben voller Lebensfreude. Jeder auf seine Art.

Sie schaffen Flow-Teams und Flow-Kunden-Communitys. Ihre Unternehmen passen genau zu ihrem innersten Kern, ihrer Seele. Sie bringen in allem, was sie tun, ihre Seele zum Ausdruck und bereichern damit das Leben ihrer Kunden und Mitarbeiter, aber auch das ihrer Familie oder sonstigen Gesprächspartner. Nicht als angestrebtes Ziel, sondern als Folge sind sie dann automatisch auch wirtschaftlich erfolgreich.

Wir nennen das einen Schwarzgurt-Unternehmer®.«

»Deswegen habt ihr alle diesen Löwen-Pin mit der schwarzen Schleife«, verstand Jan.

Wolfgang nickte stolz: »Der Vorteil gegenüber dem nur ›großartigen‹ Unternehmer ist: Die Definition lässt sich mit klaren Kriterien und Zwischenschritten versehen und damit messen. Bist du unklar in dem, der du werden willst, kommst du nirgendwo an.

Und da außerdem beim Flow-Erleben entscheidend ist, immer den nächsten Schritt zu kennen, braucht es ein klareres Ziel als die Definition ›großartiger Unternehmer‹. Diese Definition verhindert geradezu den Flow.

Das Elend, warum die meisten nicht in den Flow kommen, ist, dass ihr Ziel zu wischiwaschi ist. Und bei unklaren Zielen kann kein Flow entstehen.

Du brauchst also ein klares Ziel, wer du werden willst. Wie im Kampfsport auch: Ein Schwarzgurt muss bestimmte Dinge können und erreicht haben. Und weil sich das messen lässt, kann man zielgerichtet darauf hinarbeiten. Genau wie beim Kampfsport auch mit farbigen Gürteln zwischendrin. Ich habe im Laufe all meiner Jahre festgestellt, dass es bei der Entwicklung von Unternehmern folgende Stufen gibt.

Weiß: der trainierende Unternehmer. In den meisten Sportarten trainieren die Athleten etwa 90 Prozent der Zeit und sind etwa 10 Prozent im Wettkampf. Bei Unternehmern liegt das bestenfalls bei 90 Prozent Wettkampf und 10 Prozent Training. 10 Prozent Training wären 36 Tage im Jahr! Die meisten liegen also deutlich unter den 10 Prozent.«

Jan unterbrach: »Und die besten wie Sofia liegen bei 50:50? Da war ich mit meinen paar Seminaren und Büchern weit weg davon. Aber was mache ich eigentlich während des Trainings?«

Wolfgang lachte: »Ist den meisten verrückterweise gar nicht klar und dann denken sie, dass ein paar Podcasts zu hören Training sei. Ist es nicht – kommen wir aber nachher ausführlicher dazu. Lass uns zuerst zum nächsten Unternehmergürtel kommen.

Gelb: Jemand, der den gelben Gürtel erreicht hat, hat sich aus seinen vielfältigen Zwängen – finanzieller, zeitlicher oder sozialer Natur – befreit. Und er hat die Fähigkeit, das jederzeit wieder zu tun.

Grün: Der Unternehmer hat begonnen, sich mit sich selbst in der Tiefe auseinanderzusetzen. Er meditiert, er kennt seine Motive, Gefühle und Glaubenssätze. Und er kann diese steuern und verändern.

Während es bei Gelb um die Freiheit *von* Zwängen geht, geht es bei Grün um die Freiheit *für* deinen Weg[20].«

»Und wozu soll das nutzen?«, fragte Jan.

»Erstens, um für dich selbst in den Flow zu kommen«, erwiderte Wolfgang. »Und es ist die Grundlage für die nächste Gürtelstufe: Blau. Erst wenn ich weiß, wer ich bin – und zwar, wenn ich es in der Tiefe weiß –, dann kann ich benennen, welche Art von Unternehmen zu mir passt und welche Kunden dazu passen.«

»Also, dass ein Softwareunternehmen nicht zu mir passt, weiß ich jetzt nach zwölf Jahren Dojan«, warf Jan ein.

»Ist schon mal hilfreich«, schmunzelte Wolfgang. »Du weißt aber immer noch nicht, welche Art von Unternehmen passt. Und solange du das nicht weißt, ist jede Strategieentwicklung – und noch mehr -umsetzung – unglaublich schwer. Wenn du deine Strategie aber darauf aufbaust, wirst du am Ende nicht mehr verkaufen müssen – die Kunden kommen von allein.

Sobald du dann eine Strategie hast, musst du deine Mitarbeiter mitnehmen. Bei Rot geht es um Führung und Kultur. Und dabei vor allem um die Schaffung eines Flow-Teams. Und Schwarz hatten wir ja schon besprochen. Selbstbestimmt aus einer inneren Haltung der Ruhe seine Seele zum Ausdruck bringen und damit etwas in der Welt bewirken.«

»Das dauert ja dann ewig, bis ich zu einem Flow-Team komme«, warf Jan frustriert ein.

»Na ja, hängt davon ab, wann du mit dem Training anfängst«, lachte Wolfgang. »Zwölf Jahre sind ja schon rum. Danach dauert es nur noch ein bis zwei Jahre bis zum Flow-Team. Das ist nicht mehr so viel.«

»Hast du auch mal ein Verkaufstraining gemacht?«, grinste Jan kopfschüttelnd zurück. »Nur noch ein bis zwei Jahre …«

»Lange her mit dem Verkaufstraining«, wehrte Wolfgang lächelnd ab und fuhr dann fort: »Ich möchte dir zu den Gürtelstufen noch zwei wesentliche Erkenntnisse mitgeben.

---

20 In der Philosophie wird zwischen Freiheit *von* und Freiheit *für* unterschieden. Ganz platt: Wenn sich ein Jugendlicher *von* den ganzen Zwängen seiner Eltern befreit hat, weiß er immer noch nicht, *wofür* er diese Freiheit eigentlich einsetzen will.

Erstens gibt es bei all diesen Stufen immer einen äußeren, methodischen Teil und einen inneren emotionalen. Um zum Beispiel für Gelb aus den finanziellen Zwängen herauszukommen, brauchst du einen klaren Umgang mit deinen Finanzen, ein paar Kennzahlen und ein paar Tools. Das ist nicht sonderlich viel. Viel wichtiger ist aber die innere Bereitschaft, diese Tools trotz Ängsten und anderer Hindernisse anzuwenden.

Auch das ist wie beim Kampfsport. Die reine Technik ist zwar wichtig – aber wenn du nicht gelernt hast, wie du mit den Angriffen deiner Gegner und deiner dann aufkommenden Ängste umgehen sollst, ist sie wertlos.

Und die zweite Erkenntnis ist: Diese Stufen werden nicht linear durchlaufen. Auch im Kampfsport lernen die Weißgurte schon mal einige Grüngurt-Techniken. Und umgekehrt trainieren selbst die größten Meister täglich Anfängertechniken, aber auf immer höherem Perfektionslevel.

Dasselbe gilt bei Unternehmern auch: Du wirst manchmal schon mit der Strategie beginnen, während du dich noch aus Zwängen befreist. Und du wirst, auch wenn du so weit bist wie Carlos, dich immer noch jeden Tag aus deinen Zwängen befreien. Das geht bei ihm dann allerdings so schnell, dass nur geübte Beobachter überhaupt bemerken, dass er in einer Zwangssituation war.«

Jan vergegenwärtigte sich alles, was Wolfgang gerade beschrieben hatte, nochmals. Das Bild des Schwarzgurt-Unternehmers zog ihn magisch an. Er wollte seine Zwangssituationen so schnell loswerden wie Carlos. Er hoffte, dass die Kunden von allein kämen. Er sehnte sich nach dem Flow für sich. Und er wünschte sich, dass sein Team reibungslos funktionierte. Das fühlte sich gut an.

In diesem Moment traf Jan eine Entscheidung. Er schrieb auf das leere Flipchart, wo vorher noch die 8,5 Millionen standen: »Ich will Schwarzgurt-Unternehmer werden, um jeden Tag auf dem Weg dorthin mehr Flow zu erleben! Ich will eine Firma schaffen, bei der alle Mitarbeiter und alle Kunden im Flow sind und wir deshalb schneller lernen und Spitzenleistungen erbringen.«

»Klingt jetzt nach einem hervorragenden Ziel für die gute Fee«, lächelte Wolfgang.

Jan stand lange vor dem Flipchart und las noch mal jedes Wort. Dann drehte er sich um: »Ja, das will ich werden!«

Wolfgang dachte einen Moment nach. Dann erwiderte er: »Und mach dir bitte immer bewusst, auch wenn es widersprüchlich klingt: Das Ziel ist nicht, Schwarzgurt-Unternehmer zu werden, *sondern dir und deinem Umfeld ein Leben zu erschaffen, das Flow, Lebensfreude, Sinn und schließlich Erfüllung bietet.* Du wirst dies trainieren und erleben, bevor du Schwarzgurt-Unternehmer bist, und nochmals tiefgehender, nachdem du es bist. Das Ziel hält dich nur auf dem Weg. Ansonsten ist es bedeutungslos.

Man kann keinen Schwarzgurt *haben*. Schwarzgurt-Unternehmer sein *ist* das tägliche, lebenslange Training.

Schwarzgurt-Unternehmer sein ist nichts, was du erreichst, sondern *ist*, jeden Tag zu trainieren. Im Kampfsport gibt es Leute, die die Schwarzgurt-Prüfung gemacht haben und dann zehn Jahre nichts gemacht haben und nun mit einer Wampe herumrennen. Sie haben zwar den Schwarzgurt im Schrank, sind aber keine Schwarzgurte mehr. Schwarzgurt-Sein IST das tägliche Training.«

Jan schaute betroffen an sich hinunter. Er war auch mal richtig gut trainiert gewesen und jetzt war da diese Wampe. In diesem Moment verstand er genau, was Wolfgang meinte, und so wiederholte er: »Ja, ich will diesen Weg gehen!«

Wolfgang nickte anerkennend: »Okay, das dürfte der guten Fee gefallen. Dir ist hoffentlich klar, dass du eben wie ein Unternehmer agiert hast?«

»Wie meinst du das?«, fragte Jan etwas verunsichert.

»Nun«, grinste Wolfgang, »du hast gerade eine Entscheidung getroffen. Und zwar ohne zu wissen, was das genau heißt und was auf dich zukommt. Die meisten Menschen gründen noch nicht mal eine Firma, weil sie sich noch nicht sicher sind, ob das das Richtige wäre. Unternehmer machen einfach und sehen dann.«

Jan dachte noch mal nach. Ihm wurde plötzlich klar, dass er überhaupt keinen Plan hatte, wie er jetzt vorgehen sollte, was er trainieren sollte und wie lange es dauern würde. »Also bis zum Flow-Team, hast du gesagt, ein bis zwei Jahre. Aber wie lange brauche ich, um Schwarzgurt-Unternehmer zu werden?«, wollte er schließlich wissen.

»Ist egal«, schüttelte Wolfgang den Kopf. »Es geht ja sowieso um den Weg und den gehst du dann lebenslang. Ansonsten schaffen es die Besten in zwei Jahren.«

»Also solche Unternehmerinnen wie Sofia?«

»Nein, Sofia brauchte vier Jahre. Ihr war der Zeitraum nicht wichtig. Sie legte geduldig ihr Fundament und war deshalb in einigen Bereichen erst nach vier Jahren so weit. Danach ging es dann umso schneller.«

»Ich will es aber in zwei Jahren erreichen«, warf Jan ein.

Wolfgang dachte einen Moment nach, dann nickte er: »Okay, schreib diesen Zeitraum auf, aber ergänze bitte, dass du trotzdem dranbleibst, auch wenn du das Gefühl hast, es in diesem Zeitraum nicht mehr zu schaffen. Die Gefahr ist sonst zu groß, dass dich dein Frust ganz aus der Bahn wirft oder du dir zur Selbstrechtfertigung Gründe erfindest, warum du es doch nicht mehr willst.«

Nachdem Jan dies geschrieben hatte, fuhr Wolfgang fort: »Wenn du so schnell Schwarzgurt werden willst, wirst du – nach einer etwa 3- bis 6-monatigen Aufbauphase – rund 20 Stunden Training pro Woche benötigen, und du solltest dich mit nichts anderem ablenken. Da kommen wir später noch ausführlich dazu.«

Jan nickte und schrieb »20 Stunden Training« ans Flipchart: »Noch was?«

»Ja, zwei Themen noch«, nickte Wolfgang. »Unternehmersein wird oft als etwas Einsames und Heroisches angesehen. Captain Kirk steuert sein Raumschiff allein durch die unendlichen Weiten des Weltalls. Das funktioniert heute nicht mehr. Unternehmersein ist heute so komplex, dass es ein Einzelner nicht mehr bewerkstelligen kann. Zumindest nicht auf einem akzeptablen Niveau. Unternehmersein auf Schwarzgurt-Niveau ist Teamsport gemeinsam mit anderen Unternehmern!

Unternehmersein auf Schwarzgurt-Niveau ist Teamsport gemeinsam mit anderen Unternehmern.

Und das muss in letzter Konsequenz auch so sein: Wenn wir Team-Flow in unserem eigenen Unternehmen schaffen wollen, dann ist es natürlich auch sinnvoller, mit anderen Unternehmern im Flow Schwarzgurt-Unternehmer zu werden. Allein ist das nicht möglich.«

Jan überlegte kurz: »Sofia, Carlos und Thomas sagten, dass sie sich zwei- bis dreimal im Jahr über ihre Unternehmen austauschen würden. Meinst du das?«

»Ja, nur viel häufiger und intensiver! Du wirst Teil einer Unternehmertrainings-Gruppe und dich *mehrfach pro Woche* mit diesen Unternehmern austauschen. Sie werden dein neues Umfeld. Du wirst ihnen mit deinen Erfahrungen helfen. Und sie werden dir mit ihren Erfahrungen helfen. Ihr werdet euch gegenseitig reflektieren. Ihr werdet trainieren, ehrlich und direkt miteinander zu sein. Nichts, was du bisher in deinem Leben gemacht hast, war so intensiv wie das, was jetzt kommt.

Du wirst im Lauf dieser Zeit die anderen und ihre Unternehmen so gut kennenlernen wie dich selbst. Und umgekehrt. Ein Ausweichen wird nicht mehr möglich sein. Wahrscheinlich würde dir auch selbst irgendwann auffallen, wenn du vom Weg abkommst, aber eben nicht nach Tagen, Stunden oder Minuten, sondern erst nach Wochen oder Monaten.

Und da sich dieses Spiel viele Male wiederholen muss, hast du diese Zeit nicht. Wenn du viele Male erst nach Wochen oder Monaten wieder aufwachst, bist du in der Kiste, bevor du es verinnerlicht hast. Es ist ein Training und das geht nur mit dem richtigen Umfeld und der richtigen Kultur in diesem Umfeld – kommen wir später noch drauf.

Du kannst also nicht allein erfolgreich werden. Es gibt nur diesen Weg: Du brauchst ein Umfeld, das mit dir trainiert und dich immer wieder erinnert, wenn du abweichst.«

»Sind da Carlos und Thomas auch dabei?«

»Ja, aber sie sind deine Trainer«, erwiderte Wolfgang ernst. »Sie haben den Schwarzgurt bereits und ihr Motiv ist, das, was sie an sich selbst erfahren haben, an andere Unternehmer weiterzugeben. Sie werden dich die nächsten zwei Jahre trainieren.«

»Und du?«, fragte Jan erschrocken.

»Ich werde dich hin und wieder coachen«, erwiderte Wolfgang besänftigend.

Jan schrieb etwas beruhigt ans Flipchart: »Werde Teil einer Unternehmertrainings-Gruppe mit Carlos und Thomas.« Dann fragte er:

»Du hattest von zwei Themen geredet. Teamsport war das eine. Was ist die zweite Sache?«

»Du hattest doch vor zwei Wochen mit Sofia, Carlos und Thomas einige Aufgaben besprochen. Hast du diese genau so umgesetzt wie besprochen?«

Jan zögerte kurz und erwiderte schließlich: »Nein, mein Vertriebsleiter hat gekündigt und da musste ich reagieren.«

Wolfgang wirkte zufrieden: »Genau deswegen habe ich dir die Frage gestellt. Es kündigt immer irgendwo ein Vertriebsleiter. Das muss so sein, weil das Teil deines Trainingsprogramms ist. Bei schönem Wetter können alle segeln.«

Jan starrte Wolfgang verblüfft an und dieser fuhr fort: »Aber wenn du deinem Vertriebsleiter erlaubst, dich von deinem Weg abzubringen, dann wirst du nicht zwei Jahre brauchen, sondern in 50 Jahren immer noch nicht da sein. Du hast dich ablenken lassen. Ein Schwarzgurt-Unternehmer steht zu seinem Wort.

Da die meisten Menschen ständig ausweichen, ist auch das ein Training. Genau genommen ist dies eine der wichtigsten Komponenten für die Entwicklung von Selbst-Vertrauen. Wie willst du dir denn selbst vertrauen, wenn du eigentlich schon vorher weißt, dass du dich von jedem Vertriebsleiter von deinen Vorsätzen abbringen lässt? Und noch schlimmer: *Wie soll dir da jemand anderes vertrauen?*

Um dies zu trainieren, wirst du einem Teilnehmer aus dieser Gruppe immer wieder Rechenschaft ablegen. Wir nennen diesen ›Bertram‹ – einfach, weil der erste Unternehmer, der diesen Job in meiner Community ausführte, Bertram hieß.[21] Und du wirst für jemand anderen auch der Bertram sein.«

Jan wurde bleich: »Puuh, das ist dann ganz schön peinlich, wenn man gesagt hat, man macht etwas, und hat es dann nicht gemacht und der Bertram legt den Finger in die Wunde. Zumindest gerade, als ich sagen musste, dass ich wegen meines Vertriebsleiters meine Aufgaben nicht umgesetzt habe, war es peinlich für mich. Und das dann regelmäßig und dauernd?«

---

21 Vergleiche dazu »Der Weg zum erfolgreichen Unternehmer«. www.uc-link.com/weg-buch

»Deswegen machen wir es ja«, lachte Wolfgang. »Damit du es umsetzt und es nicht peinlich wird.«

Jan schrieb auch das ans Flipchart, das nun wie folgt aussah:

> Ich will Schwarzgurt-Unternehmer werden, um jeden Tag auf dem Weg dorthin mehr Flow zu erleben!
>
> Ich will eine Firma schaffen, bei der alle Mitarbeiter und Kunden von Flow erfüllt sind und wir deshalb schneller lernen und Spitzenleistungen erbringen.
>
> 1) Ich schaffe das bis in zwei Jahren.
> 2) Ich bleibe dran, auch wenn ich nicht mehr glauben sollte, das Ziel in dieser Zeit zu erreichen.
> 3) Ich trainiere nach einer 3-monatigen Anlaufzeit 20 Stunden pro Woche – auch im Urlaub.
> 4) Ich bin Teil einer Unternehmertrainings-Gruppe mit den Trainern Carlos und Thomas.
> 5) Ich verpflichte mich gegenüber einem Bertram und bin für jemand anderen auch der Bertram.

»Das soll ich jetzt bestimmt unterschreiben?«, fragte Jan.

»Wenn es dir mit diesem Ziel, Schwarzgurt-Unternehmer zu werden, ernst ist und wir weiter im Unternehmertraining zusammenarbeiten sollen, wäre das nützlich. Aber geh dieses Commitment bitte wirklich nur ein, wenn du es auch durchziehst«, lächelte Wolfgang.

Jan unterschrieb, ohne nochmals zu zögern.

Wolfgang nickte anerkennend: »Herzlichen Glückwunsch. Du hast gerade vielleicht die wichtigste Entscheidung deines Lebens getroffen. Bitte schicke ein Foto dieses Commitments deinem Bertram, den du noch von uns bekommst.«

Jan nickte und bat um eine kurze Pause. Obwohl er innerlich voller Energie war, war er nach diesem Block auch ganz schön geschafft.

2.3 Gewohnheiten aufbauen

2.3.1 Gewohnheiten als der wirksamste Punkt der Selbstveränderung

Nach der Pause begann Wolfgang: »Und, wie ist dein Energiezustand?«

Jan nickte: »Ich will unbedingt weiterkommen und noch weiß ich ja gar nicht, was ich alles trainieren soll.«

Wolfgang grinste: »Dann lass uns jetzt, solange du noch fit bist, mit dem einen zentralen Punkt beginnen, der dein Leben so nachhaltig verändern wird wie nichts anderes. Und auch das deiner Mitarbeiter, wenn du sie später darin lehrst.«

Diese Aussage stieß Jan etwas auf. Er fühlte sich an manche Erfolgstrainer erinnert, die ihm ihr jeweiliges Hobby als den einen zentralen Punkt verkaufen wollen: der eine Vertrieb, der nächste Social Media und der dritte ›positives Denken‹. Und so fragte er etwas zweifelnd: »Und was ist das für ein Punkt?«

»Es gibt ein bekanntes Zitat, das dem Talmud[22] zugeschrieben wird:

Achte auf deine Gedanken, denn sie werden Worte.
Achte auf deine Worte, denn sie werden Handlungen.
Achte auf deine Handlungen, denn sie werden Gewohnheiten.
Achte auf deine Gewohnheiten, denn sie werden dein Charakter.
Achte auf deinen Charakter, denn er wird dein Schicksal.

Früher dachte ich wie alle anderen, dass der effizienteste Weg sei, bei seinen Gedanken anzufangen. Damit lag ich leider falsch.

Und wenn ich die Bücher von Aristoteles oder William James genauer gelesen hätte, wäre ich auch schon früher draufgekommen. Der wirksamste Punkt, etwas zu ändern, beginnt bei den eigenen Gewohn-

22 Dort findet sich der Spruch jedoch nicht. Er wird weiter Ralph Waldo Emerson zugeschrieben, aber auch dafür findet sich kein Nachweis. Letztlich findet sich die Grundidee aber in verschiedenen spirituellen Traditionen, ob jetzt bei Lao Tse, den Griechen oder in der jüdischen Tradition. Auch wenn also die Herkunft ungeklärt ist, steckt darin doch eine tiefe Wahrheit.

heiten. Schicksal und Charakter kann ich nicht direkt ändern, Gewohnheiten hingegen schon. Und diese ersparen mir den Umweg über die Gedanken und Worte. Natürlich sind diese auch unterstützend, aber sie sind nicht der wirksamste Punkt.«

Jan dachte einen Moment nach: »Sicher, wenn ich mich anders ernähren würde, hätte ich einen anderen Energiezustand. Und wenn ich meine Fachkraft-Aufgaben gewohnheitsmäßig übergeben würde, hätte ich mehr Zeit, Unternehmer-Aufgaben auszuführen. Aber reicht das schon, um es zum wichtigsten Punkt zu machen?«

Der wirksamste Punkt, sein Schicksal zu ändern, beginnt bei den eigenen Gewohnheiten.

»Deine Beispiele sind schon gut«, stimmte Wolfgang zu. »Es fehlen aber zwei Dinge. Erstens die Rückkopplung. Wenn du aufgrund anderer Gewohnheiten einen anderen Energiezustand hast, dann entstehen auch andere Gedanken: Du fühlst dich seltener überlastet und du bist dann seltener genervt, wenn andere mit Wünschen zu dir kommen. Dann wirst du ihnen andere Worte sagen und daraus entstehen wiederum andere Handlungen. Die Gewohnheiten wirken sich also auch auf unser Denken aus.

Zweitens sind weit über 90 Prozent unseres Denkens und Fühlens letztlich auch eine Gewohnheit. Ob wir, wenn etwas geschieht, zuerst das Positive oder zuerst das Negative sehen, ist eine Gewohnheit. Ob wir auf Wünsche anderer mit Ja oder mit Nein reagieren, ist eine Gewohnheit. Ob wir bei einem Beziehungsstreit weiter eskalieren oder sofort wieder Harmonie schaffen wollen, ist eine Gewohnheit. Selbst die Tatsache, ob wir effizient führen oder Gewinn machen, ist eine Gewohnheit.

Und jede einzelne Gewohnheit hat Konsequenzen. Aber wenn du viele Gewohnheiten veränderst, dann multiplizieren sich die Konsequenzen zu einem völlig anderen Leben.«

»Wenn man das so umfassend sieht«, überlegte Jan, »dann sind mindestens 90 Prozent dessen, was unser Leben ausmacht, entweder eine Gewohnheit oder das Resultat einer Gewohnheit. Und so betrachtet macht es natürlich einen Unterschied, wenn man seine Gewohnheiten im Griff hat.«

»Genau«, nickte Wolfgang. »Nicht nur einen Unterschied, sondern *den* Unterschied. Überprüfen wir das mal. Hast du in den letzten Jahren mal versucht, abzunehmen?«

»Ja, mehrmals«, nickte Jan frustriert. »Hat aber leider nie dauerhaft funktioniert, weil etwas dazwischenkam oder ich es nicht durchgehalten habe. Ich war wohl in meiner Jugend viel disziplinierter. Keine Ahnung, wo diese Willensstärke hin ist …«

»Was denkst du, wie oft hast du schon irgendetwas begonnen und dann nicht zu Ende geführt? Neue Gewohnheiten oder so?«

Jan dachte einen Moment nach und schüttelte dann traurig den Kopf: »Wenn ich alles mit einrechne, also sämtliche Versuche, meine Ernährung umzustellen, mehr Sport zu machen, früher nach Hause zu kommen, damals auf Dominik nicht mehr so gestresst zu reagieren, jetzt meine Fachkraft-Aufgaben zu übergeben, dann vielleicht 20 Prozent?«

»Klingt ziemlich optimistisch«, schüttelte Wolfgang den Kopf. »Bei den meisten liegt die Durchhaltequote maximal bei 5 bis 10 Prozent.[23] Wir sind nur sehr talentiert darin, uns das schönzureden. Entweder vergessen wir, dass wir etwas ändern wollten. Oder wir sagen uns, dass es uns doch nicht so wichtig war. Oder dass wir erst mal was anderes machen wollten. Oder dass andere oder die Umstände daran schuld waren, dass es nicht funktioniert hat. Vermutlich sind sogar 5 bis 10 Prozent noch zu optimistisch.«

Jan wurde bleich, als er spürte, dass Wolfgang damit recht hatte.

Wolfgang fuhr fort: »Die wirklichen Konsequenzen reichen jedoch noch dramatisch weiter. Unsere Fähigkeit der Selbstkontrolle, Selbststeuerung, Disziplin oder Willenskraft[24] ist eine endliche Ressource. In einem bekannten Experiment kamen Studenten in einen Raum, in dem eine Schale mit Radieschen und eine mit Schokokeksen stand.

Die eine Gruppe durfte Schokokekse essen, die andere Gruppe nur Radieschen. Danach bekamen beide eine unlösbare Geduldsaufgabe. Die Radieschen-Esser hatten ihre Willenskraft schon damit aufgebraucht, keine Schokokekse zu essen. Sie hielten deshalb bei der Ge-

---

23 Neujahrsvorsätze scheitern mit einer Wahrscheinlichkeit von 93 Prozent.

24 Ich verwende hier alle vier Begriffe synonym, weil sie an derselben Stelle im Gehirn angesiedelt sind.

duldsaufgabe weniger als halb so lange durch. In eine ähnliche Richtung gibt es eine Unzahl weiterer Experimente.[25]

Wenn wir also eine zwar trainierbare, aber letztlich endliche Ressource wie Willenskraft oder Selbstkontrolle haben und diese zum großen Teil in sinnlose Vorsätze oder Versuche der Gewohnheitsänderung investieren, wie effizient ist das?«

»Wenn man davon ausgeht, dass nur 5 Prozent der versuchten Gewohnheitsänderungen wirklich glücken, dann sind 95 Prozent der Energie verschwendet«, stellte Jan fest.

»Und auch das ist nur ein Bruchteil der Wahrheit«, ergänzte Wolfgang. »Nicht nur, dass am Ende dieser Energieverschwendung keine neue Gewohnheit steht, sondern diese Energie ist ein für alle Mal verloren und stand in der Zeit – und auch danach – nicht mehr für andere Dinge zur Verfügung. Du hattest nicht nur Stress damit, die neue Gewohnheit zu etablieren, sondern warst auch danach nicht mehr in der Lage, eine andere Aufgabe gut zu bewältigen.

Wenn du es nicht hinbekommen hast, muss sich dein Gehirn das natürlich irgendwie erklären – wieder Energieaufwand. Oft fallen die Erklärungen so aus: Ich war eben nicht diszipliniert genug. Du hast vorher selbst gesagt, dass du das Abnehmen nicht durchgehalten hast und deine Willenskraft viel geringer ist als früher. Du erzeugst dir damit einen Glaubenssatz[26], dass du jemand bist, der nicht durchhält.«

»Ich habe ja auch nicht durchgehalten«, verteidigte sich Jan.

Wolfgang schüttelte lächelnd den Kopf: »Und diesen negativen Glaubenssatz verteidigst du dann auch noch, was wieder Energie kos-

---

25 Zum Beispiel in Baumeister, Roy / Tierney, John: Die Macht der Disziplin, und in vielen weiteren Büchern.

26 Ein Glaubenssatz ist eine mentale Konstruktion, die uns hilft, weniger Energie zu verbrauchen. Meist wird nach nur wenigen Erlebnissen ein verallgemeinerter Satz mit den Worten alle, nie, immer usw. gebildet. Zum Beispiel: Alle Männer oder alle Frauen sind ... Dabei hat dieser Satz in dieser Allgemeinheit nichts mit der Realität zu tun.
Das Problem ist nun jedoch einer der zentralen Sätze der Psychologie: »Was du für wahr hältst, wird wahr in seinen Konsequenzen.« Also angenommen, dein Glaubenssatz sei: »Alle Mitarbeiter sind faul.« Dann kontrollierst du jeden einzelnen Schritt. Das reduziert die Motivation beim Mitarbeiter und dieser *wird* dann auch »faul«.

tet. Dabei ist es in Wahrheit so: Du hast bei diesen drei oder fünf Versuchen, abzunehmen, das Beste gegeben, das dir zu diesem Zeitpunkt möglich war. Das sagt aber nichts darüber aus, dass es dir auch in Zukunft mit einer anderen Methode nicht gelingt.

Und die Verteidigung deines Glaubenssatzes macht es dir zudem noch schwerer, andere Gewohnheiten zu verändern. Ein solches Leben ist weder leicht noch menschlich, noch wirksam. Du lebst unfrei.«

»Wie meinst du das: unfrei?«, fragte Jan irritiert.

Wolfgang nickte: »Kluge Frage! *Freiheit ist die Möglichkeit und die Fähigkeit, Dinge zu tun, die man für sich als richtig erkannt hat.*

Freiheit ist die Möglichkeit und die Fähigkeit, Dinge zu tun, die man für sich als richtig erkannt hat.

Du wolltest also etwas tun und hast es nicht gemacht. Wie bei der Übergabe deiner Fachkraft-Aufgaben und Sebastians Kündigung. Das ist für mich unfrei. Du hast dich durch dein bisheriges Weltbild davon abgehalten.

Und wenn du dich dann noch fragst, wo deine Gewohnheiten herkommen, dann hast du einen Großteil von Eltern, Peergroups, der Gesellschaft übernommen. Oder gar von den Nahrungsmittelherstellern oder Website-Entwicklern, die es dir am bequemsten gemacht haben. Das ist dann nicht nur unfrei, sondern auch noch fremdbestimmt.

Ich bin deutlich: Wenn man in Archetypen[27] denkt, dann ist das das Leben eines Diebs – er vermeidet Arbeit und versucht, sich durchzumogeln. Er weiß in Wahrheit schon vorher, dass er es nicht hinbekommt, und strahlt das aus. Er findet immer einen Weg, sich irgendwie zu rechtfertigen. Wir Schwarzgurt-Unternehmer hingegen streben nicht das Leben eines Diebs, sondern das Leben eines guten Königs an. Bevor du nicht bei einer Quote bist, 95 Prozent deiner Gewohnheiten

27 Ein Archetyp ist eine Art Standardcharakter. Zum Beispiel hat man den ganzen Film dazu vor Augen, wenn man hört: »Ein junger Krieger wird von einem Mentor trainiert und dann vom bösen König auf ein Himmelfahrtskommando geschickt, besteht dies, kommt gestärkt zurück, befreit das Königreich vom bösen König und heiratet die Prinzessin.« Man weiß, wie sich die Charaktere mit einiger Wahrscheinlichkeit verhalten werden. Extrem hilfreich für Storytelling und auch Coaching.

effektiv ändern zu können, bist du nicht richtig frei. Das ist die Freiheit der Disziplin.«

Jan unterbrach: »Du meinst, man nimmt sich eine neue Gewohnheit vor und zieht das mit einer Wahrscheinlichkeit von 95 Prozent durch? Unmöglich!«

»Carlos liegt bei 98 Prozent«, warf Wolfgang ein. Nach einer kurzen Pause fuhr er fort: »Seine Gewohnheiten effizient ändern zu können, bedeutet den bestmöglichen Einsatz seiner eigenen Energie. Es ist wie eine Investition in deine Zukunft. Jemand, der Nichtraucher wurde und sich nun auch als Nichtraucher versteht, braucht keinerlei Energie mehr. Einmaliger Aufwand, lebenslange Rendite!

Stell dir mal vor, wie dein Leben wäre, wenn du tief in dir wüsstest: Die meisten Gewohnheiten, die du dir aneignen willst, meisterst du auch wirklich.«

Jan schwieg einige Zeit. Freiheit durch Disziplin. Ihm war Disziplin immer als Zwang vorgekommen. Dieb. Er bestahl sich also selbst. Innere Stärke durch das Halten seines Worts, statt sich herauszureden. Das machte alles Sinn.

Schließlich nickte er: »Ich glaube, mein Selbstwertgefühl und meine Ausstrahlung würden steigen. Ich wäre mir sicher, dass ich Dinge, die ich mir vornehme, auch mache. Andere würden das spüren. Ich hätte wieder meinen Traumkörper und ich würde alle Fachkraft-Aufgaben dauerhaft los. Ich würde keine Energie mehr verschwenden und hätte diese Energie für andere, wichtigere Dinge und Entscheidungen zur Verfügung.

So betrachtet würde mein Leben leichter und zugleich wirksamer. Ich könnte jederzeit von der Fremdbestimmung in die Selbstbestimmung wechseln und würde mich selbstbestimmter fühlen. Ich wüsste dann, dass ich mir zumindest einen größeren Teil meiner Gewohnheiten selbst ausgewählt und nicht einfach von anderen übernommen hätte. Und mit diesen neuen Gewohnheiten würde ich auch andere Ergebnisse erzielen. Ich verstehe langsam, warum du sagtest, dass das mit den Gewohnheiten der wirksamste Punkt der Änderung sei.«

Wolfgang nickte lächelnd und ergänzte: »Du würdest dir die Gewohnheit aneignen, Gewinn zu machen. Und auch Flow und Glück zu erleben, ist letztlich eine Gewohnheit. Und gute Mitarbeiterführung ist ein Bündel an Gewohnheiten. Du würdest damit als Vorbild wirken und du kannst von innen nach außen die Welt verändern.

Ein herausragendes Unternehmen ist letztlich auch nur ein Unternehmen mit anderen organisationalen Gewohnheiten[28] als der Durchschnitt. Nur musst du dabei eben zuerst deine Gewohnheiten beherrschen, bevor du ernsthaft und glaubwürdig die Gewohnheiten in deiner Firma verändern kannst und das auch von deinen Mitarbeitern angenommen wird.

Genau genommen ist auch ein Schwarzgurt-Unternehmer nur ein Unternehmer mit anderen Gewohnheiten als andere. Genau wie im Kampfsport der Schwarzgurt-Kämpfer auch nur andere Gewohnheiten trainiert hat.«

»Moment« unterbrach Jan. »Wie meinst du das mit Gewohnheiten und trainieren?«

»Training ist nichts anderes, als Gewohnheiten mit immer weiter steigendem Schwierigkeitsgrad zu etablieren, um in einem Bereich Meister zu werden« erklärte Wolfgang. »Jedes Training beginnt deshalb mit dem Meistern seiner Gewohnheiten.«

Jan überlegte: »Und zusätzlich zu den neuen Gewohnheiten und dem Training bleibt auch noch mehr Energie, um sie auf die wirklich wichtigen Dinge konzentrieren, statt sie für sinnlose Vorsätze und Ausreden zu verplempern. Hammer!«

Wolfgang grinste: »Ist nebenbei auch der Grund, warum Steve Jobs 100 identische schwarze Pullover kaufte. Diese und viele andere Gewohnheiten schufen ihm freie mentale Ressourcen. Andere duschen morgens erst mal 20 Minuten kalt und erhöhen so ihren Dopaminspiegel um 250 Prozent. Du kannst in dieser Zeit unter der Dusche schon nicht auf dem Handy daddeln und danach bist du hellwach.«

»Jetzt habe ich nur eine Frage«, unterbrach Jan ungeduldig. »Wie zur Hölle komme ich jetzt von einer Wahrscheinlichkeit von 5 bis 10 Prozent auf eine von 95 oder sogar 98 Prozent wie Carlos? Gibt's Bücher dazu?«

»Ach ja«, nickte Wolfgang und wirkte dabei etwas traurig. »Natür-

---

28 Siehe dazu auch Kapitel 4.3.

lich gibt es Bücher dazu. Sogar ziemlich viele. Vermutlich viele Tausend seit Aristoteles. Und davon sind auch ziemlich viele sehr gut.«

»So, wie du das sagst, scheint es aber ein Problem damit zu geben«, warf Jan fragend ein.

»Ja, gibt es. Und das ist jetzt eines der wichtigsten Learnings überhaupt! Weil ich früher glaubte, dass Bücher zu lesen zu einer höheren Kompetenz im Ändern meiner Gewohnheiten führen würde, habe ich Jahrzehnte meines Lebens verschwendet. *Die Wahrheit ist die, dass das Lesen von Büchern nur eine einzige Gewohnheit festigt: nämlich Bücher zu lesen.*

In der Regel reicht ein Buch zum Beispiel zum Thema Strategie und dann nutzen wir die Zeit besser zum Handeln. Und ein Jahr später lesen wir ein zweites Buch zum Thema und verfeinern dann das Handeln. Es macht mich traurig zu sehen, dass Menschen wie Thomas oder Carlos – auch durch mich inspiriert – ihre Zeit mit der Suche nach Wissen verschwendet und ein Buch nach dem anderen gelesen und einen YouTube-Film nach dem anderen geschaut haben.«

»Ich verstehe nicht ganz«, unterbrach Jan. »Wo ist denn das Problem damit? Ich habe seit meiner Firmengründung auch viele Bücher gelesen – vielleicht 20 pro Jahr – und dadurch viel gelernt.«

»Nun, unser Gehirn besteht aus unterschiedlichen Teilen. Das kann man beliebig komplex machen, aber ich unterscheide erst mal nur zwischen Großhirn, limbischem System und Basalganglien. Erinnerungen und Wissen werden in Netzwerken des Großhirns und des limbischen Systems, vor allem Hippocampus und Amygdala, gespeichert. Fähigkeiten und automatisierte Handlungsabläufe wie Gewohnheiten hingegen in den Basalganglien, vor allem dem Striatum.«

»Ja und?«, wollte Jan irritiert wissen. Ihm schien das nicht wichtig, wo im Gehirn was abgespeichert war.

»Es gab einen Patienten mit dem Kürzel E. P.[29], der aufgrund einer viralen Erkrankung Schädigungen am Hippocampus hatte. Er konnte also nicht mehr auf explizites Wissen zugreifen. Wenn man ihn fragte, wo der Kühlschrank sei, konnte er die Frage nicht beantworten. Aber er ging kurz darauf zum Kühlschrank, um sich dort Essen zu holen.

29 Geschildert nach Charles Duhigg: Die Macht der Gewohnheit.

Das war der zentrale Beweis dafür, dass Wissen einerseits und Gewohnheiten oder Fähigkeiten andererseits an unterschiedlichen Stellen gespeichert werden.

Das eine hat wenig bis nichts mit dem anderen zu tun. Deshalb kannst du Hunderte Bücher lesen und alles im Großhirn und limbischen System abspeichern. Das Einzige, was dabei in den Basalganglien passiert, ist, dass du hinterher Lesen trainiert hast. *Aber das Gelesene selbst wurde nicht in Gewohnheiten übertragen.*«

»Moment mal«, warf Jan ein. »Wenn das stimmt, dann sprechen wir hier gerade und das wird in meinem Großhirn und limbischen System abgespeichert. Aber ich habe noch keine einzige Gewohnheit entwickelt oder verbessert.«

»Richtig«, grinste Wolfgang. »Das wird sich auch nicht ändern, solange wir nur drüber sprechen. Die Änderung geschieht erst, wenn du etwas Neues regelmäßig tust. *Was mir wichtig ist, ist folgende Erkenntnis: Du kannst 100 wirklich gute Bücher über Gewohnheiten lesen und zugleich kein bisschen besser im Etablieren neuer Gewohnheiten werden.*

Deswegen beginne gar nicht erst damit. Menschen früherer Jahrhunderte hatten es da viel leichter. Sie hatten meist nur ganz wenige Bücher in ihrem Leben. Und deshalb hatten sie viel mehr Zeit, sich dem Üben und Trainieren zu widmen. Wir heute lesen jeden Tag stundenlang und ändern nichts.

Ich saß diesem Missverständnis auch auf. Und wenn ich heute darüber nachdenke, wie viele Gewohnheiten ich schon geändert haben könnte, wenn ich die zehn Stunden für das Lesen eines Buches zu 80 Prozent in den Aufbau neuer Gewohnheiten investiert hätte, dann macht mich das sehr traurig.

Wenn du, statt 250 Bücher zu lesen, nur die 50 besten ausgewählt[30] und gelesen hättest, dann hättest du 2000 Stunden gewonnen. Je nach Schwierigkeitsgrad einer neuen Gewohnheit brauchst du etwa zwei bis zehn Stunden, um eine Gewohnheit zu ändern. Das bedeutet, du hättest etwa 200 bis 1000 neue Gewohnheiten aufgebaut, und dann

---

30 Nach dem 80:20-Prinzip hätte man sich mit 20 Prozent der Bücher 80 Prozent des Wissens angeeignet. Um die besten 50 Bücher aus den 250 auszuwählen, helfen vor allem wieder das Umfeld und herausragende Trainer.

wäre dein Leben ein völlig anderes. Und selbst wenn du mir nicht glaubst, dass das so schnell geht und du nur 100 Gewohnheiten geschafft hättest, wäre es völlig anders.«

Jan erblasste, als er sich vorzustellen versuchte, wie sein Leben dann wäre. Er wäre nicht nur um ein Vielfaches effizienter, sondern er würde sich selbst vertrauen und hätte ein ganz anderes Selbstbewusstsein. Er hätte 2000 Stunden – die Arbeitszeit eines ganzen Jahres – dramatisch effizienter eingesetzt. Langsam verstand er, was Wolfgang meinte, als er davon sprach, dass der Aufbau neuer Gewohnheiten der wirkungsvollste Ansatzpunkt sei.

Wolfgang hatte Jan aufmerksam beobachtet: »Deswegen sind Professoren selten die erfolgreichsten Menschen. Weißt du, über Gewohnheiten lesen und lernen kannst du viel. Mir geht es aber bei meiner Arbeit einzig und allein darum, etwas zu verändern. Wissen vermitteln können andere – danach weißt du eben was. Inspirieren können andere – danach bist du halt inspiriert. Aber alles ist immer noch so wie vorher. Nicht mein Ding! Deswegen musste ich meinen Ansatz verändern.

Der Schlüssel ist nicht Lesen, sondern regelmäßiges Training, das Tun. Ohne das hast du keine Chance, deine Gewohnheiten zu entwickeln. Lass uns heute mit dem grundlegenden Vorgehen beginnen.«

»Und womit beginnen wir da?«, fragte Jan neugierig.

»Drei Punkte. Es geht um die Halbwertszeit der Motivation, um die Unterscheidung von zwei Handlungsarten und darum, dass Basalganglien anders funktionieren als Großhirn und limbisches System. Lass uns damit beginnen, dass jede menschliche Motivation eine Halbwertszeit hat.

Ich bin in Spanien im Urlaub und beschließe dort, Spanisch zu lernen. Aber ein halbes Jahr nachdem ich zurück bin, ist von der Motivation nicht viel übrig. Ich lese ein Buch über Strategie und will das für mein Unternehmen umsetzen. Aber nach noch fünf anderen Büchern über Projektmanagement, Unternehmenskultur und Sonstiges habe ich meinen Strategievorsatz vergessen. Ich will joggen und es regnet eine Woche lang und die Motivation geht unter.«

»Ja und? Was ist daran besonders?«

»Besonders ist, dass die meisten Menschen so handeln, als ob das

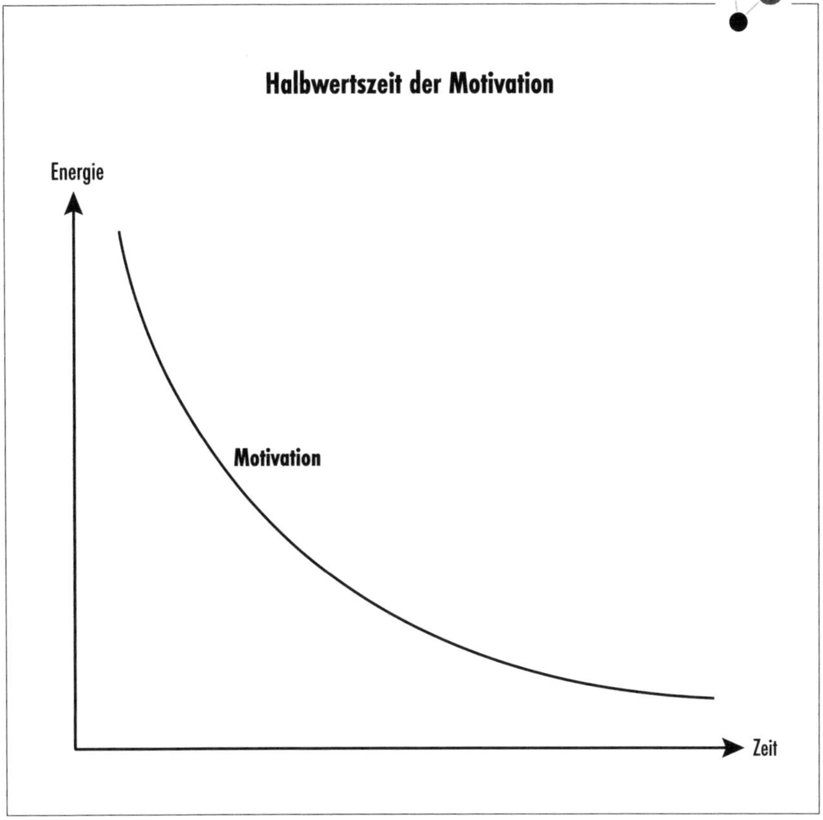

nicht so wäre. Sie glauben allen Ernstes, dass sie nach dem Urlaub Spanisch lernen und dauerhaft dabeibleiben. Und sie glauben, dass sie sich für Entscheidungen ewig Zeit lassen könnten. Aber in der Regel wird dadurch die Entscheidung nicht besser, sondern sie wird aufgrund der Halbwertszeit der Motivation gar nicht getroffen. *Wir müssen also grundsätzlich sofort beginnen.*«

»Aber die Entscheidung könnte doch falsch sein«, warf Jan ein.

»Ein sehr guter Unternehmer wurde einmal von einem Journalisten gefragt, wie er so erfolgreich wurde. Seine Antwort: ›Durch viele gute Entscheidungen.‹ Damit war der Journalist noch nicht zufrieden und so fragte er nach: ›Und wie trifft man gute Entscheidungen?‹ Die Antwort des Unternehmers war: ›Durch viele schlechte Entscheidungen.‹

Eine gute Entscheidung führt zu einem guten Resultat, eine schlechte Entscheidung zu einem Lerneffekt. Je schneller wir also entscheiden, desto mehr lernen wir *und* desto häufiger haben wir gute Resultate. Der Meister trifft also mehr Fehlentscheidungen, als der Erfolglose überhaupt Entscheidungen erwägt. Das gilt auch für mich und auch heute noch!«

Wenn ich mir für eine Entscheidung Zeit lasse, wird sie nicht besser, sondern gar nicht getroffen. Dadurch treffe ich weniger Entscheidungen und werde somit auch nicht besser im schnellen, guten Entscheiden. Und deswegen bleibe ich erfolglos.

»Da braucht man aber echt Mut«, überlegte Jan.

Wolfgang nickte: »Definitiv. Nachdem du eine Entscheidung getroffen hast, gibt es grundsätzlich zwei Arten zu handeln. Du könntest etwas einmalig tun, wie etwa deine alte Firma verkaufen. Oder du könntest regelmäßige Aktionen durchführen und Gewohnheiten entwickeln, wie zum Beispiel die Übergabe von Fachkraft-Aufgaben. Wir müssen diese beiden Ansätze unterschiedlich behandeln.«

»Wie denn?«, wollte Jan wissen.

Wolfgang fuhr fort: »Die einmaligen Aktionen sollten möglichst radikal sein, weil du so die hohe Motivationsenergie direkt nach der Entscheidung bestmöglich nutzen kannst. Die meisten Menschen eiern hier nur mit Minischritten voran und brauchen dann 20 Entscheidungen, wo eine ausgereicht hätte.[31] Du hast mit deiner Entscheidung, Schwarzgurt-Unternehmer zu werden, schnell eine große Entscheidung getroffen. Die Entscheidungen zu trainieren, Strategie zu entwickeln usw. sind da bereits drin. Diese benötigen also keinen weiteren Zusatzaufwand mehr.

Gewohnheiten hingegen sollten vom Aufwand her so gering wie möglich sein. Am besten sollte die Handlung, die eingeübt werden soll, überhaupt keine Energie erfordern. Fang nicht damit an, eine

31 Die Politik macht es uns vor – und sie kann aufgrund der strukturellen Bremsen auch gar nicht anders, als langsam und damit immer zu spät und zu klein zu entscheiden. Auch größere Organisationen mit ihren Gremien sind davon betroffen. Kleine Unternehmen könnten hier dramatisch schneller und effektiver vorgehen, wenn die Inhaber lernen, schnell, klar und konsequent zu entscheiden.

Einmalige Entscheidungen

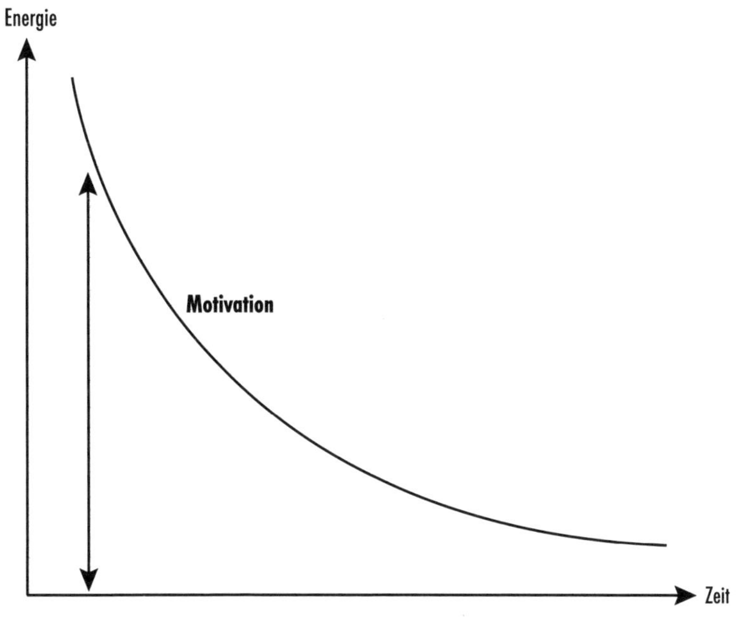

Stunde zu joggen, sondern damit, die Schuhe anzuziehen. Das schaffst du auch bei Regen.

Oder anders ausgedrückt: Bei schwierigen Gewohnheiten sinkt die Motivation recht schnell unter den nötigen Energieaufwand und dann hört man auf, bevor die Gewohnheit Zeit hatte, sich zu etablieren. Bei ganz leichten Gewohnheiten, die keine Energie erfordern, brauche ich auch nicht die riesige Motivation, um es durchzuziehen. Und deshalb dauert es viel länger, bis die Motivation unter den nötigen Energieaufwand gesunken ist. So hat die neue Gewohnheit mehr Zeit, sich herauszubilden und stabil zu werden.

Und das Ganze ist vom Erleben her viel näher am Flow als die Selbstgeißelung, mit denen die meisten versuchen, ihre Gewohnheiten zu ändern.«

»Das ist echt krass«, schüttelte Jan den Kopf. »Ich habe das bislang genau umgekehrt gemacht. Einmalige Entscheidungen, wie meine Dojan-Anteile zu verkaufen, habe ich jahrelang hinausgezögert. Und Gewohnheitsänderungen bin ich möglichst radikal angegangen und habe dann abgebrochen. Komme ich denn mit diesen beiden Erkenntnissen, sofort zu beginnen und Gewohnheiten möglichst klein anzugehen, schon auf die 95 Prozent?«

»Nein«, schüttelte Wolfgang den Kopf. »Wir benötigen noch folgende Erkenntnis: Die Basalganglien funktionieren anders als das Großhirn und das limbische System. Das Großhirn funktioniert ziemlich gut mit Sprache und Korrekturen und langfristiger Motivation, Basalganglien hingegen über Wiederholung und sofortige positive Verstärkung. Wir verhalten uns beim Aufbau neuer Gewohnheiten aber so, als ob wir das Großhirn trainieren würden: ›Warum hast du XY jetzt wieder nicht gemacht?‹ Oder: ›Wenn du die nächsten Wochen richtig gut trainierst, dann hast du einen Traumkörper.‹ Oder: ›Kannst du nicht endlich mal Z machen?‹«

Jan erbleichte und gestand schließlich: »Kommt mir in meinem Umgang mit Mia und Leon ziemlich bekannt vor.«

»Kommt dir vermutlich auch im Umgang mit dir selbst ziemlich bekannt vor«, warf Wolfgang lächelnd ein. »Wie uns allen. Aber der Punkt ist: Basalganglien sind ein sehr altes System im menschlichen Gehirn, das bereits von Reptilien ausgebildet wurde. Das gefällt unserem überlegenen Selbstbild zwar nicht, *aber Gewohnheiten werden genauso geübt, wie wir Tiere dressieren.* Schlicht und ergreifend, weil sie im selben Teil des Gehirns verankert sind. *Deine Basalganglien sind genauso klug oder dumm wie die von Paul, deinem Hund.*«

»Du meinst, dass ich meine Gewohnheiten genauso entwickle, wie ich meinem Hund Paul ›Sitz!‹ beibringe?«, fragte Jan fassungslos.

»Wie hast du das gemacht?«, fragte Wolfgang.

»Ich habe eine ruhige Situation geschaffen, sodass Paul nicht abgelenkt war. Dann nahm ich ein Leckerli und hielt es vor den Kopf, sodass er nach oben schauen musste, und drückte dann sanft den Po runter. Dabei sagte ich »Sitz«. Als der Po unten war, habe ich ihn gelobt und ihm das Leckerli gegeben. Das habe ich öfter in unterschiedlichen Umgebungen wiederholt, damit er nicht glaubt, das Leckerli gibt es für die Umgebung. Und als er es konnte, habe ich nur noch gelobt und das Leckerli auslaufen lassen.«

»Klingt nach einer perfekten Anleitung zum Umgang mit seinen Basalganglien. Und deine Basalganglien sind nicht viel anders als die von Paul. Du hast ihm im Vorfeld keine Haxe versprochen, die er bekäme, wenn er in drei Wochen den Befehl ›Sitz!‹ gelernt hat. Du hast ihn auch nicht beschimpft, wenn er mal nicht ›Sitz!‹ machte. Du hast auch keine Stunde gewartet, bis das Leckerli kam. Du hast ihm auch nicht geduldig den Unterschied zwischen ›Sitz!‹ und ›Gib Pfote!‹ erklärt. Du hast auch keine Disziplin eingefordert. Du hast vermutlich auch nicht stundenlang trainiert, sondern nur dann, wenn ihr beide Lust dazu hattet.

Stattdessen gab es einen Auslöser, eine Routine, eine sofortige Belohnung, Spaß beim gesamten Übungsablauf und eine Menge Wiederholungen. Wenn wir versuchen, mit unseren Basalganglien so umzugehen wie mit dem Großhirn, dann ist das frustrierend und führt zu miserablen Ergebnissen. Es macht keinen Spaß und ist schlicht *unmenschlich* gegenüber unseren tierischen Anteilen.

Dieses unmenschliche Verhalten uns selbst gegenüber ist auch der Grund, warum viele Menschen, die sich selbst optimieren wollen, oft noch gestresster sind als die, die alles laufen lassen und sich einfach als Opfer erleben.

Und es ist auch der Grund, warum es bei dem Talmud-Zitat von vorher eine Bruchstelle zwischen den Gedanken und Worten hin zu den Gewohnheiten gibt. *Da es sich um unterschiedliche Gehirnareale handelt, gibt es keinen direkten Weg von den Worten zu den Gewohnheiten.* Weil es aber viele trotzdem versuchen und damit scheitern, machen sie sich wiederum selbst Vorwürfe und verhalten sich wieder unmenschlich sich selbst gegenüber. Und deswegen ist der Ansatz über die Gewohnheiten der effizienteste Weg zu einem anderen Schicksal.«

Jan schmunzelte: »Ich habe da eine Idee: Ich beginne also, mich selbst zu dressieren. Und wenn es nicht klappt, dann frage ich mich, wie ich dieselbe Gewohnheit Paul beibringen würde, und probiere es nochmals.«

2.3.2 Die Master-Gewohnheit

»Damit bist du bei einem unglaublich wichtigen Punkt angelangt«, unterbrach Wolfgang. »Was, glaubst du, ist die wichtigste Gewohnheit, die du dir jemals aneignen solltest?«

»Keine Ahnung«, zuckte Jan mit seinen Schultern. »Sport? Ernährung? Fachkraft-Aufgaben loswerden?«

»Nein«, grinste Wolfgang. »Du erinnerst dich doch sicher daran, was du dir als Kind gewünscht hast, als du bei einer Fee drei Wünsche frei hattest?«

Die wichtigste Gewohnheit ist die Gewohnheit, deine Gewohnheiten zu verändern. Das ist die Master-Gewohnheit.

»Na klar«, nickte Jan. »Der letzte Wunsch war, noch mal drei Wünsche zu haben.«

»Dasselbe gilt auch für die Gewohnheiten. Die wichtigste Gewohnheit ist die Gewohnheit, deine Gewohnheiten zu verändern. Deswegen habe ich die Master-Gewohnheit entwickelt. In dieser liegt der Unterschied zwischen langfristigem Erfolg und Misserfolg.«

»Und was macht man da?«, wollte Jan neugierig wissen.

»Jeden Tag an seinen Gewohnheiten arbeiten. Auch Samstag, Sonntag und im Urlaub«, erwiderte Wolfgang ernst. »Wie Zähne putzen. Jeden Tag! Am Freitag viermal im Voraus die Zähne für das ganze Wochenende putzen gilt nicht. Jeden Tag!«

»Okay, aber was passiert da? Du meinst vermutlich nicht einfach Tracking, ob ich die Gewohnheiten ausgeführt habe, oder so?«, fragte Jan etwas irritiert.

»Sicher, Tracking ist auch wichtig. Aber der Punkt ist folgender: Die weitaus meisten Menschen konzentrieren sich bei der Entwicklung neuer Gewohnheiten auf Ergebnisse. Das machen wir nicht. Und zwar, weil in den meisten Fällen die Ergebnisse nicht ausschließlich von uns abhängen. Und weil sich die Basalganglien zwar für die unmittelbaren Belohnungen interessieren, aber nicht für die Haxe, also das Ergebnis in drei Wochen.

Angenommen, ich faste, um ein Zielgewicht zu erreichen. Dann nehme ich zum Beispiel am ersten Tag 1 kg ab – das meiste davon nicht Fett, sondern irgendwelche Einlagerungen. Dann zwei bis drei Tage je

0,5 kg. Und dann passiert zwei Tage gar nichts. Wenn ich nun auf das Ergebnis schaue, bin ich am vierten und fünften Tag demotiviert. Und dann findet der sechste Tag vermutlich nicht mehr statt.

Oder du gibst F-Aufgaben ab. Das klappt einige Zeit ganz gut. Dann kommt ein Vertriebsleiter, der kündigt. Demotivation, weil wieder eine Fachkraft-Aufgabe zu dir kam. Und vermutlich hast du danach keine weiteren F-Aufgaben mehr abgegeben, richtig?«

»Ich habe noch ein bisschen was gemacht, aber nicht mehr so konsequent wie die ersten Tage«, gab Jan zu.

»Das Problem daran ist, dass du dich und deine Emotionen von äußeren Ereignissen fernsteuern lässt: Das ist destruktiv und macht dich unfrei. Und das Absurde daran ist, dass es noch nicht mal um die Ergebnisse geht.«

»Wie? Es geht nicht um die Ergebnisse? Ich will doch, dass F-Aufgaben nicht mehr zu mir kommen.«

»Nein, du willst langsam besser werden und dass alles im Flow geschieht. Das geht einfacher, wenn du die F-Aufgaben los bist, aber es geht darum, schon auf dem Weg Flow zu erleben.«

Jan verstand: »Genauso wie Paul Spaß daran hatte, ›Sitz‹ zu lernen? Und weil er, nachdem er gelernt hat, dass Lernen Spaß macht und Leckerlis bringt, noch mehr lernen wollte? Und weil er Dinge, die Freude machen, fast von allein macht und dabei noch schneller besser wird? Aber was heißt das für meine Gewohnheiten?«

»Nun, genau das: Wir kümmern uns nicht um das Ergebnis, das Ziel, sondern um den Weg, den Flow. Stell dir mal vor, du wolltest die F-Aufgaben nicht abgeben, um irgendwann mal mehr Unternehmer-Aufgaben machen zu können? Sondern die Übergabe der Aufgaben selbst würde Flow erzeugen. Und du wolltest nicht laufen, um abzunehmen, sondern du hättest Lust am Laufen? Oder du wolltest nicht Mitarbeiter zu irgendeiner Handlung bringen, sondern du wärst im Flow, wenn du mit Mitarbeitern qualitativ hochwertige Gespräche führst oder ein Meeting leitest?«

»Dann würde es fast von allein gehen«, erkannte Jan plötzlich. »Aber wie habe ich Freude daran, F-Aufgaben abzugeben, wenn ich keine Freude daran habe, F-Aufgaben abzugeben?«

»Kluge Frage!«, freute sich Wolfgang. »Das ist genau die Frage, die du dir jeden Tag während deiner Master-Gewohnheit stellst. Und die Frage, die du, wenn du es für dich selbst gelernt hast, auch deinen Mitarbeitern stellst und so nach und nach organisationale Flow-Gewohnheiten schaffst. Aber wir fangen bei uns als Person an. Nur so sind wir glaubwürdig und langfristig effektiv.

Nehmen wir mal als Beispiel, was du täglich während deiner Master-Gewohnheit machst, die Optimierung deiner Sport-Gewohnheiten. Du wolltest doch, hat mir Thomas erzählt, sowieso vor zwei Wochen wieder damit beginnen. Was ist draus geworden?«

»Nicht viel«, erwiderte Jan frustriert. »Ich war ein Mal laufen und ein Mal an unseren Geräten im Hotel.«

»Wird also ein schönes Beispiel«, freute sich Wolfgang. »Die meisten nehmen sich vor, ab morgen täglich Sport zu machen. Deine Basalganglien schauen dich dann genauso blöd an wie Paul, wenn er nicht begreift, was du von ihm willst. Und dann machen Paul und deine Basalganglien Dinge, die ihnen mehr Spaß machen. Jedenfalls nicht morgen Sport. Und die meisten würden das als Fehlschlag bezeichnen.«

»Ist doch auch einer. Ich habe mir was vorgenommen und habe es nur zwei Mal in zwei Wochen gemacht.«

»Ist kein Fehlschlag, sondern nur eine Information. Ein Fehlschlag wird diese Information nur durch deine Bewertung. Wir lernen ab jetzt, anders zu bewerten. Diese Information besagt nur: So geht es nicht. Deine Basalganglien haben in dieser Form keine Lust drauf.«

»Kann ich meine Basalganglien eigentlich«, warf Jan grinsend ein, »nicht einfach Jean-Paul nennen? Dann weiß ich, dass es ein anderer Teil in mir ist, der sich eher wie Paul verhält? Jean erinnert an mich und Paul an meinen Hund.«

»Kluge Idee«, stimmte Wolfgang zu. »Du setzt dich also während deiner Master-Gewohnheitszeit hin und fragst den Jean-Paul in dir, wie es stattdessen gehen könnte. Wir werden uns im Lauf der Zeit dann über jedes Feedback, wie es nicht geht, *freuen*. Einfach weil das eine Chance ist, die neue Gewohnheit noch Flow-konformer zu gestalten. *Bei neuen Gewohnheiten ist es also hervorragend, wenn es nicht so funktioniert, wie wir uns das vorgenommen haben.* Zumindest, wenn wir daraus lernen und es dann ändern.

Zu unserem Beispiel mit dem Sport: Wenn wir wissen, dass das Gehirn konkrete Bilder liebt, dann wird klar, dass ›morgen Sport‹ kein sonderlich konkretes Bild ist. Jedenfalls nicht für Jean-Paul. Was für eine Sportart willst du ausführen?«

»Na ja, mal laufen und mal Kraftsport«, erwiderte Jan.

»Nicht klug für den Anfang. Dann musst du dauernd neue Entscheidungen treffen, ob du jetzt das eine oder das andere machst. Entscheidungen kosten Energie. Und nichts hasst unser Gehirn mehr, als Energie zu verbrauchen. Jean-Paul hasst auch Entscheidungen. Jean-Paul will sicher ein Leckerli oder eine Belohnung. Unser Gehirn wird uns also vor schwierigen Entscheidungen beschützen und dafür sorgen, dass etwas dazwischenkommt. Oder noch besser, es sorgt dafür, dass wir es sogar ganz vergessen. Also, mit welcher Sportart willst du beginnen?«

»Nehmen wir Laufen«, schlug Jan vor.

»Wann?«

»Morgens.«

»Wann genau?«

»Direkt nach dem Aufstehen um 6:30 Uhr.«

»Wie lange?«

»Eine Stunde«, überlegte Jan. »Halt, du hattest ja gesagt, Gewohnheiten sollten zu Beginn wenig Energie kosten. Also zehn Minuten.«

»Vielleicht nur zwei Minuten«, schlug Wolfgang vor. »Damit du es auch an ganz schlechten Tagen schaffst?«

»Kompromiss: fünf Minuten«, grinste Jan.

»Gut, damit bist du an diesem Tag fertig mit deiner Master-Gewohnheit. Morgen nimmst du dir vor, direkt nach dem Aufstehen um 6:30 Uhr für 5 min laufen zu gehen. Der Wecker klingelt und du gehst wieder nicht laufen. Du hast es einfach vergessen und bist tranig ins Bad geschlurft. Noch eine Information. *Du freust dich!*

Also überlegst du dir an diesem neuen Tag während deiner Master-Gewohnheit, was du tun kannst, damit du es morgen nicht vergisst. Zum Beispiel ziehst du dir abends die Laufklamotten an und schläfst darin. Wieder fertig mit deiner Master-Gewohnheit für diesen Tag.

Am nächsten Morgen wachst du auf, spürst die ungewohnten Laufklamotten am Körper, denkst ›Shit!‹, ziehst deine Laufschuhe an und läufst fünf Minuten. Leider hat es geregnet und keinen Spaß gemacht. Du freust dich trotzdem ein bisschen, weil du es immerhin gemacht hast. Wir wollen aber Flow erleben. Du setzt dich wieder zu deiner Master-Gewohnheit hin und überlegst. Plötzlich fällt dir was auf.«

»Was?«, wollte Jan wissen.

»Du hast mir doch erzählt, dass du früher im Fitnessstudio gewohnt hast. Bist du denn überhaupt der Lauftyp?«

»Nein, eigentlich nicht«, schlug sich Jan an den Kopf. »Steht halt in allen Erfolgsbüchern, dass Laufen gut sei. Kraftsport würde mir viel mehr Spaß machen. Und mit den Geräten im Hotel ist das auch noch supereinfach.

Lass mich mal weitermachen: Ich fahre jeden Morgen in Sportklamotten ins Hotel und meine richtigen Klamotten sind im Spind neben den Geräten. Dann muss ich sowieso zwingend dahin. Dann mache ich fünf Minuten Workout und dann fängt die Arbeit an. Das könnte mir Spaß machen.«

»Und falls nicht, ist das nur eine weitere Information, um an deinen Gewohnheiten zu arbeiten. Zum Beispiel wirst du irgendwann mal entdecken, dass Jean-Paul ein Leckerli nach dem Training haben will.«

»Du meinst Frühstück?«, fragte Jan irritiert.

»Keine Ahnung, was Jean-Paul mag. Frühstück, Schulterklopfen, Jubelarien, deine Lieblingsmusik, was weiß ich … Ist dein Jean-Paul, nicht meiner. Finde es heraus!«, lachte Wolfgang.

Er zeichnete ein Diagramm ans Flipchart und fuhr fort: »In diesem Diagramm mit der Motivationskurve und der Energieaufwandkurve ist ersichtlich, wie normalerweise die Motivation abnimmt, und zwar schneller abnimmt als der Energieaufwand zur Etablierung der Gewohnheit. Ich mache nun täglich während der Master-Gewohnheit nichts anderes, als mir die folgenden Fragen zu stellen:

- Kann ich etwas tun, um die Motivation zu erhöhen, also zum Beispiel Fitnessstudio statt Laufen? Oder im unternehmerischen Bereich mit anderen wie Sofia, Carlos und Thomas die Strategie entwickeln statt allein?
- Kann ich etwas tun, um den Energieaufwand zur Etablierung der Gewohnheit zu reduzieren? Also klare Tätigkeitsbeschreibung.

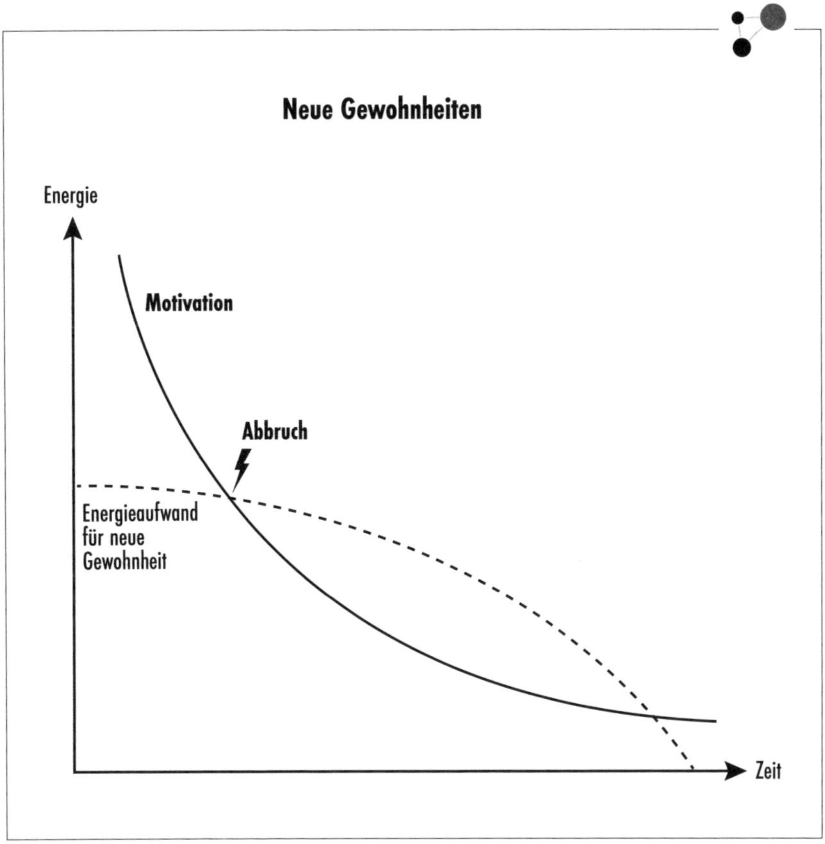

Zehn Minuten statt eine Stunde. Oder eine Minute statt zehn Minuten usw.

- Kann ich etwas tun, um die neue Gewohnheit zu automatisieren oder besser in meinen Tagesablauf einzubetten? Also schon abends Sportklamotten anziehen, Reminder am Badezimmerspiegel, sodass ich schon beim Zähneputzen erinnert werde, dass ich positiv in den Tag starten will usw.
- Kann ich etwas tun, damit ich die neue Gewohnheit schneller etabliere? Was kann ich tun, um beim Ausführen der neuen Gewohnheit noch mehr Freude zu empfinden? Zum Beispiel im Fitnessstudio die Lieblingsmusik hören. Und während der Etablierung der neuen Gewohnheit nur dort. Kann ich das Leckerli hinterher für Jean-Paul attraktiver machen?

Also, schau dir während der Master-Gewohnheit die obige Kurve an und frag dich, was du tun kannst. Und falls du anfangs nicht mal die Master-Gewohnheit aufrechterhalten kannst, dann frag dich, was du tun kannst, um sie aufrechtzuerhalten. Die Master-Gewohnheit ist die wichtigste von allen. Ich gebe dir für den Anfang ein paar Ideen mit.

- Definiere genau Ort und Zeit, wann du deine Master-Gewohnheit ausführst. Such dir dazu einen möglichst schönen Ort aus, an dem du gerne bist. Und eine Zeit, wo es dir jeden Tag möglich ist.
  Am besten hängst du diese Gewohnheit an eine andere bestehende Gewohnheit hintendran oder legst an den Ort etwas, das dich daran erinnert.
- Sorge dafür, dass du bereits vorher genau weißt, was du da tust. Denk dran, beim Flow weißt du in jedem Moment, was der nächste Schritt ist, also sorg für Flow bei deiner Master-Gewohnheit. Beispielsweise: Ich habe gerade vier neue Gewohnheiten, die ich etablieren will. Diese gehe ich einzeln durch und überprüfe, ob ich sie eingehalten und dabei Flow empfunden habe. Falls ja, lobe ich mich selbst dafür! Falls nein, schaue ich mir die zwei Kurven an und frage, was ich ändern kann, um es meinem Gehirn einfacher zu machen und mehr Flow zu empfinden.
- Sorge dafür, dass diese neue Master-Gewohnheit zu Beginn nicht länger als zwei bis drei Minuten dauert.
- Mach dir Gedanken, wie du diese zwei bis drei Minuten möglichst schön gestalten kannst, zum Beispiel mit Blick ins Grüne, mit schöner Musik oder was auch immer.
- Wenn du fertig bist, dann belohn dich mit irgendwas. Aber mit etwas, das bereits vorher festgelegt ist, sonst fällt dir in der Situation nichts ein. Und zwar sofort – wie bei Pauls Leckerlis.
- Reporte wöchentlich deinem Bertram, wie es mit der Master-Gewohnheit läuft.«

»Hammer!«, entfuhr es Jan. »Man arbeitet dann ja gar nicht mehr mit Zwang oder Selbstkasteiung, sondern mit Freude und Flow. Damit bin ich mir sicher, dass ich viele Gewohnheiten sehr viel einfacher aufbauen kann. Mit welchen beginnen wir denn nun?«

2.3.3 Die neuen Gewohnheiten

»Wir beginnen einfach«, fuhr Wolfgang fort. »Später schaffst du vielleicht 25 Gewohnheiten im Quartal.«

»25 neue Gewohnheiten in drei Monaten?«, fragte Jan ungläubig. »Das ist doch unmöglich!«

Wolfgang überlegte einen Moment, dann erwiderte er: »Kommt ungefähr hin. Ich entwickle oder verändere auch heute noch rund 100 Gewohnheiten im Jahr.«

Jan erinnerte sich an die vorher besprochenen 250–1000 Gewohnheiten und plötzlich erschien ihm das realistisch: »Damit gestaltet man ja nach und nach sein ganzes Leben um. Und ich werde immer selbstbestimmter, weil ich die von anderen übernommenen Gewohnheiten in meinem Sinne ändere. Irgendwann führe ich dann wirklich mein Leben, das ich selbst designt habe. Und da ich jede Gewohnheit im Flow ausführe, ist das ganze Leben gleich so eingerichtet, dass es im Flow stattfindet. Hammer!

Trotzdem entsteht noch kein richtiges Bild bei mir. Ich kann mir einfach keine 250 nützlichen Gewohnheiten vorstellen. Welche Gewohnheiten sind das denn bei dir, Wolfgang?«

»Bei mir andere als bei dir. Es sind die subtilen Dinge, die Art, wie ich meine Gefühle in bestimmten Momenten wahrnehme, oder die Art, wie ich in solchen Momenten zu mir selbst spreche. Wie ich meinen Ängsten ins Auge blicke. Meine Gewohnheiten rund um Ernährung und Erholung, sogar meine unternehmerischen Gewohnheiten bekommen ständig ein Update, sobald ich etwas Neues entdecke.

Seit ich diesen Weg eingeschlagen habe, hat sich mein gesamtes Leben auf eine Art und Weise verändert, die ich nie für möglich gehalten hätte. Ich bin gesünder und fitter. Ich brauche im Unternehmen nur noch die halbe Zeit. Ich bin jeden Tag immer mehr im Flow. Meine Beziehungen wurden reicher und erfüllender. Und es fühlt sich für mich immer noch an, wie wenn es erst der Anfang der Veränderungen wäre. Aber wir beginnen erst mal mit dem Grundlegenden.«

»Okay, können wir dann die 25 Gewohnheiten für dieses Quartal aufschreiben?«, fragte Jan voller Begeisterung.

»Nein, können wir nicht«, lachte Wolfgang. »Weil dann deine Master-Gewohnheit mindestens eine halbe Stunde dauert. Das ist für den Beginn zu anstrengend und deshalb wird dein Gehirn dich davor beschützen und du wirst deine Master-Gewohnheit nach ein paar Tagen nicht mehr ausführen. Und dann stehen wir wieder an derselben Stelle wie jetzt. Nur haben wir dann viel Energie verschwendet.

Spitzensportler wird man nicht, indem man mit Spitzensportler-Training beginnt, sondern mit dem Anfängertraining.

Außerdem willst du Schwarzgurt-Unternehmer werden. Das ist so was wie ein Spitzensportler. Der wird man aber nicht, indem man mit Spitzensportler-Training beginnt, sondern mit dem Anfängertraining. Sonst gibst du einfach nach kurzer Zeit wieder auf. Oder du bringst dich um. Wir beginnen deshalb auch nicht mit den 20 Stunden Training pro Woche.

Deshalb kommen jetzt nur die wichtigsten Gewohnheiten. Bei diesen beginnen wir auf die einfachste mögliche Weise. In den nächsten Wochen, wenn deine Master-Gewohnheit stabiler wird, wirst du durch Carlos, Thomas oder mich neue Gewohnheiten dazu bekommen. Das hier war der Crash-Kurs für einen schnellen und unaufwendigen Einstieg.«

»Okay, und mit welchen Gewohnheiten beginnen wir jetzt?«, fragte Jan etwas enttäuscht, weil es weniger als 25 Gewohnheiten sein sollten.

Wolfgang erklärte: »Wir beginnen mit lediglich vier Gewohnheiten:

- Deine Master-Gewohnheit. Lege genau fest, wann und wo du diese machst. Ob du ein spezielles Buch zum Reinschreiben nutzt usw. Bitte führe diese jeden Tag aus! Selbst wenn deine Motivation gering ist. Lass lieber die anderen drei Gewohnheiten schleifen. Diese aber niemals!
- Fünf Minuten Krafttraining.
- Fünf Minuten F-Aufgaben übergeben und Systeme initiieren, damit die F-Aufgaben nicht zurückkommen.
- Jedes Mal, wenn du Aufgaben für dich planst, eine Möglichkeit für eine Aufgabe finden, sie mit mehr Flow zu versehen.

Das war's dann auch schon für den Anfang.«

Jan brauchte einen Moment, bis er verstand: »Die letzte Gewohnheit hat es echt in sich. Das ist sozusagen die zentrale Querverbindung zu dem, was wir bislang besprochen haben, also zwischen Flow und Gewohnheiten. Nur diese eine simple Gewohnheit hat wirklich enormes Potenzial. Aber können wir nicht noch ein paar Gewohnheiten aufnehmen? Vielleicht nicht 25, sondern acht oder zehn oder so? Ich will doch mein Hotel voranbringen!«

»Vielleicht kommen heute Nachmittag noch ein oder zwei Gewohnheiten dazu, um dein Hotel voranzubringen. Das hängt davon ab, was wir dort konkret angehen müssen. Aber grundsätzlich gilt: Von innen nach außen! Bevor du dein Hotel voranbringst, bringst du dich voran. *Es geht zu Beginn nicht darum, dass du möglichst viele Gewohnheiten änderst, sondern dass du deine Fähigkeit, Gewohnheiten zu verändern, trainierst.* Was hast du davon, wenn du mit 25 Gewohnheiten beginnst und am Ende abbrichst, weil du dich wieder überlastest?«

»Ist ja gut«, stimmte Jan zu. »Kann ich dann wenigstens den Sport durch eine unternehmerische Gewohnheit ersetzen?«

Wolfgang aber schüttelte den Kopf: »Erstens willst du nicht in eineinhalb Jahren tot umfallen. Und zweitens ist Unternehmersein Hochleistungssport – zumindest, wenn man es ernsthaft und nicht nur als ein Hobby betreibt.

Hochleistungssport braucht einen Hochleistungskörper. Du hast, wenn du trainiert bist, locker 50 Prozent mehr Energie, auch mentale Energie. Deswegen trainiere ich selbst mit 67 noch vier Tage pro Woche Kampfsport.«

»67? Du siehst aus wie Ende 50!«, unterbrach Jan überrascht.

»Und fühle mich wie gerade mal 50. Das ist das Resultat guter Gewohnheiten. Shaolin-Mönche trainieren auch mit weit über 80 Jahren noch täglich. Das ist auch mein Plan. Glaubst du, das macht einen Unterschied im Unternehmersein?«

»Das wird aber dauern, bis ich mich wieder 20 Jahre jünger fühle, als ich bin«, schüttelte Jan frustriert den Kopf.

»Und schon wieder in die Falle getappt«, grinste Wolfgang. »Du fokussierst dich schon wieder aufs Ergebnis, nicht auf den Prozess, den Flow. Lass dich von deinem Ziel nicht aus dem Konzept bringen. Uns interessiert nicht, ob du in zwei Jahren Schwarzgurt-Unternehmer bist, sondern wie du die nächste Zeit verbringst, welche Gewohnheiten du dir dabei aneignest, wie du trainierst, wie du dich dabei fühlst und wer du dann wirst.

Schau, ihr habt ein Corona-Jahr in der Hotellerie hinter euch. Und es besteht eine hohe Wahrscheinlichkeit, dass noch ein zweiter Corona-Winter, und eine niedrige Wahrscheinlichkeit, dass noch ein dritter Corona-Winter dazu kommen. Dann schaffst du dein Ziel mit dem Schwarzgurt-Unternehmer in zwei Jahren auch dann nicht, wenn du sonst alles richtig machst.

Selbst wenn du aufgrund dieser Bedingungen irgendwann Insolvenz anmelden müsstest, ändert das gar nichts: Eine Firma ist Geschichte und du startest mit neuen Gewohnheiten und mehr Lernerfahrungen die nächste. Du bist nicht deine Firma.«

Du bist nicht deine Firma.

Jan gab nach einer kurzen Pause zurück: »Ich glaube, ich könnte nicht so entspannt mit einer Insolvenz umgehen. Die Vorstellung erschreckt mich sogar, aber ich sehe deinen Punkt.«

Schließlich fuhr Jan fort: »Ich würde gerne trotzdem noch zwei neue Gewohnheiten aufnehmen. Meine Ernährung ist grauenhaft. Bei Dojan habe ich nur Pizza gegessen und jetzt im Hotel esse ich eben jeden Tag Schnitzel oder Lasagne vom Buffet. Und ich trinke viel zu viel Wein. Das würde ich gerne auf gesundes Bio-Essen umstellen und keinen Alkohol mehr trinken.

Und dann lenke ich mich noch recht viel mit Insta und LinkedIn oder irgendwelchen Online-Games ab. Ich merke, wie mich das völlig stresst. Damit würde ich gerne auch aufhören.«

»Geht völlig in die richtige Richtung«, stimmte Wolfgang zu. »Wird aber kaum funktionieren. Aus drei Gründen: Erstens: Alte Gewohnheiten abzulegen ist schwieriger, als sich neue anzugewöhnen. Deshalb beginnen wir zu Beginn mit den neuen Gewohnheiten. Die Veränderung alter Gewohnheiten kommt später.

Zweitens: Unser Gehirn liebt es, bequem zu sein. Wenn im Hotel dieses Essen einfach da liegt, dann wirst du es zu dir nehmen. Alles andere ist aufwendiger. Du könntest höchstens zu Hause mit Julia sprechen, ob ihr dort gesünder essen wollt. Das Gespräch wäre dann aber erst mal eine einmalige Aktion und kein Aufbau einer neuen Gewohnheit.

Der dritte Grund ist noch schlimmer. Alkohol, Insta, Nachrichten[32] und Online-Games geben dir kurzfristige Dopamin-Kicks. Gerade die Onlineangebote wurden von Heerscharen von Neurowissenschaftlern und Psychologen daraufhin optimiert, dass du noch länger dabeibleibst und schneller wieder zurückkommst. Mit anderen Worten: Sie machen dich gezielt und bewusst[33] süchtig und abhängig.«

»Und natürlich«, warf Jan ein, »schreiben sie nicht in den Nachrichten, dass sie gezielt Süchte aufbauen. Würde ihnen ja schaden.«

»Genau«, stimmte Wolfgang zu. »Natürlich kann man es mit extremem Willensaufwand oder einschneidenden Erlebnissen schaffen, davon wegzukommen. Aber die Karten stehen klar gegen dich: Wenn du auf der anderen Seite zigtausend Experten hast, die dich reinziehen wollen, ist das ziemlich schwer.

Der langfristig beste Weg ist der: Erschaffe in deinem Leben so viel Flow, Freude, Sinn und Erfüllung, dass die anderen Süchte dagegen fade wirken. Dann hast du gar keine Lust mehr drauf – egal, welche Tricks diese Anbieter auffahren.

Natürlich kannst du an der einen oder anderen Stelle bei Ernährung oder Süchten optimieren, aber stecke jetzt zu Beginn noch nicht zu viel Energie da rein. Eine Ausnahme ist lediglich, wenn du dich noch nicht mal zu fünf Minuten Sport aufraffen kannst. Dann beginne mit der Ernährung, weil die Motivation stark mit unserem Mikrobiom im Darm zusammenhängt.«[34]

---

32 Nachrichten erzeugen Stress. Stress kann nach unterschiedlichen Studien einsam machen. Und Einsamkeit macht wiederum krank. Diese ganzen externen Störfaktoren abzustellen, ist einer der Schlüssel für gesunde fokussierte Energie, die ich als Unternehmer benötige. Und zudem erhöht dies nicht nur die Lebensfreude, sondern auch das Gefühl der Freiheit und Selbstbestimmung.

33 Adam Alter: Unwiderstehlich. Der Aufstieg suchterzeugender Technologien und das Geschäft mit unserer Abhängigkeit.

34 Durch industrielle Ernährung, Zucker, Antibiotika und Nahrungsmittelunverträglichkeiten verschlechtert sich die Zusammensetzung des Mikrobioms im Darm. Dadurch wird weniger Dopamin produziert, was unser Gehirn wiederum braucht, um motiviert zu sein. Dr. Christoph Thaiss: www.uc-link.com/studie-motivation (Zugriff im August 2023).

Jan nickte nachdenklich: »Ja, da ist was dran. Mit Julia kann ich vielleicht einen Deal machen: Sie will, dass ich pünktlich komme, und das mache ich dann auch. Vielleicht fallen mir noch zwei oder drei Punkte ein. Dann bleibt es also bei diesen vier neuen Gewohnheiten. Und ich bekomme in den nächsten Wochen, wenn diese vier funktionieren, weitere Gewohnheiten?«

»Ja, dazu gibt es unser 90-Tage-Onlineprogramm ›Meister deiner Gewohnheiten‹«, erwiderte Wolfgang. »In diesem Kurs hast du jeden Tag drei Minuten und einmal in der Woche 15 Minuten, um dir nicht nur den Aufbau von Gewohnheiten theoretisch anzueignen, sondern sie auch praktisch zu trainieren. Vor allem etablierst du auf diese Weise die Master-Gewohnheit und damit die Fähigkeit, jede weitere Gewohnheit zu verändern.

Gewohnheiten etablieren wir durch Wiederholung. Das ist neben der Master-Gewohnheit der Hauptgrund, warum Bücher zu Gewohnheiten nicht funktionieren. Du brauchst Wiederholungen. Unter www.uc-link.com/gewohnheitskurs findest du den kompletten Kurs. Du trainierst jeden Tag deine Gewohnheiten. Und nach 90 Tagen beherrschst du sie.«[35]

Jan versuchte für sich zusammenzufassen: »Wir haben jetzt erarbeitet, dass ich mich um Flow und Team-Flow kümmern werde. Als Orientierung habe ich das Ziel, Schwarzgurt-Unternehmer zu werden.

Ein Schwarzgurt-Unternehmer ist jemand mit anderen Gewohnheiten. Ich beginne also damit, dass ich lerne, so energiesparend wie möglich neue Gewohnheiten aufzubauen. Und zwar so, dass ich dabei immer mehr in den Flow komme.

Wir beginnen mit der Master-Gewohnheit, Sport, der Übergabe von F-Aufgaben und dem Flow-Training. Diese Grundlagen habe ich voll verstanden. Lass uns jetzt zu Mittag essen. Ich brauche erst mal eine Pause.«

---

35 Wenn du nicht nur am Kurs »Meister deiner Gewohnheiten« Interesse hast, sondern am gesamten zweijährigen Unternehmertraining: www.uc-link.com/unternehmertraining. Dort ist der Kurs enthalten.

Wolfgang nickte und beide gingen zusammen essen. Da Wolfgang etwas Gesundes bestellte, schloss sich Jan einfach an.

2.4 Grundhaltung gegenüber anderen Menschen

Nach der Mittagspause begann Jan: »Kommen wir jetzt zu meinen konkreten Herausforderungen im Hotel?«

»Ich würde gerne noch etwas anderes ansprechen«, schüttelte Wolfgang den Kopf. »Ich habe vorher noch etwas bemerkt, das mich stutzig gemacht hat. Damit wir nicht den Fokus verlieren, habe ich das aber zurückgestellt. Jetzt wäre ein guter Zeitpunkt, darüber zu sprechen.«

»Was ist dir aufgefallen?«, wollte Jan wissen.

»Nun, heute ganz zu Beginn sagtest du mir, dass deine Mitarbeiter und Kunden bei Dojan nur noch nervten. Und du sagtest, dass deine Mitarbeiter im Hotel die Aufgaben nicht so umsetzen, wie du es dir vorstellst.«

»Ja, ich finde, die sollen arbeiten. Dafür bekommen sie auch Geld«, gab Jan etwas genervt zurück.

»Klingt jetzt nicht so sehr nach Team-Flow«, schüttelte Wolfgang grinsend den Kopf. »Mit dieser Haltung wirst du in etwa dasselbe zurückbekommen, was du hineingibst: Desinteresse und Genervtheit. Bestenfalls werden deine Mitarbeiter bis Punkt 17 Uhr – oder im Hotel vielleicht bis Punkt 23 Uhr arbeiten. Und fertig. Du gibst kein Fitzelchen mehr – du bekommst kein Fitzelchen mehr. Ganz einfach.«

Nach einer kurzen Pause fuhr Wolfgang fort: »Aber das war nicht, was mich stutzig machte. Das wäre einfach. Es gibt eben Stoffel, die sind menschenfeindlich, und das lässt sich umlernen. Was mich stutzig machte, war, dass du in deiner Geschichte erzählt hast, dass du gut mit Menschen kannst. Das widerspricht Desinteresse und Genervtheit. Du solltest mit deiner Menschenliebe theoretisch super Voraussetzungen haben: Was also ist passiert?«

Jan wurde blass: »Das ist mir noch nie aufgefallen, was du sagst, Wolfgang. Aber du hast recht. Ich habe mir dazu noch nie Gedanken gemacht.«

»Dann sollten wir das jetzt tun«, forderte Wolfgang lächelnd auf. »Wenn es dir nicht gelingt, die Herzen der Menschen zu gewinnen, wirst du mit deinem Hotel nirgendwo hinkommen. Und du wirst die Herzen der Menschen nicht gewinnen, wenn du sie nicht selbst in *dein* Herz lässt.

Erzähl mir mal, seit wann du weißt, dass du gut mit Menschen kannst.«

Jan dachte einige Momente nach: »Das war in der Zeit mit den Loveparade-Touren. Wir wirkten als Team, es war ein Wir. Ich war überall dabei und verbunden. Es wirkte alles natürlich. Und in meinem Ausbildungshotel sowie während des Zivildiensts und beim Immobilienverkauf festigte sich das. Das hat mir immer Spaß gemacht. Ich kann gut mit Menschen.«

»So habe ich dich vorher auch schon gespürt. Woher kommt dann aber die Idee, dass dir die Mitarbeiter egal sind?«, fragte Wolfgang.

Jan überlegte einige Zeit: »Ich habe es während des Zivildiensts im Krankenhaus und während ich bei meinem Vater jobbte, so erlebt. Es war allen egal, wie es uns Mitarbeitern ging. Eigentlich wollte ich das bei Dojan anders machen.«

»Und warum hat es dann nicht funktioniert?«

»Weil ich der einzige Normale in der Firma war«, entfuhr es Jan. »Die anderen saßen alle vor ihrem Computer. Man vereinbarte etwas, also eine bestimmte Funktion zu einer bestimmten Zeit fertig zu haben, und es wurde nie eingehalten. Wenn man die Programmierer drauf ansprach, bekam man nur ein Achselzucken oder bestenfalls noch den Hinweis auf agile Arbeitsmethodik. Agil schien mir ein Synonym zu sein für: Ich muss mich nicht an meine Vereinbarungen halten.

Aber ich musste das dann den Kunden gegenüber vertreten. Ich fühlte mich sowohl bei den Programmierern als auch bei unseren Kunden ausgeschlossen. Und irgendwann war mir einfach egal, was die wollten. Hauptsache, es funktionierte einigermaßen.«

»Da ist die Sachebene«, nickte Wolfgang. »Um ein gutes Zusammenleben und -arbeiten zu ermöglichen, hält man Vereinbarungen ein. Falls etwas dazwischenkommt, kommuniziert man das zum frühestmöglichen Zeitpunkt und findet gemeinsam Lösungen. Bei Profis wird selten etwas dazwischenkommen oder sie werden selbst eine

Lösung finden, um ihre Vereinbarungen einzuhalten. Oder sie werden sogar eine bessere Alternative finden: Profis stehen zu ihrem Wort[36] – auch agile Profis. Sie trainieren das schon täglich bei ihren Gewohnheiten. Wenn das bei Mitarbeitern nicht so ist, dann musst du es ansprechen und klären. Sonst bekommst du keinen Team-Flow, sondern nur Ärger und Konflikte.

Und da ist deine emotionale Ebene. Du warst gegenüber den Programmierern und Dominik hilflos: Sie haben auf dein Feedback nicht reagiert und du wusstest nicht, was du tun sollst. Du hattest wegen ihres Verhaltens Ärger mit den Kunden. Du fühltest dich ausgeschlossen. Und dann hast du dich entschieden, auf ihr Verhalten mit Verletztheit zu reagieren.«

Wenn du als Führungsperson deine Stimmung und deine Gefühle durch externe Ereignisse und das Verhalten anderer bestimmen lässt, dann bist du erstens nicht frei und kannst zweitens nicht führen. Dann führen die anderen dich!

»Wie meinst du ›entschieden‹?«, fragte Jan. »Ich war verletzt. Das habe ich nicht entschieden. Da wäre wohl jeder verletzt!«

»Viktor Frankl[37] formulierte im KZ den Satz: ›Die letzte aller menschlichen Freiheiten ist die, in *jeder* Situation seine eigene innere Einstellung frei wählen zu können.‹ Wenn das sogar im KZ gilt, dann gilt es immer. Du hast als innere Einstellung gewählt, dass du verletzt sein willst. Vielleicht nicht in einer bewussten Entscheidung, sondern durch Erziehung oder aus sonst welchen Gründen. Ich weiß, dass dich dieser Satz noch oft verfolgen wird.

Tatsache ist das: *Du bist Führungsperson. Und wenn du deine Stimmung und deine Gefühle durch externe Ereignisse und das Verhalten anderer bestimmen lässt, dann bist du erstens nicht frei und kannst zweitens nicht führen. Dann führen sie dich!*«

---

36 Achtung! Diese Erwartung darf nicht mit Sanktionen kombiniert werden. Daraus können schnell Ängste bei Mitarbeitern entstehen und diese wiederum führen dazu, dass entweder Informationen zurückgehalten werden oder getrickst wird. Vgl. auch Kapitel 5.2.3.

37 Viktor Frankl (1905–1997), österreichischer Neurologe und Psychiater, in seinem Buch: »… trotzdem Ja zum Leben sagen: Ein Psychologe erlebt das Konzentrationslager«.

»Aber wie kann man nicht verletzt sein, wenn man verletzt ist?«, fragte Jan hilflos.

»Das ist eine kluge Frage«, nickte Wolfgang. »Zuerst sind da Gefühle wie Hilflosigkeit, Ärger, Ausgeschlossensein. Wenn man nicht so viel trainiert hat wie der Dalai Lama, dann hat man diese Gefühle in der Regel. Lässt man diese Gefühle jetzt vor sich hin modern, dann entsteht irgendwann die Verletzung. Und dann beginnt man, die anderen als eine Art Vergeltung auch aus seinem Herzen auszuschließen.

Der Trick ist: Lass diese Gefühle wie Hilflosigkeit, Ärger und Ausgeschlossensein nicht vor sich hin modern, sondern nimm sie als Information. Nehmen wir deine Hilflosigkeit angesichts der Nichteinhaltung der Vereinbarungen. Wenn da Hilflosigkeit entsteht, dann ist dein Führungsinstrumentarium oder dein innerer Status[38] nicht ausreichend genug. Das ist eine Information, die dir sagt: Lerne dazu!

Lerne dazu, indem du deine Erwartungen klarer kommunizierst. Oder indem du Sanktions-Level einführst. Oder indem du nicht den Puffer für das dann folgende Kunden-Feedback spielst, sondern aus dem Weg gehst und den Kunden das Feedback direkt beim Programmierer abladen lässt. Oder indem du den Programmierer durch einen Profi ersetzt. Oder 100 andere Möglichkeiten. Sobald du mit dem Lernen beginnst, verschwindet die Hilflosigkeit. Und dann fühlst du dich später auch nicht mehr verletzt.«

»Da braucht man aber eine Menge Aufmerksamkeit und Zeit«, überlegte Jan. »Aufmerksamkeit, um die Gefühle mitzubekommen, und Zeit, um sich dafür Lösungen zu überlegen.«

»Stimmt«, grinste Wolfgang. »Du wolltest doch die 20 Stunden Training füllen. Ich kann dir jetzt als Grundlage drei Ansätze mitgeben – später dann mehr. Den ersten, um in der Situation oder kurz danach die Richtung deiner Gefühle und Gedanken zu ändern. Den zweiten, um eine positive Grundhaltung den Menschen gegenüber zu trainieren. Den dritten, um alte Verletzungen loszuwerden.«

»Schieß los«, erwiderte Jan aufmerksam.

---

38 Ausführlich zum inneren Status in meinem Bestseller »Dein Wille geschehe. Führung für Unternehmer«. www.uc-link.com/fuehrung-buch. Die Kurzfassung hier im Buch in Kapitel 3.5.

»Lass uns mit der ersten Methode beginnen. Wie kannst du deinen Gefühlen und Gedanken in oder kurz nach einem unerwünschten Ereignis gezielt eine neue Richtung geben? Nimm unseren Selbstgesprächsnotizblock[39] dafür. Wenn dir unangenehme Gefühle wie Ohnmacht, Wut oder andere auffallen, gehst du damit durch einen definierten Selbstreflexionsprozess. Dadurch ändern sich in der Regel sowohl deine Gefühle als auch deine Handlungsoptionen. Zu Beginn dauert das etwa drei bis fünf Minuten pro Gefühlsinformation, später nur noch Sekunden.«

»Und wenn es mir nicht auffällt, dann kann ich ja abends kurz reflektieren, ob es heute am Tag solche Situationen gab, und es dann machen«, überlegte Jan. Und dann lächelte er: »Das wäre dann aber noch eine Gewohnheit.«

»Stimmt«, nickte Wolfgang ernst. »Und gut, dass dir das auffällt. So müllen unsere Vorsätze mit neuen Gewohnheiten ganz schnell zu. Und in zwei Wochen hast du 20 Gewohnheiten auf der Liste.

Deshalb führst du ab jetzt ein Gewohnheits-Backlog. Ein Backlog kommt aus der Scrum-Methode und ist eine Art Sammelplatz für alles, was du vielleicht einmal in Zukunft umsetzen willst. Da schreibst du alle Gewohnheiten rein, die du dir irgendwann aneignen willst. Wenn die, an denen du gerade arbeitest, stabil sind, übernimmst du welche aus deinem Backlog. Zu Deutsch: Der Selbstgesprächsnotizblock kommt in das Backlog und du beginnst damit noch nicht.«

Jan nickte nachdenklich: »Vermutlich hast du recht. Meine hohe Motivation sorgt dafür, dass ich immer noch mehr machen will, und damit werde ich immer weniger erreichen. Schildere mir die zweite Methode.«

»Die zweite Methode nennt sich in ihrer formalisierten Variante Metta-Meditation. Du gehst abends vor dem Einschlafen in Gedanken Menschen durch. Zuerst dich, dann die, die du magst, und schenkst ihnen dann von Herzen Gesundheit, Glück, Sicherheit und das Gefühl der Liebe. Danach gehst du die durch, die du nicht so magst, und auch ihnen schenkst du dasselbe. Ebenso irgendwann denen, die du über-

39 Am einfachsten geht das mit unserem Selbstgesprächsnotizblock. www.uc-link.com/notizblock

haupt nicht ausstehen kannst. Im Lauf der Zeit trainierst du damit eine positive Grundeinstellung anderen Menschen gegenüber.

Auch diese Methode kommt ins Backlog. Falls du irgendwann damit beginnst, gibt es die Methode überall im Internet oder in Meditations-Apps mit gesprochenen Meditationstexten. Aber meist geht es auch ganz gut im Stillen mit deinen eigenen Gedanken und es muss auch nicht so formalisiert sein.«

»Ich hasse dieses Backlog jetzt schon«, schüttelte Jan den Kopf, während er die Metta-Meditation aufschrieb. »Und die dritte Methode?«

»Bei der dritten Methode geht es darum, alte Verletzungen loszuwerden, indem du den Menschen, die dich verletzt haben, verzeihst. Entweder real, indem du sie zum Essen einlädst und mit ihnen sprichst – dabei kommt es aber überhaupt nicht auf ihre Reaktion an, sondern nur auf dein Verzeihen. Oder bildlich, indem du einen Brief schreibst, in dem du ihnen verzeihst – den du noch nicht mal abschicken musst.«

»Das wird bei Menschen wie Julia, Dominik oder Sebastian jetzt echt schwer«, warf Jan ein. »Gut, Dominik und Sebastian sind ja raus aus meinem Leben und deshalb nicht mehr so wichtig. Aber wie ich Julia nach den vielen Streits und Verletzungen wieder in mein Herz lassen kann, weiß ich nicht. Und immer, wenn ich es versuche, kommt der nächste Streit.« Jan schaute Wolfgang etwas hilflos an.

Wolfgang nickte mitfühlend: »Okay, dann lass uns Nägel mit Köpfen machen. Fang aber nicht mit den dreien an, sondern mit Menschen, bei denen es dir leichter fallen wird. Hier hast du einen Block. Du kannst jetzt deine Verzeihens-Briefe schreiben.«

»Jetzt?«, fragte Jan.

»Klar! Dann kannst du es nicht so gut vergessen. Dein Unterbewusstsein hilft dir sonst, schwere Aufgaben besonders schnell zu vergessen«, grinste Wolfgang.

Mit den Worten »In einer Stunde sehen wir uns wieder« verließ er den Raum.

*

Gegen 15 Uhr kam Wolfgang zurück und schaute Jan lange an: »Du wirkst etwas weggetreten?«

Jan reagierte erst mit Verzögerung: »Schon eine Stunde vorbei? Krass, was da an alten Verletzungen hochkam. Ich war völlig weggebeamt. Zum Glück ging das bei den meisten einigermaßen einfach, ihnen zu verzeihen, weil ich keinen Kontakt mehr mit ihnen habe und das schon lange her ist. Bei einigen aktuellen Situationen oder bei Dominik war das schon schwerer.«

Nach einer kurzen Pause ergänzte Jan traurig und verzweifelt: »Und bei Julia ging es gar nicht. Ich liebe sie doch.«

»Mach es später einfach noch mal«, schlug Wolfgang vor. »Je öfter du das machst, desto leichter fällt es dir. Und vielleicht verzeihst du nicht alles auf einmal, sondern nur einzelne Geschehnisse. Das machst du dann öfter. Und wichtig: Du machst das in erster Linie nicht für die anderen, sondern für dich. Um dir deine Unabhängigkeit und deinen inneren Status zu schaffen.«

2.5 Das Hotel und die Sofortmaßnahmen

2.5.1 Die aktuelle Situation

Wolfgang fuhr fort: »Wir haben uns bis jetzt mit dir, dem Flow, deinem Ziel, Schwarzgurt-Unternehmer zu werden, sowie deinen Gewohnheiten und deinem Training beschäftigt. Das war sehr persönlich und wir werden immer wieder darauf zurückkommen. Je trainierter der Unternehmer, desto einfacher wird alles im Unternehmen. Aber du wolltest auch Unterstützung in Bezug auf dein Hotel, und das hatte ich ja auf den Nachmittag verschoben. Ich denke, jetzt sind wir so weit.«

»Jetzt bin ich gerade mit diesen emotionalen Themen warm geworden«, lachte Jan. »Aber ja, ich habe ein paar konkrete Herausforderungen in meinem Hotel. Soll ich dir ein bisschen was über das Hotel und die konkrete Situation erzählen?«

Wolfgang nickte: »Ja, lass uns eine Bestandsaufnahme machen. Ich werde dir dabei ein paar Fragen stellen. Zu Beginn reicht mir ein grobes Bild. Und dann schauen wir, was wir in welcher Reihenfolge angehen. In Ordnung?«

Jan stimmte zu und begann: »Wir liegen mit unserem Hotel leider mitten in der Pampa. Da ist im Umkreis von 15 km keine größere Stadt. Ich fahre deshalb jeden Tag eine knappe halbe Stunde hin und dasselbe noch mal zurück.«

»Welche Größe habt ihr?«, wollte Wolfgang wissen.

»Wir haben 86 Zimmer, einen 900-qm-Wellnessbereich, ein Restaurant und fünf unterschiedlich abtrennbare Veranstaltungsräume für Firmenveranstaltungen, Seminare, Geburtstage, Hochzeiten und so. Das Ganze ist ein umgebauter alter Hof mit zwei Hektar Grund und einem schönen Blick in den Wald und auf einen Hügel. Vor Corona hatten wir mit Teilzeit etwa 60 Mitarbeiter, in Vollzeitstellen umgerechnet waren es vielleicht 45 Stellen. Jetzt fahren wir Notprogramm, viele sind in Kurzarbeit und einige haben gekündigt und was Neues gefunden. Ich glaube, es sind aktuell noch 50 Mitarbeiter auf der Liste.«

Wolfgang nickte: »Auf Kundenseite habt ihr, wenn ich dich richtig verstehe, somit sehr unterschiedliche Zielgruppen? Also private Feiern, Seminare, Firmenveranstaltungen, Urlauber und Wellnessgäste. Habt ihr eine klare Strategie oder Positionierung?«

Jan schüttelte den Kopf: »Wir nehmen alle Gäste und Veranstalter, die kommen.«

»Und wie sieht es mit den Finanzen aus? Für mich die wichtigste Kennzahl ist die finanzielle Reichweite.[40] Wie lange überlebt ihr, wenn der Umsatz morgen auf null zurückgeht?«

»Operativ machen wir aktuell ein deutliches Minus. Und ohne die staatlichen Corona-Überbrückungsgelder würde es übel aussehen. Mit ihnen, wenn ich diese reinrechnen darf, vielleicht drei Monate bei null Auslastung. Wobei die Auslastung voraussichtlich jetzt im Sommer richtig gut wird, weil die meisten ihren Urlaub in Deutschland verbringen werden. Also bis zum September werden wir eher bei vier Monaten liegen.«

»Und dann?«, wollte Wolfgang wissen.

---

40 Ausführlich in Stefan Merath: »Wie du innerhalb weniger Monate deine unternehmerischen Finanzen in den Griff bekommst. Dauerhaft!« Kostenloses eBook: www.uc-link.com/finanzen.

»Wird es wieder schwieriger. Im Herbst leben wir von Seminaren und Firmenveranstaltungen, aber bislang haben wir da noch sehr wenige Buchungen. Und da Sebastian weg ist und viele dieser Veranstalter viele Monate vorausplanen, sehe ich da große Probleme.«

»Aber du hast einen zeitlichen Puffer: Achte auf die Finanzen, doch gib ihnen jetzt nicht oberste Priorität. Wie ist die Führungsstruktur?«, fragte Wolfgang.

»Zuerst einmal Joachim als Hotelmanager. Dann Birgit im Veranstaltungsmanagement, Wim in der Küche, Katharina für Rezeption und Büro, dann Restaurantleitung, Spa und Housekeeping / Technik. Vertriebsleitung habe ich ja keine mehr. Und soll ich Lea für Personal / Recruiting und Assistenz auch dazuzählen?«

»Also außer Joachim sechs Führungskräfte und eine vakante Position Vertriebsleiter. Dazu Lea als deine Assistenz. Wie viele Meetings macht ihr? Mit wem hast du in den letzten sechs Wochen über was gesprochen? Und sind die Rollen klar?«

Jan druckste ein wenig herum: »Es gibt jeden Dienstag ein Führungs-Meeting.«

»Ja und?«, wollte Wolfgang wissen.

»Keine Ahnung«, gestand Jan schließlich. »Ich war erst ein Mal dort. Das leitet normalerweise Joachim. Und die anderen Bereichs-Meetings leiten die jeweiligen Abteilungsleiter.

Ich habe mich zweimal intensiver mit Joachim, meinem Hotelmanager, ausgetauscht. Einmal zu den Finanzen und einmal zu der Krisenvertretungsregelung, um nicht wieder Bedienung spielen zu müssen. Ich kann das nicht genau benennen, aber irgendwie habe ich keine Lust auf ihn.

Dann hatte ich ein Treffen mit Sebastian, meinem Ex-Vertriebler, und mit meiner Marketingmitarbeiterin Sabrina, die unsere Website pflegt und sich um die Booking-Portale kümmert. Dann war ich mit Sebastians Hinterlassenschaften beschäftigt. Das war's. Zu mehr bin ich seither nicht gekommen.«

»Verstehe«, nickte Wolfgang. »Ist das erste Mal, dass du ein solch großes Unternehmen führst und sogar als Außenstehender übernimmst. Das ist nicht einfach, bekommen wir aber hin. Wie ist die Stimmung im Unternehmen?«

»Weiß ich nicht genau«, gab Jan zu. »Wir sind gerade erst dabei, die Leute für die anziehenden Buchungen aus der Kurzarbeit zu holen. Macht Joachim alles. Aber ich habe das Gefühl, dass der Ton recht rau ist. Vermutlich, weil Corona Stress verursachte und weil während der Kurzarbeit die Prozesse bei den verbliebenen Mitarbeitern nicht richtig funktionierten und dann Fehler und Vorwürfe entstanden.«

»Berichten dir das Joachim und deine Assistentin Lea nicht?«

»Mit Joachim hatte ich doch andere Themen und mit Lea habe ich noch gar nicht gesprochen.«

Wolfgang nickte verständnisvoll: »Die Fachkraft-Aufgaben, richtig? Was hast du die letzten sechs Wochen konkret gemacht? Was hat deine Zeit gefüllt?«

Jan beschloss, ehrlich zu sein: »Ja, die ersten Wochen habe ich vor allem F-Aufgaben ausgeführt. Dann habe ich die Zahlen und Prozesse angeschaut. Und ich habe mich um die Übergabe von Sebastian gekümmert. Seit zwei Wochen habe ich ein paar F-Aufgaben übergeben und versucht, dafür Systeme zu schaffen. Neben den gerade angesprochenen Meetings war es das auch schon. Kommt mir wenig vor, obwohl ich so viel gearbeitet habe.«

»Noch eine letzte Frage: Weißt du, wie es war, als Walter das Hotel noch leitete?«

Jan überlegte einen Moment und erwiderte dann: »Nicht genau. Ich weiß, dass Walter wahnsinnig viel gearbeitet hat. Es war sein Lebenswerk. Ich glaube, er wusste über jedes Detail Bescheid und hatte überall seine Finger drin. Er kannte sicher auch alle Mitarbeiter und ihre Sorgen. Aber mehr? Da müsste ich raten.«

Wolfgang nickte verständnisvoll: »Das reicht für einen ersten Überblick. Wie fühlst du dich insgesamt, nachdem du mir von deiner Situation im Hotel erzählt hast?«

Jan nahm sich einen Moment, um in sich hineinzuspüren, und antwortete schließlich: »Ich fühle mich orientierungslos. Es scheint, als hätte ich bisher nichts auf die Reihe bekommen. Und ich habe keine Ahnung, wo ich anfangen soll und was ich tun soll.«

Wolfgang stimmte nachdenklich zu: »Ich kann gut verstehen, wie du dich fühlst. Es ist nicht verwunderlich, dass du dich unsicher fühlst, da du bisher noch nie ein Unternehmen in dieser Größenordnung und in dieser Branche geleitet hast. Weißt du, ich hätte dir zu jeder deiner Antworten zehn weitere Fragen stellen können. Und am Ende hätten wir 100 Probleme und 300 Maßnahmen. Und dann würde nichts davon umgesetzt.

Mein Ziel ist immer, zuerst den Engpass zu finden. Wir haben in jeder Situation zig Symptome und eine zentrale Ursache. Das ist der Engpass. Kenne ich diesen, muss ich mich nicht in der Beseitigung von zig Symptomen verzetteln. Habe ich einen Engpass gefunden und gelöst, dann suche ich den nächsten und dann wieder den nächsten. Daraus ergibt sich eine klare Reihenfolge weniger ausgewählter Maßnahmen. Wir können das ausführlich mit einer Engpassanalyse[41] machen oder du kannst fürs Erste einfach auf meine Erfahrung vertrauen. Später wirst du sowieso irgendwann lernen müssen, selbst Engpassanalysen zu machen.«

Jan dachte einen Moment nach und entschied sich dann, da er zu schnellen Ergebnissen kommen wollte, für die Erfahrung von Wolfgang.

2.5.2 Klarheit

Dieser nickte und begann: »Bei allen Antworten, die du mir gegeben hast, fehlte Klarheit. Ich bin deshalb jetzt sehr deutlich. Ein Beispiel: Wenn du Carlos nachts um 3 Uhr aufweckst und fragst, wie groß seine finanzielle Reichweite ist, dann sagt er, ohne nachzudenken: ›12,26 Monate‹, dreht sich um und schläft wieder ein. Zahlen sind nicht das, worum es wirklich geht. Aber wenn die Zahlen nicht stimmen, dann wird das, worum es wirklich geht, nicht stattfinden. Bereits jeder mittelmäßige Unternehmer hat seine Zahlen im Griff.

41 Beschrieben in meinem Buch »Der Weg zum erfolgreichen Unternehmer«, außerdem in unserem Neurostrategie®-Seminar und im Unternehmertraining www.uc-link.com/unternehmertraining. Die Engpassanalyse ist eines der mächtigsten Tools zur Führung von Unternehmen: Sie fokussiert uns immer wieder auf den einen zentralen Punkt und hilft uns oft, Dutzende anderer Probleme indirekt zu lösen.

Und jeder gute Unternehmer kennt die Stimmung im Unternehmen, hat einen klaren Forecast, weiß, wie viele Mitarbeiter bei ihm arbeiten, oder weiß, was in seinen Meetings passiert. Ohne mentale Klarheit wirst du immer orientierungslos sein. Deine Handlungen sind dann genauso unklar und verwaschen. Deine Mitarbeiter und Führungskräfte werden ebenso unklar sein. Aus dieser Unklarheit entstehen dann Konflikte. Und dann wird die Situation immer schlimmer.

So, und das ist jetzt wichtig: Wenn die Klarheit fehlt, dann hat dies Ursachen. Spontan komme ich da auf zwei Punkte.

Erstens bist du erst seit sechs Wochen im Hotel. Du sollst das ohne geregelte Übergabe führen. Dir fehlt die Erfahrung mit einem solch großen Unternehmen. Du weißt nicht, ob dich die dortigen Mitarbeiter irgendwann akzeptieren und respektieren werden. Und das macht *Angst* und ist *hart*. Und ein häufig genutzter Weg, die Angst wegzudrücken, ist, die Wirklichkeit nur verwaschen und unklar wahrzunehmen. Da helfen dir nun Carlos, Thomas, deine Unternehmertrainingsgruppe und ich. Übrigens: Meinen Respekt, dass du das auf dich nimmst.«

Jan fühlte sich bei diesen Worten erleichtert und atmete durch: »Und der zweite Punkt?«

Wolfgang fuhr fort: »Die zweite mögliche Ursache für deine Unklarheit ist, dass dir deine Rollen noch nicht bewusst sind: Du hast dich zwar heute Morgen entschieden, Schwarzgurt-Unternehmer zu werden, aber hast du dich denn überhaupt entschieden, Unternehmer zu sein? Oder willst du nicht lieber Investor sein? Bislang warst du eine Mischung zwischen Investor und Fachkraft. Solange deine Rollen nicht klar sind, ist dein Denken nicht klar und deine Handlungen sind es dann auch nicht.«

Jan schaute Wolfgang irritiert an: »Wie meinst du das?«

»Nun, als Investor würdest du nur mit Joachim Ziele vereinbaren und die Ergebnisse kontrollieren. Ansonsten wärst du gar nicht da. Du würdest ihn dann lediglich so führen, dass er in der Lage ist, seine Ziele zu erreichen. Als Schwarzgurt-Unternehmer hingegen bestimmst du über Vision, Strategie, Kultur und Finanzen. Du arbeitest aktiv am Unternehmen.«

Ohne nachzudenken, antwortete Jan: »Ich will doch Schwarzgurt-

Unternehmer werden. Also bleibt ja nur eine Antwort.« Und nach kurzer Pause fügte er hinzu: »Dann werde ich also Vision, Strategie, Kultur und zumindest die Finanzstrategie zu mir holen, richtig? Und dazu muss ich mit den Menschen reden und in die Meetings?«

»Genau! Und erst mal möchte ich dir meine Anerkennung dafür aussprechen, dass du so offen bist, deine Ängste benennst und die Dinge ändern willst. Ohne das wäre alles, was wir hier machen, bedeutungslos.

Beide Themen, sowohl Angst als auch Klarheit über deine Aufgaben, sind größere Themen, die wir im Lauf der nächsten Monate nach und nach angehen werden. Leider nichts, wo man einfach den Schalter umlegen kann.«

Jan nickte, und in einem Anflug von Mut bat er: »Bitte mach mich ab jetzt immer drauf aufmerksam, wenn du eine Rollenunklarheit oder Angst bei mir bemerkst. Selbst erkenne ich das oft gar nicht.«

Wolfgang nickte lächelnd.

2.5.3 Zeit schaffen

Dann fuhr Wolfgang fort: »Dann lass uns zum nächsten Bereich kommen, nachdem die Klarheit adressiert ist. Du brauchst für U- und M-Aufgaben so viel Zeit wie möglich. Und zwar so schnell wie irgend möglich.«

Jan schüttelte den Kopf: »Das mit den Unternehmer-Aufgaben hat mir Thomas auch schon erklärt, aber das geht nicht. Ich muss doch Sebastians Job machen, sonst wird die Auslastung im Herbst echt übel. Ich bin dann wieder bei 70 oder 80 Stunden.«

»Dann lass uns dafür doch eine Lösung finden«, schlug Wolfgang lächelnd vor.

Jan schüttelte ärgerlich den Kopf. Hatte Wolfgang nicht zugehört? »*Das geht nicht.* Sabrina kann nicht verkaufen. Und das Veranstaltungsmanagement auch nicht.«

Wolfgang schaute Jan lange an. Dann erwiderte er: »Das Problem an solchen Sätzen wie ›Das geht nicht‹ ist, dass man mit dem Denken aufhört, bevor man überhaupt angefangen hat. Ist nebenbei auch eine

Gewohnheit, solche Sätze zu sagen. Bevor wir aber nun noch eine Gewohnheit ändern, biete ich dir einen einfachen Workaround.« Dann grinste er: »Ich werde dich jedes Mal drauf hinweisen, wenn du so was sagst.«

Jan schluckte. Das konnte noch lustig werden ...

Wolfgang fuhr fort: »Also, wenn ich es richtig verstanden habe, dann telefonierte Sebastian mit Firmenkunden und Seminarveranstaltern und versuchte, diese zu überzeugen, bei euch Veranstaltungen durchzuführen. Und du brauchst noch Veranstaltungen für den Herbst, richtig?«

> **Wer »Es geht nicht« sagt, hört mit dem Denken auf, bevor er angefangen hat. Und dies zu sagen, ist eine Gewohnheit, die man ändern kann.**

Jan nickte.

Wolfgang fuhr fort: »Aber spätestens, wenn sie Interesse haben, muss doch vermutlich sowieso das Veranstaltungsmanagement übernehmen, denn vor der Vertragsunterzeichnung muss doch allerlei Organisatorisches abgeklärt werden, oder?«

»Ja, so ungefähr«, stimmte Jan zu. »Der eigentliche Vertrag wird dann auch meist direkt von Birgit, der Veranstaltungsmanagerin, unterschrieben. So ist es jedenfalls in den Prozessen definiert.«

»War dann also sinnvoll, dass du dir in den letzten Wochen diese Prozesse angeschaut hast«, lobte Wolfgang. Er fuhr fort: »Noch eine Frage: Ihr habt doch bestimmt regelmäßige Kunden, die immer wieder bei euch Veranstaltungen machen. Hat Sebastien Neukunden oder Bestandskunden angerufen?«

»Beide«, erwiderte Jan. Und schlug sich plötzlich an den Kopf: »Natürlich! Die Bestandskunden könnten von Birgit angerufen werden. Sie kennt diese Kunden sowieso besser, als Sebastian sie kannte. Aber eine Lösung für die Neukunden brauche ich immer noch.«

Wolfgang bremste: »Zuerst einmal: Die meisten Unternehmen machen 80 Prozent ihres Geschäfts mit Bestandskunden. Das wird bei euch nicht viel anders sein. Wenn Birgit diese Kunden anrufen kann, hast du also schon 80 Prozent deines Problems gelöst.«

»Krass«, erwiderte Jan verblüfft. »So habe ich das noch gar nicht gesehen. Aber die Neukunden bleiben trotzdem bei mir, weil ich nicht glaube, dass die Bestandskunden für den Herbst reichen.«

»Kurzfristig kannst du diesen Weg mit dem Verkauf an Neukunden gehen. Mittelfristig brauchst du eine gute Strategie. *Dann musst du nicht mehr verkaufen, sondern lässt kaufen.* Aber dass du diesen Weg gehst, heißt nicht, dass du das selbst machen musst.«

»Ja, aber es kann sonst keiner«, wehrte sich Jan. »Es ist mit der fehlenden Strategie schon für mich schwer genug.«

»Keiner?«, schüttelte Wolfgang ungläubig den Kopf. »Es gibt Unternehmen, die Leads über Kaltakquise-Anrufe generieren. Die haben sämtliche Vertriebstrainer-Sprüche drauf und bringen mit Sicherheit wenigstens ein paar Interessenten. Gib Lea den Auftrag, ein solches Unternehmen zu finden und zu beauftragen. Sobald sie einen Lead haben, geht der an Birgit. Das wird nicht wesentlich mehr kosten als vorher Sebastian.«

»Aber das geht nicht«, wehrte sich Jan. »Lea hat keine Ahnung, worauf sie dabei achten muss. Und ich glaube auch nicht, dass irgendein externer Anbieter versteht, was das wirklich Besondere am Rockstrohhof ist. Und dann können sie auch nicht verkaufen.«

»Natürlich verstehen sie es nicht«, nickte Wolfgang lächelnd. »Es gibt ja noch keine Strategie. Dann bleibt nur Hardselling mit hoher Schlagzahl. Aber das scheint mir nicht dein eigentlicher Punkt zu sein. Hör mal in dich rein.«

»Keiner kann das so gut wie ich«, platzte Jan schließlich raus.

»Und verkaufen macht dir ja auch Spaß?«, fragte Wolfgang unschuldig.

»Ja, das kann ich auch richtig gut!«, nickte Jan.

»Und das ist unser wahres Problem«, warf Wolfgang ein. »Beim Verkaufen kommst du in Flow. Du organisierst dir damit Erfolgserlebnisse. Die anderen Tätigkeiten wie Strategie oder Führung kannst du noch nicht gut, so erzeugen sie keinen Flow. Und dabei hättest du keine Erfolgserlebnisse. Um voranzukommen, musst du auf diesen Vertriebs-Flow bewusst verzichten. Auch wenn er sich gut anfühlt.«

Jan starrte Wolfgang eine Zeit verblüfft an: »Du meinst, ich will nur verkaufen, weil es mir Spaß macht?« Und als er in sich hineinspürte, erkannte er, dass Wolfgang recht hatte. In Wahrheit konnte das jemand anderes machen. Es war nur die einzige Tätigkeit, bei der er wirklich wusste, was zu tun war.

Und so fuhr Jan fort: »Vor fünf Minuten war ich mir noch sicher, dass ich 70 bis 80 Stunden in der Woche arbeiten müsste. Und jetzt haben wir zwei einfache Lösungen, einmal mit Birgit und einmal mit Lea, und ich arbeite nur noch die Hälfte. Und die Lösung mit Birgit wird auch noch bessere Ergebnisse bringen, da sie die Kunden ja besser kennt als ich.

Ich verstehe langsam, was du mit kollektiver Unternehmensführung meinst. Man wird von anderen viel schneller auf seine eigenen Grenzen im Denken aufmerksam gemacht. Zum Beispiel, dass es mir in Wirklichkeit um meine Erfolgserlebnisse ging. Und dann kann ich die Grenzen auch schneller überwinden. Danke.«

2.5.4 Führung übernehmen

Wolfgang lächelte: »Wir haben die fehlende Klarheit als Engpass benannt. Dann haben wir Klarheit in dein Rollen- und Aufgabenverständnis gebracht und damit eine Menge freier Zeit gewonnen. Jetzt beschäftigen wir uns damit, diese Zeit effizient zu füllen, und bringen erste Klarheit in die neuen Aufgaben. Nachdem du entschieden hast, dass du das Hotel als Unternehmer führen willst, musst du auch die Führung in deinem Unternehmen übernehmen.

Der Ist-Stand scheint mir, wenn ich dich vorher richtig verstanden habe, zu sein, dass du an kaum einem Meeting teilgenommen hast, dich die Mitarbeiter zum Teil gar nicht kennen und vor allem nicht wissen, wo es mit dem Hotel hingehen soll. Lass uns mal die Perspektive wechseln. Weg von dir hin zu deinem Team: Wie, glaubst du, geht es deinem Team nach 15 Monaten Corona und dem Tod von Walter?«

Jan schwieg einen Moment: »Verunsichert?«

Wolfgang nickte: »Wie gut arbeitet ein verunsicherter, führungsloser Haufen zusammen und was erlebt dabei der Gast?«

»Natürlich ist das schlecht. Aber ich weiß doch selbst noch nicht, wo ich hinwill«, wehrte sich Jan.

Wolfgang schwieg und wartete.

Nach einer gefühlten Ewigkeit gab Jan schließlich zurück: »Nein, ich habe Angst, ausgeschlossen zu bleiben wie bei Dojan.«

Wolfgang nickte: »Als Nachfolger wirst du dir immer deinen Platz erkämpfen müssen. Da haben es Gründer leichter. *Die Frage ist aber als Unternehmer nicht, ob du dich ausgeschlossen fühlst, sondern ob du die anderen in deine Welt integrierst.* Wir hatten vorher bei der Grundhaltung drüber gesprochen.«

»Das fühlt sich stark an«, leuchteten Jans Augen auf. »Aber wie soll das gehen?«

Die Frage ist als Unternehmer nicht, ob du dich ausgeschlossen fühlst, sondern ob du die anderen in *deine* Welt integrierst.

»Du leitest ab jetzt die Meetings mit deiner Führungs-Crew. Da deine Führungskräfte auch verunsichert sein dürften, wirst du zuerst Sicherheit schaffen. Das machst du, indem du bei diesem Meeting erst mal an Walter anknüpfst und diesen würdigst. Und dass du im Sinne der Familie das Hotel fortführen willst.

Dann, indem du erzählst, dass du eine Hotelausbildung hast. Weiter, dass die Finanzen mit den Corona-Überbrückungsgeldern noch reichen. Außerdem, dass du seit zwölf Jahren Unternehmer bist. Schließlich, dass es dein fester Wille ist, dieses Hotel weiter durch die Corona-Untiefen und dann in eine tolle Zukunft zu führen. Dass du dazu eine neue Strategie entwickeln wirst. Und du kannst ein bisschen was vom Loveparade-Feeling anklingen lassen, auch wenn das aktuell kaum jemand verstehen wird. Und zum Schluss sagst du, dass du ihnen vertraust und sie alle gerne bei diesem Weg dabeihättest. Du bist Verkäufer. Also verkauf wie noch nie zuvor im Leben!«

»Und ich dachte, ich müsste zuerst eine Strategie haben, bevor ich mich vorne hinstellen kann«, schüttelte Jan ungläubig den Kopf.

»Eine Richtung reicht völlig«, grinste Wolfgang. »Selbst wenn sie zu Beginn falsch ist, schafft sie erst einmal Einheitlichkeit und damit Sicherheit. Lass uns jetzt zu den einzelnen Personen kommen. Wie stellst du dir die Rollenaufteilung zwischen dir und Joachim vor? Vermutlich wird er nicht sonderlich amüsiert sein, wenn du ihm die Leitung des Führungs-Meetings wegnimmst.«

Jan sinnierte: »Ich gebe ihm dafür die wichtige Aufgabe, das Hotel so schnell wie möglich für das Sommer-Business hochzufahren. Das ist ein Ausgleich und er ist erst einmal beschäftigt.«

»Hmm? «, überlegte Wolfgang. »Die Rollenaufteilung ist mir damit immer noch nicht klar.«

»Na, ich bin der Kapitän und er ist der Erste Offizier«, erwiderte Jan verständnislos. »Wie soll das denn sonst sein.«

»Kann schon sein«, schüttelte Wolfgang den Kopf. »Aber wer entscheidet zum Beispiel über die Strategie? Der Kapitän oder der Erste Offizier? Und wer darüber, ob jemand eingestellt oder entlassen wird? Wer hat die Hoheit über die Finanzen? Wer führt die anderen Führungskräfte und wer bestimmt über die Kultur? Wer ist für die Systeme und Prozesse verantwortlich?«

»Na, seit Walters Tod hat das Joachim gemacht. Und jetzt mache ich das als Unternehmer.«

»Wieso«, unterbrach Wolfgang, »sollte er Freude daran haben, die Verantwortung wieder an dich abzugeben?«

»Weil er jetzt schon jammert, dass ihm alles zu viel ist«, warf Jan ein.

»Das mag den Sommer über vielleicht funktionieren«, gab Wolfgang zu. »Aber vermutlich auch da nicht. Und dann stellt er sich die Frage, was eigentlich seine Rolle ist, wenn du alles machst.«

Jan schlug vor: »Ich kann ihm ja die tagesaktuelle operative Führung, die Systeme und Prozesse sowie die Führung der anderen Führungskräfte geben. Dann bleiben Strategie, Kultur, Vision und Finanzen bei mir.«

»Operative Führung und Systeme bzw. Prozesse gehen«, stimmte Wolfgang zu. »Die Führung der Führungskräfte – zumindest im Hinblick auf deren Entwicklung – kannst du nicht abgeben. Sonst wirst du nie als Leader anerkannt. Und dir fehlt der Transmissionsriemen zur Kultur.

Letztlich bleibt dir nur eins: Du brauchst ein Gespräch mit Joachim – und zwar vor deinem nächsten Führungs-Meeting. Dort klärst du die Rollen. Du wirst ihn dabei über den grünen Klee für seine bisherigen Leistungen seit Walters Tod loben und ihm dein Vertrauen aussprechen.«

»Für was soll ich ihn denn loben?«, warf Jan ein. »Ich mag ihn noch nicht mal sonderlich.«

»Hätte das Hotel nach Walters Tod denn ohne ihn funktioniert?«

»Nein, vermutlich nicht«, gab Jan zu. »Okay, ich werde ihn dafür loben.«

»Klingt für mich jetzt nicht so überzeugend und wird dann wohl bei Joachim auch nicht so ankommen. Bitte mach dir noch Gedanken, was du an ihm mögen könntest. Und dann äußere im Gespräch mit ihm Zuversicht, dass ihr als Team arbeitet. Du wirst ihn fragen, was er von dir erwartet, und du wirst ihm in nächster Zeit viel Aufmerksamkeit schenken, weil hier ein Konflikt hochkochen könnte.«

»Okay, das könnte ich im Moment am allerwenigsten gebrauchen«, gab Jan zu. »Ich gebe mein Bestes«

Wolfgang nickte: »Und dann wirst du diese Rollen klar und deutlich im Führungs-Meeting mit noch mehr Würdigung für Joachim kommunizieren. Alle müssen diese Rollenaufteilung kennen und verstehen. Und bei der geringsten Abweichung musst du sofort für Klarheit sorgen.«

»Ich finde vorher noch raus, wie die Aufteilung zwischen Walter und Joachim war. Da sich Walter ja nach meinem Eindruck um alles selbst gekümmert hat, hat er vermutlich auch die Meetings geleitet. Und wenn möglich stelle ich es so dar, dass ich nur in die Fußstapfen von Walter trete. Dann erscheint die Veränderung gar nicht so groß«, schlug Jan vor.

Wolfgang nickte anerkennend: »Das kann helfen. Lass uns noch zu Lea und Sabrina kommen. Lea ist deine Assistentin, und du hast dich in den letzten sechs Wochen noch nie mit ihr getroffen?«

»Ich hatte noch nie eine Assistentin«, zuckte Jan mit den Schultern.

»Autsch!«, entfuhr es Wolfgang. »Eine gute Assistentin will helfen, und wenn du ihr nicht sagst, wobei, dann kann sie ihren Job nicht machen, wird sich frustriert fühlen und ist dann auch bald weg. Und da sie auch noch Personal und Recruiting macht, hat sie eine Schlüsselposition inne. Vor allem, nachdem dir bislang schon einige Leute weggelaufen sind und vielleicht noch ein paar weglaufen.

Sie kann dir nicht nur unglaublich viele Aufgaben abnehmen, sondern stellt in gewissem Sinne auch deine Augen und Ohren ins Team dar. Als Unternehmer bekommst du nie alles mit, was vorgeht. Du brauchst sie. Und manchmal brauchst du sie auch als Sprachrohr. Eine gute Assistentin ist zugleich Teil des Teams und loyal dir gegenüber.«

»Okay, ich mache schnellstmöglich einen Termin mit ihr«, stimmte Jan zu. »Aber warum soll ich mit dieser Sabrina sprechen? Die kommt gerade erst aus dem Studium.«

»Dein Vertriebsleiter Sebastian ist weg. Ist da außer Sabrina noch jemand in dieser Abteilung?«

»Nein, Sebastian hat nur Sabrina geführt.«

»Dann stellt sich die Frage, wie Vertrieb und Marketing jetzt im Unternehmen repräsentiert sind. Um strategisch und wirtschaftlich auf die Beine zu kommen, brauchst du diesen Bereich.«

»Da kann sich ja auch Joachim drum kümmern«, schlug Jan vor. »Dann hat er noch einen zusätzlichen Bereich, und ich brauche mich nicht mit diesem unerfahrenen Mädel rumschlagen.«

Wolfgang schüttelte den Kopf: »Ich kenne Sabrina nicht. Mit deiner negativen Haltung ihr gegenüber machst du es euch jedoch unnötig schwer. Sie ist erst mal ein gleichwertiges Teammitglied wie alle im Hotel. Und ich weiß, dass deine Aufgabe Strategie ist. Strategie braucht Marketing.

Joachim dazwischenzuklemmen, macht dich langsam. Und wenn du deine Strategie ändern wirst, was sicher passieren wird, dann wird sich auch am Marketing was ändern müssen. Damit das gelingt, braucht das Marketing ein Standing im Hotel. Dazu muss das Marketing im Führungs-Meeting vertreten sein.«

»Echt jetzt? Muss das sein?«, stöhnte Jan auf.

»Ich habe nicht gesagt, dass Sabrina beim Führungs-Meeting dabei sein muss, sondern das Marketing muss dabei sein. Du kannst auch einen neuen Vorgesetzten für sie suchen. Dann ist sie nur übergangsweise dabei. Oder sie feuern und jemand anderen finden, der dann dabei ist. Dann ist halt das Marketing komplett unbesetzt, bis du jemanden gefunden hast.«

»Das sind ja nur schlechte Lösungen«, gab Jan frustriert zurück. »Da ich mir nicht leisten kann, jetzt ohne Marketing dazustehen, bleibt wohl nur, sie vorübergehend ins Führungs-Meeting zu nehmen. Ich frage mich nur, ob sie dann wieder zurückwill, wenn ich einen neuen Vertriebsleiter habe.«

»Du musst das vorneweg glasklar kommunizieren. Jetzt wird sie stellvertretende Vertriebsleiterin. Das ist besser als vorher. Und wenn du einen richtigen Vertriebsleiter hast, bleibt sie Stellvertretung und ist nur während seines Urlaubs beim Führungs-Meeting dabei.«

»Meinetwegen«, stimmte Jan zu. Um das Thema zu wechseln, überlegte Jan: »Wenn ich meinen Führungskräften Sicherheit gebe, sollte ich das auch bei meinem Team machen. Ist nur in der Hotellerie aufgrund der Arbeitszeiten unmöglich, alle zusammenzubekommen.

Vielleicht mache ich drei Meetings zu unterschiedlichen Zeiten. Das hätte auch den Vorteil, dass mich alle kennenlernen und ich auch alle. Und inhaltlich mache ich dasselbe wie bei meinen Führungskräften.«

»Idealerweise lässt du eines dieser Meetings auch noch auf Handy-Video aufnehmen« nickte Wolfgang. »Dann können es auch die anschauen, die es vielleicht zu keinem der drei Termine schaffen oder die in Kurzarbeit sind. Und da solltest du ankündigen, dass du in nächster Zeit durchs Hotel gehst und mit vielen von ihnen, wenn nicht allen, sprechen wirst.

Du kündigst an, dass du die Meinungen, Probleme und Ideen von allen einholen wirst. Dass die Erfahrungen von allen unglaublich wertvoll sind. Und du bedankst dich bereits vorher für ihre Unterstützung. Damit vermittelst du dein Interesse an ihnen. Auch wenn du im Augenblick noch nicht richtig Interesse an ihnen hast. Das wäre ein Grund, nachher die Metta-Meditation noch vom Backlog in die zu trainierenden Gewohnheiten zu übernehmen. Wir brauchen perspektivisch dein ehrliches Interesse.

Aber beachte dabei, dass es bei diesen Gesprächen auch einige Mitarbeiter geben wird, die dir nur solche Informationen geben, dass ihr Lieblingsprojekt am Ende rauskommt oder sie mehr Einfluss bekommen oder dass das Lieblingsprojekt von ihrem Feind nicht rauskommt. Bleibe immer in einer neutral dankbaren Haltung, aber lass dich nicht in irgendwelche Spielchen reinziehen, die du vielleicht noch gar nicht durchschaust. Und diese Spielchen wird es geben, wenn der Ton, wie du vorher erklärt hast, recht rau bei euch ist. Um das zu verändern, habe ich für dich noch eine organisationale Gewohnheit – einer der zentralen Schlüssel einer jeden guten Kultur.«

»Was ist das für eine organisationale Gewohnheit?«, wollte Jan wissen.

»Jede Organisation hat Gewohnheiten. Zum Beispiel, ob man morgens alle begrüßt oder nicht. Oder ob man bei den Meetings pünktlich ist. Wer dort als Erstes spricht usw. Da kommen wir später[42] noch ausführlicher dazu. Jetzt ist nur wichtig: Solange der Umgang untereinander ruppig ist, wird jede Änderung schwer. Du musst die Grundeinstellung deiner Teammitglieder gegenüber anderen Teammitgliedern zuerst drehen. Es muss nach und nach wieder Offenheit und Vertrauen und dann Zuneigung entstehen.«

»Und wie mache ich das?«

»Zuerst natürlich vorleben, indem du selbst verzeihst und die Metta-Meditation trainierst. Und dann gibt es ein ziemlich einfaches Tool. Zu Beginn eines jeden Meetings – und seien es nur morgendliche Stand-ups – erzählt *jeder* reihum ein Lob über einen Kunden oder einen anderen Mitarbeiter. Du erklärst, dass während Corona so viel Negatives hochgekommen sei. Und dein Ziel sei, dass allen bewusst wird, was ihr Großartiges macht.«

»Die halten mich doch für verrückt«, warf Jan ein.

»Ist das Vorrecht des Chefs, Dinge zu initiieren, die alle anderen zu Beginn für verrückt halten«, gluckste Wolfgang. »Der einzige Punkt ist, dass du das innerlich durchhältst und dann auch durchsetzt. Nach ein paar Wochen gefällt es allen. Ist dann deine erste organisationale Gewohnheit.«

»Und wie stelle ich sicher, dass das auch in den Abteilungs-Meetings geschieht?«, wollte Jan wissen.

»Ach, zu Beginn führst du bei euren wöchentlichen Führungs-Meetings einfach neben der eigenen Lobrunde einen zusätzlichen Report ein, wo jeder ein oder zwei tolle Lobe aus seinen Meetings erzählen muss.

Und das ist dann schon wieder ein Aufhänger für dich, wenn du die Mitarbeiter, die da gelobt wurden, im Hotel triffst: ›Du, ich habe gehört, du hast XY gemacht … Toll!‹ Damit erreichst du dreierlei. Du hast eine Anknüpfung für ein Gespräch. Du verstärkst das Lob und damit die Lobrunde, weil er von dir das Lob ein weiteres Mal bekam. Und du findest ziemlich einfach raus, ob deine Führungskräfte die Lobrunden auch wirklich durchgeführt oder nur Geschichten erfunden haben.«

42 Siehe Kapitel 4.3.

Jan nickte: »Okay, führe ich ein. Wir haben auch ein Mitarbeiterinformationsbrett im Hotel. Da kann ich dann einmal in der Woche auch das schönste Lob aushängen.«

»Gute Idee! Aber wer macht das? Ist eine F-Aufgabe«, erwiderte Wolfgang.

Jan schlug sich an den Kopf: »Das wird Lea machen. Wenn du nicht eingegriffen hättest, hätte schon wieder ich diese F-Aufgabe übernommen. Danke«, erwiderte Jan kopfschüttelnd.

2.5.5 Mittelfristiges

»Damit haben wir die kurzfristig wichtigsten Punkte«, erklärte Wolfgang. »Zuerst Klarheit. Klarheit über deine Aufgaben führt zu mehr Zeit. Und Klarheit über deine Führungsrolle gibt dir die Position, die du für zukünftige Änderungen brauchst. Lass uns noch ganz kurz drei mittelfristige Themen ansprechen, auf die du hinarbeiten kannst, sobald du Zeit hast.

Lass uns mit den Finanzen beginnen. Die Unschärfe und Unklarheit, die du vorher hattest, als ich dich nach deinen Zahlen fragte, hat mir nicht gefallen. Deswegen wissen wir beide nicht, wie die wirkliche Situation ist. Eine Frage: Hast du einen auf Finanzen spezialisierten Berater für Hotels? Da gibt es eigentlich recht gute Experten.«

Jan nickte: »Ja, haben wir. Dieser unterstützt uns auch bei den ganzen Corona-Überbrückungshilfen und sonstigen Finanzierungen. Ich habe aber noch nicht mit ihm gesprochen. Werde ich zeitnah machen, um da völlige Klarheit reinzubringen.«

»Gut«, nickte Wolfgang. »Wenn da Dinge rauskommen, die auch für unsere strategische Arbeit und unser Timing wichtig sind, dann bitte diese Info sofort an Thomas. Er wird sich mit dir um die Strategie kümmern.

Zweites Mittelfrist-Thema: Corona. Ihr hattet im Frühjahr '20 einen Lockdown. Dann im letzten Winter. Und die Wahrscheinlichkeit ist hoch, dass dieser Winter wieder ein Corona-Winter wird. Wie seid ihr darauf vorbereitet?«

»Gar nicht«, erwiderte Jan. »Ich glaube, du bist da zu pessimistisch.«

Wolfgang nickte: »Im Prinzip kann jeder von uns beiden recht haben. Hast du vor Corona gewarnt und der nächste Winter ist entspannt, ist das Schlimmste, was passiert, dass die Leute hinterher sagen, dass du übervorsichtig warst.

Hast du aber deine Leute nicht gewarnt und Corona kommt, dann seid ihr null vorbereitet und deine Mitarbeiter erleben zusätzlich noch eine enorme Demotivationsdelle. Und manche, die dir jetzt nicht glauben, dass Corona vorbei ist, bekommen das Bild von dir, dass du realitätsfern bist.

Das kannst du dir als Politiker leisten, den Kopf in den Sand zu stecken. Da der Wähler im Durchschnitt gar keine Änderung will, wirst du genau deshalb wiedergewählt. Wenn du dieses Konzept aber als Unternehmer kopierst, gehst du pleite. Ist letztlich Erwartungsmanagement. Setz die Erwartungen so tief, dass sie von der Realität leicht in eine positive Richtung übertroffen werden können.«

Nachdenklich nickte Jan, auch wenn er noch immer keine Lust verspürte, sich weiter mit Corona zu beschäftigen: »Und das dritte Mittelfristthema?«

»Wir brauchen eine Strategie für dein Hotel. Da solltest du zeitnah einen Folgetermin mit Thomas, unserem besten Strategen, machen. Ich werde einen Termin in die Wege leiten lassen. Du bereitest das vor, indem du bis dahin alle Informationen sammelst, am besten auch durch Gespräche mit Sabrina, Birgit, Joachim und Katharina: Wie viele Tagungsgäste, wie viele Wellnessgäste, wer sind die Tagungsveranstalter?

Was funktionierte gut, was nicht? Wo kamen wenigstens noch ein paar Neukunden und warum kamen diese? Mit welchen Bestandskunden ist es gerade besonders einfach und warum? Was sind die Haupthürden und Einwände? Welche Fragen werden bei der Buchung an der Rezeption gestellt? Welche Gäste sind bei deinen Mitarbeitern besonders beliebt? Welche magst du oder könntest du mögen? Thomas wird dich den ganzen Tag mit Fragen löchern. Das macht nur dann richtig Sinn, wenn du vorbereitet bist. Okay?«

Jan nickte. »Aber eine Frage habe ich noch. Dass Strategie wichtig ist, verstehe ich, aber warum machen wir das vor dem Team-Flow im Unternehmen? Du hast mir heute richtig den Mund wässrig gemacht.«

»Gute Frage«, stimmte Wolfgang zu. »Dein jetziges Ziel ist, individuellen Flow zu entwickeln. Und dazu musst du zuerst deine Gewohnheiten im Griff haben. Wenn du selbst es nicht vorlebst, wird auch dein Team nicht mitkommen. Keine Chance auf Team-Flow!«

Nach kurzem Nachdenken stimmte Jan, dennoch ein klein wenig enttäuscht, zu: »Ja, das macht Sinn. Jetzt habe ich ordentlich zu tun. Lass mich noch mal zusammenfassen, damit ich wirklich Klarheit habe, was zu tun ist.«

Für deinen individuellen Flow musst du zuerst deine Gewohnheiten im Griff haben. Wenn du selbst es nicht vorlebst, gibt es keine Chance auf Team-Flow!

»In Ordnung«, nickte Wolfgang. »Aber bitte mach auch gleich die Termine mit Joachim, Lea, Birgit und Sabrina aus. Du kommst doch direkt auf euren Kalender? Sonst kommen bis Montag bestimmt wieder andere Dinge dazwischen.«

Jan nickte und machte sich an die Arbeit. Wolfgang verließ für eine Viertelstunde den Raum.

2.6 Die wichtigste Sache zum Schluss

»Ich habe hier«, erklärte Jan, als Wolfgang zurückkam, »folgende Punkte:

- Zuerst die Installation meiner Master-Gewohnheit mit deinen sechs Punkten. Das waren: Ort und Zeit festlegen, klar definieren, was ich jeden Tag während der Master-Gewohnheit mache, max. zwei bis drei Minuten lang, schöne Musik dazu, Belohnung und Bertram-Report
- Dann das Etablieren von fünf neuen Gewohnheiten: Master-Gewohnheit, Sport, F-Aufgaben übergeben, Flow in jede Aufgabe bringen und die Metta-Meditation
- Erste organisationale Gewohnheit: Lobrunden im Unternehmen. Und das schönste Lob hängt Lea jede Woche ans Mitarbeiterinformationsbrett.
- Dann ein Gespräch mit Julia über gesünderes Bio-Essen

- Einige Termine
  - Mo. 9 Uhr: Joachim Rollenklärung. Vorher schreibe ich auf, was ich an ihm mögen könnte.
  - Mo. 10:30 Uhr: Lea Zusammenarbeit (Vertrauen aufbauen, Aushang bestes Lob, Termine für drei Vorstellungsrunden mit allen Mitarbeitern, Unternehmen für Vertrieb finden, Termin mit unserem Unternehmensberater zu den Finanzen machen lassen)
  - Mo. 13 Uhr: Birgit wg. Übernahme von Sebastian Bestandskunden anrufen
  - Mo. 14:30 Uhr: Sabrina wird stellvertretende Verkaufsleiterin.
  - Di. 9 Uhr: Führungs-Meeting
- Drei Vorstellungsrunden mit allen Mitarbeitern, die Lea bis dahin vereinbart hat
- Viele weitere Einzelgespräche mit Mitarbeitern und Kunden. Bei den Mitarbeitern, um Sicherheit und Bindung zu schaffen sowie Interesse zu zeigen, bei den Kunden als Vorbereitung der Strategie
- Ich bekomme einen Bertram und schicke diesem meine Aufgaben.
- Demnächst Strategie-Tag mit Thomas«

Wolfgang nickte: »Ich sehe, du hast die Metta-Meditation vom Gewohnheits-Backlog gleich übernommen. Ich denke, das ist wichtig, um deine innere Haltung deinen Mitarbeitern gegenüber zu verändern. Vorher wirst du nicht viel bewegen. Dann bekommst du deinen Bertram am Montag. Genauso den Namen desjenigen, für den du Bertram bist. Bist du jetzt zufrieden mit dem Tag?«

Jan strahlte: »Absolut! Ich habe einen klaren Plan! Ich habe mein emotionales Referenzbild und weiß, wie ich in Zukunft leben will. Ich weiß, wer ich werden will. Und ich kenne die nächsten Schritte. Bislang habe ich nur lustlos vor mich hin gewurstelt. Das wird sich jetzt ändern! Das sind zwar ziemlich viele operative Aufgaben, aber ich könnte trotzdem noch ein bisschen mehr trainieren, damit es schneller geht.«

Wolfgang verdrehte lachend die Augen: »Du weißt schon: Wenn die Master-Gewohnheit stabil ist … Du wirst noch früh genug über die 20 Stunden Training jammern. Uns bleibt außerdem noch eine Sache. Die wichtigste von allen.«

»Aber wir haben doch schon alles«, erwiderte Jan verblüfft.

»Nein«, schüttelte Wolfgang den Kopf. »Wenn du jetzt nach Hause gehen würdest, dann würdest du die Punkte einfach nur runterarbeiten. *Du hättest zwar einige Resultate, aber das, um was es eigentlich geht, hättest du nicht.* Den Flow auf dem Weg!«

Langsam verstand Jan: »Krass, wie schnell man durch operative Aufgaben vom Eigentlichen abgelenkt wird. Jetzt verstehe ich, dass man dafür wohl richtig viel Training braucht, damit dies nicht immer wieder passiert. Du hattest mir einige Punkte genannt, die es braucht, damit Flow entstehen kann. Der Weg muss wichtiger als das Ziel sein, in jedem Moment ist der nächste Schritt klar, die Rückmeldung erfolgt sofort und die Aufgabe muss die Fähigkeiten von der Schwierigkeit her etwas übersteigen. Hilft uns das hier?«

»Ja, das war der Quick-Start.[43] Ich würde es aktuell sogar noch weiter reduzieren. Wir suchen für jede Aufgabe auf deiner Liste nur eine einzige Sache, um mehr Lust auf die Aufgabe zu bekommen. Je länger und häufiger du das machst, desto besser wirst du darin. Geh jetzt selbst über deine Liste drüber.«

Jan begann zu arbeiten und erstellte nachfolgende Liste.

Tätigkeit	Flow
Installation meiner Master-Gewohnheit	Danach meine Lieblingsmusik hören
Etablieren von vier weiteren Gewohnheiten: Sport, F-Aufgaben übergeben, Flow in Aufgaben integrieren und Metta-Meditation	Kurze Checkliste für die Übergabe von F-Aufgaben machen, damit jeder Schritt klar ist
Als erste organisationale Gewohnheit: Lobrunden im Unternehmen	Ich bestärke die besten Lobe nochmals.
Das schönste Lob hängt Lea jede Woche ans Mitarbeiterinformationsbrett	Ich lese mir diese Lobe lächelnd jede Woche durch.

43 Ausführlich in Kapitel 3.2.6.2.

Tätigkeit	Flow
Dann ein Gespräch mit Julia über gesünderes Bio-Essen.	
Einige Termine:	
• Mo. 9 Uhr Joachim Rollenklärung	Mir am Wochenende fünf Punkte aufschreiben, wofür ich ihm dankbar sein kann und warum ich ihn mögen könnte
• Mo. 10:30 Uhr Lea Zusammenarbeit (Vertrauen aufbauen, Aushang bestes Lob, Termine für drei Vorstellungsrunden mit allen Mitarbeitern, Kaltakquise-Unternehmen, Termin mit unserem Unternehmensberater zu den Finanzen machen lassen)	Mir am Wochenende fünf Punkte aufschreiben, warum ich mich auf die Zusammenarbeit mit ihr als meiner neuen Assistentin freue
• Mo. 13 Uhr Birgit: Übernahme von Sebastian, Bestandskunden anrufen	Klare Schrittfolge für sie bereithalten, falls sie sich unsicher ist
• Mo. 14:30 Uhr: Sabrina wird stellvertretende Verkaufsleiterin	
• Di. 9 Uhr Führungs-Meeting	Mich auf die Chance darin konzentrieren – es kann nur besser werden
Drei Vorstellungsrunden mit allen Mitarbeitern, die Lea bis dahin vereinbart hat	Mich auf die Chance darin konzentrieren – es kann nur besser werden
Viele weitere Einzelgespräche mit Mitarbeitern und Kunden. Bei den Mitarbeitern, um Sicherheit und Bindung zu schaffen sowie Interesse zu zeigen, bei den Kunden als Vorbereitung der Strategie	Jedes Gespräch ist eine Chance, mich nicht ausgeschlossen zu fühlen und dafür zu sorgen, dass der Mitarbeiter sich auch nicht ausgeschlossen fühlt.

Tätigkeit	Flow
Ich bekomme einen Bertram und schicke diesem meine Aufgaben.	Freue ich mich sowieso.
Demnächst Strategie-Tag mit Thomas	Freue ich mich sowieso.

Als er fertig war, zeigte er sie Wolfgang: »Manche Punkte erscheinen mir echt zu simpel und zu Julia und Sabrina ist mir wirklich nichts eingefallen. Was mache ich jetzt?«

»Dich freuen«, grinste Wolfgang. »Wo dir nichts einfällt, übersteigt das eben dein aktuelles Flow-Kompetenz-Level. Konzentriere dich auf die Punkte, wo dir was eingefallen ist. Und werte hinterher aus, welche deiner Ideen dich zuverlässiger in den Flow führen und welche gar nicht. Im Lauf der Zeit wirst du immer besser. In einem halben Jahr wirst du noch ganz andere Ideen haben.«

»Gut, damit bin ich glücklich. Danke, Wolfgang, für diesen fruchtbaren Tag!«

»Nehme ich gerne an«, lächelte Wolfgang. »Du hast dich heute selbst reflektiert und einige wirklich schwere Entscheidungen getroffen. Niemand verabschiedet sich zum Beispiel so gerne von Zielen, die man jahrelang verfolgt hat. Du bist an vielen Stellen bereit gewesen, deine Sichtweise und Grundhaltung zu verändern. Und das verdient meinen ganzen Respekt! Und es macht mir Freude, mit solchen Menschen wie dir zu arbeiten.«

Jan lächelte, weil er spürte, dass dieses Lob wirklich ernst gemeint war. Damit verabschiedeten sich die beiden und Jan freute sich auf die nächsten Tage und Wochen.

3. Der Weg der Strategie

(SOMMER 2021)

3.1 Die Ereignisse im Rockstrohhof

»Ich werde echt immer mit Idioten als Chefs bestraft«, jammerte Sabrina, nachdem sie ihrer Tante Iris während eines Telefongesprächs ihre Situation im Rockstrohhof geschildert hatte. Iris war die Einzige in ihrer Familie, die sie immer unterstützt hatte. »Zwar ist der Fettsack Sebastian jetzt weg, aber dieser Jan nervt auch. Und meinen neuen Chef Joachim finde ich noch ätzender. Er wirkt auf mich so, wie wenn er nur Nebelkerzen zünden und ansonsten seine eigene Position absichern würde. Alles nur heiße Luft.«

»Und du willst auf jeden Fall dortbleiben?«, wollte Iris wissen.

»Ja, ich werde mir beweisen, dass ich es draufhabe und nicht schon wieder weglaufe. Dass ich bei meinem allerersten Job nach einem halben Jahr hingeschmissen habe, hat mich echt runtergezogen. Ich fühl mich immer noch nicht wieder ganz auf der Höhe. Wenn ich so weitermache, dann bleibe ich mein Leben lang die Kleine, der man alles abnimmt, weil man mir nichts zutraut. Das will ich echt nicht noch mal. No way! Zur Not beweise ich es auch an den beiden vorbei.«

»Sabrina, über diesen Joachim will ich nicht reden. Manager kommen und gehen. Du kannst sie manchmal sogar über geschickte Bündnisse absägen. Aber Jan ist der Inhaber des Hotels. Der wird nicht einfach gehen. Du hast zwei Möglichkeiten: Entweder du arbeitest mit ihm und bleibst. Oder du gehst. Bei der dritten Möglichkeit, zu bleiben und gegen ihn zu arbeiten, machst du vielleicht hin und wieder einen Punkt, aber am Ende verlierst du immer.

Eine solche unproduktive Zusammenarbeit führt kaum zu der Anerkennung, die du dir wünschst. Sie wäre für dich sogar fatal. Du würdest dir eine permanente Quelle von schlechten Gefühlen erschaffen. Du würdest jeden Tag Frust, Ungerechtigkeit, Enttäuschung, Hilflosigkeit oder Wut erleben. Und diese Denk- und Fühlweise würde sich einprägen. Nach fünf Jahren bist du dann so weit, dass du nicht mehr anders kannst und in jedem Unternehmen so handeln würdest, auch wenn der Chef ausnahmsweise mal gut ist.«

»Ja, aber Frust und Wut und Hilflosigkeit kriege ich doch bei den anderen beiden Optionen auch«, widersprach Sabrina. »Wenn ich gehe, fühle ich mich als Loser. Und wenn ich bleibe und mitmache, dann bekomme ich angesichts dieser geballten Dummheit und Arroganz jeden Tag einen Anfall.«

Iris schwieg einen Moment. Dann fragte sie: »Du hast mir erzählt, dass dieser Jan erst seit etwa sechs Wochen das Hotel führt, richtig?«

»Ja, stimmt«, nickte Sabrina.

»Und er hat nie zuvor ein Hotel geführt und auch keine Krise wie Corona erlebt?«

»Nee, auch nicht.«

»Wenn du, Sabrina, vor sechs Wochen ein Hotel bekommen hättest und das führen solltest, wie würde es dir jetzt gehen?«

Sabrina schwieg längere Zeit. Dann gab sie zu: »Ich wäre völlig überfordert und hätte Schiss, nein, sogar die Riesenpanik, das nicht zu packen. Ich wäre wahrscheinlich total durcheinander und wüsste nicht, wo ich anfangen sollte. Aber Jan ist doch viel älter und erfahrener als ich. Und er hat schon mal einige Jahre eine Softwarefirma geführt. Meinst du nicht, dass das eine Rolle spielt?«

»Vielleicht eine gewisse«, stimmte Iris zu. »Aber ich bin doppelt so alt wie du und führe seit 20 Jahren ein Team von bis zu 100 Leuten im Konzern. Und ich hätte in so einer Situation trotzdem Angst. In einer Führungsrolle hast du es immer mit Unsicherheit zu tun. Und als Inhaber noch mal ganz anders denn als Manager, wo dir nicht viel passieren kann.«

»Abgefahren!«, überlegte Sabrina. »Und ich dachte, er wäre über all die Dinge erhaben, weil er immer so cool und rechthaberisch rüberkommt. Wenn ich es mir recht überlege, könnte das wirklich sein, dass er einfach überfordert ist und Schiss hat. Vielleicht hat er gar keinen Plan, was er da macht? Und kann das in seiner Position nicht eingestehen?«

»Ich dachte als Managerin die ersten 15 Jahre auch, dass ich immer stark und cool sein müsste«, stimmte Iris zu. »Ich hätte meine Schwächen niemals gezeigt, weil ich annahm, dass sich meine Mitarbeiter von einem emotionalen Schwächling wie mir nicht mehr führen lassen würden. Das hat sich zum Glück als Irrtum herausgestellt.«

»Was kann ich denn jetzt konkret tun?«, wollte Sabrina wissen.

»Du hast immer noch dieselben Optionen wie vorher«, antwortete Iris. »Aber wenn du bleibst, kannst du diesen Jan als jemanden wahrnehmen, der überfordert und ängstlich ist. Und in einem solchen Zustand trifft niemand die klügsten Entscheidungen. Weder er noch ich, noch du. Du kannst dir die Frage stellen, wo du unterstützen kannst, um ihm die Überforderung und Angst zu nehmen.«

Sabrina dachte einen Moment nach: »Das kann ich schon, aber dann kommt er bestimmt wieder mit einem Sales-Funnel oder einem anderen bescheuerten, undurchdachten Konzept um die Ecke. Und dann kann ich innerlich nicht mehr an mich halten und würde ihn am liebsten auf den Mond schießen.«

Wie im Kampfsport müssen wir versuchen, die Energie unseres Gegners zu unserem Vorteil umzulenken.

»Kann ich gut verstehen«, lachte Iris. »Dein Problem ist nur, dass deine Gegenwehr ihn noch mehr überfordern würde. Und dann werden seine Ideen noch dümmer. Der einzig praktikable Weg ist eine Art Judo: In diesem Kampfsport versuchst du die Energie deines Gegners zu deinem Vorteil zu nutzen. Genauso musst du seine Energie zu deinem oder zu eurem Vorteil umlenken. Kommt er mit einem Sales-Funnel, dann antwortest du: ›Tolle Idee, soll ich mich damit weiter beschäftigen?‹ Er hat eine Überlastung von der Backe, freut sich und stimmt dir zu. Kurze Zeit später kommst du zu ihm und sagst: ›Hey, ich habe mich intensiv damit auseinandergesetzt. Für einen Sales-Funnel brauchen wir eine Strategie. Hast du da schon eine Idee, sollen wir das gemeinsam entwickeln oder kann ich dir was vorbereiten?‹ Da er überlastet ist, wird er zumindest eine Zuarbeit dankbar annehmen. Und dann kannst du ihn in klügere Richtungen dirigieren.«

»Muss das echt immer so kompliziert sein?«, fragte Sabrina frustriert.

»Nein, nicht immer«, besänftigte Iris. »Nur wenn jemand von negativen Gefühlen überwältigt ist und deshalb nicht klar denken kann.«

»Und wie lange dauert der Quatsch, bis er klar im Kopf ist?«

»Also, bis er komplett klar im Kopf ist, das kann ich dir nicht sagen. Woher soll ich das wissen?«, lachte Iris. »Vielleicht passiert das angesichts der Unsicherheit in der Führung bei ihm nie. Aber wenn er gelernt hat, dir zu vertrauen, dann hat er zumindest in deiner Gegenwart keine schlechten Gefühle mehr. Und das kann glücklicherweise recht schnell gehen. Maximal zwei bis drei Monate.«

»Wirkt zwar ziemlich umständlich auf mich«, erwiderte Sabrina, »und auch irgendwie falsch. Es kommt mir taktisch oder manipulativ vor. Aber ich kann ihn in seiner Überforderung jetzt besser verstehen. Und diese zwei bis drei Monate werde ich's halt mal versuchen.«

»Das überzeugt mich noch nicht vollständig«, widersprach Iris. »Wenn du sagst, du wirst es zwei bis drei Monate ausprobieren, mit welcher Energie bist du dann dabei?«

»Okay, du hast mich erwischt«, lachte Sabrina. »Pech für mich, dass du mich so gut kennst. Ich werde das bis zum Jahresende volle Pulle durchziehen. So besser?«

»Viel besser«, lachte Iris. »Und wenn du zwischendurch irgendwo hängst, ruf an.«

»Mach ich«, erwiderte Sabrina dankbar und legte auf. Erstaunlich, wie solche kurzen Gespräche mit erfahrenen Menschen die Dinge total auf den Kopf stellen können.

*

Zwei intensive Tage lagen hinter Jan und jetzt, am Dienstag, 29. Juni um 17 Uhr, hatte er gleich sein Gespräch mit Peter, der ihn als sein Bertram kontrollieren sollte. Zur Vorbereitung hatte er ihm bereits am Montag seine Aufgaben, die er mit Wolfgang erarbeitet hatte, zugesandt.

Eingangs stellten sie einander kurz vor. Peter war Mitte 40 und Inhaber eines Softwareunternehmens zur App-Entwicklung mit 28 Mitarbeitern.

Peter begann: »Schildere mir mal kurz, was du seit deinem Workshop mit Wolfgang am Freitag gemacht hast.«

»Oh, richtig viel«, begann Jan. »Ich weiß allerdings gar nicht richtig, wo ich unser Gespräch anfangen soll.«

»Bei den Erfolgen«, munterte Peter auf. »So eine Art Positiv- oder Lobrunde.«

»In Ordnung«, erwiderte Jan, der allein aufgrund dieses Vorschlags schon etwas durchatmete. Das könnte eine angenehme Kontrolle werden.

»Meine fünf neuen Gewohnheiten haben hervorragend funktioniert. Ich könnte direkt noch mehr machen.«

»Damit es dann nicht mehr funktioniert und du frustriert bist?«, fragte Peter lachend. »Ich würde das lassen und feiern. Was war noch gut?«

»Wider Erwarten war das Gespräch mit Julia zum Essen auch gut. Sie wollte sowieso auf Bio und vegan umsteigen, hatte aber bislang nie das Gefühl, dass ich offen genug dafür gewesen wäre. In den letzten Jahren hätte ich ja nur Pizza, Burger oder Schnitzel mit Nudeln in mich reingestopft. Womit sie leider recht hatte. Seit gestern Abend habe ich deshalb zumindest morgens und abends gesundes Essen.

Dann war mein Gespräch mit meiner Veranstaltungsmanagerin Birgit überraschend gut. Ich wollte sie dazu überreden, dass sie Bestandskunden direkt akquiriert. Sie sagte nur, dass sie schon längst dabei seien, weil sie angesichts der aktuell geringen Buchungszahlen eh nichts zu tun hätten.«

»Was lernst du daraus?«, unterbrach Peter.

Jan war aufgrund der Frage zuerst irritiert und dachte dann nach: »Vielleicht, dass manche Mitarbeiter doch mitdenken und helfen wollen?«

Peter erwiderte: »Ist zumindest eine Geschichte für deine nächste Lobrunde im Führungs-Meeting. Was noch?«

»Jetzt muss ich erst etwas nicht ganz so Gutes erzählen«, erwiderte Jan. »Ich hatte gestern Morgen mein Gespräch mit Joachim über unsere Rollen. Rückblickend muss ich sagen, dass ich so nervös vor dem Gespräch war, dass ich im Gespräch selbst gar nicht bemerkte, wie angepisst er war, als ich ihm Strategie, Führung der Führungskräfte, Vision, Finanzen und Kultur wegnehmen wollte.

Er hatte sich auch richtig schnell wieder unter Kontrolle und erklärte mir, dass Mitarbeiter nur von einer Person geführt werden sollten, um nicht verwirrt zu werden. Und wenn er das Sommergeschäft vorbereiten solle, dann wäre er der Führende. Ich könne ja Visions-, Strategie- und Kulturpapiere entwerfen.

Da ich nervös war und außerdem keine Lust auf das operative Geschäft im Sommer verspürte, erkannte ich gar nicht, dass das nicht das war, was ich wollte, und stimmte ihm zu. Erst beim nächsten Gespräch mit meiner Assistentin Lea wurde mir das plötzlich deutlich.«

»Inwiefern?«, wollte Peter wissen.

»Na ja, sie freute sich riesig, dass ich endlich auf sie zukam. Und dann wollte sie wissen, ob sie jetzt eigentlich meine oder Joachims Assistenz sei. Erst da habe ich gemerkt, dass er mir die Butter vom Brot nehmen wollte. Mit Lea habe ich das dann gleich geklärt, dass sie meine Assistenz sei, und habe ihr meine Vorhaben geschildert und dass ich sie brauchen würde. Und dass sie die Gespräche mit den Mitarbeitern für mich und nicht für Joachim vorbereiten solle. Sie schien richtig aufzuatmen.«

»Weiß Joachim jetzt schon davon, dass du dich nicht an eure Vereinbarung halten wirst? Und dass du die Führung von Lea und den Führungskräften übernimmst? Und dass du mit allen Mitarbeitern sprichst?«

»Ja, seit dem Führungs-Meeting heute schon. Aber ich muss zuerst noch von Sabrina erzählen. Sie hatte gestern einen Tag Urlaub und so passte ich sie heute um 8 Uhr, direkt vor dem Führungs-Meeting ab. Ich erzählte ihr, dass ich die Strategie ändern wollte und da jemanden aus dem Marketing an Bord brauchen würde. Da Sebastian weg sei, sei das dann wohl sie.

Ich würde sie deshalb zur stellvertretenden Vertriebsleitung machen und sie solle, bis wir wieder einen Vertriebsleiter haben, zu den Führungs-Meetings dazukommen. Zuerst wirkte sie nicht sonderlich glücklich damit, perspektivisch wieder in die hintere Reihe zu rutschen. Dann fragte sie plötzlich: ›Wer ist denn dann mein direkter Vorgesetzter? Joachim oder du?‹ Als ich sagte, dass ich das dann wohl wäre, hellte sich ihr Gesicht auf. Irgendwie bekam ich den Eindruck, dass weder sie noch Lea Joachim mögen.

Und dann geschah etwas ganz Merkwürdiges: Sie sagte plötzlich, dass ich für die Strategie sicher eine Menge Daten und Informationen brauchen würde. Und dass sie mir diese zusammenstellen könne. Und sie schlug vor, mit den Wellnesskunden zu beginnen, weil deren Buchungsvorlauf am kürzesten sei und wir so am schnellsten den Umsatz erhöhen könnten. Ich hatte den Eindruck, sie will echt helfen und ist vielleicht doch nicht so naiv, wie ich dachte.«

Peter unterbrach: »Auf jeden Fall wichtig, eine solche Unterstützerin zu haben. Auch wenn sie sehr wahrscheinlich ihre eigene Agenda haben wird: Sie wird die Abteilung weiterhin leiten wollen, auch wenn wieder jemand dazukommt. Und da ist sie durch die Beförderung und durch die direkte Führung durch dich in einer besseren Ausgangsposition als vor eurem Gespräch. Sie wird sich beweisen wollen. Hilfreich! Aber was ist jetzt mit Joachim?«

»Das war krass«, erwiderte Jan. »Er eröffnete am Dienstag das Führungs-Meeting, bevor ich es tun konnte, und übergab mir dann das Wort. Lea und Sabrina schauten mich fragend an und ich kochte innerlich. Immerhin war ich noch so klar, dass ich zuerst damit begann, dem Team Sicherheit zu vermitteln und die grobe Richtung zu skizzieren, wie mit Wolfgang abgesprochen.

Dann machte ich die Rollenverhältnisse zwischen Joachim und mir klar. Und dass ich sie jetzt alle persönlich führen würde – mit Ausnahme des operativen Geschäfts, vor allem jetzt im Sommer. Joachim ballte die Faust unter dem Tisch, Lea und Sabrina schienen sich zu freuen, trauten sich aber nicht, das zu zeigen. Und die anderen schauten fragend zwischen Joachim und mir hin und her. Ich löste das dann auf, indem ich Joachim das Wort für die Planung des Sommergeschäfts gab.«

»Sieht so aus, als ob du jetzt zwei Unterstützerinnen und einen Feind hast«, fasste Peter zusammen. »In letzter Instanz war diese Klarheit und Rollenbestimmung notwendig, auch wenn man es etwas geschickter hätte machen können. Ich würde das Ergebnis dennoch als positiv ansehen: Du hast deinen ersten Kampf um die Führung eines bislang fremden Teams bestanden. Respekt!«

»Ja, nur eins ärgert mich, weil es mir zu langsam geht: Mein Strategietag mit Thomas findet erst Mitte August statt. Zuerst ist er im Urlaub und dann ich.«

»Ach, ich glaube, dir wird trotzdem nicht langweilig«, lachte Peter. »Für heute bin ich erst mal zufrieden und du solltest das auch sein. Bis in einer Woche.«

3.2 Strategie mit Thomas (Di., 17. August 2021)

3.2.1 Die letzten Ereignisse

»Schön, dich wiederzusehen«, begrüßte Thomas Jan. »Du siehst einerseits erholt aus – so schön braun –, andererseits machst du auch einen gestressten Eindruck. Wie kommt's?«

»Wir, also Julia, Mia und Leon, waren zwei Wochen auf Kreta. Leider haben wir uns fast die Hälfte der Zeit gestritten. Immer, wenn wir irgendwo hinwollten, musste ich eine halbe Stunde warten, bis sie fertig waren. Echt nervig! Aber die andere Hälfte der Zeit war dann doch ganz schön und Julia schien sich bewusst Mühe zu geben, dass wir einen schönen Urlaub haben. Familienleben eben.«

»Also, wir Schwarzgurt-Unternehmer haben – wenn uns Familie wichtig ist – ein anderes Familienleben. Oder arbeiten zumindest dran, dass es anders wird«, schüttelte Thomas den Kopf. »Ist aber nicht unser heutiges Thema. Wie war gestern dein erster Tag im Rockstrohhof nach deinem Urlaub?«

»Da gibt es vier Punkte, über die ich dir berichten muss. Die ersten beiden waren noch vor meinem Urlaub. Nachdem unmittelbar nach dem Workshop mit Wolfgang alles recht gut lief und mir das mit meinen Gewohnheiten zu einfach ging, habe ich noch ein paar weitere Gewohnheiten obendrauf gepackt.«

»Und dann schlug nach zwei Wochen oder so die Halbwertszeit der Motivation zu und alles brach zusammen«, lächelte Thomas.

»Ja«, gab Jan zerknirscht zu. »Mein Bertram holte mich dann glücklicherweise in unseren Wochengesprächen zurück. Und seither arbeite ich wieder mit den reduzierten Gewohnheiten.«

»Ist immer so«, grinste Thomas. »Wir sind halt Unternehmer, die richtig Gas geben wollen. Gut, dass Peter das sofort gemerkt und eingegriffen hat. Was ist der zweite Punkt?«

»Hat mit Joachim zu tun. Der Typ nervt mich. Er hat es zwar geschafft, die Auslastung jetzt auf 80 bis 90 Prozent zu bringen. Und er stimmt mir vordergründig auch immer zu. Aber er macht hintenrum was anderes. Und er quasselt den ganzen Tag mit Mitarbeitern, weiß alles vor mir und spielt das in den Meetings dann immer aus. Aber so, dass es vordergründig unterstützend wirkt, sodass ich keine richtige Angriffsfläche habe.

Das führt dann auch gleich zum dritten Punkt: Während meines Urlaubs hat Joachim Lea und Sabrina nicht am Führungs-Meeting teilnehmen lassen. Lea würde sowieso nur Protokoll schreiben und Marketingthemen gäbe es derzeit nicht. Und, das hat mir Sabrina gesteckt: Die Positivrunden hat er wegen der Zeitersparnis auch wieder gestrichen.«

»Wann ist euer nächstes Führungs-Meeting«, wollte Thomas wissen.

»Eigentlich wäre das heute, aber da wir uns heute um die Strategie kümmern, habe ich das auf morgen verschoben.«

»Dir ist klar, dass das morgen eine öffentliche Ansage von dir braucht?«

Jan nickte: »Vielleicht können wir heute Abend, wenn noch etwas Zeit ist, drüber sprechen, wie ich das angehe?«

Thomas nickte. »Und der vierte Punkt?«

»Das war wieder richtig gut! Alle wissen ja, dass ich heute mit dir an der Strategie arbeite. Und Sabrina hat mir deshalb eine unglaubliche Menge an Informationen zusammengestellt, auf die wir heute zugreifen können, wenn wir sie brauchen sollten.«

3.2.2 Grundzüge der Neurostrategie®

»Das klingt super«, stimmte Thomas zu. »Da du noch nicht so lange im Hotel bist, sind da bestimmt einige hilfreiche Informationen drin. Vermutlich wäre Sabrina heute gerne bei unserem Strategietag dabei gewesen, richtig?«

»Ja, stimmt«, nickte Jan. »Und einige andere meiner Führungskräfte auch. Das konnte ich aber abbiegen.«

»Gut so«, lobte Thomas. »Wenn du beginnst, ein Unternehmen strategisch auszurichten, ist es besser, du machst das allein. Später ziehst du dann idealerweise einige ausgewählte Mitarbeiter mit entsprechender strategischer Kompetenz hinzu. Warum, erkläre ich nachher noch ausführlich.

Wichtig ist mir jetzt, dass wir heute nicht nur eine Strategie auf dem Papier entwickeln. Sondern wir besprechen auch, wie man eine Strategie regelmäßig weiterentwickelt und umsetzt. Und wie das sowohl in Highspeed als auch im Flow vonstattengeht. Lass uns also mit der Strategie beginnen.«

»Wie machen wir das? Nach Porter? Oder mit einer SWOT-Analyse?«, warf Jan etwas von seinem BWL-Wissen in den Ring.

»Also, gut ist, dass du eine bestimmte Methode einsetzen willst. Aber es geht viel einfacher«, schüttelte Thomas den Kopf. »Wir arbeiten ausschließlich mit der Neurostrategie®.«[44]

»Warum damit?«, wollte Jan wissen.

»Aus drei Gründen. Zum einen ist sie einfach und deshalb für kleine Unternehmen am leichtesten handhabbar. Zum Zweiten und viel wichtiger: Es ist die einzige Strategielehre, die auch den Unternehmer und die Gründe, warum die Umsetzung hängen bleibt oder unendlich langsam wird, in den Blick nimmt. Strategie ist nämlich die fortwährende Fokussierung der Kräfte auf den wirkungsvollsten Punkt – und zwar in der

Strategie ist die fortwährende Fokussierung der Kräfte auf den wirkungsvollsten Punkt – und zwar in der Praxis, nicht in der Theorie.

---

44 Ausführlich in meinem Bestseller »Die Kunst, seine Kunden zu lieben«. www.uc-link.com/strategie-buch

Praxis, nicht in der Theorie. Deswegen muss ich auch die Umsetzung und die Geschwindigkeit betrachten.

Weißt du, vielleicht fünf Prozent aller Unternehmen haben auf dem Papier eine *gute* Strategie. Aber nur 0,5 Prozent aller Unternehmen haben auch eine *funktionierende* Strategie. Und maximal ein Promille aller Unternehmen sind in ihrer praktischen Strategieanpassung so schnell, dass sie mit der immer schnelleren Veränderung der Unternehmensumwelt mithalten können. Die letzten beiden Punkte werden in keiner anderen Strategielehre berücksichtigt.«

»Bist du da jetzt nicht ein bisschen hart mit deinem Urteil und den Zahlen?«, warf Jan ein.

»Ist eine Frage des Standards«, lächelte Thomas. »Und der Standard bei einem Schwarzgurt-Unternehmer ist so hoch, dass für uns eine Strategie nur dann wirklich gut ist, wenn man im Unternehmen keinen Vertrieb mehr brauchen würde, wenn also die Kunden von allein kaufen wollen. Und wenn eine Strategieänderung innerhalb von drei Monaten komplett umgesetzt werden kann. Wahrscheinlich bin ich mit meinen Prozentzahlen noch zu optimistisch.«

»Okay, mit den Standards kann ich deine Zahlen nachvollziehen. Aber diese Standards scheinen mir echt zu hoch zu sein.«

»Solange du nur schlechte Wettbewerber in deinem Markt hast, ist das vermutlich auch zu hoch«, gab Thomas zu. »Aber sobald in deinem Markt ein Schwarzgurt-Unternehmer auftaucht, musst du dich mit niedrigeren Standards warm anziehen.«

»Gut, dann lass uns mit der Methodik beginnen«, schlug Jan vor.

Thomas begann: »Ist im Prinzip supereinfach. Sind nur fünf Schritte.

Erstens findest du raus, wer du bist und welche Menschen oder Kunden du magst. Warum? Aus zwei Gründen: Um eine Strategie zu entwickeln, setze ich nach Möglichkeit am stabilsten Punkt an. Und das bist du selbst. Zudem wirst du mit diesen Menschen oder Kunden die nächsten Jahre verbringen, und je besser du mit diesen verbunden ist und je intensiver der Austausch ist, desto passgenauer kannst du deine Strategie entwickeln. Hast du einen Wettbewerber, der deine Kunden noch mehr mag, bist du immer Zweiter – ganz einfach, weil er mehr Kontakt mit ihnen und deshalb einen Informationsvorsprung haben wird.

Zweitens findest du auf Basis dieser Information eine sehr kleine Zielgruppe – mit der du vielleicht zehnmal mehr Umsatz machst als jetzt bei Vollauslastung. Das Ziel ist, in dieser winzigen Zielgruppe der bekannteste und attraktivste Anbieter zu werden. Das schaffst du mit einer Unmenge an Risikokapital in einem breiten Markt oder indem du eben spitz auf eine kleine Zielgruppe fokussierst. Da du kein Risikokapital hast, bleibt dir nur der sehr gezielte Einsatz deines begrenzten Marketing-Budgets.

Drittens, und das ist für die meisten der schwerste Punkt, findest du jetzt raus, was das brennendste Problem oder größte Bedürfnis dieser Zielgruppe ist.«

»Warum ist das das Schwerste?«

»Zum einen, weil man, um das herauszufinden, so eng wie möglich mit seinen Kunden kommunizieren muss. Und das machen die wenigsten. Zum anderen, weil die meisten dabei vor allem an ihr Angebot und ihren Gewinn denken. Es geht aber darum, was der Kunde will und braucht.

Werden wir nachher draufkommen. Du wirst dich vermutlich fragen, wie du deine Betten voll bekommst. Der Kunde, zum Beispiel ein Seminarveranstalter, will seinen Teilnehmern ein Erlebnis bieten oder seine Kosten senken. Das sind zwei unterschiedliche Dimensionen und man rutscht nahezu automatisch immer wieder in die Frage, wie man seine Betten loswird.«

Jan nickte: »Na ja, deshalb bin ich ja auch da: Wie bekomme ich im Herbst mein Hotel voll?«

»Genau«, lächelte Thomas. »Und das ist die falsche Frage. Das ist allerdings hervorragend für dich, weil die meisten deiner Wettbewerber genau dieselbe falsche Frage stellen und deshalb nicht vorankommen.

Viertens, du findest eine Lösung für genau den einen zentralen Punkt, den der Kunde haben will. Nicht 50 Lösungen für 20 Punkte, sondern eine Lösung für einen Punkt. Damit bleibst du megafokussiert.«

»Das hätten wir bei Dojan mal so machen sollen«, warf Jan mit einem Erkennen ein. »Stattdessen entwickelten die Programmierer Dutzende Features.«

»Habe ich früher auch so gemacht«, gab Thomas zu. »Die Fokussierung erfordert zwar anfangs etwas mehr Denkaufwand, spart jedoch bei der Umsetzung problemlos den Faktor 10 an Zeit und Geld ein. Eher mehr. Kommen wir zum letzten Schritt.

Fünftens sorgst du für die richtige Positionierung. Positionierung bedeutet, du wirst Erster in den Köpfen aller Mitglieder deiner Zielgruppe. Das geht am einfachsten, wenn du an dem brennendsten Problem und dem, was der Kunde am meisten will, ansetzt und dann nur deine eine Lösung dafür präsentierst. Die Botschaft wird unglaublich einfach.

Das war's dann auch schon in Bezug auf die Schrittfolge.«

»Das ist alles?«, fragte Jan ungläubig. »Da fehlt aber doch noch was! Mit diesen fünf Schritten könnte ich vielleicht eine gute Strategie auf dem Papier entwickeln, aber nicht erklären, woran es in der Umsetzung und bei der Geschwindigkeit hapert.«

3.2.3 Highspeed und die Umsetzungshürden

»Gut mitgedacht«, lobte Thomas. »Die Methodik und Schrittfolge ist der langweilige Teil – und trotzdem das, nach dem alle Unternehmer oder später auch Mitarbeiter, die eine Strategie entwickeln wollen, suchen. Da liegt aber nicht die Antwort. Lass uns zum spannenden Teil kommen.

Die Zeiten, in denen man einmal eine Strategie entwickelt, die dann die nächsten 5, 10 oder 20 Jahre funktioniert, sind definitiv vorbei. Dafür verändert sich die Welt zu schnell. Das ist wie in der Evolution: Wenn sich die Umwelt schneller ändert, müssen sich die Arten schneller anpassen oder sterben eben aus.

Je schneller sich also die Unternehmensumwelt ändert, desto schneller muss auch das Unternehmen in der Lage sein, sich zu ändern. Das betrifft die Kultur, die Strategie und auch alle Mitarbeiter deines Unternehmens. Alle müssen Lust darauf haben, sich permanent weiterzuentwickeln und immer wieder neu zu sortieren. Und alle müssen in der Lage sein, mit Unsicherheit und neuen Chancen umzugehen.

Natürlich ist das von Branche zu Branche unterschiedlich. In extrem schnellen IT- oder Biotech-Bereichen wird auch die Strategie extrem schnell sein müssen. In anderen Bereichen kann es etwas langsamer gehen, bleibt aber auch dort eine fortlaufende Tätigkeit.

Ich habe selbst ein Unternehmen im Bereich der künstlichen Intelligenz und kann dir verraten, dass da eine Welle auf alle Unternehmen zukommen wird, die keinen Stein auf dem anderen lässt – auch wenn das gerade noch unter der Oberfläche geschieht. In spätestens fünf Jahren wird kein Unternehmen mehr so funktionieren wie heute. Und da die Entwicklung exponentiell ist, wird das drei Jahre später noch mal so passieren, zwei Jahre später noch mal, ein Jahr später noch mal und neun Monate später wieder.«

»Du meinst, solche Veränderungen wie Onlineseminare statt Live-Seminare durch Corona werden noch häufiger kommen?«, fragte Jan entgeistert.

»Du magst mich vielleicht für überaufgeregt halten, aber gegenüber dem, was kommt, waren die Änderungen durch Corona Peanuts. Worauf ich hinauswill: Wenn du in zehn Jahren noch am Markt sein willst, dann bist du gezwungen, mehrfach Strategien in Highspeed zu entwickeln und umzusetzen. Und zwar in jeder Branche. Wer das nicht kann, ist raus!

Und jetzt kommt uns etwas sehr Wichtiges zugute: Wenn wir die Strategie auf die richtige Art und Weise angehen, dann entwickelt sie sich sehr schnell praktisch von allein. Wenn das nicht von allein geschieht, dann müssen wir lediglich die Hürden beseitigen, die dies verhindern.«

Strategieentwicklung und -umsetzung ist supereinfach. Wenn es das nicht ist, dann müssen wir lediglich die Hürden auf dem Weg beseitigen.

»Und welche Hürden sind das?«, wollte Jan wissen und erwartete eine sehr komplizierte Antwort – denn seiner Erfahrung nach war Strategie alles andere als einfach.

»Ach, genau genommen gibt es nur eine einzige wesentliche Hürde«, antwortete Thomas augenzwinkernd. »Diese tarnt sich allerdings in unterschiedlichen Ausprägungen und wird deshalb oft nicht als einzige Ursache wahrgenommen.«

»Und was soll das für eine Ursache sein?«, fragte Jan zweifelnd.

»Unsicherheit oder Angst«, erwiderte Thomas ernst. Als er die abwehrende Haltung von Jan sah, fuhr er fort: »Ich gebe dir mal ein paar Beispiele. Ich kenne viele Unternehmer oder auch Führungskräfte, die haben **unglaublich viele Bücher** über Strategie gelesen: Blue-Ocean-Strategy, Positionierung, Lean Start-up, Scaling Up, engpasskonzentrierte Strategie, Business Model Generation, Mäuse-, Tiger- und Pinguin-Strategien und vieles mehr. Und sie haben immer noch keine funktionierende Strategie. Jetzt frage ich dich: Warum lesen sie all diese Bücher?«

»So, wie du fragst, wird es Unsicherheit sein. Aber kann es nicht einfach Neugier sein?«

»Natürlich gibt es Neugier. Ist bei einem Wissenschaftler, Autor oder Content-Anbieter super. Aber als Unternehmer ist es dein Job, Strategie*ergebnisse* zu produzieren. Wenn jemand trotz all dieser Konzepte, von denen jedes für sich seine Stärken hat, immer noch nicht vorankommt, dann aus dem Gefühl, immer noch nicht genug zu wissen. Und das nennt sich Unsicherheit oder Angst.

Die Wettbewerber machen in der Zwischenzeit einfach. Entscheidend ist: Speed nimmst du nicht auf, wenn du aus dieser Haltung der Unsicherheit noch zehn Bücher liest oder Speedreading lernst. Zumal beim Lesen von Büchern aus einer Grundhaltung der Angst für jede beantwortete Frage zehn neue Fragen entstehen. *Die Angst nimmt also weiter zu!* Speed bekommst du, indem du trotz der Angst und auf Basis unvollständigen Wissens handelst. Wolfgang hat auch nicht alle Strategiebücher dieser Erde gelesen.«

»Und er hat mir bei den Gewohnheiten erklärt, dass es sinnvoller ist, seine Zeit in den Aufbau von Gewohnheiten zu stecken, als zu lesen«, warf Jan ein.

»Genau! In den Aufbau von Strategiegewohnheiten«, lächelte Thomas. »Ich gebe dir noch ein paar andere Beispiele, um deutlich zu machen, was ich mit der Angst meine. Die fünf Schritte müssen *in möglichst engem Kontakt mit den Kunden* stattfinden, und zwar in einem mindestens freundschaftlichen Kontakt. Nur so hast du eine Chance, sehr zeitnah die wechselnden Bedürfnisse des Kunden zu erfassen. Idealerweise geschieht dies täglich ab Tag 1 der Strategieentwicklung. Machen die meisten aber nicht. Warum?«

Jan überlegte: »Ab Tag 1? Vermutlich, weil sie noch kein Produkt haben und nicht wissen, was sie den Kunden fragen sollen? Oder weil sie nicht wollen, dass ihnen jemand anderes die Idee stiehlt? Und später vielleicht, weil sie Angst haben, den Kunden auf die Nerven zu gehen?« Nach einer kurzen Pause fuhr er fort: »Okay, das klingt alles nach Angst.«

Thomas nickte: »Strategie ist ein agiler, iterativer Prozess. Und dieser Prozess wird umso schneller und genauer, je mehr Wünsche und Feedbacks deiner Kunden in den Prozess einfließen. Wenn Angst das verhindert, dann sollten wir uns nicht mit Methoden wie Fragenkatalogen beschäftigen. Das sind reine Ausweichhandlungen. *Dein angstfreier Wettbewerber ruft einfach jeden Tag bei Kunden an, testet am Kunden sein Produkt oder macht sogar ein Praktikum bei seiner Zielgruppe.*«

»Praktikum?«, fragte Jan verblüfft.

»Geht nicht überall, zum Beispiel nicht bei einfachen Endanwendern. Aber bei deinen Seminaranbietern schon. Und da siehst du dann Dinge, die du vom Kunden nicht erfährst, weil er es zum Teil selbst nicht mal sieht. Supereffizient, machen aber weniger als 2 Prozent aller Unternehmer. Angst eben.«

»Könnte ich da auch Sabrina hinschicken?«, fragte Jan.

»Dazu kommen wir später noch«, wehrte Thomas ab. »Lass uns noch ein paar Ausprägungen der Angst anschauen. Die fünf Schritte funktionieren nur, wenn uns die *Bedürfnisse des Gegenübers wichtiger sind als die eigenen*. Die meisten fokussieren jedoch aufs Ego.«

»Du meinst das, was wir vorher besprachen: dass das Bedürfnis des Kunden im dritten Schritt wichtiger sein muss als das eigene Angebot?«, wollte Jan wissen.

»Genau. In den meisten Fällen ist es so: Das Konto des Unternehmers ist leer und er hat Angst und fokussiert deshalb auf sich. Mit Zielen ist es dasselbe: Der Unternehmer hat sein Ziel ja gerade noch nicht erreicht und fokussiert deshalb aus Angst, es auch in Zukunft nicht oder nicht schnell genug zu erreichen, auf sich.

Oder er hat irgendwo ein Lager mit zehn Tonnen Gemüse und das muss weg und er hat Angst vor dem Wertverlust. Oder er hat viel Zeit, Geld und Liebe in die Entwicklung eines Produkts investiert und nun Angst, dass das umsonst war. Immer führt es zum selben Resultat: Der Stratege schaut nicht auf die Bedürfnisse des Kunden, sondern auf sein eigenes Bedürfnis. Und solange die Angst da ist, geht das auch nicht anders. Sag mal dem Karnickel, es soll nicht auf die Schlange schauen. Keine Chance!«

»Das ist echt krass«, entfuhr es Jan. »Jedes Mal, wenn ich mich auf eines dieser Symptome konzentriere und versuche, dafür eine Lösung zu finden, finde ich die wirkliche Lösung eben nicht. Und verschwende unglaublich viel Zeit und Energie. Gibt's da noch mehr Symptome?«

»Ach«, winkte Thomas lachend ab, »unendlich viele. Du glaubst gar nicht, wie kreativ der menschliche Geist darin ist, unangenehme Gefühle wie Angst vor sich selbst zu verschleiern. Lass mich noch zwei weitere nennen.

Manche blockieren sich durch die **Reihenfolge der fünf Schritte**. Das heißt dann: Ich muss erst noch den ersten Schritt fertig machen, bevor ich mit dem zweiten beginnen kann. Die Wahrheit ist: Du bist nie mit einem Schritt fertig. Du fängst mit einem Schritt an, machst, so weit du kommst, und wechselst dann zum nächsten. Da machst du ebenfalls, so weit wie du kommst, und dann machst du da weiter, wo du das Gefühl hast, dass es weitergeht. Und während des Prozesses erkennst du plötzlich etwas über einen früheren Schritt und änderst diesen nochmals.

Du musst lernen, mit der Unsicherheit der fehlenden Perfektion zu leben. Eine Strategie ist nie ›fertig‹. Sie funktioniert besser oder schlechter. Das ist alles.«

»Und wenn ich dann aus dem Wunsch nach Sicherheit durch Perfektion versuche, bei einem Schritt 100 Prozent zu erreichen, verschwende ich nach dem Pareto-Prinzip[45] 80 Prozent meiner Zeit«, ergänzte Jan.

»Eigentlich verschwendest du eher unendlich viel Zeit: Eine perfekte Strategie wird nie fertig, und falls doch, hat sich der Markt zwi-

---

45 Oder 80:20-Prinzip. Dieses Prinzip wurde von Wilfredo Pareto beschrieben und besagt, dass auf 20 Prozent des Teppichs 80 Prozent der Leute laufen, dass 20 Prozent der Maßnahmen 80 Prozent des Gewinns einbringen, dass 20 Prozent der Menschen 80 Prozent des Vermögens haben oder dass die letzten 20 Prozent für die Perfektion 80 Prozent des Aufwands verursachen. Nebenbei: Das Prinzip kann man auch potenzieren und entdeckt so, dass 4 Prozent des Aufwands 64 Prozent der Ergebnisse bringen usw.

schenzeitlich komplett verwandelt und sie ist veraltet und funktioniert nicht mehr. Und nun kommen wir zum letzten wichtigen Punkt, der die Highspeed ausbremst.

Es gibt Unternehmer, die haben irgendwann eine gute Strategie auf dem Papier, aber dann klemmt es bei der **Umsetzung**. Meist fangen sie nicht gleich an und die Halbwertszeit der Motivation schlägt zu. Der Grund, nicht gleich anzufangen, ist entweder wieder der Perfektionswunsch, verbunden mit dem Satz: ›Ich muss erst noch X, bevor …‹ Oder das leere Konto, das einen ›zwingt‹, sich doch noch mit den alten Sachen zu beschäftigen. Oder die unangenehmen Konsequenzen, die sich durch die Strategieänderung für manche Mitarbeiter ergeben können. Auch hier schlägt wieder in allen Fällen die Angst zu. Und wenn der Unternehmer mit all seinen Ängsten klarkommt, blockieren die Ängste der Mitarbeiter.«

Jan nickte nachdenklich: »Und in den meisten Fällen sehe ich das noch nicht mal. Ich erkenne nicht, dass das von mir wahrgenommene Problem nicht die Ursache, sondern nur ein Symptom ist. Ich verdaddle meine Zeit mit zig Symptomen und drei Monate später fällt es mir schließlich auf und ich justiere mich wieder. In einer langsamen Welt ist das kein Problem, aber in einer schnellen Welt der Tod. Jetzt verstehe ich, warum du so sehr auf diese Gefühle achtest. Aber was heißt das jetzt konkret?«

3.2.4 Wer arbeitet wie an der Strategie?

»Das bedeutet«, begann Thomas, »dass du jetzt drei Ebenen der Strategiearbeit hast. Erstens die sachliche Ebene der konkreten Strategieentwicklung. Auf dieser Ebene setzt du dich mit Zielgruppen, Problemen, Lösungen und Positionierungsmethoden auseinander. Das ist das, was normale Strategieberater mit dir machen.

Dann die zweite Ebene, die von Jahr zu Jahr wichtiger wird: Beseitige alle Ängste in dir und deinem Unternehmen, die du beseitigen kannst. Und bei allen anderen schaffe, soweit es dir möglich ist, die Voraussetzungen, dass sie dich nicht blockieren. Und für den Rest braucht es einfach Mut. Wenn du später mit Wolfgang beim Team-

Flow bist, wirst du mit ihm auch über eine angstfreie Organisation[46] sprechen. Nur angstfreie Unternehmer und angstfreie Unternehmen können im Zusammenspiel in Highspeed Strategien umsetzen und anpassen.

Und auf der dritten Ebene gibt es noch eine Systemperspektive: Dein Unternehmen als eigenständiger Organismus benötigt von dir als Dienstleistung eine bestimmte Menge Strategiearbeit in einer bestimmten Qualität und Geschwindigkeit. Und zwar fortlaufend. Diese kannst du selbst erbringen oder von Mitarbeitern oder Beratern erbringen lassen. Dein Job ist aus dieser Systemperspektive lediglich, deine Organisation so zu bauen, dass diese Strategiedienstleistung regelmäßig erbracht wird. Ist aber, wenn ich das ernst meine, deutlich mehr und komplexer als jährliche Strategie-Meetings. Das ist nur für Hobbyunternehmer ausreichend – und angesichts der zunehmenden Geschwindigkeit auch für diese nicht mehr. Wir reden über tägliche Strategiearbeit!«

Es gibt drei Ebenen der Strategiearbeit: Erstens die inhaltliche Strategieentwickung. Zweitens die emotionale Ebene, also die Reduktion der Ängste und die Liebe zum Kunden. Drittens die Schaffung einer strategisch agierenden Organisation.

Jan überlegte einen Moment. Dann erwiderte er: »Die dritte Ebene erscheint mir aktuell noch zu weit gefasst. Die ersten beiden Ebenen sollten zu Beginn ausreichen, um mein Hotel richtig zum Laufen zu bringen.«

Thomas stimmte zu: »Mit der praktischen methodischen Ebene arbeiten wir nachher. Lass uns zuvor noch betrachten, wie wir mit dem Thema Angst umgehen.«

»Wir müssen uns aber jetzt nicht mit frühkindlichen Ängsten oder so beschäftigen?«, fragte Jan zweifelnd.

»Vorerst nicht«, lachte Thomas. »Es gibt einige einfache Methoden, wie wir mit unseren Ängsten umgehen können. Bevor ich beginne,

---

46 Hier schon als Hinweis: Eine komplett angstfreie Organisation ist weder möglich noch sinnvoll. Man kommt oft nur mit einer Prise Angst oder Unsicherheit in den Flow-Zustand. Um was es hier geht, sind alle unnötigen, vor allem sozialen Ängste.

strategisch zu fühlen, zu denken und zu handeln – also jeden Tag –, mache ich eine zentrale Sache.«

»Und die wäre?«, wollte Jan neugierig wissen.

»Ich verabschiede mich emotional und in Gedanken von meinem Unternehmen. Also, ich gehe in die Vorstellung, dass dieses Unternehmen nie mir gehörte. Auch das darin gebundene Vermögen und meine darin investierte Arbeitszeit und mein Lieblingsprodukt gehören mir nicht mehr. Ich verzichte also bewusst emotional auf mein komplettes Investment. Und wenn Mitarbeiter an der Strategie mitwirken wollen, müssen sie sich vorher emotional und in Gedanken von ihrer bisherigen Tätigkeit und ihrem Arbeitsplatz verabschieden: Der mir unbekannte Inhaber dieses Unternehmens bittet mich oder uns nun um eine Strategiedienstleistung.«

»Ist ganz schön krass, diese Vorstellung«, warf Jan ein. »Aber du hast ja auch vier Unternehmen. Da geht das leicht, sich von einem zu verabschieden.«

»Kaum«, schüttelte Thomas den Kopf. »Ich verabschiede mich jeden Tag von *allen* vier Unternehmen und meinem achtstelligen Privatvermögen. Und, um dir die Tiefe deutlich zu machen: Ich verabschiede mich auch jeden Tag von meiner Frau und gebe dann dem unbekannten Mann, der nun mit meiner Frau zusammen ist, einen Rat, was er tun kann und soll, um mit ihr zusammenzubleiben. Da kommen dann Dinge raus, die ich ohne dieses Herangehen aus Scham, Stolz oder Angst nie machen würde. Und da ich mich innerlich verabschiedet habe, habe ich dann auch den Mut, es zu tun. Frei nach dem Motto: ›Lass los, was du liebst. Kommt es zurück, gehört es dir.‹«

Jan hörte in sich hinein und spürte die Resonanz dessen, was Thomas gesagt hatte. Dann fragte er: »Vermutlich sind wir aber so trickreich, dass wir uns selbst immer wieder etwas dabei vormachen? Wir glauben, uns zu verabschieden, tun es aber doch nicht?«

»Ja, das erfordert nun wieder Training«, lächelte Thomas. »Bis du immer besser wirst, gibt es noch zwei Mittel gegen die Angst. Das eine ist die Dankbarkeit. Das andere die Liebe zu deinen Kunden aus deiner Zielgruppe. Beides wird auch ausführlich in dem Bestseller ›Die Kunst, seine Kunden zu lieben‹ behandelt.«

Jan nickte: »Ich habe noch eine Frage. Du hattest ja vorher gesagt, dass wir zu Beginn die Strategiearbeit allein machen. Wenn es immer mehr und schnellere Strategiearbeit benötigt, wäre es dann nicht klüger, diese auf mehrere Schultern zu verteilen?«

»Wichtige Frage«, nickte Thomas. »Natürlich wirst du in einem gut funktionierenden, angstfreien Unternehmen mit einem existierenden Team-Flow deine Mitarbeiter in die Strategieentwicklung miteinbeziehen. Und zwar ab dann, wenn klar ist, dass sich alle einer gemeinsamen Idee unterordnen. Ed Catmull[47], der Gründer von Pixar, sagte: ›Widerstand gegen Veränderungen wird von Eigeninteressen motiviert.‹ Solange Ängste groß sind, sind die Eigeninteressen stark.

Mit anderen Worten: Diese Situation haben wir bei dir noch nicht. Die Wahrscheinlichkeit ist extrem hoch, dass eine solche Strategieentwicklung dann genutzt würde, um die eigenen Abteilungs- und Statusinteressen in die Strategie einfließen zu lassen. Das Ganze wird getarnt als ernsthafte Einwände und dann setzt du dich monatelang mit irgendeinem Mist auseinander. Das funktioniert nicht. Deshalb werden wir zumindest am Anfang die Strategie allein entwickeln, auch wenn du dir damit bei der Umsetzung große Konflikte einhandelst. Ist zwar anstrengender, aber deutlich schneller.«

»Ja, das mit den Sonderinteressen kann gut sein«, stimmte Jan lebhaft zu. »Mindestens Joachim hat seine eigene Agenda. Bei Birgit bin ich mir nicht sicher. Die will die Bude voll haben und dass dann alles wie am Schnürchen läuft. Nur ist die Bude ab Herbst nicht voll und es läuft nicht wie am Schnürchen.

Wim in der Küche würde gerne experimenteller kochen, auch gesünder. Da ist aber Birgit dagegen: Tagungsanbieter vergleichen Preise. Und ein Stück Fleisch oder Fisch und ein paar Nudeln sind eben preiswerter als gesunde Experimente. Und Sabrina will Vertriebsleiterin werden und wird natürlich alles unterstützen, was Vertrieb und Marketing stärkt, und alles andere bekämpfen.«

»Okay, ich sehe schon«, lachte Thomas, »wir hätten viel Freude,

47 Ed Catmull: »Kreativitäts-AG«. Eines der besten Bücher über Führung und Kultur. Führungsanfänger können damit in der Regel allerdings nicht so viel anfangen, weil sie sich auf einer ganz anderen Ebene bewegen: Anfänger wollen wissen, wie sie mit dem Mitarbeiterproblem X umgehen. Catmull schreibt, wie er die Kultur seines Unternehmens weiterentwickelt hat.

wenn wir mit allen zusammen eine Strategie entwickeln würden. Das wäre weniger ein Strategietag und mehr eine Konflikt-Mediation.

Aber selbst wenn du Team-Flow im Unternehmen hast, ist gemeinsame Strategieentwicklung wirklich die Königsdisziplin: Zuerst müssen die Beteiligten noch ihre eigene Strategiekompetenz entwickeln und lernen, mit ihren Ängsten umzugehen. Und dann geht es ja nicht um dauernde Strategiediskussion und Kompromisse, sondern um schnelle, verteilte strategische Entscheidungen vieler. Nur so bekommen wir Speed.

Und diese verteilten Entscheidungen vieler wiederum müssen noch eine Strategie ergeben, also fokussiert sein. Strategie ist ja, die permanente Fokussierung der Kräfte auf den wirkungsvollsten Punkt zu befördern. Ich würde mal sagen, das ist, um in Kampfsport-Sprache zu bleiben, nicht nur der Schwarzgurt, sondern mindestens der dritte oder vierte Meistergrad. Kommt also viel später.

Was du aber tun kannst und solltest, ist, andere Unternehmer aus unserer Community in die Strategiearbeit zu integrieren. Damit bekommst du neue, wertvolle Perspektiven und Wahrnehmungen. Außerdem können die anderen Unternehmer in Bezug auf dein Unternehmen völlig angstfrei agieren. Und sie arbeiten auf derselben theoretischen Grundlage, sodass der Grad der Verwirrung überschaubar bleibt. Du musst lediglich dafür sorgen, dass du selbst in einem angstfreien Zustand bist, sonst kann dich die Vielzahl der Perspektiven durcheinanderbringen.«

»Die Idee gefällt mir«, stimmte Jan zu. »Ich werde mich also regelmäßig mit Peter und den anderen aus der Community darüber austauschen. Lass uns eine kurze Pause machen.«

»Ja, passt jetzt gut« stimmte Thomas zu.

3.2.5 Die strategische Idee für den Rockstrohhof

Nach einer kurzen Pause von einer halben Stunde kamen die beiden wieder zusammen. Jan begann: »Ich habe verstanden, dass Strategie ein dauerhafter Prozess ist und wir deshalb hier gar keine fertige Strategie entwickeln können. Ich würde aber gerne so weit kommen, wie es geht. Und ich habe verstanden, dass ich in einem angstfreien Zustand sein muss. Dazu habe ich mich in der letzten halben Stunde, so gut es mir möglich war, mental vom Rockstrohhof verabschiedet. Vermutlich falle ich aber immer wieder in Angst und Unsicherheit zurück. Kannst du mich dann drauf aufmerksam machen?«

»Klar«, nickte Thomas. »Mache ich gerne. Also lass uns mit der konkreten Strategie beginnen. Ich kenne den Rockstrohhof als Gast. Das macht es schon mal einfacher. Bitte überlass dich zu Beginn meiner Führung. Ist das okay?«

Jan nickte.

Thomas fuhr fort: »Dann lass uns gleich zu Schritt zwei, deinen Zielgruppen, springen. Am besten immer im Vergleich vor Corona und jetzt.«

3.2.5.1 Die Zielgruppe

»Das hat Sabrina super vorbereitet«, nickte Jan. »Vor Corona waren etwa ein Drittel private Gäste, vor allem Wellness und Urlaub. Die anderen zwei Drittel der Gäste waren wegen Veranstaltungen da. Diese teilen sich wieder auf in etwa 50 Prozent Seminare und je 25 Prozent firmeninterne Veranstaltungen und private Veranstaltungen wie Hochzeiten und Geburtstage. Wir hatten vor Corona aufs Jahr gesehen eine Auslastung von knapp 68 Prozent.

Aktuell liegt unsere Auslastung, wie ich heute Morgen schon sagte, bei 80 bis 90 Prozent. Ist aber nur der Ferienzeit zu verdanken. Ab September wird es wieder dünn. Firmen sind für den Herbst und Winter vorsichtig wegen Corona. Seminare sind für den Herbst einige geplant, aber in der Regel viel kleiner als früher. Geburtstage und Feiern von Gästen aus den umliegenden Gemeinden gibt es zwar ein paar, aber die sind auch eher vorsichtig. Reicht das im Überblick?«

»Ja«, nickte Thomas. »Wenn du jetzt die Augen schließt und ganz aus dem Bauch heraus sagst: Welche dieser Gäste sind dir am liebsten?«

»Einfach so aus dem Bauch?«, fragte Jan zweifelnd.

Thomas nickte grinsend: »Bei wem hättest du ein besseres Bauchgefühl? Bei einer Veranstaltung von Personal-Trainern für Hobby-Bodybuilder oder bei einer Horde wilder Zombies, die Halloween feiern?«

Jan nickte lachend: »Okay, ich verstehe. Du meinst, dass ich auf die Kunden, die ein besseres Bauchgefühl verursachen, neugieriger bin. Und wenn ich neugieriger bin, dann lerne ich schneller mehr über sie. Bei den Zombies käme ich in Stress. Und ich will auch eher, dass es denen mit dem besseren Bauchgefühl gut geht. Deswegen werde ich mehr Interesse daran haben, ihre Bedürfnisse zu erfüllen, und dann werden sie wiederum glücklicher sein. Richtig?«

»Gut erkannt. Also, bei welcher Gruppe, mal abgesehen von den Zombies, schlägt dein Bauchgefühl am ehesten an?«

Jan schloss die Augen: »Die Geburtstage und Hochzeiten sind es nicht. Da sind mir und auch den Mitarbeiterinnen aus dem Service zu viele Betrunkene. Der hohe Getränkeverkauf ist zwar für den Umsatz gut, aber leider sind die auch echt anstrengend. Also am ehesten Seminarveranstalter und Wellnessgäste.«

»Seid ihr für beide Gruppen gleich gut?«

»Ja, Sabrina hat mir hier die Kunden-Feedbacks aufgeschlüsselt: Die Seminarkunden bewerten uns mit einer 2,3 auf einer Schulnotenskala von 1 bis 6 und die Wellnesskunden mit 2,2.«

»Das spricht nicht für eine bestimmte Zielgruppe«, überlegte Thomas.

»Ich würde mich auch ungern auf eine Gruppe festlegen. Das macht nicht sehr viel Sinn«, warf Jan ein. »Seminare finden außerhalb der Ferien und meist unter der Woche statt. Wellnessgäste kommen in den Ferien und am Wochenende. Solange ich keine Lösung habe, dass eine Gruppe durchgehend kommen würde, brauche ich beide.«

»Nachvollziehbar. Das wirft die reine Lehre, nur eine Zielgruppe und nur einen zwingenden Nutzen für diese Zielgruppe zu bieten, über den Haufen«, stimmte Thomas zu. Und dann lachte er: »Aber dazu sind reine Lehren ja da, um über den Haufen geworfen zu werden. Also arbeiten wir mit zwei Zielgruppen. Wir sollten uns aber zuerst auf eine fokussieren und dann später auf die andere. Sonst verlaufen wir uns.«

»Ich würde dann gerne heute die Seminarkunden anschauen«, erwiderte Jan. »Sabrina hat hier bereits ein Konzept für die Wellnesskunden entworfen – mit Day-Spa für die Menschen aus der Umgebung unter der Woche und allem Drum und Dran. Unter der Woche ist das

Spa tagsüber ja meist leer, selbst wenn Veranstaltungsgäste da sind. Sie hat sogar schon ein grobes Marketingkonzept erstellt. Damit komme ich vermutlich voran.

Mein aktuell größeres Problem liegt bei den Veranstaltern. Wir liegen, wie du weißt, mitten in der Pampa, und es ist nicht leicht, uns zu erreichen. Deswegen gehen viele dieser Veranstalter eher in Städte, damit ihre Kunden leichter zu ihnen kommen. Die Geschichte des Rockstrohhofs und die Besonderheit der Location zählen vielleicht bei den Wellnesskunden, aber den Veranstaltern ist das völlig egal. Ich habe keine Ahnung, wie ich die davon überzeugen könnte, zu uns in die Pampa zu kommen.«

»Gut«, nickte Thomas. »Dann lass uns heute nur die Seminarveranstalter anschauen. »Kannst du die nochmals aufschlüsseln? Wir suchen ja eine sehr kleine Zielgruppe.«

»Ja, wir unterteilen diese in solche mit offenen Seminaren und mit geschlossenen Seminaren.«

»Was ist der Unterschied?«, wollte Thomas wissen.

»Offene Seminare sind von Seminaranbietern, die die Seminarplätze wiederum an ihre Kunden verkaufen. Geschlossene Seminare sind zum Beispiel Unternehmen, die ihre Vertriebsmannschaft zu uns schicken.«

»Und warum unterteilt ihr die?«

»Bei geschlossenen Seminaren zahlt der Veranstalter alles: also Seminarräume, Tagungspauschalen, Technik, Essen, Übernachtungen. Bei den offenen Seminaren zahlen die Teilnehmer selbst ihre Übernachtungen und Essen.«

»Und wer ist euch dann von beiden lieber?«

»Die offenen Seminare. Bei den geschlossenen Seminaren wird meist ein niedrigerer Zimmerpreis ausgehandelt. Den Anbietern von offenen Seminaren ist der Zimmerpreis hingegen eher egal. Sie bezahlen den ja nicht selbst. Und wir wiederum verdienen mit den Zimmern am meisten Geld. Das ist auch der Grund für noch eine weitere Unterscheidung.«

»Welche?«

»Wie weit die Teilnehmer von uns entfernt wohnen.«

»Lass mich nachdenken«, unterbrach Thomas. »Wenn sie weit entfernt wohnen, reisen sie am Vortag an und ihr habt eine höhere Zimmerauslastung. Regionale Anbieter von offenen Seminaren sind also eher schädlich. Macht es einen Unterschied, ob die Seminare eintägig oder mehrtägig sind?«

»Ja, aber der ist nicht sehr groß. Bei mehrtägigen Seminaren ist unser Aufwand an der Rezeption und mit dem Umbau in den Tagungsräumen niedriger. Und einige wenige Teilnehmer reisen erst am frühen Morgen an und dann haben wir bei eintägigen Seminaren gar keine Übernachtung mit ihnen.«

»Wir haben die hypothetische Zielgruppe also mehrfach eingegrenzt: Veranstalter von offenen Seminaren, bei denen die Teilnehmer eher von weiter entfernt anreisen. Also keine regionalen Veranstalter, sondern solche, deren Gäste aus dem ganzen deutschsprachigen Raum anreisen. Und idealerweise eher mehrtägige Seminare.

Wir versuchen im Schritt 2 die Zielgruppe so klein wie möglich zu machen. Deshalb meine Frage: Lässt sich das noch weiter unterteilen?«

Jan überlegte kurz und erwiderte: »Zuerst einmal in Seminare für Business und für Privatkunden. Die Letzteren sind bei uns fast gar nicht, da diese meist in einer niedrigeren Preiskategorie spielen.

Bei Business-Seminaren gibt es große Veranstaltungsunternehmen, die jedes Jahr Hunderte oder Tausende von Seminaren anbieten und Referenten dafür engagieren. Es gibt jedoch auch kleinere Anbieter, bei denen entweder das Veranstaltungsunternehmen dem Referenten gehört oder ein kleines Unternehmen Seminare und Veranstaltungen für seine Kunden organisiert.

Rein vertrieblich betrachtet sind die Ersten spannender, weil ein Abschluss dann gleich Dutzende Seminare pro Jahr bringt. Aber sie handeln uns natürlich auch weiter runter und sind auch unpersönlicher. Wenn du mich wieder nach meinem Bauchgefühl fragst, sind mir die kleineren Anbieter sympathischer. Da die Entscheider dann meist bei uns vor Ort sind, ist es viel einfacher, mit ihnen gute Beziehungen zu pflegen und schnell zu Entscheidungen zu kommen.«

3.2.5.2 Perspektivwechsel zum brennendsten Problem

»Super, dass du durch die Arbeit von Sabrina so gut vorbereitet warst. Deshalb ging das gerade echt schnell. Wir haben nun eine hypothetische Zielgruppe, die klein genug sein dürfte, um damit zu arbeiten. Jetzt gehen wir zu Schritt 3 in der Strategieentwicklung und wechseln die Perspektive. Wir fragen nicht mehr, wen du gerne als Kunden hättest, sondern schlüpfen in die Rolle des Kunden und fragen, was ihr wichtigstes Bedürfnis, ihr brennendstes Problem ist.«

Jan erwiderte: »Ist doch klar: dass wir gut erreichbar sind, und das sind wir nicht. Und dass wir schöne Räume haben, und die haben wir.«

»Stopp!«, unterbrach Thomas. »Fällt dir auf, was du gerade machst?«

Jan dachte kurz nach und schlug sich dann gegen den Kopf: »Ja, ich will meine Betten und Räume füllen und bin immer noch bei mir und nicht bei den Kunden. Wie komme ich da raus?«

»Überleg mal, womit sich die Seminarveranstalter wohl den ganzen Tag beschäftigen. Unabhängig von deinem Hotel. Hättest du dort ein Praktikum gemacht, wüsstest du es. So müssen wir zu Beginn raten und überprüfen es später.«

»Also, das weiß ich«, erwiderte Jan. »Die wollen Seminarkunden bekommen. Die waren von Corona, solange sie nicht auf Webinare ausgewichen sind, genauso betroffen wie wir. Ist doch klar. Aber ich kann ihnen ja nicht dabei helfen, Kunden für ihre Seminare zu gewinnen.«

Der Schlüssel bei der Strategieentwicklung ist, jedes, also wirklich jedes Problem des Kunden zum eigenen zu machen und die Verantwortung dafür zu übernehmen, es zu lösen.

»Wieso nicht?«

»Ich bin doch kein Seminarverkäufer«, gab Jan protestierend zurück.

»Der Schlüssel bei der Strategieentwicklung ist, jedes, also wirklich jedes Problem des Kunden zum eigenen zu machen und die Verantwortung dafür zu übernehmen, es zu lösen. Du bewegst dich im Fluss dessen, was kommt. Widerstandslos. Dann geschieht Strategie von selbst. Strategie im Flow – kommen wir nachher noch ausführlicher drauf zu sprechen.

Ich habe kein Hotel, aber ich mache jetzt einfach mal einen Vorschlag. Mir geht es nicht darum, dass du diesen Vorschlag umsetzt, sondern dass du über die Grenze hinausdenkst. Jemand, der zu einem Seminar geht, geht auch zu einem zweiten Seminar. Du hast bei dir eine riesige Datenbank von Teilnehmern von vergangenen Seminaren. Warum sollten die nicht wieder zu einem Seminar zu dir kommen?«

»Du meinst, wir bieten dem Seminarveranstalter als Marketingmaßnahme an, dass wir sein Seminarangebot an ehemalige Seminarteilnehmer, die bei uns waren, versenden? Müsste ich überprüfen, wie das mit dem Datenschutz und der Einwilligung der Gäste zu unseren Marketingmaßnahmen aussieht. Dann müsste das gehen. Auch wenn ich nicht glaube, dass durch so eine Maßnahme viele zusätzliche Teilnehmer gewonnen werden können. Aber Sabrina könnte das zumindest mal überprüfen.

Und ich verstehe, was du meinst, Thomas. Um die Ecke denken. Raus aus dem, was alle Hotels machen.«

»Ja, und die Verantwortung für den Erfolg deines Kunden übernehmen. Lass uns da mal noch etwas weiterdenken. Was ist deiner Einschätzung nach das zweitgrößte Problem dieser Veranstalter?«

»Na, die Kosten«, gab Jan genervt zurück. »Sie wollen die beste Leistung der Welt und sie wollen am liebsten nichts bezahlen. Da kann ich nun definitiv nicht bei der Lösung der Probleme helfen. Eher im Gegenteil: Ich muss die Kosten erhöhen, weil die Löhne bei uns 2022 voraussichtlich deutlich steigen werden.«

»Wieso kannst du bei den Kosten nicht helfen?«, wollte Thomas wissen.

»Weil ich dann 120 Prozent Auslastung brauche, um überhaupt noch Gewinn zu machen. Also, das führt nun definitiv nicht weiter. Und ich will meine Preise nicht senken. Das hat auch nichts mit Angst zu tun, sondern mit reiner Vernunft.«

Thomas lächelte: »Das ist eine der häufigsten Tarnungen der Angst: Vernunft. Aber lass uns einfach mal widerstandslos weiterdenken. Wenn nachher nichts rauskommt, hattest du recht.«

»In Ordnung«, brummte Jan.

Thomas fuhr fort: »Wir suchen einen Ansatzpunkt, der so zwingend ist, dass diese Veranstalter gar nicht anders können, als bei dir zu buchen. Und dazu müssen wir über Dinge nachdenken, über die noch niemand vorher nachgedacht hat. Denn sonst hätten das schon andere umgesetzt und dann wäre es nicht mehr zwingend. Bitte komm noch einen Moment auf meinen Gedankengang mit: Diese Seminarveranstalter buchen ja normalerweise recht lange im Voraus, richtig?«

»Ja, zwischen 4 bis 18 Monate. Die meisten buchen jetzt für das nächste Jahr«, gab Jan zurück. »Keine Ahnung, wie wir im Herbst noch Anbieter finden sollten.«

»Gut«, lächelte Thomas, »dann haben wir dasselbe Ziel: Wir müssen einen solch zwingenden Nutzen bieten, dass bei dir im Herbst die Bude voll ist. Mit anderen Worten: Wir brauchen einen solchen Nutzen, dass die Seminarveranstalter bereit sind, sogar nochmals kurzfristig das Hotel zu wechseln.

Und da hilft es nicht weiter, jeden Gedanken sofort zu verwerfen. Genau genommen finde ich es sogar gut, dass du den Gedanken sofort entrüstet verwirfst. Das zeigt mir, dass deine Wettbewerber an dieser Stelle auch aufhören, nachzudenken. Das ist sogar genial, denn genau das tun wir nicht.«

Jan verdrehte die Augen: »Also, wenn du meinst ... Was willst du noch wissen zu den Kosten?«

»Viel besser«, lächelte Thomas. »Hat Sabrina vielleicht auch die Kostenstruktur der kleineren Seminarveranstalter analysiert?«

»Ich schau mal«, erwiderte Thomas, der an seinem Notebook durch die Datei scrollte. »Vermutlich nicht. Obwohl ... Da ... da steht es tatsächlich: Die geben durchschnittlich zwischen 12 und 20 Prozent ihres Umsatzes für Seminarhotels aus. Hammer, wo sie all diese Zahlen herhat!

Da schreibt sie noch, dass die Seminarveranstalter diese Kosten durch Onlineseminare einsparen können und es deswegen auch in Zukunft schwieriger für uns wird, Veranstalter zu überzeugen. Vor allem diejenigen, die auf reine Wissensvermittlung setzen, werden das in Zukunft eher online tun. Diejenigen, die auf praktische Übungen, Interaktionen, zwischenmenschlichen Austausch und wirkliche Veränderungen setzen, werden versuchen, das auch nach Corona live zu tun, weil das online nicht so gut geht.«

»Scheint ziemlich pfiffig zu sein, diese Sabrina«, nickte Thomas anerkennend. »Da hat sie uns doch gleich die Zielgruppe noch mal präzisiert: Veranstalter, die nicht nur Wissen vermitteln, sondern Veränderungen bewirken wollen.«

»Ja, und was bringt uns das jetzt?«, fragte Jan.

3.2.5.3 Die Lösungsidee

Thomas lächelte: »Wir wechseln jetzt mal zu Schritt 4 in der Strategieentwicklung und suchen nach einer Lösung für das Problem mit den Kosten. Du hast vorher erwähnt, dass den Veranstaltern der offenen Seminare die Zimmerpreise eher unwichtig sind, weil sie diese nicht selbst bezahlen?«

»Ja, richtig«, nickte Jan.

»Was zahlt denn so ein Anbieter für ein Seminar bei euch? Sagen wir 20 Teilnehmer über drei Tage.«

»Also, zusammen 60 Tagungspauschalen zu je 71 €, dann dreimal 200 € Raummiete, etwas Miete für Technik und dreimal 120 € für die Übernachtung des Referenten. Dazu kommen noch seine Abendessen und Getränke, noch mal etwa dreimal 45 €, macht zusammen rund 5500 €.«

Thomas ergänzte: »Und dann kommen noch 20 Zimmer und die Abendessen und Getränke für die Teilnehmer für drei Tage dazu. Macht, Moment, rund 10 000 € Einnahmen zusätzlich durch die Teilnehmer. Also 15 500 € gesamt für das Seminar. Mal angenommen, ihr würdet keine Tagungspauschale verlangen?«

»Spinnst du? Dann brechen uns doch die Einnahmen weg. Das sind 4260 €, also über ein Viertel!«

»Ist wieder deine als Vernunft getarnte Angst. Kommen wir gleich dazu«, grinste Thomas. »Wenn der Veranstalter diese 4260 € nicht bezahlen müsste, wäre das ein Argument?«

»Natürlich wäre das ein Argument! Die wären doch blöd, wenn sie das nicht machen würden. Nur, wie soll *ich* das machen?«

»Genau genommen sind die Kosten, die da in der Tagungspauschale drinstecken, doch Getränke, Mittagessen, Pausenverpflegung usw., richtig?«

»Ja, sind sie«, gab Jan trotzig zurück.

Und dann stellte Thomas die entscheidende Frage: »Wenn der Teilnehmer das konsumiert, wieso soll der Veranstalter das bezahlen? Schau, du berechnest Kosten dem, der sie verursacht. Also muss nicht mehr der Veranstalter die Tagungspauschale bezahlen, sondern der Teilnehmer. Und der Teilnehmer hat nicht großartig die Auswahl, weil der Veranstalter ja das Hotel aussucht. Stattdessen packst du die Tagungspauschale und das Abendessen in eine Vollpension mit Pausensnacks und kostenlosen Getränken in den Tagungsräumen.

Du müsstest, grob überschlagen, dann 235 € pro Nacht ansetzen. Und plötzlich wird es zum riesigen Vorteil, dass du mitten in der Wildnis bist. Die Teilnehmer können nämlich nicht auf preiswertere Hotels ausweichen. Und das ist zugleich auch dein Konkurrenzschutz: Stadthotels oder andere mit nahe liegenden Wettbewerbern können das nicht kopieren.«

»Krass«, entfuhr es Jan, als er die Idee verstand. »Soweit ich das einschätzen kann, macht das in Deutschland niemand so. Das wäre in der Tat ein Hammerargument und würde den Vertrieb wahnsinnig einfach machen. Man müsste die nur durchtelefonieren und ihnen eine Reduktion ihrer Hotelkosten um etwa 80 Prozent anbieten.«

»Und wenn diese Veranstalter eine durchschnittliche Umsatzrendite von vielleicht 10 Prozent haben und sie jetzt noch mal 10 Prozent ihrer Kosten einsparen, dann bedeutet das kurz mal eine Verdopplung ihres Gewinns«, ergänzte Thomas. »Das sollte eigentlich jeden überzeugen. Zumal während Corona.«

Jan dachte eine Zeit lang nach und sagte dann betroffen: »Jetzt verstehe ich, was du mit Angstfreiheit meinst. Meine Angst, Umsatz zu verlieren, hätte verhindert, dass ich jemals so weit gedacht hätte. Und wenn man das mit jemandem zusammen macht wie dir, dem schlicht egal ist, ob ich Umsatz verliere, weil es nicht sein Hotel ist, kann man viel freier denken. Mit meinem Team wäre ich auch niemals an diesen Punkt gekommen: Die hätten vermutlich noch mehr Angst vor dem Umsatzverlust gehabt als ich. Man braucht andere unbeteiligte Unternehmer für die Strategiearbeit.«

Thomas nickte zufrieden: »Wir haben jetzt einen Kern für eine strategische Idee. Aber wir haben noch keine Ahnung, ob das funktioniert und ob daraus vielleicht Folgeprobleme erwachsen. Da allerdings die

Idee recht überzeugend ist, dürfte auch die Motivation, Folgeprobleme zu lösen, recht hoch sein. *Nebenbei ist auch jedes Folgeproblem wieder ein Konkurrenzschutz, weil Wettbewerber bei diesen oft aufgeben.* Wir haben gute Voraussetzungen.«

Jan überlegte einige Zeit: »Wir haben aus meiner Perspektive noch zwei Probleme: Erstens, was machen wir mit den Sparfüchsen, die zwar im Hotel am Seminar teilnehmen, aber aus Preisgründen jeden Abend 15 km fahren? Und zweitens: Was passiert mit unseren anderen Zielgruppen? Wir können doch keine unterschiedlichen Preise verlangen.

Das mit den Sparfüchsen kann man sicher umgehen, indem man für Auswärtsübernachtungen oder die, die in der Nähe wohnen und zu Hause übernachten, ein Ticket mit der kompletten Tagesverpflegung anbietet. Das müsste dann etwa 115 € kosten. Die bezahlen dann also ihr weit entferntes Hotel und bei uns die 115 €. Und dann lohnt sich der Stress mit der täglichen An- und Abreise nicht. Da müssen allerdings die Veranstalter mitmachen und dies ihren Kunden sagen. Und bei uns entsteht ein gewisser organisatorischer Kontrollaufwand. Aber das sollte machbar sein.«

»Und wie sieht das mit den Wellnesskunden, Geburtstagen und firmeninternen Veranstaltungen aus?«, fragte Thomas. »Die letzten beiden sind zwar nicht mehr die Zielgruppe, du kannst aber nicht von einem Tag auf den anderen auf sie verzichten. Strategieumsetzung sollte immer so fließend wie möglich geschehen.«

»Firmeninterne Veranstaltungen sind egal, da die auch schon vorher die Gesamtrechnung bezahlt haben. Da ändern sich zwar die einzelnen Positionen, aber der Gesamtbetrag bleibt gleich. Geburtstage und Hochzeiten haben eine etwas andere Kostenstruktur, aber oft zahlen die Teilnehmer ihre Zimmer selbst. Und so können wir es dem Ausrichter auch viel preiswerter anbieten. Auch das sollte deshalb wesentlich leichter zu verkaufen sein.

Die Wellnessgäste hätten dann auch Vollpension, praktisch den ganzen Tag Essen und Trinken für umsonst. Aber ob wir da den höheren Preis durchsetzen können? Das kann ich ehrlicherweise nicht einschätzen.«

»Aber Sabrina dürfte es können, bei der vielen Arbeit, die sie sich gemacht hat«, warf Thomas ein. »Kannst du sie anrufen und ihr – Vertraulichkeit vorausgesetzt, sonst ist Joachim wieder vergrätzt[48], weil er als Ranghöherer später davon erfährt – den bisherigen Stand unserer Ideen und diese offene Frage schildern? Vielleicht kann sie sofort etwas dazu sagen oder dir in den nächsten Tagen eine Einschätzung erarbeiten? Und vielleicht kann sie ja auch noch überprüfen, ob unsere erste Idee, dass wir den Veranstaltern zusätzliche Seminarteilnehmer bringen, funktionieren könnte?«

Jan nickte, holte sein Handy raus und rief bei Sabrina an. Diese hörte aufmerksam zu und erwiderte: »Eure Idee finde ich superspannend. Wenn wir das hinbekämen, dann wäre das auf jeden Fall eine überzeugende Alleinstellung und würde ein zentrales Problem unserer Veranstaltungskunden lösen.

Ich sehe da aber noch eine Reihe von Problemen: Zum Beispiel dürften einige Veranstalter in ihren AGBs festgeschrieben haben, dass die Mittags- und Pausenverpflegung beim Seminarpreis dabei ist.

Auch mit den Wellnessgästen am Wochenende bin ich noch nicht überzeugt, dass das mit den deutlich höheren Preisen funktioniert. Oder wie wir den Übergang gestalten wollen: Wir haben schon einige Gäste, die bereits für das nächste Jahr gebucht haben. Bieten wir denen dann optional das Upgrade an oder wie gehen wir damit um?

Das sind nur die Probleme, die mir sofort einfallen. Aber die sind nicht unlösbar. Und wenn wir damit unsere Auslastung auf 80 oder 85 Prozent, bezogen aufs Gesamtjahr, steigern, dann können wir auch gewisse anfängliche Umstellungsverluste in Kauf nehmen.«

»Puh«, entfuhr es Jan, »das sind ja eine Menge Probleme. Das hätte ich so gar nicht gesehen.«

Sabrina fuhr fort: »Und wenn ich genau darüber nachdenke, sollten wir zuerst mit einigen Veranstaltern reden, um herauszufinden, ob wir damit auf dem richtigen Weg sind. Ich glaube zwar schon, aber vielleicht bekommen wir darüber noch ein paar Zusatzinformationen, die uns weiterhelfen könnten.

---

48 Das ist eines der Folgeprobleme, wenn man Strategie zu Beginn allein entwickelt, aber zugleich Mitarbeiter in die Recherche einbezogen sind. Man hat eben einen neuen Konflikt …

Was hältst du davon: Ihr macht weiter und ich rufe so lange einige Veranstalter an und finde das raus? Und außerdem sammle ich mal alle Probleme, die wir unterwegs noch zu lösen haben. Hilft euch das weiter?«

Jan hielt kurz Rücksprache mit Thomas, und als dieser nickte, stimmte er zu: »Mega! Danke! Und eins noch: Solange wir beide noch nicht klar sind, ob wir in diese Richtung gehen wollen oder nicht, bitte nicht im Hotel weitererzählen. Ich will vorher keine sinnlosen Diskussionen.«

»Selbstverständlich, Jan«, stimmte Sabrina zu und legte auf.

»Wow, die hat ja doch richtig was drauf!«, gab Jan schließlich gegenüber Thomas zu. »Ich glaube, ich habe sie zuvor definitiv unterschätzt.«

Und Thomas ergänzte: »Und Sabrina hat ein Eigeninteresse, das in diesem Fall in deine Richtung geht. Dein Erfolg ließe sie ihrem Ziel mit der Leitungsposition näher kommen.«

»Wenn diese Strategie funktioniert, brauchen wir gar keinen eigenen Vertrieb mehr. Das kann jedes Callcenter« erwiderte Jan.

»Eben«, grinste Thomas. »Ich denke, Sabrina hat schon begriffen, dass die neue Position dann Marketingleiterin und nicht Vertriebsleiterin heißt.

Ein wichtiger Hinweis noch: Kläre das im Unternehmen möglichst schnell auf, wie viel Sabrina schon weiß. Sonst habt ihr beide nachher einen schweren Stand bei der Umsetzung. Lass uns Mittagspause machen.« Jan nickte und sie verabredeten, sich in einer Stunde wiederzutreffen.

3.2.6 Strategie im Flow

3.2.6.1 Warum ›Arbeit an der Strategie‹ nicht funktioniert

Nach der Mittagspause begann Jan: »So, wie ich es sehe, sitzen wir jetzt erst einmal auf dem Trockenen, bis uns Sabrina weitere Informationen liefert. Erst dann können wir fundiert die nächsten Schritte gehen. Ich muss also die nächsten Wochen weiter an meiner Strategie arbeiten?«

Thomas schüttelte jedoch den Kopf: »Erstens wirst du ab jetzt *jeden Tag* an deiner Strategie arbeiten. Und zwar für *immer.*«

»Das ist dann also eine neue Gewohnheit?«, schlug Jan vor.

»Definitiv!«, nickte Thomas. »Und zweitens wird das so nicht funktionieren. Wolfgang hat dir das mit den Gewohnheiten doch erklärt, oder?«

Jan überlegte einige Zeit. Dann erwiderte er: »Klar! ›In den nächsten Wochen an meiner Strategie arbeiten‹ ist ja noch verwaschener als ›jeden Tag Sport machen‹. Und dann fragt sich mein Gehirn: Was soll ich da noch mal wann genau tun? Und da es keine Antwort bekommt, findet es andere Beschäftigungen für mich. Und das geschieht erst recht, wenn sich herausstellen sollte, dass unsere Idee doch nicht funktioniert. Dann bin ich erst mal frustriert und das wird mich noch weiter von der Strategiearbeit abbringen.«

»Gut erkannt«, nickte Thomas. »Das sind die Gründe, warum die meisten keine regelmäßige Strategieentwicklung machen. Weil sie gar nicht konkret wissen, was zu tun ist, und weil sie nicht wissen, was sie tun sollen, wenn sie der Frust überkommt.

Das gilt für die allermeisten unternehmerischen Tätigkeitsfelder wie Führung, Vision entwickeln, Kultur entwickeln und fast alle anderen Bereiche. Solange du nicht genau weißt, was zu tun ist, wird dein unbewusstes Gehirn ausweichen. Und selbst wenn du weißt, was zu tun ist, aber die Tätigkeit nicht mit positiven Gefühlen verbunden ist, wird dein unbewusstes Gehirn dich trotzdem vor dieser Tätigkeit beschützen. Und damit wirst du unendlich langsam.«

Jan schlug vor: »Wolfgang erzählte schon etwas von den Flow-Komponenten, und bei den Gewohnheiten haben wir auch schon drüber gesprochen. Hilft uns das hier?«

»Absolut«, stimmte Thomas zu. »Gefällt mir, dass du beginnst, Querverbindungen zu ziehen, und die Dinge miteinander verknüpfst. Unser Ziel ist, dich in die Lage zu versetzen, deine unternehmerischen Aufgabenbereiche, wie zum Beispiel die Strategie, so zu gestalten, dass du dabei in den Flow kommst.

Die Punkte, die du mit Wolfgang zum Flow besprochen hast, waren für den Quick-Start. Das Flow-Thema wird dir immer wieder in immer größerer Tiefe begegnen. In Richtung auf den grünen Gürtel geht es um den individuellen Flow, beim blauen Gürtel, der Strategie, geht es um den Flow bei der Strategiearbeit, beim roten Gürtel dann um den Team-Flow und den Flow beim Führen.

Lass uns jetzt mal weiter in die Tiefe gehen als mit Wolfgang. Wenn wir durch sind, gebe ich dir eine Checkliste mit den elf Flow-Kriterien.[49] Diese hilft dir, deinen Blick weiter zu schulen.«

»Klingt spannend«, nickte Jan. »Aber kann man denn nicht einfach ein Standardrezept machen, wie man Strategiearbeit im Flow erledigt?«

»Wäre zu schön«, lachte Thomas. »Alle wollen dauernd irgendwelche Standardrezepte, dabei gibt's die nur für Kuchen, aber nicht für komplexere Dinge wie das Leben.

Ein Beispiel: Um in Flow zu kommen, müssen die Anforderungen ein klein wenig höher sein als die Fähigkeiten. Eine Methode, mit der ich bei der Strategie in Flow käme, würde dich komplett überfordern, und eine Methode, bei der du in den Flow kämst, würde mich langweilen. Und wenn du selbst besser wirst, wirst du dein Vorgehen immer wieder anpassen müssen. Je häufiger es dir gelingt, Strategie im Flow zu entwickeln, desto mehr Leidenschaft entwickelst du für Strategie.

Um in Flow zu kommen, müssen die Anforderungen ein klein wenig höher sein als die Fähigkeiten.

Flow kannst du auch nicht erzwingen oder erwarten, dass er immer kommt, wenn du A, B und C machst. Genauso wenig, wie die Erleuchtung immer kommt, wenn du dich hinsetzt und meditierst. Das Ganze ist dynamisch und basiert auf der Basis von Training und Wahrscheinlichkeiten. Lass uns also erst mal die elf Kriterien anschauen und danach überlegst du, wie du diese nutzen kannst, damit du eine regelmäßige Strategiegewohnheit aufbaust.«

49 www.uc-link.com/flow-checkliste

3.2.6.2 Elf Zutaten für Flow

»Gut, schieß los«, forderte Jan auf.

Thomas begann: »Du brauchst folgende elf Zutaten, um die Wahrscheinlichkeit des individuellen Flow zu erhöhen …«

»Vier Punkte zum Flow hat Wolfgang schon erwähnt«, unterbrach Jan. »Das waren: Die grundsätzliche Richtung oder das Ziel müssen klar sein, jeder nächste Schritt muss klar sein, die Anforderungen müssen etwas über den Fähigkeiten liegen und sofortige Rückmeldung.«

»Also der Quick-Start«, lächelte Thomas. »Ich gehe auf diese Punkte jetzt noch tiefer ein und du unterbrichst mich einfach, falls Wolfgang das schon erzählt hat, in Ordnung?

Erstens: **Die Absicht oder das Ziel bewusst setzen** und so konkret wie möglich formulieren. Tibetische Mönche setzen sich jeden Morgen für den Tag eine Absicht, zum Beispiel, jedem Wesen mit Mitgefühl zu begegnen oder weniger zu urteilen. Ein Programmierer will eine elegante Software schreiben. Als Stratege hast du das Ziel, deine neue Strategie in drei Monaten, also Mitte November, am Laufen zu haben. Wenn du als Stratege besser wirst, verkürzt du die Zeitspanne.

Um hier die Motivation immer wieder zu steigern, helfen emotional aufgeladene Ziele oder das Lesen von motivierenden Zitaten oder Texten zu Beginn der Aufgabe oder des Tages.

Aber der Weg ist dann wichtiger. Ein Mönch, der sich nur auf seine Absicht konzentriert, Mitgefühl zu zeigen, nimmt das Gegenüber gar nicht wahr. Er ist dann eben nicht auf das Gegenüber, sondern auf seine Absicht fokussiert. Damit unser Gehirn den Weg als wichtiger wahrnimmt, muss der Weg möglichst positiv gestaltet werden. Darüber habt ihr schon bei den Gewohnheiten gesprochen.«

»Ja, das habe ich auch schon trainiert«, stimmte Jan zu.

Thomas fuhr fort: »Zweitens: **Der nächste Schritt muss völlig klar sein.** Wenn ich zum Beispiel die Absicht habe, perfekt zu kämpfen, dann weiß ich noch gar nicht, was das heißt. Im Kampfsport gibt es zum Training sogenannte Katas, also Standard-Bewegungsabläufe. Ein Kampfsportler müsste also zu Beginn die Abfolge der Kata kennen und später ein inneres Referenzbild der perfekten Kata haben, um die vielen kleinen Details optimieren zu können. Dann wäre jeder Schritt völlig klar. Und ein Stratege muss nicht nur die Absicht haben, eine Megastrategie zu entwickeln, sondern muss wissen, dass der nächste Schritt darin besteht, zum Beispiel bei einem Interessenten anzurufen und ihm die Frage XY zu stellen. Neben den ganzen vorher besprochenen Ängsten ist dies der zweithäufigste Grund, warum Unternehmer bei der Strategie nicht voran- und erst recht nicht in den Flow kommen.

Ist der Schritt nicht klar, kann der Flow erst wieder durch Klarheit entstehen. *Im Moment der Unklarheit gilt es also, einen Moment innezuhalten und sich immer wieder neu klar zu werden.* Wenn der Tag allerdings bis oben hin vollgestopft ist, klappt das nicht. Eine gute Gewohnheit wäre, bei jeder Pause während des Tages kurz zu überprüfen, ob die nächsten Schritte völlig klar sind, und erst dann weiterzumachen.«

»Wolfgang hat auch schon von mangelnder Klarheit gesprochen«, stimmte Jan zu. »Aber woher weiß ich, dass der nächste Schritt klar genug ist?«

»Gute Frage«, fuhr Thomas fort. »Nimm als Denkmodell einfach Folgendes. Stell dir vor, du würdest die nächste Strategieaufgabe in der gegenwärtigen Klarheit deiner Assistentin geben. Würde sie dasselbe Ergebnis erzielen? Wenn du ihr also so etwas sagst wie ›Strategie entwickeln‹ oder ›jemanden aus der Zielgruppe anrufen‹, würde vielleicht irgendetwas passieren, aber sicher nicht das, was du dir vorstellst. ›Rufe fünf beliebige Leute aus der folgenden Zielgruppe an und stell ihnen folgende drei Fragen‹, wäre hingegen ziemlich klar. Nur dann kann Flow entstehen.«

»Das kostet aber ziemlich viel Arbeit, die Dinge immer so klar zu definieren«, wandte Jan ein.

»Kann man so sehen«, nickte Thomas. »Die Wahrheit ist aber: Es spart dramatisch Zeit, weil du ohne diese Klarheit ziemlich ineffizient vor dich hin werkelst. Und deine Mitarbeiter dann auch.«

Jan nickte und notierte sich in seinem Backlog diese mögliche neue Gewohnheit: »Lass uns zum dritten Einflussfaktor auf den Flow kommen.«

Thomas fuhr fort: »Drittens: **Die Anforderungen liegen etwas über den Fähigkeiten**. Ich male dir mal den etwas abgewandelten Flow-Kanal von Csíkszentmihályi auf.

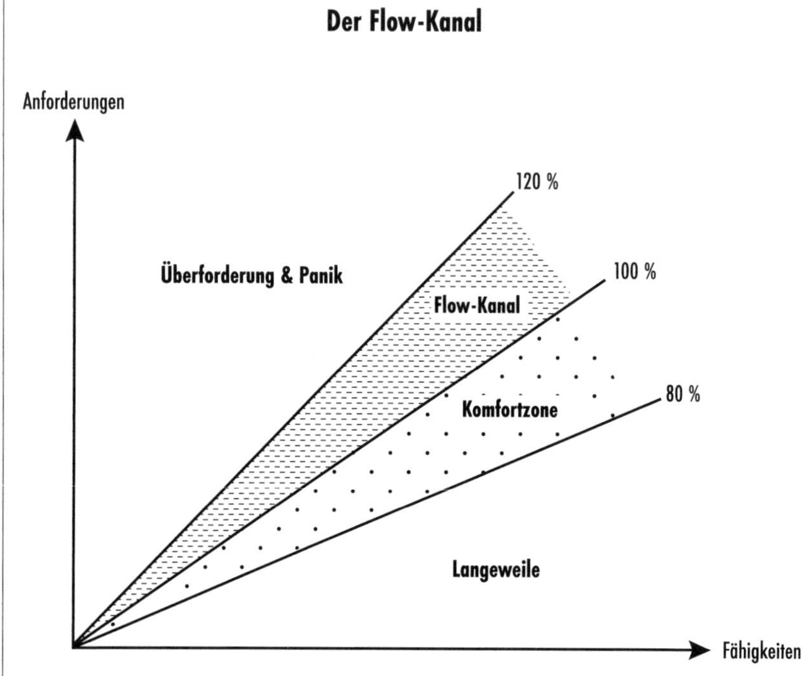

Du hast vier Bereiche: Brauchst du nur 80 Prozent oder weniger deiner Fähigkeiten, um eine Anforderung zu erfüllen, kommt recht schnell Langeweile auf. Bestellungen von Büromaterial sind so ein Klassiker. Brauchst du 80 bis 100 Prozent deiner Fähigkeiten, so ist es zwar nicht langweilig, aber auch nicht fordernd. Du bewegst dich halt in deiner Komfortzone.

Bei 100 bis 120 Prozent – manche Wissenschaftler sagen bei 104 Prozent, wie auch immer sie das gemessen haben wollen – kommen wir, *wenn wir den Schwierigkeitsgrad selbst gewählt haben,* in den Flow-Kanal. Hier finden Wachstum, Glück, Flow statt. Hier bringe ich meine Bestleistungen. *Flow heißt also nicht, einen Joint zu rauchen und Reggae-mäßig abzuhängen, sondern fokussierte, anstrengende und erfüllende Tätigkeit.*«

»Ja, und wie messe ich 80 oder 100 oder 120 Prozent?«, warf Jan ein.

»Super Frage!«, unterstützte Thomas. »Sind zwar die Zahlen, die irgendwo rumgeistern, aber wir können sie nicht ganz ernst nehmen. Angenommen, ich bin Sprinter und laufe die 100 m in zwölf Sekunden. Jetzt soll ich 120 Prozent geben und sie in zehn Sekunden laufen? No way! Da sind wahrscheinlich schon 101 Prozent zu viel.

Wenn man hingegen Speedreading lernt, dann gibt es schon Übungen, wo man von 200 Worten pro Minute auf etwa 1000 Worte pro Minute springt. Da wären dann also 500 Prozent der Fähigkeiten richtig.

Ich glaube, wir nähern uns diesen Grenzen durch Versuch und Irrtum an. Wenn die Wahrscheinlichkeit, dass ich es schaffe, bei 100 Prozent liegt, war es zu leicht. Wenn ich hingegen in Stress oder Panik gerate, war es zu schwer!

Und wenn es zu schwer wird, komme ich in die Überforderungs-, Stress- und Panikzone. Da bekommt man normalerweise nichts mehr auf die Kette, weil unser Gehirn dann entweder in den Angriffs- oder Fluchtmodus schaltet oder sich totstellt. Jedenfalls ist das klare, bewusste Denken offline.

Meist geht dieser Zustand dem unkontrollierten Vor-sich-hin-Wursteln voraus – doch viele Unternehmer nehmen diese Überforderung gar nicht mehr wahr. Sie sagen sich stattdessen, dass sie die Härtesten unter der Sonne sind und das schon schaffen. Habe ich vor 15 Jahren auch gemacht. Erst wenn ich mir eingestehe, dass ich nicht Superman bin, habe ich eine Chance, aus diesem Bereich dauerhaft rauszukommen.

Ideal ist, wenn ich mich hauptsächlich im Flow-Kanal aufhalte und ein bisschen in der Komfort- und ein bisschen in der Überforderungszone. Und ganz wichtig: Je mehr man sich im Flow-Kanal und in der Überforderungszone aufhält, desto mehr Regeneration braucht man.«

»Ist ja schön«, warf Jan ein, »aber was ist, wenn eine Aufgabe halt einfach gemacht werden muss – egal ob zu schwer oder zu langweilig?«

»Da bist du mal wieder beim Kern der Sache«, lobte Thomas. »Bei uns geht es nicht um Theorie, sondern um die Frage, was wir damit in der Praxis machen. Lass uns mit einer Aufgabe beginnen, die zu einfach ist. Wir können sie spannender gestalten. Ich mache das mal etwas ausführlicher, da viele deiner Mitarbeiter im Hotel ja eher einfache Aufgaben haben. Was kann man tun, um dabei trotzdem Flow zu empfinden? Es gibt vier einfache Möglichkeiten:

- **Gamification**: Man kann Elemente aus Spielen in nichtspielerische Bereiche übertragen, zum Beispiel Ranglisten, Punkte, Auszeichnungen, Spielfiguren, Levelaufstiege, Schatzkisten oder Ähnliches.
- **Engere Zeitvorgabe**: Wenn ich etwas schneller machen will, dann werde ich mich mehr konzentrieren und es wird für mich anspruchsvoller. Wichtig dabei: Diese Zeitvorgabe muss man sich selbst setzen.
- **Höhere Standards**: Ich kann meine eigenen Qualitätsvorgaben erhöhen. Zum Beispiel wird ein Anfänger bei einer Kata nur auf die Reihenfolge der Bewegungen achten, Fortgeschrittene mehr aufs Timing, die Muskelspannung oder auf die Gewichtsverlagerung, Profis sowohl auf jedes Detail wie auf den Gesamtfluss.
- **Anspruchsvolles / bedeutsames Nebenziel**: Ich kann neben dem Hauptziel noch ein Nebenziel einführen. Zum Beispiel, indem Vertriebsmitarbeiter nicht nur Umsatz machen müssen, sondern auch darauf achten, dass der Kunde glücklicher und mit einer besseren Bindung ans Unternehmen aus dem Gespräch herausgeht.«

»Das könnte ich bei meinen Mitarbeitern im Restaurant nutzen«, überlegte Jan. »Die Hauptaufgabe, das richtige Essen und Trinken hinzustellen, wird irgendwann langweilig. Aber wenn sich die Mitarbeiter selbst das Ziel setzen, die Zeit zwischen dem Zeichen der Gäste und dem Service zu reduzieren. Oder ein Nebenziel: jedem Gast ein Lächeln ins Gesicht zu zaubern. Oder als Gamification Zusatzverkäufe von Aperitifs oder Desserts. Dann wird das spannender. Und im ersten Schritt ist das vermutlich sogar egal, was sie davon wählen.«

»Könntest du tun. Aber aktuell geht's nicht um deine Mitarbeiter«, lächelte Thomas. »Es geht erst mal nur um dich. Also um deine Arbeit an der Strategie. Wenn dir später bei der Strategie langweilig wird, dann entwickle sie schneller oder wähle ein Nebenziel wie konfliktfreiere Umsetzung oder mehr Bindungsaufbau in den Kundengesprächen. Das Entscheidende ist: Ob ich etwas als langweilig empfinde oder nicht, hängt ausschließlich von mir selbst und meinem Mindset ab. Ich kann die Aufgabe selbst mit den obigen vier Möglichkeiten spannender machen und das kann man trainieren.

Ob du etwas als langweilig empfindest oder nicht, hängt ausschließlich von dir selbst und deinem Mindset ab. Du kannst die Aufgabe selbst spannender machen, und das kannst du trainieren.

Umgekehrt zerlege ich eine schwierigere Aufgabe in Teilschritte. Mal ein Beispiel, an dem schüchternere Unternehmer bei der Strategiearbeit immer wieder scheitern: ›Rufe fünf Kunden aus deiner potenziellen Zielgruppe an und finde raus, ob deine neue Idee auf Interesse stoßen könnte.‹«

»Lass mich mal«, unterbrach Jan. »Man könnte die Namen mit den Telefonnummern auflisten. Und man könnte sich vorher fünf bis zehn Fragen ausdenken, die man den Leuten konkret stellt. Und erst dann ruft man an.«

»Ist schon viel besser. Aber du bist ja Vertriebler, Jan. Du rufst einfach an und sprichst mit den Leuten. Da gibt es andere, die sich das nicht trauen. Da ist schon ein einziger Anruf bei 180 Prozent der Fähigkeiten, also voll in der Panikzone. Dabei ist die Lösung recht einfach: Man lässt seine Assistentin oder ein Callcenter fünf Telefontermine vereinbaren. Dann ist es kein kalter Anruf mehr, sondern nur das Einhalten einer Vereinbarung.

Oder ein weiteres Beispiel: Hätte ich dich vorher mit den fünf Schritten allein gelassen, wärst du gescheitert. Mach es mit jemandem zusammen und es wird einfacher. Du skalierst die Schwierigkeit also so weit runter, bis du spürst, dass du das hinbekommst und es sogar spannend sein könnte.

Und noch was: Der Flow-Kanal zeigt uns, dass du Flow auf jeder Fähigkeitsstufe erleben kannst – du musst nur die Anforderungen nach oben oder unten anpassen. Das kannst du mit jeder Tätigkeit tun! Als ich zum Beispiel Programmieren lernte, da war ich hin und weg, als mein erstes ›Hello world!‹-Programm[50] lief. Später kam ich erst in den Flow, wenn ich ziemlich komplexe Softwarearchitekturen entwarf, die meine ganze Aufmerksamkeit erforderten.

Den Flow-Kanal finde ich durch immer wieder neu austesten, was geht und was nicht. Das gilt auch für deine Mitarbeiter. Stärkenanalysen und -tests geben maximal eine erste Orientierung. Danach könnt ihr zusammen oder – wenn die Mitarbeiter das Prinzip verstanden und angenommen haben – auch allein austesten, wo jeweils die 100 bis 120 Prozent liegen.«

»Verstehe«, nickte Jan. »Es geht um handfeste Praxis, wie ich mich von jeder Situation aus, also aus Langeweile oder auch aus Panik, in den Flow-Kanal oder in die Komfortzone bringen kann. Ich muss halt nur noch trainieren.«

»Du darfst trainieren«, grinste Thomas. »Und du kannst ja aus dem Training auch gleich wieder eine Gamification machen.

Kommen wir zum vierten Einflussfaktor auf den Flow: **Unmittelbares Feedback**. Zu Beginn ist das meist ein äußeres Feedback: Jemand lobt uns oder es wird eben ›Hello world‹ auf dem Bildschirm angezeigt. Je besser wir werden, desto differenzierter wird unsere innere mentale Repräsentation, wie etwas sein soll, damit wir es als gut bezeichnen können. Und durch diesen Abgleich können wir uns permanent selbst Feedback geben.

Ein Mentor, Lehrer oder Vorgesetzter gibt dann nur noch manchmal Feedback, um unsere mentale Repräsentation weiter auszudifferenzieren. Im Falle der Strategiearbeit kann das auch das Feedback aus deiner Unternehmergruppe sein.

Idealerweise sorgen wir dafür, dass das positive zum negativen Feedback im Verhältnis 5:1 ist. Durch die fünf positiven Feedbacks verstärken wir die positiven Gefühle zur Tätigkeit, durch das eine negative Feedback korrigieren wir, was sich falsch eingeschliffen hat. Positives Feedback heißt auch, sich selbst zu feiern, wie ein Tennisspieler, der einen perfekten Ball geschlagen hat.«

---

50 Beim Programmierenlernen ist in der Regel die erste Aufgabe, ein Programm zu schreiben, das »Hello world« auf dem Bildschirm ausgibt.

»Das kann im Arbeitskontext aber manchmal ein bisschen merkwürdig sein«, warf Jan ein.

»Ist dir schon mal aufgefallen, dass die besten Unternehmer wie Steve Jobs, Elon Musk, Bill Gates, Richard Branson und viele andere alle ziemlich merkwürdig waren?«, lachte Thomas. »Aber kommen wir zu den anderen sieben Einflussfaktoren auf den Flow, über die Wolfgang das letzte Mal nicht gesprochen hat.

Fünftens: **Das Gefühl der Kontrolle**: Flow kann nur entstehen, wenn wir selbst entscheiden können. Nehmen wir einen Kletterer. Er muss zwar, wenn er mit anderen unterwegs ist, nicht zwingend selbst entscheiden, welche Route geklettert wird, aber er muss dieses Oberziel für sich innerlich annehmen. Damit trifft er die Entscheidung dann doch noch mal selbst.

Und am Berg entscheidet der Kletterer über jeden Griff und Tritt selbst. Er hat kein Funkgerät, wo er einen Aufseher ständig um Erlaubnis bitten muss. Falls ein besserer Kletterer dabei ist, kann er natürlich von diesem Tipps bekommen. Er entscheidet trotzdem, was seine nächste Aktion ist.«

»Ja, schön und gut«, warf Jan ein. »Aber es gibt doch immer Bereiche, die ich nicht kontrollieren kann. Zum Beispiel, dass Sebastian kündigt. Und Mitarbeiter haben ja noch weniger Kontrolle. Das macht den Flow dort echt schwer.«

Thomas nickte: »*Diejenigen, die häufig im Flow sind, konzentrieren sich auf das, was sie kontrollieren können.* Wenn man sich von den Dingen überwältigt fühlt, kann man sogar zwei Blätter machen: Kontrollbereich und Nicht-Kontrollbereich. Und dann listet man alle Aufgaben auf diesen beiden Blättern auf. Und dann legt man das Blatt Nicht-Kontrollbereich in die Schublade und konzentriert sich auf das andere.«

»Aber ich kann die anderen Sachen ja nicht einfach liegen lassen?,« warf Jan ein.

»Manchmal schon, aber manchmal auch nicht«, nickte Thomas. »Allerdings ändert sich durch den nun gewonnenen Flow-Zustand oft auch die Größe meines Kontrollbereichs und ich kann manche Punkte nun doch auf das Kontrollbereich-Blatt übertragen. Die Größe des Kontrollbereichs ist immer dynamisch.

Zum Beispiel, wenn ich als Mitarbeiter bewusst eine ablehnende und damit Flow-blockierende Haltung verlasse. Ähnlich wie der Kletterer, der gerne Route A gegangen wäre, während die anderen Route B gehen wollen. Jetzt kann er sich auf Route A versteifen und den ganzen Tag jammern oder sich entscheiden, gemeinsam mit dem Team etwas machen zu wollen und sich Route B anschließen. Nur mit der zweiten Haltung komme ich wieder in den Kontrollbereich und damit den Flow.

Das hilft dir auch in der Strategie: Du kannst kontrollieren, ob du einen Interessenten anrufst oder ob du weitere Informationen zur Zielgruppe sammelst. Du kannst mit etwas Training deine Gefühle und Ängste steuern. Aber du kannst niemals kontrollieren, ob ein Kunde kauft oder nicht. Also leg dir auch bei der Strategieentwicklung zwei Blätter an.«

»Das nehme ich in mein Backlog«, nickte Jan.

»Lass uns nun zum sechsten der elf Punkte für den Flow kommen. Dein **Innerer Selbstdialog** verändert sich. Im Flow-Zustand lösen sich Raum, Zeit, Selbst und Welt auf. Das kannst du normalerweise nicht bewusst herbeiführen – außer vielleicht nach ein paar Zehntausend Stunden Meditationstraining. Aber den inneren Dialog davor kannst du beeinflussen. Bei der Strategieentwicklung werden immer wieder innere Gedanken hochkommen wie ›Habe ich die richtige Zielgruppe?‹ oder ›Gehe ich damit nicht ein zu großes Risiko ein?‹. Solange du diese Gedanken hast, kommst du nicht in den Flow. Kennst du das?«

»Ja klar kenne ich das«, nickte Jan, schüttelte dann jedoch den Kopf: »Aber ich kann mich ja dann nicht selbst verarschen und mir erzählen, dass ich die richtige Zielgruppe hätte.«

»Das stimmt«, nickte Thomas, »aber du kannst dich zuallererst selbst dafür würdigen, dass dir deine unproduktiven Zweifel aufgrund deines Selbstdialogs aufgefallen sind. Allein das ist ein Fortschritt. Wärst du nicht so gut, wäre dir das nicht aufgefallen. Genau genommen ist diese Qualität der Selbstbeobachtung bereits der größte Teil der Entwicklung. Entweder du kannst dann sofort – zum Beispiel mit klügeren inneren Fragen oder mit Mut – gegensteuern. Oder in Handlungsbereiche wechseln, in denen dein Selbstdialog produktiver ist.

Siebter Einflussbereich für Flow, und das ist heute echt schwer: **Keine Ablenkung!** Du kommst beim Spielen mit deinen Kindern nicht in den Flow, wenn du das Handy nebendran hast, du kommst bei der Strategieentwicklung nicht in den Flow, wenn dein E-Mail-Programm geöffnet ist.

Allein, wenn dein Smartphone im Sichtfeld[51] ist, bist du 20 Prozent weniger fokussiert – selbst wenn es im Flugmodus ist. Wenn du selbst häufiger Flow erleben willst, dann überleg dir, ob du dir nicht ein altes Nokia-Handy zulegst wie ich – keine Chance auf Facebook, Insta, WhatsApp und all die anderen Ablenkungs-Tools. Schaff jede Form von Multitasking ab.«

»Also, meinen Account bei dem Online-Game, das ich manchmal spielte, habe ich schon gelöscht«, erwiderte Jan stolz, »aber Insta oder abends Weintrinken oder Glotzeschauen oder all die anderen Dinge habe ich noch nicht völlig auf die Reihe bekommen. Mir fehlt einfach die Disziplin.«

»Stopp!«, unterbrach Thomas. »Du bist auf dem Weg zum Schwarzgurt-Unternehmer aktuell beim Weißgurt. Und du hast dein Leben durch Löschen des Game-Accounts verbessert. Das beweist dir, dass du es kannst und demnächst auch den nächsten Schritt gehen wirst. Das ist großartig! Und mit jedem Schritt, den du gehst, werden sowohl deine Disziplin als auch deine Freiheit größer und größer.«

»Stimmt«, grinste Jan, »und manchmal brauche ich noch einen Hinweis von außen, um das auf diese Weise zu sehen. Danke.

Was ist der achte Einflussfaktor auf den Flow?«

»Achtens: **Deine Physiologie**. Letztlich ist jeder Flow-Zustand eine spezifische Konzentration von Neurotransmittern wie Serotonin, Endorphinen, Oxytocin usw. Um diese Neurotransmitter herstellen zu können, braucht der Körper die Ausgangsmaterialien.

Zum Beispiel braucht er für Serotonin die Aminosäure L-Tryptophan und das Vitamin B6 und die gibt es wiederum in bestimmten Nahrungsmitteln. Solange du dich also von Pommes oder Weißbrot er-

51 Die Studie dazu wird bei Marc Milstein im Buch »The Age-Proof Brain« erwähnt.

nährst, hast du verdammt schlechte Karten für einen Flow-Zustand.[52] Viele Unternehmer brechen deshalb ihre Strategiearbeit bereits nach wenigen Minuten ab oder lassen sich dankbar von Störungen davon abbringen – einfach weil ihr Körper gar nicht in der Lage ist, in Flow zu kommen.«

»Damit kenne ich mich richtig gut aus«, unterbrach Jan. »Während meiner Fitness-Zeit und auch mit meinem Nahrungsergänzungsmittel-Shop habe ich mich intensiv damit beschäftigt. Und«, ergänzte Jan stolz, »seit dem Gespräch mit Wolfgang nicht nur in der Theorie, sondern ich habe auch meine Ernährung geändert. Seither habe ich trotz Urlaub etwa 4 kg abgenommen und ich habe auch das Gefühl, dass ich deswegen mehr Energie habe und meine Stimmung besser wurde.

Und ich finde es unglaublich gut und wichtig, dass du dieses Thema ansprichst. In normalem Industrie-Food sind nur unzureichend Mikronährstoffe und man kann damit eigentlich kaum Flow und Glück erleben. Zumindest nicht sehr tiefgehend. Unsere Ernährung ist der zentrale Auslöser der Depressionswelle in der westlichen Welt.«

Thomas lachte: »Okay, wenn du da mehr weißt als ich, dann schweige ich. Und deiner Begeisterung entnehme ich, dass du auch weiter dranbleibst. Ich vermute sogar, dass du ziemlich häufig im Flow bist, wenn du dich mit diesen Themen beschäftigst. Nimm das gerne als Referenzgefühl, um bei anderen Tätigkeiten einen Abgleich zu haben: ›Fühlt sich das so cool an wie meine Beschäftigung mit Ernährung? Falls nein, was kann ich ändern?‹«

»Stimmt eigentlich«, freute sich Jan. »So habe ich das noch gar nicht gesehen, dass ich außer dem Loveparade-Referenzbild ja noch weitere Flow-Referenzbilder mit mir herumtrage, sogar aktuelle, und alles dem Wunschgefühl angleichen kann. Das ist cool.«

Thomas lächelte und fuhr fort: »Lass uns zum neunten Einflussfaktor auf den Flow kommen: Unser Gehirn versucht auf der einfachsten Ebene, Schmerz zu vermeiden und Freude zu erleben. Dazu ist es hilfreich, sich immer mit Absicht bewusst zu machen, welche Flow-Momente man den Tag über erlebte. Am einfachsten geht das

52 Man bräuchte etwa 1,5 kg Pommes täglich, um genügend Tryptophan aufzunehmen. Das dürfte aber andere negative gesundheitliche Folgen haben ;-).

mit einem etwas fokussierteren **Dankbarkeits-Journal**. Da schreibst du einfach deine Flow-, Glücks- und Freude-Momente auf. Täglich anfangs einen, dann drei, dann fünf. Ich mache zehn. Und zwar jeden Tag. Insbesondere an den Tagen, an denen mir nichts einfällt.«

»Da hat mir Peter schon einen anderen Vorschlag gemacht. Das funktioniert auch super. Er schlug vor, dass beim Abendessen zu Hause einfach jeder sagen sollte, wofür er dankbar ist. Julia fand das am Anfang richtig blöd. Und Mia mit ihren eineinhalb Jahren macht natürlich auch noch nicht mit. Aber Leon fand das mit seinen drei Jahren super und erinnert jetzt vor jedem Abendessen: ›Dankbar, dankbar!‹ Und deshalb macht Julia jetzt auch mit und scheint langsam selbst Freude darin zu finden. Ich könnte da einfach für mich den Schwierigkeitsgrad erhöhen und selbst nur noch über Situationen erzählen, wo ich im Flow war.«

»Ja, geht definitiv in die richtige Richtung. Die konkrete Methode, wie du das Positive verstärkst, ist egal. Spiel einfach damit rum«, stimmte Thomas zu. »Ist allerdings fraglich, ob die Familie der richtige Ort ist, um Dankbarkeit bei der Strategieentwicklung zum Ausdruck zu bringen. Das führt uns nun zum zehnten Faktor, auf den wir für mehr Flow Einfluss nehmen können: Sorge für ein **unterstützendes Umfeld**.

Beim Tanzen wirst du eher mit anderen Tänzern Flow erleben. Bei Unternehmer-Aufgaben oft, indem du dich zumindest mit anderen Unternehmern drüber austauschst. Heißt mit anderen Worten: Finde möglichst viele Gelegenheiten, mit anderen Unternehmern gemeinsam an deiner Strategie zu arbeiten. Ihr kommt dabei viel mehr in den Flow. Und wenn du umgekehrt den anderen hilfst, lernst du zugleich mehr über Strategie und die Hürden dabei: Bei den anderen erkennt man die Probleme viel leichter.«

»Da habe ich ja schon meine Unternehmertrainingsgruppe und meinen Bertram«, stimmte Jan zu.

Thomas fuhr fort: »Kommen wir zum letzten Einflussfaktor auf den Flow: **Sinn und Bedeutung** helfen, sind aber nicht notwendig. Du kannst bei – von außen betrachtet – sinnlosen Dingen wie Klettern oder dem Spielen eines Balls mit Schlägern über ein Netz trotzdem Flow empfinden. Wenn du die Tätigkeit aber mit einer größeren Bedeutung versiehst, dann fällt es dir viel leichter, das Ziel positiv für dich anzunehmen und in einen positiven Selbstdialog zu kommen. Und damit kommst du wiederum leichter in einen Flow-Zustand.«

»Das ist im Hotel schwierig«, widersprach Jan. »Was soll daran sinnvoll sein, Betten für Gäste bereitzustellen? Muss halt gemacht werden, damit die Leute nicht auf dem Feld übernachten.«

»Ich bin mir sicher, wir finden noch einen Sinn dafür. Aber wir beginnen nicht damit. Ich halte Konzepte, die mit dem Sinn beginnen wollen, wie zum Beispiel ›Start with why‹[53], für völlig verfehlt. Ich halte es eher mit dem dänischen Philosophen Kierkegaard, der sagte: ›Das Leben wird vorwärts gelebt und rückwärts verstanden.‹ Mit anderen Worten: Ich fange an zu leben oder Strategie zu entwickeln, reflektiere parallel dazu und finde auf dem Weg dann den Sinn. *Zuerst nach dem Sinn zu suchen, verhindert, dass du losläufst, und das wiederum verhindert, den Sinn zu finden.* Oder noch knapper: Hab einfach Geduld!

Zuerst nach dem Sinn zu suchen, verhindert, dass wir loslaufen, und das wiederum verhindert, den Sinn zu finden.

Damit haben wir nun alle elf Einflussfaktoren besprochen.« Und mit diesen Worten zeichnete Thomas folgende Grafik ans Flipchart (s. rechts) und gab Jan eine Checkliste[54].

Jan nahm die Liste und überflog nochmals die elf Einflussfaktoren. »Das kann ich jetzt in meine Morgenroutine aufnehmen, zum Beispiel direkt nach der Master-Gewohnheit. Und dort werde ich jeden Tag eine Tätigkeit, die ich an diesem Tag ausführen sollte und auf die ich nicht so richtig Lust habe, mit mehr Flow versehen, indem ich einfach die elf Punkte durchgehe und das verändere, was passt. Und zwar zu Beginn nur eine Aufgabe und vielleicht sogar nur einen der elf Punkte, damit es schnell geht und ich die Gewohnheit auch ausführe. Cool!«

53 Simon Sinek: Frag immer erst: Warum. Wie Top-Firmen und Führungskräfte zum Erfolg inspirieren.

54 www.uc-link.com/flow-checkliste

Die elf Zutaten für individuellen Flow

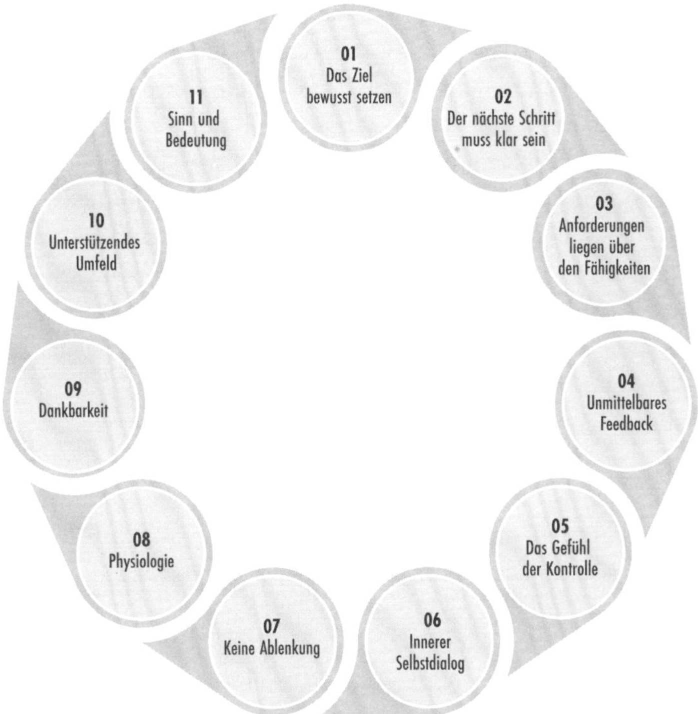

3.2.6.3 Wie Strategie Flow auslöst

»Fast richtig«, lächelte Thomas. »Wir haben das Flow-Thema ja nur aus einem Grund heute behandelt. Ich wollte dir ein Tool an die Hand geben, mit dem du deine Strategiearbeit in den Flow bringen kannst. Deshalb würde ich es nicht in die Morgenroutine aufnehmen, sondern du beginnst eine neue tägliche Strategiegewohnheit. Und der Einstieg in die tägliche Strategiezeit ist, dass du kurz die Checkliste anwendest und die Voraussetzungen für Flow schaffst.«

»Okay, dann lege ich täglich eine Stunde für meine Strategie fest und die ersten fünf Minuten arbeite ich mit der Checkliste, um die restlichen 55 Minuten im Flow zu erleben«, schlug Jan vor.

Thomas schüttelte aber den Kopf: »Eine Stunde zu Beginn ist zu viel. Gewohnheiten beginnst du doch klein. Starte mit 20 Minuten. Das klappt dann nicht nur diese Woche, wenn du noch hoch motiviert bist, sondern auch in der Zukunft. Wenn diese Gewohnheit etabliert ist, kannst du natürlich auf eine Stunde ausdehnen.

Ich möchte dir aber gleich noch eine praktische Übung geben, um deine Strategiezeit in den nächsten Tagen etwas zu strukturieren. Das erhöht die Wahrscheinlichkeit der Ausführung dramatisch. Stell dir vor, du würdest ab morgen jeden Tag 20 Minuten an deiner Strategie arbeiten – wie würdest du das angehen, damit du dabei Flow erlebst und es gar nicht erwarten kannst, gleich am nächsten Tag wieder deine 20 Minuten Strategie zu machen?«

»Allein?«

Thomas nickte: »Du musst ohne mein Gequatsche trainieren. Eine halbe Stunde sollte für den Anfang reichen.« Und damit verließ Thomas den Raum.

Als Thomas wiederkam, stellte Jan Folgendes vor:

1. Ich stelle mir von 8:30 bis 8:50 Uhr einen täglichen Serientermin bei Outlook ein. Den kann ich später – außer an Tagen mit Führungs-Meetings – auf eine Stunde ausdehnen.
2. Im Serientermin hinterlege ich ein PDF mit den fünf Schritten der Neurostrategie[55] und die Flow-Checkliste, sodass ich diese vor mir habe, ohne nachzudenken. Außerdem ist im Termin mein übergreifendes Ziel notiert: bis Mitte November die Strategie fertig umgesetzt haben.
3. Die 20 Minuten kann ich manchmal gemeinsam mit Sabrina und manchmal mit jemandem aus meiner Unternehmertrainingsgruppe machen. Zu zweit ist mehr Dampf dahinter.

55 www.uc-link.com/neurostrategie

4. Während der Strategiearbeit, wenn ich sie allein mache, Türe zu, Handy und Computer aus, möglichst alle Dinge, die sonst noch zu tun sind, aus meinem Blickfeld entfernen und an meinem Whiteboard mit Stift arbeiten
5. Wenn mir an einem Tag nichts einfällt, gehe ich um 8:30 Uhr in den Veranstaltungsbereich und tausche mich, bevor deren Seminare beginnen, mit den Veranstaltern und Referenten aus. Dabei erfrage ich ihre Wünsche und Bedürfnisse.
6. Die nächsten anstehenden Strategieaufgaben werde ich wenigstens für zwei Tage konkretisieren und so klar beschreiben, dass meine Assistentin Lea, wenn ich ihr diese Aufgaben geben würde, mit dem gewünschten Ergebnis zurückkäme. Dann die Aufgaben mit meinen Fähigkeiten abgleichen und schauen, ob ich sie entweder einfacher oder schwieriger machen muss, um in den Flow-Kanal zu kommen. Die Aufgaben hänge ich dann an mein Board.
7. Morgen nutze ich die Zeit, um mit Sabrina ihre nächsten Zwischenergebnisse zu besprechen. Übermorgen nutze ich die Zeit, Hypothesen entweder mit vor Ort anwesenden Veranstaltern zu überprüfen oder mindestens zwei anzurufen.
8. Wenn ich das Gefühl habe, in der Strategie nicht weiterzukommen, fülle ich zwei Blätter Kontrollbereich / Nicht-Kontrollbereich aus und fokussiere mich auf den Kontrollbereich.
9. Falls ich komplett hänge, dann reflektiere ich am Ende in den letzten fünf Minuten anhand der elf Punkte für mehr Flow, wie ich es hätte besser machen können. Eventuelle Learnings arbeite ich gleich in die Aufgaben des nächsten Tages ein.

»Sieht fürs Erste inhaltlich mega aus«, nickte Thomas. »Ist aber von der Menge natürlich zu viel, um jeden Tag alle Punkte machen zu konnen.«

»Ja, ich wollte diese Punkte auch nur als Anregung nutzen«, stimmte Jan zu.

Thomas lächelte: »Dann ergänze noch einen zehnten Punkt zum Schluss: Feiern! Ein Power-Move, ein simpler Ausruf wie ›Yes!‹, ein paar Takte deiner Lieblingsmusik, was auch immer. Es soll ja eine schöne Gewohnheit werden!«

Jan schrieb diesen Punkt auf und fuhr fort: »Ich hatte gerade auch noch etwas Zeit und habe mir meine restlichen Notizen des Tages angeschaut. Das war dann, obwohl wir heute mit der Strategie richtig vorangekommen sind und ich viel gelernt habe, gar nicht mehr so viel.

Ich hatte in meinem Backlog auch noch notiert, mehrere definierte Pausen täglich in den Kalender einzutragen und mich dabei zu hinterfragen, ob ich gerade klar und im Flow bin. Das habe ich einfach übernommen.«

»Stopp!«, unterbrach Thomas. »Die Idee dahinter führst du schon einmal täglich während der Strategiezeit aus. Ein Mal reicht. Wir fangen klein an.«

»Ja, aber ...«, begann Jan, dem schon wieder alles zu langsam ging. Um dann zu erkennen, dass es eh keinen Zweck hätte, mit Thomas zu diskutieren. So nickte Jan und beschloss heimlich, die Gewohnheit trotzdem zu übernehmen. Er fuhr fort: »Außerdem habe ich noch einige konkrete To-dos:

1. Öffentliche Ansage an Joachim wegen Ausschluss von Lea und Sabrina bzw. der Abschaffung der Positivrunden
2. Mit Sabrina über Rechercheergebnisse sprechen
3. Sabrina Anerkennung für ihre Vorarbeiten aussprechen

Die restlichen To-dos ergeben sich dann im weiteren Verlauf. Ich hänge nur noch an einer Sache: Die öffentliche Ansage an Joachim ist nicht in meiner Flow-, sondern in meiner Stress- und Panikzone. Was mache ich da?«

Thomas dachte einen Moment nach und erwiderte schließlich: »Natürlich gibt es Methoden, auch solche Aufgaben kleiner und handhabbarer zu machen, damit sie in den Flow-Kanal herunterrutschen. Wäre jetzt aber ein komplett neues Thema. Wir hatten heute im Zusammenhang mit der Strategie auch über Mut gesprochen. Wenn du einfach akzeptierst, dass diese Aufgabe angesichts deiner aktuellen Führungskompetenz zu schwer ist und du einfach beschließt, bewusst in die Panikzone zu gehen, um deinen Mut-Muskel zu trainieren, was macht diese Idee mit dir?«

Jan fühlte einen Moment in sich hinein und nickte schließlich:

»Damit komme ich, obwohl die Panik immer noch da ist, aus dem Opfermodus raus. Mache ich!«

»Respekt!«, stimmte Thomas zu. »Wenn du so weitermachst und immer wieder überlegst, wie du entweder in den Flow-Kanal kommst oder für die restlichen fünf Prozent der Fälle deinen Mut einsetzen kannst, dann werden Strategie und Führung irgendwann spannender, als Lkws für die Küche auszuladen.«

Und ernst fuhr Thomas fort: »Wir laden meist deshalb die Lkws aus oder verdaddeln unsere Zeit, weil da ziemlich klar ist, was wir tun sollen. Das liebt unser Gehirn. Also sorg für dieselbe Klarheit in der Strategie und später auch in der Führung. Ich denke, wir sind für heute durch und du hast einiges zu tun. Schickst du die Aufgabenübersicht noch an uns Trainer und an deinen Bertram?«

Jan nickte und beide verabschiedeten sich mit einer Umarmung.

3.3 Der Tag nach dem Workshop

3.3.1 Die Unterstützung der Gruppe

Bereits am folgenden Tag, am Mittwoch um 15:30 Uhr, war wieder ein monatlicher Gruppen-Call mit seiner Unternehmergruppe und beiden Trainern.

»Jan, du bist dran«, übergab ihm Carlos das Wort. »Du hattest, wie ich deinen Aufgaben entnommen habe, gestern einen guten Workshop mit Thomas. Was ist seit gestern passiert?«

»Also, die Strategiebesprechung heute Morgen mit Sabrina fiel aus. Sie braucht noch bis Freitag, um alles zusammenzutragen, und will es gründlich machen. Nachdem auch kein Veranstalter im Hotel war, mit dem ich hätte sprechen können, fielen meine 20 Strategieminuten heute aus. Und dann begann auch schon das Führungs-Meeting.«

»Stopp«, unterbrach Peter. »Es geht doch, wenn ich es richtig verstanden habe, um den Aufbau einer neuen Strategiegewohnheit. Aktuell schaffst du dir die Gewohnheit, dass es auch jederzeit Ausnahmen geben darf. Hältst du das für hilfreich?«

»Scheißspiel«, ging es Jan durch den Kopf. Jemand anderes dürfte so nicht mit ihm sprechen, aber er hatte sich ja selbst auf einen Bertram verpflichtet und das unterschrieben.

Also erklärte Jan: »Was hätte ich denn tun sollen? Sabrina bringt erst am Freitag Ergebnisse, mit denen wir weiterarbeiten können. Und sonst war keiner da, mit dem ich hätte sprechen können.«

Peter fragte zurück: »Hättest du noch etwas anderes tun können?«

»Vermutlich schon«, gab Jan zerknirscht zu. »Es stand sogar in meiner Planung, dass ich dann zwei Veranstalter anrufe. Ist irgendwie hinten runtergefallen. Ich weiß auch nicht, warum. Das mache ich dann gleich morgen anders.«

»Wieso morgen?«, ließ Peter nicht locker. »Unser Call geht bis 16:30 Uhr, dann hast du danach noch genug Zeit, deine neue Gewohnheit aufzubauen. Du hast es doch mit einigen deiner anderen Gewohnheiten auch hinbekommen. Vielleicht schreibst du in Zukunft mehr als nur die Aufgaben für zwei Tage auf? Dann hättest du mehr Auswahl. Es war ja schon richtig gut, dass du zwei Alternativen hattest, und als die Hauptaufgabe mit Sabrina wegfiel, hast du ja immerhin schon über die zweite Aufgabe nachgedacht. Das war super!«

Das überzeugte Jan und so beschloss er: »In Ordnung, im Anschluss an dieses Gespräch werde ich noch zwei Veranstalter anrufen.«

Peter lächelte zufrieden.

»Wie war dann dein Führungs-Meeting?«, wollte Carlos wissen.

»Ich habe wieder mit der Lobrunde begonnen. Diese hatte Joachim während meines Urlaubs ausfallen lassen. Sie war etwas zäher als vor meinem Urlaub, aber alle beteiligten sich. Sabrina und Lea waren auch wieder dabei.«

»Hast du Joachim explizit eine Ansage gemacht, dass das nicht geht, einfach Mitarbeiter aus dem Meeting auszuschließen?«, fragte Carlos.

»Dann hätte ich mal richtig Stress gehabt, wenn ich Joachim direkt im Führungs-Meeting angegangen wäre. Ich habe den Mut nicht aufgebracht«, schüttelte Jan frustriert den Kopf.

Carlos erwiderte: »Respekt, amigo, dass du das so eingestehst! Ist also aktuell noch zu weit in der Panikzone. Wir werden das die nächsten Monate trainieren. Jetzt ist es, wie es ist. Mach dir jedoch bewusst, dass du damit bei Lea und Sabrina Zweifel gesät hast, wie weit sie sich auf dich verlassen können. Gib ihnen, wo immer möglich, Sicherheit.«

Jan nickte: »So weit habe ich gar nicht gedacht. Ich war nur auf Joachim und meinen Stress fokussiert. Danke für den Hinweis.«

Carlos fuhr fort: »Wie ging es dann im Meeting weiter?«

Froh, das Thema wechseln zu können, berichtete Jan weiter: »Ich erzählte, dass bei der neuen Strategie noch nichts Greifbares herausgekommen sei und dass diese noch etwas Arbeit benötige. Ich erzählte, dass Sabrina mich bei der Recherche unterstütze, aber nicht, dass sie schon von der Idee wusste und mit mir zusammen daran arbeitet. Sie wäre von den anderen dann hinter meinem Rücken zerlegt worden und ich wollte sie beschützen. Natürlich waren die anderen trotzdem neugierig auf einen Zwischenstand, aber das blockte ich ab.«

»Vale, dein Motiv, sie zu beschützen, ist gut«, unterbrach Carlos. »Du schaffst dir damit aber ein echtes Problem. Entweder, die anderen bekommen irgendwann zufällig mit, dass ihr zusammenarbeitet und sie als Ranghöhere ausgeschlossen waren. Dann rappelt es so richtig, und selbst wenn eure Strategie gut ist, werden die anderen erst mal aus Prinzip dagegen sein. Oder du stellst Sabrina offiziell nur als deine Zuarbeiterin dar. Das bedeutet, dass du am Ende eure gemeinsame Arbeit als deine Arbeit darstellen müsstest. Dann wird allerdings sie zu Recht stocksauer sein. Wie willst du damit umgehen?«

»Weiß ich noch nicht«, gab Jan zu. »Thomas hat mich auf dieses Problem auch schon hingewiesen, aber ich habe dem bislang keine Bedeutung beigemessen. Ich habe Sabrina doch nur aus der Schusslinie genommen.«

»Ich kann dir aus meiner Erfahrung erzählen«, bot Caro, die Unternehmerin aus seiner Gruppe, für die er der Bertram war, an. »Das gab zwar auch Stress, aber ich glaube, der war überschaubarer als das, was du jetzt vor dir hast.«

»Was würdest du machen?«, fragte Jan.

Caro fuhr fort: »Ich würde mit offenen Karten spielen. Das geht manchmal auch schrittweise. Es ist schon bekannt, dass sie für dich recherchiert. Ich würde, sobald sie im Rahmen der Recherche eine konkrete Idee beigetragen hat, das immer wieder zeitnah einstreuen.

Und auf die anderen würde ich auch zugehen und ihnen hin und wieder spezifische Fragen zur Strategie stellen, und wenn da kluger Input kommt, das öffentlich genauso breittreten. Damit nivellierst du die Unterschiede zumindest zum Teil. Konfliktfrei wird auch das nicht abgehen, aber es sollte besser funktionieren, als es entweder zu verschweigen oder dich radikal hinzustellen und zu sagen, dass du die Strategie mit Sabrina erarbeitest.«

»Scheißspiel«, knurrte Jan. »Aber ich sehe aktuell auch keine bessere Lösung.«

Carlos ergänzte: »Ich würde außerdem sofort mit Sabrina sprechen und ihr erklären, dass du sie beim Führungs-Meeting beschützen wolltest. Und du erklärst ihr die beiden möglichen Fälle, die ich gerade geschildert habe. Und dass du offen sein willst, es in der aktuellen Situation aber nicht auf einen Schlag geht. Hole ihr Einverständnis, dass du ihren Beitrag erst schrittweise würdigst. Da allerdings, wo sie spezifische Ideen beigetragen hat, benennst du sie explizit als Urheberin. Machbar?«

»Ja, danke«, stimmte Jan zu. »Ich glaube, in Zukunft gehe ich mit solchen Themen gleich offener um, auch wenn es scheppert.«

»Wie ging es dann in eurem Führungs-Meeting weiter?«, wollte Carlos wissen.

»Dann übergab ich an Joachim. Dieser sprach zuerst einmal über die Erfolge im Hotel – im August hatten wir bislang durch die Ferienzeit eine Auslastungsquote von 80 bis 90 Prozent erzielt. Den leichten Unterton, dass man bei diesen tollen Ergebnissen ja gar keine Strategie bräuchte, überhörte ich bewusst. Und dann sprach Joachim über sein geplantes Hotel-Digitalisierungsprojekt. Wenn ich ehrlich zu mir bin«, überlegte Jan, »dann habe ich keine Ahnung, was da genau digitalisiert werden soll und warum. Aber ich wollte mich nach zwölf Jahren mit Programmierern in einer Softwarefirma nicht auch noch damit beschäftigen. Und ich wollte ihm auch einen Bereich lassen, damit ich ihn nicht völlig absäge. Die anderen schienen aufmerksam zuzuhören.

Und dann brauchten die anderen Teammitglieder noch eine ganze Menge operative Entscheidungen von Joachim, die dieser zumeist vertagte oder auf ein Zweiergespräch verschob.«

»Da scheint sich auch ein Paralleluniversum aufzutun«, unterbrach Carlos. »Was wirst du da tun?«

»Ich werde ein Gespräch mit Joachim führen.«

»Das ist mir zu ungenau. Und wir sind leider schon am Ende der Zeit«, unterbrach Peter. »Kannst du mir als deinem Bertram noch mailen, was das Ziel des Gesprächs sein wird und bis wann du es geführt haben wirst?«

Zähneknirschend stimmte Jan zu. Ohne Carlos und Peter hätte er dieses Gespräch mit Joachim sicher verschoben. Irgendwie fühlte es sich so an, als ob er gar nichts hinbekäme. Um dieses Gefühl zu drehen und wenigstens seine Strategiegewohnheit zu etablieren, rief Jan nach dem Ende des Calls noch zwei Veranstalter an. Und so war er richtig stolz, dass er noch die 20 Minuten daran gearbeitet hatte.

In dieser Stimmung wurde ihm schlagartig bewusst, dass er nicht mehr allein war. Er hatte Wolfgang, Thomas und Carlos als Coaches, dann Peter und seine Gruppe. Und selbst Sabrina, die er am Anfang als unerfahren eingestuft hatte, schien kompetent und half ihm. Das fühlte sich richtig gut an.

3.3.2 Sabrinas Call mit Iris

»Hey Iris, schön, dass ich dich noch erwischt habe«, begann Sabrina ihren Call am Mittwochabend gegen 21 Uhr.

»Ach, ich habe gerade eine Pause zwischen zwei Online-Meetings mit amerikanischen Kunden«, lachte Iris. »Wie geht's dir?«

»Na ja, so lala«, gab Sabrina zurück. »Aber hey, richtig cool ist, dass ich Jan mit meiner Vorbereitung zu seinem Strategie-Workshop helfen konnte, und er scheint mich deshalb langsam ernst zu nehmen. Er hat mich sogar während des Workshops angerufen, um mir von seiner neuen Idee zu erzählen, und hat mich nach meiner Meinung gefragt. Und er hat mich heute explizit für meine Ausarbeitung gelobt. Allerdings haben die anderen im Hotel keinen Schimmer davon, dass ich schon längst von der Strategie weiß.«

»Taugt die Idee was?«, wollte Iris wissen.

»O ja, ich denke schon, dass da was draus werden kann. Allerdings glaube ich, dass Jan keinen Plan hat, wie viele Probleme da noch zu lösen sind und wie viel Arbeit damit verbunden ist …«

»... wofür er dich dann braucht«, überlegte Iris. »Ihr werdet also viel zusammenarbeiten und die anderen im Unternehmen werden dies riechen. Da wird Neid aufkommen und es werden Statuskämpfe beginnen.«

»Was bedeutet das konkret?«, wollte Sabrina wissen.

Aber Iris wiegelte erst mal ab: »Du sagtest, es sei so lala. Gib mir bitte erst mal das gesamte Bild. Also, was noch?«

»Dieser Manager Joachim hat mich während Jans Urlaub aus dem Führungs-Meeting ausgeschlossen. Jan hat mich zwar wieder dazugeholt, aber sein Statement zu meinem Ausschluss hätte echt deutlicher sein können. Eigentlich hat er gar kein Statement abgelassen.

Und dann schmückte sich Joachim auch noch mit der aktuellen Auslastungsquote und alle ließen ihm das durchgehen. Keiner hat darauf hingewiesen, dass diese Buchungszahlen mal zum großen Teil durch das Marketing, also mich, erreicht wurden. Zum Beispiel durch einen hammermäßigen Newsletter mit tollen Angeboten für unsere Bestandskunden und so.«

»Und wie stehst du zu den anderen aus dem Führungsteam?«

»Mit Lea, Jans Assistentin, habe ich mich ein paar Mal abends getroffen. Die ist echt nett. Aber sonst habe ich wenige Kontakte.«

»Und wie steht Joachim zu den anderen?«

»Der quatscht mit jedem rum. Ich glaube, der verbringt den ganzen Tag damit, Informationen über alle zu sammeln und Intrigen zu spinnen. Er kennt alle, aber irgendwie mag ihn keiner so richtig. Eher sind alle in Wartestellung, wie das zwischen ihm und Jan weitergeht.«

»Gut, ich gebe dir auf Basis dieser Informationen mein Bild«, erwiderte Iris. »Jan wird sich durchsetzen müssen, sonst kann er als von außen Kommender kein Unternehmen führen. Joachim wird vielleicht vordergründig immer mal wieder nachgeben, aber niemals innerlich mitmachen.

Es wird zur Entscheidung kommen müssen, wer das Sagen hat, je früher, desto besser. Solange das nicht klar ist, wird es für euch Mitarbeiter immer ein Hin und Her geben. Das ist sachlich unproduktiv und nervlich anstrengend. Ich sehe aber nicht, dass Jan aktuell die Klarheit und das Standing dafür hat, die Entscheidung herbeizuführen.

Dann seid ihr drei und Joachim ist allein, der Rest ist unentschieden. Allerdings ist Joachim derzeit besser verankert als ihr drei. Und in dem Moment, wo die anderen Führungskräfte erfahren, dass du als Rangniedere vor ihnen über die Strategie Bescheid wusstest, wird der Neid zuschlagen und sie werden allein deswegen zu Joachim tendieren. Das macht die Sache nicht einfacher.«

»Das ist ja schlimmer als Politik«, entfuhr es Sabrina. »Das habe ich so gar nicht auf dem Schirm gehabt.«

»Ach, 20 Jahre Konzern sind ein gutes Training dafür«, lachte Iris. »Was würdest du jetzt tun, Sabrina?«

Sabrina dachte lange nach: »Wir müssen die anderen Führungskräfte auf unsere Seite bringen und das Neid-Risiko entschärfen. Aber Jan können wir dabei vergessen.«

»Wieso das?«

»Der sieht so was überhaupt nicht. Lea hat mir erzählt, dass sie mit den Sorgen von einigen Mitarbeitern zu Jan kam. Eine Mitarbeiterin im Housekeeping hatte zum Beispiel Probleme mit ihrer Aufenthaltsgenehmigung. Aber Jan wollte sich nicht darum kümmern und wollte kein Babysitter sein.

Lea fragte dann, ob sie sich darum kümmern dürfe. Daraufhin ließ er sie machen. Der ist völlig desinteressiert an den Mitarbeitern. Und checkt noch nicht mal, dass Lea ihn mag und ihn deshalb gut aussehen lässt. Sie erzählt jetzt überall herum, dass sie von Jan damit beauftragt wurde, sich um diese Mitarbeiterprobleme zu kümmern.«

»Gut, sorgt dafür, dass ihm zu Ohren kommt, wenn Mitarbeiter wegen ›seiner‹ Fürsorge dankbar sind. Positives Feedback dürfte sein Interesse an Mitarbeitern verstärken. Sieht also so aus, als ob vorerst nur du und Lea bleiben, um das auf die Reihe zu bekommen. Was könntest du tun?«

Sabrina ging einige Sekunden in sich. Dann strahlte sie: »Ich habe eine Idee. Es wissen ja alle, dass ich Recherchen für Jans Strategie mache. Wenn ich die anderen Führungskräfte da immer wieder einbeziehe und ihre Erfahrung wertschätze und brauche, kann ich Bindung zu allen aufbauen und am Ende den Neid entschärfen, weil mich alle mögen, sie von mir gefragt wurden und mir dies gönnen.«

»Könnte funktionieren. In jedem Fall baust du so Beziehungen auf und die wirst du auch brauchen, um aus dem kommenden Showdown als Siegerin hervorzugehen.«

»Muss das denn immer so kompliziert sein?«, wollte Sabrina wissen.

»Im Vergleich zum Konzern ist das noch ziemlich einfach«, gluckste Iris. »Und dort ist es immer kompliziert. Ich kann mir aber vorstellen, dass man in kleinen und mittleren Unternehmen zumindest phasenweise einen Zustand erreicht, der nicht von Politik geprägt ist. Und ich wünsche dir wirklich, dass du so etwas erleben kannst. Das sind dann die Phasen, in denen ein Gemeinschaftsgefühl aufkommt und dann in der Folge auch Strategien funktionieren und Ziele problemlos erreicht werden.«

»Danke, Iris, das Gespräch mit dir hat mir mal wieder richtig geholfen. Ich weiß jetzt, was ich zu tun habe.«

3.4 Die Realisierung der Strategie

3.4.1 Erste Erfolge

Ende Oktober rief Sabrina wieder bei Iris an: »Danke, Iris, dass du Zeit hast. Ich brauch mal wieder deinen Rat und deine Unterstützung.«

»Für dich immer, Sabrina«, erwiderte Iris. »Sag mir zuerst kurz, was deine Herausforderung ist, und dann gib mir ein Update über die letzten zwei Monate.«

»Meine Herausforderung ist«, versuchte sich Sabrina knapp zu fassen, »dass wir noch keine Entscheidung zwischen Jan und Joachim hatten. Aktuell gibt es eine Art konfliktbehaftetes Unentschieden, und ich weiß nicht, wie ich das zu unseren Gunsten ändern soll.

Und zur Situation: Ich glaube, ich habe noch nie so viele Überstunden gemacht wie in den letzten zwei Monaten.«

»War das sinnvoll?«, wollte Iris wissen.

»Auf jeden Fall! Bei der strategischen Idee von Jan gab es unglaublich viele Hürden und Probleme, die wir lösen mussten. Ich will dich nicht langweilen, aber ich gebe dir ein paar Beispiele: Die Seminarveranstalter hatten ein riesiges Interesse daran, aufgrund der entfallenden Tagungspauschalen bei uns zu buchen, aber viele konnten es nicht, weil sie sich in ihren eigenen AGB auf die Verpflegung der Teilnehmer verpflichteten. Dann brauchten wir Lösungen für den Übergang, wo zum Stichtag der Umstellung Teilnehmer teilweise zum alten Preis eingebucht waren und dann welche zum neuen Preis dazukamen. Oder wir mussten unseren kompletten Webauftritt für die Wellnessgäste anpassen.«

»Moment mal«, unterbrach Iris. »Ihr habt das schon umgesetzt?«

»Ja, schon seit September«, antwortete Sabrina stolz. »Das knirschte zwar überall und gab und gibt immer noch Stress mit einigen Gästen. Aber das ist handhabbar. Ich hätte Jan allerdings zwischendurch echt abschießen können. Der hat null Gespür für die Details und setzte deshalb unmögliche Deadlines und Ziele.«

»Aber es funktioniert jetzt?«, wollte Iris wissen.

»Ja, zumindest teilweise. Plötzlich hatten wir eine Menge sehr kurzfristiger Umbuchungen von Seminarveranstaltern, die zu uns kommen wollten. Das war echt super.«

»Dann war es doch gut, dass Jan so angetrieben hat – auch wenn es aus einer Naivität heraus erfolgte. Bei uns im Konzern hätten wir in dieser Zeit bestenfalls die Projektgruppe gebildet. Und ihr seid schon zu drei Vierteln fertig. Wahnsinn!

Wie hat sich die Zusammenarbeit und die Beziehung mit ihm entwickelt?«

»Abgesehen davon, dass er nur das Ziel im Blick hat und nicht die tausend Details dazwischen, richtig gut. Wir hatten teils zwei bis drei Meetings pro Woche, wo wir zusammengearbeitet haben. Er begann sogar, von sich persönlich zu erzählen. Wie er früher Loveparade-Touren organisiert und wie sich das angefühlt hat. Oder dass er total auf Bio-Hacking abfährt. Am Anfang wusste ich nicht mal, was das ist. Es geht darum, die eigene Gesundheit und Leistungsfähigkeit zu optimieren. Echt faszinierend.

Das waren die Zeiten, wo es echt schön war, mit ihm zu arbeiten. Aber immer dann, wenn er in Stress kommt oder ihn die Angst überfällt, das mit dem Hotel nicht schaffen zu können, wird er total ziel- und erfolgsorientiert. Und ich habe den Eindruck, dass er dann nur noch an einen großen Sack voller Euros denkt. Der eiert dauernd hin und her und das macht es echt megaanstrengend. Leider überwiegt die unangenehme Seite.«

»Immerhin hat er dir seine persönliche Seite schon gezeigt«, warf Iris ein. »Das heißt, du bist auf einem guten Weg. Wie hat das mit den anderen Führungskräften funktioniert? Konntest du eine Beziehung aufbauen? Und wie war es für dich, als sie mitbekamen, dass du schon vor ihnen über die neue Strategie Bescheid wusstest?«

»Da bin ich dir immer noch dankbar, dass du mich bei unserem letzten Gespräch drauf hingewiesen hast. Ab dem nächsten Tag habe ich damit begonnen, Beziehungen mit allen aufzubauen. Vor allem mit Birgit, der Veranstaltungsmanagerin, mit Katharina von der Rezeption und mit Wim, dem Küchenchef. Ich habe ihnen immer wieder Fragen gestellt, die ich für die Strategierecherche brauchte, und sie fühlten sich gesehen. Das ging dann aber voll in die andere Richtung, als Jan das Strategiekonzept vorstellte.«

»Wieso?«, fragte Iris neugierig.

»Joachim hielt sich zwar vordergründig zurück, aber jeder konnte an seiner Körpersprache erkennen, dass er das Konzept für völligen Quatsch hielt. Und dann sprach sich Katharina dagegen aus: Bei den Preisen würde ja dann gar niemand mehr buchen. Ich glaube, ihr Problem ist eher, dass sie nicht weiß, wie sie mit den Preiseinwänden der Gäste am Telefon umgehen soll, was sie aber nicht zugeben will.

Und dann hat sich Birgit dagegen ausgesprochen: Das würde ja kein einziges Hotel in Deutschland so machen. Der wahre Grund war aber eher, dass die Tagessätze vorher auf ihr Profitcenter einzahlten und nun durch diese Änderung auf dem Papier 80 Prozent ihres Beitrags verschwanden. Und sie schloss meiner Einschätzung nach daraus, dass dann auch ihre Machtposition entsprechend geschwächt würde.

Wim und alle anderen blieben erst mal neutral. Mir wurde erst da richtig klar, wie wichtig Wim eigentlich ist. Wenn er sich irgendwann bewegt, werden sich die anderen Unentschiedenen mit ihm bewegen. Joachim saß jedenfalls zufrieden grinsend da und musste nur seine neuen Bündnispartner aufsammeln.«

»Und wer bekam das alles ab? Du oder Jan?«

»Das ist das Verrückte. Meine Beziehung zu Katharina und Birgit hielt trotz unserer unterschiedlichen Meinung. Und deshalb luden sie ihren ganzen Frust auf Jan ab. In diesem Moment tat er mir fast ein bisschen leid.«

»Muss es nicht«, schüttelte Iris lächelnd ihren Kopf. »Auch wenn es vermutlich nicht bewusst von ihm war, warst du aus der Schusslinie, und das ist manchmal der Job einer Führungskraft, sich genau in die Schusslinie vor seine Unterstützer zu stellen. Wie ging er damit um?«

»Er kam voll in Stress. Und im Stress wird er absolut zielorientiert und sieht nicht nach links oder rechts. Habe ich ja gerade erzählt. Das kam ihm in diesem Moment ausnahmsweise mal zugute. Er wurde stur und wich keinen Millimeter von unserer Strategie ab. Ich glaube, das war sogar der Grund, warum er mit der Umsetzung ab diesem Tag noch einen Zahn zulegte. Er wollte es allen beweisen.«

»Das heißt, ihr habt es jetzt umgesetzt. Ihr hattet dadurch direkt höhere Buchungszahlen und Erfolg ist schwer wegzudiskutieren. Die Wahrscheinlichkeit, dass ihr wieder zum alten Modell zurückkehrt, ist deshalb gering. Jetzt habt ihr allerdings drei wichtige Leute in der Opposition. Und ihr braucht die drei, richtig?«

»Nicht ganz«, erklärte Sabrina. »Birgit ist ja eigentlich eine Gute. Sie will, dass der Laden brummt. Und als sie merkte, dass der Laden zu brummen begann, suchte sie ein Gespräch mit mir. Als ich ihr dann erzählte, dass in Österreich auch ein sehr erfolgreiches Hotel so agiert, wurde sie offener.

Und schließlich fanden wir eine Möglichkeit, wie wir den Anteil am höheren Übernachtungspreis optisch als ihren Beitrag ausweisen könnten. Und damit wären ihre Bedenken weg und sie wieder auf unserer Seite. Zumindest, wenn ich Jan von dieser Möglichkeit überzeugt bekomme. Aktuell sieht er diese Möglichkeit aber nur als buchhalterische Augenwischerei an und ist genervt von Birgit.«

»Das schaffst du«, war Iris überzeugt. »Dann habt ihr immer noch das Problem mit Joachim und Katharina und das Risiko mit Wim und dem Rest«, überlegte Iris. »Genau genommen ist das, was du mir erzählst, gar kein Unentschieden mehr. Ihr habt die Änderung umgesetzt. Sie beginnt – mit Rucklern – zu greifen. Und ihr braucht jetzt nur noch einen Weg, Wim zu überzeugen. Da Katharina, wenn ich dich richtig verstanden habe, Joachim auch nicht mag, wird sie dann irgendwann von allein die Seiten wechseln.«

»Stimmt eigentlich«, gab Sabrina zu. »In dem ganzen Klein-Klein des Alltags habe ich das gar nicht gesehen.«

»Schreibst du eine Art Erfolgsjournal«?, fragte Iris.

»Nein, wozu soll das gut sein?«

»Zwei Gründe. Erstens gewinnst du durch das Aufschreiben der Erfolge jeden Tag ein bisschen Abstand und wirst nicht mehr so sehr durch das Klein-Klein eingefangen. Zweitens kannst du in Zeiten, wenn es dir schlecht geht, immer mal wieder nachlesen, was du schon alles geschafft hast. Ich mache das seit 15 Jahren.«

»Gute Idee«, stimmte Sabrina zu. »Habe ich schon auf diversen YouTube-Videos empfohlen bekommen, aber bislang nie gemacht. Scheint jedoch sinnvoll zu sein und deshalb gehe ich das jetzt mal an. Aber was mache ich jetzt mit Wim?«

»Du vermutlich gar nichts«, überlegte Iris. »So wie du mir Wim schilderst, hat er Einfluss, und das deutet auf einen hohen inneren Status hin. Solche Menschen überlegen sich sehr genau, wann sie sich wem unterordnen. Bislang scheinen weder Joachim noch Jan einen inneren Status zu haben, der Wim hoch genug zu sein scheint, um sich zu bewegen. Ist also Jans Herausforderung.«

»Was meinst du mit innerem Status?«, wollte Sabrina wissen.

»In einer Gruppe gibt es meist informelle Anführer. Diese entstehen durch ihre Ausstrahlung, ihren Charakter, ihre Erfahrung und noch ein paar Eigenschaften. Und Wim scheint Jan noch nicht als Anführer zu akzeptieren.«

»Verstanden«, nickte Sabrina. »Das heißt, ich mache einfach weiter wie bisher, stärke meine Beziehungen und sorge für weitere Erfolge. Und wenn ich Jan im Statusgefüge stärken kann, dann mache ich das. Vielleicht geht es dann schneller. Ich hoffe mal, das funktioniert.«

Iris erwiderte: »Letztlich bleibt nur: Lass uns das Mögliche machen und das muss dann auch genug sein.«

»Vermutlich hast du recht«, gab Sabrina zu und verabschiedete sich.

3.4.2 Jans Frust

Anfang November traf Jan mal wieder seinen alten Unternehmerbekannten Sven in der Stadt. »Du hast ein bisschen abgenommen, siehst aber trotzdem scheiße aus. Wie ein frustrierter Pandabär auf Diät«, begrüßte ihn Sven auf seine unnachahmliche Art. »Vermutlich die Corona-Situation, oder?«

Das saß, und Jan wollte sich im ersten Moment wehren, aber es stimmte ja. Und so erwiderte er: »Ja, Corona nervt. Gerade begann die neue Strategie zu greifen und jetzt werden wieder reihenweise entweder die Veranstaltungen ganz abgesagt oder sie fallen wesentlich kleiner aus. Ich habe zwar ein Coronatest-Center für die Veranstaltungen und die umliegenden Gemeinden eröffnet, aber das spielt auch nur Peanuts ein im Vergleich zu dem, was ich brauche. Und es überzeugt auch nur ein paar zusätzliche Tagungsgäste, aber nicht die Mehrheit.

Zu allem Überfluss habe ich noch mit einer aktiven Opposition zu kämpfen. Drei meiner Führungskräfte sind gegen die neue Strategie. Die meisten tun gar nix und scheinen auf Weihnachten zu warten, statt angesichts dieser riesigen Chance Vollgas zu geben. Nur meine Assistentin und meine Mitarbeiterin im Marketing unterstützen mich. Alle anderen sind echt Dumpfbacken.

Manchmal kann ich beim Gedanken an meinen Unternehmercoach Wolfgang, der von Flow-Teams gefaselt hatte, nur müde lachen. Das kann man in einem Hotel mit diesem Personal einfach mal vergessen. Ich kann froh sein, dass die Sabotage und Verweigerung nicht alles kaputt macht. Und dafür zahle ich ihnen auch noch Geld!«

Sven unterbrach Jans Gejammer: »Ist im Multi-Level-Marketing ganz einfach: Wer nichts verkauft und nichts leistet, verdient kein Geld. Die Loser sind meist nach drei oder spätestens sechs Monaten wieder raus. Ich beschäftige mich nur mit denen, die verkaufen. Die anderen interessieren mich gar nicht. Wer nicht schwimmen will, geht unter wie ein Stein im Wasser.«

»Ich kann aber nicht einfach die Verträge ändern, zumal wir ja auch noch im Gegensatz zu euch tarifgebunden sind«, widersprach Jan.

»Ich sagte ja, dass dein Nahrungsergänzungsmittel-Shop die bessere Wahl gewesen wäre. Dann wirf einfach die Faulenzer raus, die nicht funktionieren. Wenn es die ersten vier oder fünf erwischt hat, fangen die anderen bestimmt an, sich zu bewegen. Und wenn nicht: Tschüss! Nächster!«

»Kann ich auch nicht«, schüttelte Jan den Kopf. »Ich habe doch jetzt schon zu wenig Mitarbeiter. Sind zwar wieder in Kurzarbeit, aber ich brauche die ja fürs Frühjahr. Und irgendwie muss das auch anders gehen.«

Sven unterbrach ärgerlich: »Du wolltest doch dein Leben in die Hand nehmen. Und jetzt bist du hier nur am Jammern wie eine Henne, die ihre Eier verloren hat. Egal, was ich dir vorschlage, du erklärst mir, dass etwas nicht geht. Pass auf, ein Test: Mach einfach jedes Mal, wenn einer zickt, eine klare Ansage: ›Wenn du nicht Teil der Lösung bist, bist du Teil des Problems‹ oder ›Wenn du es nicht machst, wird ein anderer es tun‹. Und hämmere dieses Mindset deinen Leuten durch Wiederholung ins Gehirn.«

Entgeistert protestierte Jan: »Das will ich nicht!«

»Hatte ich genau so erwartet«, gab Sven frustriert zurück. »Das kann ich nicht ... Das geht nicht ... Das will ich nicht ... Macht für mich keinen Sinn, wenn wir den Abend fortsetzen. Du hast gerade so viel Siegeswille wie eine tote Ziege. Ich umgebe mich nur mit Erfolgsmenschen. Sieger umgeben sich nicht mit Verlierern – haben wir ja gemeinsam so im Seminar gelernt! Wenn du wieder auf die Spur gekommen bist, gerne ein andermal.« Und mit diesen Worten stand Sven auf, bezahlte und ging.

Jan saß einen Moment verdattert da. Sicher, Sven war erfolgreich und machte Kohle. Aber davon hatte er sich ja im Juni verabschiedet. War das damals wirklich richtig? Wenn er ehrlich war, kam der Neid in ihm hoch. Sven schienen die Erfolge zuzufliegen, und er hatte einen Haufen ungelöster Probleme an der Backe. Zugleich gab es aber eine leise Stimme in ihm, die ihn an die Zeit der Loveparades erinnerte. Und dieses Gefühl wollte er immer noch in seinem Unternehmen erleben.

Je länger er so saß, desto mehr bekam er das Gefühl, dass Sven auch nur eine Show spielte und sein Weg nicht der richtige für ihn war. Erst jetzt fiel ihm auf, dass Sven in gleichem Maße zugenommen, wie er abgenommen hatte. Und zwar nicht Muskeln.

Zugleich war ihm auch während des Gesprächs klar geworden, dass sein aktueller Weg ihn wieder an ein totes Ende geführt hatte. Vielleicht war das Treffen mit Sven dann doch gut gewesen, weil es ihm dies vor Augen geführt hatte. Wer ihm da jetzt weiterhelfen könnte? Der erste Name, der ihm einfiel, war, was ihn selbst überraschte, Sofia, die Unternehmerin, die er vor fast einem halben Jahr abends mit Carlos und Thomas im Rockstrohhof kennengelernt hatte. Und so schrieb er ihr eine kurze Message.

Zehn Minuten später hatten sie einen Zoom-Call für den nächsten Tag vereinbart. Diese kollektive Unternehmensführung, von der Wolfgang gesprochen hatte, fühlte sich cool an. Er wusste zwar noch nicht, ob Sofia eine Antwort hätte, aber allein bei der Vorstellung, seine Themen mit jemandem teilen zu können, ging es ihm schon besser. Es schien in diesem Umfeld immer jemand für einen da zu sein.

*

»Hallo Jan, schön dich zu sehen«, begrüßte ihn Sofia am nächsten Tag. »Ist jetzt auch schon fünf Monate her seit unserem Abend im Hotel. Wie geht's dir?«

Jan erzählte kurz, was in den letzten Monaten geschehen war. Allein dabei wurde Jan bewusst, dass er durchaus einige Erfolge vorzuweisen hatte. Aber diese Corona-Situation und die bockigen Mitarbeiter wie Katharina, Birgit, Wim oder Joachim überschatteten alles. Nachdem er erzählt hatte, berichtete er noch kurz vom gestrigen Abend mit Sven. Und dass er sich komplett frustriert fühlte.

Sofia ging einen Moment in sich: »Frust also. Da gibt's eine Antwort. Aber zuerst: Wie geht's dir bei Sven?«

Jan horchte einen Moment in sich rein und antwortete: »Wie bei den Typen an der Schule, die immer von ihren Erfolgen bei den Mädels erzählten.«

Sofia lachte: »Die gab es bei uns in Italien auch zuhauf. Einige hatten diese Erfolge tatsächlich, die meisten aber nicht. Das Problem war: Die wirklich interessanten Jungs fühlten sich in Gegenwart dieser Labertaschen meist klein und kamen gar nicht zum Vorschein. Musste ich auch erst lernen.

Bei vielen Unternehmern, Marketern und Vertrieblern ist das auch so: Das ganze Internet ist voll von Typen, die auftreten nach der Devise: ›Ich verhelfe dir in drei Monaten zur ersten Million und zeige dir, wie ich es auch geschafft habe.‹ Die meisten davon waren lediglich mit einem Ferrari probefahren, haben für ein paar hundert Euro ein paar Models gemietet und hatten beide Male zufällig ihr Handy für Selfies dabei.

Man fühlt sich in ihrer Nähe klein. Das ist ihre Absicht. Sie nutzen das dann aus, indem sie dir anbieten, so zu werden wie sie. Da das nicht geht, verstärkt dies den Frust und du fühlst dich noch kleiner. Das ändert sich erst, wenn du sie durchschaut hast.

Aber lass uns dem Frust – auch mit Corona und deinen Mitarbeitern – mal grundlegend zu Leibe rücken.« Sie schwieg einen Moment und stellte dann die Frage: »Jan, wieso lässt du dich fremdbestimmen?«

»Wie meinst du das, fremdbestimmen? Meine Mitarbeiter nerven«, versuchte es Jan irritiert. Und plötzlich zündete etwas bei Jan: »Wolfgang hat bei unserem ersten Treffen erzählt, dass ich meine Gefühle nicht durch äußere Ereignisse fremdbestimmen lassen solle. Er hat da den Satz von Viktor Frankl erwähnt, dass man *immer* seine eigene Einstellung frei wählen könne. Das fühlt sich aber gerade nicht so an. Ich bin doch auch das Opfer ihrer Blockadehaltung und deshalb zu Recht frustriert.«

Sofia schüttelte den Kopf: »Denk mal nach, wie du das jetzt anwenden könntest. *Sobald du deine Gefühle von den Umständen bestimmen lässt, bist du nicht frei.*«

Jan erwiderte: »Lass mich nachdenken. Katharina wehrt sich gegen die höheren Preise. Ich kann nun die Opferhaltung einnehmen und frustriert darüber sein. Oder ich kann es zum Beispiel als Führungsherausforderung ansehen und mir überlegen, ob ich was ändern kann.«

»Geht doch schon in die richtige Richtung«, stimmte Sofia zu. »Du könntest es auch als Training annehmen, eine positive Grundhaltung – egal, in welcher Situation – zu bewahren. Und zwar nicht, um wie zugekifft dauernd zu grinsen, sondern einfach, weil du mit einer positiven Grundhaltung Zugriff auf mehr mentale Ressourcen hast, dich freier fühlst und deswegen eher eine Lösung findest.

Es geht um deine innere Entscheidung, eine positive Grundhaltung einzunehmen und dich durch nichts, aber auch gar nichts frustrieren zu lassen. Hast du mit Wolfgang oder Thomas schon über Meditation gesprochen?«

»Ja, so eine abgewandelte Metta-Meditation. Aber die habe ich nicht durchgehalten. Fiel mir mit jedem Tag schwerer«, schüttelte sich Jan. »Damit gehen mir schon Peter und diese Yogastudio-Frau Caro dauernd auf die Nüsse. Aber ich bin kein Esoteriker, sondern Hochleister!«

»Wenn du Hochleister bist, dann vergleich dich mal mit einem Hochleistungskrieger. Der Krieger trainiert und in der Schlacht ruft er seine Leistung ab. Da gibt es unterschiedliche Arten von Kriegern. Ich nehme mal drei Arten. Da gab es die historischen Berserker. Die nahmen nach der Hypothese verschiedener Wissenschaftler vor der Schlacht irgendwelche Substanzen[56] zu sich, rannten dann mit ihrer Axt aufs Schlachtfeld und schlugen auf alles drauf, was sich bewegte. Allein durch die rohe Kraft und Gewalt erzielten sie Ergebnisse. Dein Sven könnte in diese Richtung gehen.

Dann gibt es den Krieger, der sich am liebsten am Rande aufhält, wo nicht so viel los ist. Der beklagt sich darüber, dass der Gegner mit unfairen Mitteln kämpft.«

»Damit meinst du jetzt nicht etwa mich?«, fragte Jan leicht getroffen. Weil er genau wusste, dass sie damit recht hatte.

»Das überlasse ich deiner Interpretation, wie du mit diesem Feedback umgehst. Du bist Herr deiner Gefühle«, lächelte Sofia.

Irgendwie konnte Jan ihr nicht böse sein.

Sie fuhr fort: »Und dann gibt es die dritte Art. Den Samurai. Dieser trainiert sein Leben lang Kampfsport in höchster Intensität. Aber bei ihm ist Kampfsporttraining nicht nur Kampfsporttraining, sondern Lebensform und Lebenstraining. Und dazu gehört auch Meditation. Er kann sich stundenlang in die Beobachtung eines Regentropfens auf einem Blatt versenken und hat die völlige Kontrolle über seine Gedanken und Gefühle.

56 In der Diskussion stehen Fliegenpilze, Mutterkorn oder Bier vom Sumpfporst, einer Rhododendron-Art. Vielleicht war es aber auch eine Trance oder genetische Veranlagung.

Am Abend vor der Schlacht verabschiedete sich der historische Samurai mental vom Leben und schrieb sein Todesgedicht. Nachdem er sich von allem mental verabschiedet hatte, war er innerlich frei. So ging er am nächsten Tag voller innerer Ruhe aufs Schlachtfeld. Ein Gegner kam, der Samurai war zu 100 Prozent präsent und agierte auf die adäquate Weise. Danach war er wieder innerlich völlig ruhig. Bis ein neuer Gegner kam.«

»Das ist echt ein krasses Bild«, gab Jan zu. Und dann erinnerte er sich: »Thomas hat mir auch schon erzählt, dass er sich jeden Tag innerlich von seinen Unternehmen, seinem Vermögen und sogar seiner Frau verbschiedet. Das ist dasselbe, oder?«

Sofia nickte und Jan fuhr fort: »Wenn es mir gelänge, auf diese Art Unternehmer zu sein, würde das minimale Energie kosten und mein Gejammer würde der Vergangenheit angehören. Ist *das* das Geheimnis, warum ihr nur so wenige Stunden benötigt, um eure Unternehmen herausragend zu führen? Ihr seid so eine Art Samurai-Unternehmer? Deshalb der Schwarzgurt?«

Das ist die innere Ruhe des Schwarzgurts: Die Entscheidung, in jeder Situation eine positive Grundhaltung einzunehmen, die Haltung der Lebensfreude.

»Das ist *ein* Geheimnis«, nickte Sofia lächelnd, »die innere Ruhe des Schwarzgurts. Die Entscheidung, in jeder Situation eine positive Grundhaltung einzunehmen, die Haltung der Lebensfreude.«

»Was meinst du mit Lebensfreude?«, wollte Jan wissen.

»Hat Wolfgang mit dir noch nicht über Zufriedenheit, Spaß, Flow, Lebensfreude, Sinn und Erfüllung gesprochen?«

Jan schüttelte den Kopf: »Über Lebensfreude, Sinn und Erfüllung noch nicht. Mit Thomas habe ich noch kurz das Thema Sinn gestreift, aber er wollte auch nicht mehr darüber reden. Was also meinst du jetzt mit Lebensfreude?«

»Herausragend«, lächelte Sofia. »Lebensfreude ist *das* Mittel gegen deinen Frust und zudem noch mein Lieblingsthema. Zufriedenheit, Spaß und Flow erreichst du durch die Art, wie du eine Tätigkeit ausführst, und die Ergebnisse, die du dabei erreichst. Diese Gefühle beziehen sich also auf die äußere Welt. *Lebensfreude ist in dir.* Egal, ob ein Sven sein inneres Kleinsein auf dich zu übertragen versucht, egal, ob

Corona ist, und egal, ob Mitarbeiter sich anders verhalten, als du es dir vorstellst.

Lebensfreude ist eine Grundhaltung, die alles durchdringt. Und das färbt dann deine ganze Welt ein. *Wenn du Lebensfreude bist, dann wird dir diese von anderen zurückgespiegelt und damit wird deine Lebensfreude wieder verstärkt.* Denn der Schriftsteller James Lane Allen sagt schon: ›Wir ziehen nicht das an, was wir wollen, wir ziehen das an, was wir sind.‹ Und wenn – aber da sind wir noch nicht – du nicht nur Zufriedenheit, Spaß und Flow, sondern auch Lebensfreude und Sinn erfährst, dann kommst du am Ende auch zur Erfüllung.«

»Du sagst mir also«, unterbrach Jan, in dem eine Sehnsucht aufstieg, »ich könne Lebensfreude erleben, völlig unabhängig davon, ob meine Mitarbeiter bocken oder Sven sich aufbläst? Und ohne dauernd über 100 Prozent geben zu müssen, wie beim Flow? Dann wäre ich ja emotional wirklich frei und unabhängig! Lebensfreude wäre also die tiefe Antwort gegen Frust?

Bei euch ist doch alles Training: Kann man das etwa auch trainieren?«

»Klar« grinste Sofia. »Der Dalai Lama oder Desmond Tutu trainieren das jeden Tag mehrere Stunden.[57] Das tun wir nicht in diesem Umfang. Ist auch nicht nötig, wenn man nicht heilig werden will.«

»Da fällt mir aber ein Stein vom Herzen«, lachte Jan.

»Gut« nickte Sofia. »Lass uns die Lebensfreude in acht Teilbereiche aufteilen. Ich schick dir kurz eine Grafik mit der Übersicht:

57 Dalai Lama, Desmond Tutu: Das Buch der Freude

Die Grundhaltung der Lebensfreude

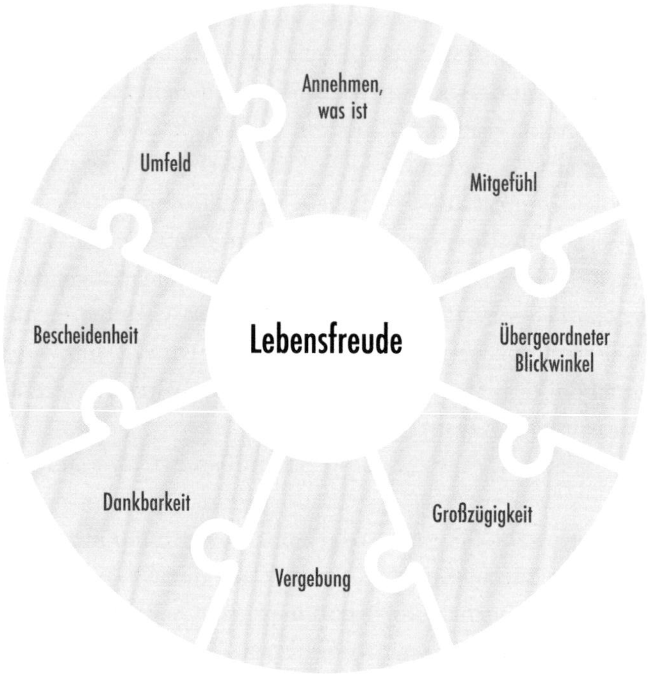

In jedem dieser Teilbereiche kannst du etwas tun. Lass uns beginnen.

Der erste Teilbereich ist: **Neugierig annehmen, was ist**. Wenn ein neuer Lockdown kommt, kommt ein neuer Lockdown. Wenn ein Mitarbeiter nicht das tut, was wir uns vorstellen, dann tut er es nicht. Alles ist neutral. Erst durch die Nichtannahme entstehen Wut, Frust, Hass und andere Gefühle. Wenn du nun wütend bist und Katharina oder Birgit innerlich abwertest, weil du deine Vorstellung lieber magst als die Realität, dann werden sie dies spüren. Und auf die eine oder andere Art und Weise kommt das zu dir zurück. Sie werden noch bockiger oder sie kündigen oder was auch immer.«

»Ja, aber ich kann ihnen dieses Verhalten doch nicht durchgehen lassen«, widersprach Jan.

»Klingt nicht sehr freudig«, lächelte Sofia. »Und vor allem ist da die Grundannahme drin, dass sie schuld daran sind, dass die Realität nicht so ist, wie du sie gerne hättest.«

»Aber ist doch auch so«, warf Jan ein. »Birgit zum Beispiel wehrt sich gegen unsere neue Strategie, weil die Veranstaltungen dann nicht mehr in ihren Zahlen auftauchen. Ist doch volle Kanne Ego! Die soll ihren Mist mal auf die Reihe bekommen!«

Sofia lächelte: »Vielleicht hat sie dich noch nicht verstanden. Vielleicht hast aber umgekehrt auch du sie und ihre Bedürfnisse noch nicht verstanden. Du nimmst erst mal alles an, was ist. Damit verstehst du die Dynamik der Situation auf eine neue, tiefere Weise. Und dann kannst du mit der Dynamik gehen und sie für dich nutzen.

Dazu musst du aber erst mal alles annehmen, was ist. Ob das ihre Blockade, eine Wut bei ihr oder sonst etwas ist. Und dann kommt am Ende vielleicht raus, dass das richtige Verhalten nicht ist, sie in ihre Grenzen zu verweisen, sondern ihr zuzuhören und ihre Bedürfnisse zu verstehen.«

In dem Moment zündete etwas bei Jan: »Der Gedanke, Birgits Bedürfnisse anzunehmen, triggert etwas bei mir. Sabrina nervte mich die ganze Zeit schon mit einem Modell, wie man einen Teil der Übernachtungskosten der Gäste buchhalterisch wieder in den Veranstaltungsbereich schieben könnte. War für mich bislang nur ein bescheuerter Zahlentrick, um alles noch komplizierter zu machen.

Aber wenn Birgit ihren eigenen Wert an dieser Zahl misst, dann hat sie natürlich ein Bedürfnis, dass diese Zahl möglichst hoch und nicht 80 Prozent niedriger ausfällt. Ich halte das zwar immer noch für bescheuert …«

»Das klingt immer noch nicht nach neugierig annehmen«, lachte Sofia. »Neugierig annehmen bedeutet: Aha! So tickt Birgit also. Interessant! Kann ich irgendetwas dazu tun, damit sie sich besser fühlt?«

»Puuh«, unterbrach Jan. »Ich verstehe, was du meinst, aber ich könnte das allein noch nicht.«

»Deswegen müssen wir das abseits der Hektik trainieren. Glücklicherweise brauchen wir hier keine neue Gewohnheit, sondern machen das auch mit Meditation.«

»Okay, die werde ich ab jetzt trainieren.«

Sofia nickte: »Der zweite Teilbereich ist **Mitgefühl**.«

»Das hatte ich mit Wolfgang besprochen, als es um mein Desinteresse gegenüber Mitarbeitern ging, richtig. Das war der Grund für die Metta-Meditation«, warf Jan ein. »Aber die hat mir ja bislang nichts gebracht.«

Sofia lachte laut auf: »Das kenne ich von fast jedem, der den Weg des Schwarzgurt-Unternehmers® geht. *Die Frage beim Mitgefühl ist überhaupt nicht, ob es DIR was bringt.* Der Schlüssel zum Mitgefühl und zur Lebensfreude ist, das ICH loszulassen und häufiger im WIR zu denken und zu fühlen.

Das ist nebenbei *die* zentrale Ursache dafür, dass die meisten Menschen, die sich weiterentwickeln und erfolgreich werden wollen, zugleich ihre Freude verlieren: Sie denken viel mehr über ihr ICH nach als vorher.

Wenn du irgendwann mal zum Team-Flow kommen willst, dann ist eine Voraussetzung, dass du selbst immer häufiger im Wir-Modus unterwegs bist. Wenn dir das Wir nicht wichtiger wird als das Ich, dann wirst du niemals Team-Flow erzeugen oder gar aufrechterhalten können. Du wirst dich unterschwellig immer selbst sabotieren.

Schau, Jan, das ist der Grund, warum wir nicht einfach sagen: ›Das ist die Mechanik vom Team-Flow. Mach dies und jenes.‹ Weil es nicht funktionieren kann, wenn du es nur zum eigenen Vorteil machst. Das spüren sofort alle und damit war's das.«

»Ich finde das aber ziemlich schwer, eine Gewohnheit zu trainieren, wenn ich das Gefühl habe, dass mir das nichts bringt.«

»Hast du dich denn in den ersten Tagen gut oder schlecht gefühlt, als du den Menschen, die du mochtest, in der Metta-Meditation Gesundheit oder Glück gewünscht hast?«

»Hat sich ein bisschen doof angefühlt, aber bei den Menschen, die ich mochte, auch angenehm. Nur bei den Menschen, die ich nicht mochte, hatte ich echt Schwierigkeiten.«

»Aber dann hat es dir doch was gebracht«, warf Sofia freudig ein. »Du hast dir bei Menschen, die du mochtest, ein angenehmes Gefühl geschaffen. Du wolltest dann nur wieder zu viel, indem du gleich die Menschen, die du nicht mochtest, hinterhergeschoben hast. Und dein Gehirn schützt dich vor den unangenehmen Gefühlen und erzählt dir, dass es dir nichts bringen würde. Immer dasselbe Muster: Gewohnheiten funktionieren dann, wenn sie dir Freude bereiten.«

»So habe ich das gar nicht gesehen«, überlegte Jan. »Okay, ich gehe das wirklich noch mal an. Am Anfang nur mit einem Menschen, den ich mag.«

»Gut, kommen wir zum dritten Teilbereich der Lebensfreude. Das ist mal wieder was Analytisches. Es geht einfach darum, einen **übergeordneten Blickwinkel** einzunehmen. Sowohl, was die Zeit, als auch, was den Raum betrifft. Zum Beispiel hast du deinen zu preiswerten Verkauf von Dojan im Frühjahr als Unglück angesehen. Aus der heutigen Perspektive hast du dich jedoch aus dem nicht auflösbaren Konflikt mit Dominik befreit und hast die Chance, völlig neu ein Hotel mit Team-Flow aufzubauen.

Oder bei mir zum Beispiel: Ich habe meinen jetzigen Mann Olli vor 30 Jahren beim Surfen kennengelernt. Und dann haben wir uns 18 Jahre nicht gesehen und erst dann richtig als Paar zusammengefunden. Man könnte das als verschwendete Lebenszeit ansehen und darüber unglücklich sein. Aber die Wahrheit ist, dass wir beide in dieser Zeit gereift sind und erst dadurch die Grundlage für eine schöne Ehe entstanden ist.

Andere Blickwinkel ändern alles. Wer erinnert sich in zehn Jahren noch an Corona? Und was hat dein Konflikt mit Joachim in zehn Jahren noch für eine Relevanz? Und was für eine Relevanz hat der Konflikt mit Joachim aus der Perspektive der Hotelbranche, ganz Deutschlands oder gar der Welt?«

»Vermutlich keine«, nickte Jan. »Je größer also mein Blickwinkel und meine Welt ist, desto weniger belasten mich die Dinge. Desto unbeschwerter kann ich alles annehmen und so zur Freude zurückfinden. Auch das hat was mit dem Wir zu tun. Solange ich nur an mich, Jan, denke, sehe ich nur den Konflikt mit Joachim oder Katharina. Denke ich drüber hinaus, wird der Konflikt kleiner oder sogar bedeutungslos. Wie kann ich das trainieren?«

»Da hilft dir ein Konzept mit einer Liste von Leitfragen«, antwortete Sofia. »Idealerweise erstellst du dir selbst eine Liste von Fragen, in diesem Fall zum Beispiel folgende beiden: ›Habe ich irgendwo Konflikte oder negative Gefühle? Wenn ich die Perspektive zeitlich oder räumlich ausweite, wie sieht das Bild dann aus?‹ Und diese Leitfragen stellst du dir einmal am Tag. Idealerweise hängst du das an eine bestehende Gewohnheit an. Zum Beispiel an die Master-Gewohnheit.

Ein Beispiel vom Dalai Lama dazu: Er ist aus seinem Land vertrieben worden und hätte allen Grund, wütend auf die Chinesen zu sein. Aber er sieht die größere Perspektive und erkennt, dass er heute nicht weltbekannt wäre, wenn das nicht geschehen wäre.«

»Je häufiger ich diese Perspektive dann trainiert wechsle, desto automatischer nehme ich die größere Perspektive auch in anderen Situationen ein? Klingt gut. Was ist der nächste Teilbereich, um Lebensfreude zu trainieren?«

»Der vierte Teilbereich ist **Großzügigkeit**. Auch das hat wieder etwas mit dem Verlassen der Ich-Perspektive zu tun.«

»Du meinst Spenden? Ich habe schon öfter mal in Erfolgsseminaren gehört, dass das gut sein soll.«

»Viel zu eng gedacht«, schüttelte Sofia ihren Kopf. »Nimm dir Zeit für andere Menschen, höre ihnen zu, gib Kleinigkeiten, so oft es geht. Und zwar direkt, nicht über den Umweg eines Kontos. In dem Moment, wo du die Dankbarkeit und die Freude in ihren Gesichtern wahrnimmst, spürst du selbst die Freude auch – wir haben Spiegelneuronen im Gehirn, die dafür sorgen, dass wir ähnliche Gefühle empfinden, wie unser Gegenüber sie auch erlebt. In gewissem Sinne beschenken sich großzügige Menschen selbst.«

»Das erlebe ich bei meinen Kindern manchmal, allerdings viel zu selten«, nickte Jan. »Wenn ich ein kleines Geschenk mitbringe, dann strahlen sie und dann strahle ich auch. Ich habe nur oft die Angst, dass dann, wenn ich den Finger gebe, nicht nur die Hand, sondern gleich der ganze Arm genommen wird. Insbesondere bei Mitarbeitern.«

»Wieso, du machst doch die Lobrunden, oder?«

»Das gilt auch als Großzügigkeit?«, fragte Jan irritiert.

»Klar! Alles, womit du deinem Gegenüber eine Freude machst, gilt. Und wenn jemand den Arm nehmen will, dann nimm es neutral achtsam wahr. Und entscheide, ob du den Arm geben willst oder nicht. Und wenn die andere Person dann sauer ist, wenn sie den Arm nicht bekommt, dann nimm eben auch das neutral achtsam wahr. Aber lass dich doch von Wünschen, die vielleicht beim Gegenüber auftauchen könnten, nicht vom Geben abhalten! Damit lässt du dich schon wieder fremdbestimmen.«

»Verdammt, ist das tricky«, schüttelte Jan lachend den Kopf. Dann fiel ihm etwas auf: »Bei Paul habe ich kein Problem damit. Bekommt er ein Leckerli, will er noch fünf. Und ich entscheide völlig frei und ohne Druck, ob ich ihm diese gebe. Müsste bei Menschen doch auch so gehen. Gut, ich nehme noch eine weitere Gewohnheit in mein Backlog auf: jeden Tag ein Mal großzügig zu sein.«

»Ein Mal ist ein bisschen wenig«, lächelte Sofia, »aber wir wollen ja klein anfangen. Kommen wir zum fünften Teilbereich, der **Vergebung**.«

»Hatte ich mit Wolfgang schon. Das war das mit den Briefen, richtig? Vermutlich könnte ich gleich noch zwei Briefe für Katharina und Birgit schreiben«, überlegte Jan.

»Briefe sind eine Möglichkeit des Vergebens«, nickte Sofia. »Für den Anfang als Training genug. Dann kann ich ja schneller zum sechsten Teilbereich der Lebensfreude kommen, der **Dankbarkeit**. Jedes Mal, wenn du das Gefühl der Dankbarkeit empfindest, begrüßt du die Wirklichkeit, wie sie ist. Das ist mehr als das neutrale Annehmen. Und das löst in dir Freude aus. Auch das lässt sich trainieren.«

»Mache ich auch schon«, unterbrach Jan und erzählte von dem Abendessensritual mit Leon und Julia.

»Cooler Anfang«, freute sich Sofia. »Du siehst, das greift alles ineinander! Bleiben noch zwei Teilbereiche übrig. Der siebte ist die **Bescheidenheit**.«

»Das klingt aber ziemlich altbacken«, wunderte sich Jan.

»Du kannst es auch anders beschreiben. Immer dann, wenn du dich mit anderen vergleichst, kommt einer von euch beiden schlecht dabei weg. Entweder du bist neidisch auf ihn oder er fühlt sich abgewertet.

Immer dann, wenn wir uns mit anderen vergleichen, kommt einer schlecht dabei weg. Entweder wir sind neidisch auf die anderen oder sie fühlen sich abgewertet.

Das ist der Trick der Svens und der Typen à la ›Ich zeig dir, wie du in drei Monaten auch zum Ferrari kommst‹. Sie sorgen dafür, dass du dich vergleichst, dann klein und abgewertet fühlst und Neid hochkommt. Ist nur dumm von ihnen, weil dein Kleinheitsgefühl ihr eigenes via Spiegelneuronen triggert. Und dann fühlen sie sich selbst noch kleiner und fantasieren irgendwann zum Ausgleich, wie sie in sechs Wochen zur ersten Milliarde kamen.

Freue dich also über die Erfolge der anderen und werte andere nicht ab, wenn du Erfolge hast. Stell eher die Erfolge anderer heraus. Das trainierst du – unter einem anderen Aspekt – auch schon mit der Lobrunde. Das bedeutet, dass du nicht noch eine neue Gewohnheit brauchst.«

»Glück gehabt«, freute sich Jan. »Was passiert eigentlich, wenn ich komplett überladen bin mit Gewohnheiten?«

»Dann ersetzt du manche gegen bessere, wieso? Wenn du zum Beispiel die Leitfragen so automatisiert hast, dass du diese schon automatisch in der Situation anwendest, dann musst du dich doch nicht mehr extra hinsetzen und sie schriftlich beantworten. Der Schlüssel ist, den Schwierigkeitsgrad immer weiter zu steigern, um im Flow zu bleiben.

So, kommen wir zum achten Teilbereich, und da bist du auch aus einer anderen Perspektive schon mal drüber gestolpert: dein **Umfeld**. Überleg dir einfach, wer aus deinem Umfeld Lebensfreude ausstrahlt, und triff dich häufiger mit diesen Menschen. Die Spiegelneuronen, du weißt schon. Wer fällt dir da ein?«

»Du«, lächelte Jan. »Wolfgang, Thomas, Carlos, Sabrina, mein Hund Paul, falls Hunde auch gelten. Dann Wim, unser Küchenchef.« Nachdenklich machte Jan eine Pause. »Wim überrascht mich jetzt. Er ist doch auch einer der Mitarbeiter, die sich nicht bewegen. Aber zugleich hat er eine gute Ausstrahlung. Darauf werde ich mal verstärkt achten.«

»So, und jetzt stell dir mal vor, dass du an diesen acht Bereichen deine Lebensfreude trainierst. Wie fühlt sich das an?«, wollte Sofia wissen.

Jan schloss einen Moment seine Augen: »Ich glaube, auf die Schnelle wird sich dadurch nicht viel ändern, da ich ja zuerst trainieren muss. Aber mittel- und langfristig ist die Idee verlockend, emotional selbstbestimmt zu leben und Frust einfach durch die Grundhaltung der Lebensfreude überstrahlen zu können.«

Sofia stimmte zu: »Die ersten Monate oder vielleicht auch Jahre wirst du natürlich im ersten Moment trotzdem wegen Corona oder deinen Mitarbeitern frustriert sein. Aber je länger du trainierst, desto schneller bemerkst du es und kannst dann deine Grundhaltung bewusst ändern. Konnte ich dir damit helfen?«

Jan nickte und bedankte sich bei Sofia, dass sie so schnell Zeit für ihn hatte.

Jan erstellte für sich selbst zum Abschluss nochmals eine Übersicht und unterteilte seine Gewohnheiten dabei in drei Gruppen:

Persönliche Gewohnheiten

- Master-Gewohnheit
- Fünf Minuten Sport – mittlerweile meist 30 Minuten
- Fünf Minuten F-Aufgaben übergeben
- Aufgaben in Flow verwandeln
- Metta-Meditation vor dem Schlafengehen – neu: nur ein Mensch, den ich mag
- 20 Minuten Arbeit an Strategie – dabei täglich Flow-Optimierung
- Liste mit Leitfragen erstellen und nutzen
- Ein Mal täglich großzügig sein

Familiäre Gewohnheiten

- Abendessensritual »Dankbarkeit« mit Leon und Julia
- Gesündere Ernährung

Organisationale Gewohnheiten

- Lobrunden

Dann schrieb er noch seine unmittelbaren To-dos auf und plante auch diese:

- Birgit und Katharina zuhören und ihre Bedürfnisse verstehen
- Birgit und Katharina Briefe schreiben und ihnen verzeihen
- Sabrina grünes Licht für den buchhalterischen Zahlentrick für Birgit geben
- Mit Wim sprechen und auf seine freudige Ausstrahlung achten
- Mit Joachim sprechen und seine Bedürfnisse herausfinden

Danach ging es ihm schon wesentlich besser. Und genau in dem Moment kam dann auch Sabrina zur Türe rein und Jan lobte sie: »Gute Idee von dir, Teile der Übernachtungseinnahmen Birgit zuzuschreiben. Setzt du sie um?«

Jan merkte, dass sie die Augen verdrehte, weil sie schon über eine Woche versucht hatte, ihn davon zu überzeugen, und immer gegen die Wand gelaufen war. Deswegen verstärkte er noch mal: »Ist wirklich extrem hilfreich für mich, wenn du mit solchen Ideen kommst, auch wenn ich nicht immer gleich aufnahmebereit bin.«

Sabrina nickte irritiert: »Ich bin eigentlich wegen etwas völlig anderem da. Ich habe da was an Land gezogen.«

»Was denn?«, wollte Jan neugierig wissen.

»Du hast mir doch neulich von diesem Bio-Hacking erzählt. Wie man sich mit Ernährung, Nahrungsergänzungsmitteln und noch ein paar Tricks in einen Top-Zustand bringt. Ich habe dazu ein bisschen recherchiert.«

»Und?«, wollte Jan wissen. Krass, dass sie begann, sich mit Themen zu beschäftigen, die ihm auch wichtig waren.

»Ich habe herausgefunden, dass es verschiedene Bio-Hacking-Events und -Kongresse gibt. Einer ist eine dreitägige Veranstaltung so in der Größenordnung von 80 bis 100 Leuten. Und dieser Kongress findet nächstes Jahr Ende Mai bei uns im Rockstrohhof statt.«

»Echt?«, fragte Jan, von seiner Überraschung überwältigt. »Hast du an Land gezogen? Du bist mega! Lass uns das heute Abend noch mit einem alkoholfreien Cocktail feiern.«

»Gerne«, erwiderte Sabrina. »Ich kläre das vorher noch mit Birgit. Dann hat sie bestimmt Lust, mit ihrer Abteilung mitzufeiern.«

3.5 Den Preis bezahlen

Die Kinder waren bei den Nachbarn. Julia saß in einem gemütlichen Café, das Fenster neben ihr beschlagen von der Wärme des Raumes. Die Tasse dampfenden Tees in ihren Händen war ein schwacher Trost für das Kältegefühl, das sie in ihrer Brust spürte. Ihre beste Freundin, die sie lange nicht gesehen hatte, saß ihr gegenüber und hörte ihr voller Mitgefühl zu.

Julias Augen waren rötlich und müde, ihre Stimme brüchig, als sie von ihrer Einsamkeit erzählte, von der Verzweiflung, die sie überkam, wenn sie an Jan dachte. Der Sommer war voller Hoffnung gewesen: dass er wirklich weniger arbeiten und mehr für sie da sein würde. Aber jetzt schien mit wieder 70 Stunden pro Woche das Hotel endgültig sein eigentliches Zuhause geworden zu sein.

»Ich liebe ihn immer noch«, flüsterte Julia, die Stimme erstickt von den Tränen. Ihre Freundin ergriff ihre Hand, drückte sie fest, aber auch sie wusste, dass sie keine Lösung bieten konnte. Nur Ratschläge, hart und schmerzhaft. Jan klare Grenzen aufzeigen? Ihn verlassen?

Nein, das konnte Julia nicht, nicht jetzt, nicht nach den Jahren der Liebe und des Zusammenhalts. Und nicht wegen der gemeinsamen Kinder. Die Erinnerungen an glücklichere Zeiten waren noch so lebendig, so greifbar. Die gemeinsamen Dates, Jans Lächeln, die kleinen Überraschungen, die er für sie bereithielt. Es war zwar schon lange her, aber sie konnte nicht glauben, dass das alles vorbei sein sollte.

Während sie das Café verließ und durch die Straßen wanderte, wurde die Hoffnungslosigkeit noch größer. Die Liebe war noch da, aber war sie genug? Zu Hause angekommen, stand Julia lange vor dem Spiegel und betrachtete ihr Spiegelbild. Die Augen, einst voller Leben und Leidenschaft, waren jetzt trüb und müde. Die Hoffnung war zu einer fernen Erinnerung verblasst, die Traurigkeit hatte sich tief in ihr Herz gegraben. Sie ging an den Schreibtisch und sah einen kurzen Brief von ihm, morgens, während sie noch schlief, hastig geschrieben. Die Worte auf dem Papier waren kalt, so unähnlich dem Jan, den sie einst gekannt hatte. Sie hatte ihm schon oft ihre Trauer und Wut entgegengeschrien, aber der Gedanke, einen Schritt weiterzugehen und ihn zu verlassen, schmerzte zu sehr.

Julia wusste, dass sie zurzeit nicht die Kraft hätte, diesen Schritt zu wagen. Die Erkenntnis, dass sie ihn endgültig an das Hotel verloren hatte, dass von ihrer einst glühenden Liebe nur noch die Erinnerung und die Hoffnung übrig waren, ließ sie in eine Dunkelheit sinken, aus der es keinen Ausweg zu geben schien.

So verbrachte sie den Abend allein, gefangen in einer stummen Trauer, ohne die Kraft, etwas zu ändern. Ihre Liebe zu Jan war noch da, aber sie war ein schmerzhafter Schatten dessen, was sie einmal gewesen war. Die Hoffnungslosigkeit hatte sie fest im Griff, und Julia fühlte, wie sie langsam darin versank, unfähig, sich dagegen zu wehren.

*

»Gott sei Dank hast du noch Zeit«, begrüßte Jan seinen Trainer Carlos am 19. November per Zoom. »Ich dachte schon, dass es vor dem Wochenende nichts mehr würde.«

»Was ist denn los, compadre?«, fragte Carlos neugierig. »Es scheint ja die Hütte bei dir zu brennen. Hätte ich angesichts der aktuellen Corona-Situation gar nicht erwartet.«

»Ja, definitiv brennt die Hütte! Aber nicht wegen Corona. Du weißt ja aus den Monats-Calls, dass ich am Anfang ziemlich allein dastand. Dann haben mich Sabrina und Lea unterstützt. Und etwas später unterstützte mich auch Birgit.«

»Ist doch super bis hierhin. Wo ist jetzt das Problem?«

»Sabrina als Hauptunterstützerin hat angedroht zu kündigen«, ließ Jan die Bombe platzen.

»Wieso das denn?«, fragte Carlos verblüfft.

»Mein Manager, Joachim, ging im letzten Führungs-Meeting am Dienstag Sabrina unter der Gürtellinie an. Sie hatte ein aktualisiertes Marketingkonzept vorgelegt und dabei waren ein paar Fehler in den Zahlen. Er warf ihr komplette Unfähigkeit und Inkompetenz vor. Und dann ergänzte er, dass es Zeit würde, dass ein neuer Vertriebsleiter käme und dann wieder die Erwachsenen im Führungs-Meeting zusammensäßen.«

»Und was hast du gemacht?«

»Ich habe das Thema gewechselt. Was hätte ich denn machen sollen? Jetzt, wo er mit seiner Gegenposition zu mir nur noch Katharina als Verbündete hat? Dann hätte er womöglich gekündigt und ich hätte den ganzen Management-Mist auch noch an der Backe.«

Carlos unterbrach: »Und dann kam nach dem Meeting Sabrina zu dir und hat was genau gesagt?«

»Dass sie die richtigen Zahlen gar nicht haben konnte, weil Joachim ihr falsche Zahlen gegeben hatte. Dass sie sich seit Monaten für mich und den Rockstrohhof abstrampeln würde, wohingegen Joachim den ganzen Tag nur leeres Zeug reden würde. Er würde keine Kunden bringen, sein Digitalisierungsgeschwätz sei eine einzige Luftnummer und im täglichen Ablauf würde er alle behindern. Und dass sie maßlos enttäuscht von mir sei, dass ich nicht für sie Partei ergriffen hätte.

Am liebsten würde sie sofort kündigen, aber sie würde mir noch das Wochenende Zeit lassen zum Nachdenken. Sie hat ja recht mit Joachim, aber ich kann ihn nicht rauswerfen und ich kann mich von ihr nicht erpressen lassen. Was soll ich denn jetzt tun?«

»Ach, das ist ja megaentspannt«, atmete Carlos sichtlich beruhigt auf.

»Entspannt? Bist du verrückt? Ich werde einen von beiden verlieren und weiß nicht, wie ich denjenigen ersetzen soll. Ich bin verzweifelt!«

»Amigo, lass mich korrigieren und dir helfen, deine Situation realistisch zu sehen«, unterbrach Carlos. »Du wirst entweder Joachim verlieren oder *alle* anderen. Ganz einfach, weil die anderen beobachten, was da passiert. Und wenn Joachim so etwas tun darf, dann wissen alle anderen, dass es jederzeit auch sie treffen kann. Und dann werden deine jetzigen Unterstützer zu ehemaligen Unterstützern. Wieso sollte ich mich für einen Chef abstrampeln, wenn ich sehe, dass der sich nicht für mich einsetzt und mich in kritischen Situationen nicht schützt?«

»Meinst du?«, schluckte Jan. »Und wie kannst du in dieser dramatischen Situation so ruhig bleiben?«

»Gute Frage, wie ich so ruhig bleiben kann«, stimmte Carlos zu. »Mira, wir sollten mal zwei Themen etwas vertiefen. Das Thema ›innerer Status‹ und ›die Bereitschaft, den Preis zu bezahlen‹. Ich bin mir ziemlich sicher, dass du danach dieselbe innere Ruhe hast. Neugierig?«

»Wenn du meinst, dass mir das jetzt hilft …«, erwiderte Jan zweifelnd.

»Gut, ich mache es nicht so ausführlich, wie Wolfgang[58] das machen würde«, schmunzelte Carlos. »Lass uns mit dem inneren Status anfangen.

Im Grunde genommen sind wir Menschen genetisch und von unserer emotionalen Funktionsweise nicht viel mehr als schlaue Affen. Wir haben unsere Anführer, genauso wie in jeder Primatengruppe, entweder einen oder eine kleine Elite.

Warum? Weil es funktioniert. Ein starker Anführer minimiert die Konflikte und bringt die Horde zusammen, wenn es ernst wird.[59] Ohne dieses Alphatier wäre die Affenbande nur ein chaotischer, zerstrittener Haufen, unfähig zum Zusammenspiel.

Meist sind bei Primaten nicht die lautesten Brusttrommler die Anführer, sondern die, die sozial am besten eingebunden sind.

Ein echter Anführer stärkt die Gruppe, ein schwacher denkt nur an sich. Und meist sind bei Primaten deshalb nicht die lautesten Brusttrommler die Anführer, sondern die, die sozial am besten eingebunden sind. Sollten die einsamen Brusttrommler an die Spitze gelangen, werden sie durchaus auch mal von Bündnissen etwas schwächerer Affen entsorgt. Das scheint mir bei den Affen besser geregelt zu sein als bei den Menschen.

Und woran erkennen nun alle Affen, wer der Anführer ist? Am inneren Status. Diesen erkennt man an der Haltung, an der Art, wie er auf Konflikte anderer Affen reagiert, an seinem Blick und seiner Gestik. Vermutlich erkennen ihn Tiere mit besseren Nasen als wir sogar am Geruch: Beim Anführer, auch bei Menschen, ist zum Beispiel die Serotonin-Konzentration im Blut viel höher. Und damit dürften auch andere chemische Prozesse im Körper ablaufen und es gibt eine gewisse Wahrscheinlichkeit, dass das riechbar ist.

Vielleicht erkennen wir Menschen den inneren Status sogar auch

58 Ausführlich in meinem Bestseller »Dein Wille geschehe. Führung für Unternehmer«. www.uc-link.com/fuehrung-buch

59 Beschrieben zum Beispiel in Frans de Waal: Der Affe in uns, oder in Richard Conniff: Was für ein Affentheater

daran[60] – zumindest, wenn jemand Angst hat, scheinen wir das unterschwellig zu riechen.«

Jan unterbrach: »Du meinst, ich hätte mich nicht wie der Oberaffe verhalten, weil ich Angst davor hatte, dass Joachim geht. Und damit werde ich auch nicht mehr als Oberaffe respektiert?«

»Noch schlimmer, Amigo«, schüttelte Carlos den Kopf. »Der Oberaffe sorgt für Sicherheit untereinander in der Horde, weil er Streits schlichtet. Du hast Sabrina diese Sicherheit genommen. Und ohne Sicherheit kann man nicht zusammenarbeiten.«

»Aber wir sind doch keine Affen«, wehrte sich Jan. »Und ich will mich auch nicht wie ein Affe in meinem Hotel verhalten.«

»Zu 1,3 Prozent hast du recht, dass wir keine Affen sind«, stimmte Carlos grinsend zu. »Die anderen 98,7 Prozent unserer Gene sind mit denen der Affen identisch. In diesen wenigen Unterschieden sind schon weniger Haare, schlechteres Klettern und kein Spanisch sprechen zu können codiert! Die meisten Eigenschaften müssen wir also teilen.

Aber keine Sorge, compadre: Ein Oberaffe hat nicht das Sagen über das Aufwachen oder das Früchtesuchen der anderen und er brüllt sie auch nicht unvermittelt an. Das ist eine menschliche Erfindung. Der wahre Zweck des Alphas ist, Streit zu vermeiden und in der Krise die Gruppe zusammenzuhalten. Und das ist fest in unserem emotionalen Gehirn verdrahtet – ob uns das gefällt oder nicht.

Als Unternehmer ist das auch dein Job: *Du reduzierst Konflikte, du schaffst für Einzelne Sicherheit und du sorgst für eine gemeinsame Ausrichtung*.[61]

---

60 Es gibt eine Studie aus dem Jahr 2015, die einen Zusammenhang zwischen Depression und Körpergeruch nachweist. Und Depressionen wiederum verweisen auf einen niedrigen Serotoninspiegel. Insofern könnte man vermutlich auch einen hohen Serotoninspiegel riechen. Lilia Al-Kourdi, Anna Lucille Parsons und Ian Russell: »Depressed body odor: Prototypicality ratings of diagnostic cues of depression«, veröffentlicht 2015 in »Psychoneuroendocrinology«.

61 Ausführlich dazu in meinem Bestseller: Dein Wille geschehe. Führung für Unternehmer. Dort wird bei den drei Kriterien herausragender Führung beschrieben, dass Führung eine Funktion zu erfüllen hat: www.uc-link.com/fuehrung-buch

Das Problem, das wir jetzt im Tierreich haben, ist folgendes: Ein guter Anführer ist überlebensnotwendig für die Gruppe. Deshalb wird er getestet, immer wieder. Das nennt sich Alpha-Test. Bestehst du, ist alles super. Scheiterst du, dann war's das mit dem Anführersein. So einfach ist das.«

»Du sagst also«, unterbrach Jan geschockt, »dass ich den Alpha-Test von Joachim nicht bestanden habe. Und dass ich deshalb für die anderen nicht mehr der Anführer bin?«

Carlos bejahte: »Im Tierreich wäre das so. Wir Menschen haben Funktionen und Konstrukte, die uns davor beschützen. Dir gehört das Hotel immer noch. Besitz ist äußerer Status. Aber dein innerer Status ist jetzt gewaltig angekratzt.«

»Aber ich mag nicht in jeder Situation kämpfen und als Sieger vom Platz gehen. Ich will auch nicht immer recht haben und die anderen kleinmachen.«

»Da kann ich dich wiederum beruhigen«, lächelte Carlos. »Das ist oft ein Missverständnis. Jemand mit einem hohen inneren Status ist nämlich den anderen Menschen zugewandt und hat die Stärke, ihnen Freiraum zu lassen. Das ist wie beim Tango: Der hohe innere Status führt, aber gibt Raum und erdrückt nicht. Das, was du schilderst, ist das Problem der Unsicheren, derjenigen mit niederem innerem Status.

Die sind sich selbst so unsicher, dass sie ihr kleines Ich permanent dadurch aufplustern müssen, dass sie andere runtermachen. Denk an einen gewissen Ex-Präsidenten aus Amerika. Oder YouTuber oder Unternehmer, die dir dauernd erzählen müssen, wie großartig sie sind und welche gewaltigen Erfolge sie angeblich schon erzielt haben.«

»Das könnte mein Bekannter Sven sein«, warf Jan ein. »Er plustert sich jedes Mal auf und erzählt mir, wie toll sie das im Multi-Level-Marketing machen. Und meist fühle ich mich danach schlechter als vorher.«

»Ich kenne diesen Sven nicht, hermano«, erwiderte Carlos. »Aber so, wie du ihn beschreibst, klingt das tatsächlich nach innerem Tiefstatus. Ein solches Verhalten hat jemand mit einem hohen inneren Status gar nicht nötig.

Immerhin hast du trotz deines Statusverlusts genau dieses Aufplusterverhalten nicht gezeigt. Das ist schon mal ein Pluspunkt!«

»Okay«, nickte Jan niedergeschlagen, der gehofft hatte, das Thema mit dem niederen Status auf Sven abzulenken. »Ich hatte also keinen hohen inneren Status. Und das Team weiß jetzt nicht, wer der Anführer ist. Und sie sind führungslos und unsicher. Was mache ich jetzt?«

»Was jeder wirkliche Anführer macht«, lachte Carlos. »Er steht wieder auf, schüttelt den Staub ab wie ein Gaucho nach einem Ritt, schaut in den Spiegel, ändert seine Herangehensweise und holt sich seine Rolle zurück. Das Schöne bei dem Statusspiel ist: Das Spiel ist erst zu Ende, wenn du es abpfeifst und liegen bleibst. Das machst du natürlich nicht – du bist ja schon auf gutem Wege zum Schwarzgurt-Unternehmer.«

»Das würde ich gerne machen, habe aber noch keine Ahnung, wie«, warf Jan ein.

Carlos nickte: »Lass uns deshalb zum zweiten Thema kommen: Die Bereitschaft, den Preis zu bezahlen.«

»Klingt jetzt teuer und nur begrenzt sexy«, warf Jan ein.

»Dann lass uns über Freiheit sprechen. Ist unter einem gewissen Blickwinkel dasselbe. Besser?«

»Vordergründig schon« grinste Jan gequält. »Wolfgang definierte Freiheit, als wir über die Gewohnheiten sprachen, so: *›Freiheit ist die Möglichkeit und die Fähigkeit, die Dinge, die man als richtig erkannt hat, auch zu tun.‹* Und Sofia sagte: *›Solange du deine Gefühle von den Umständen bestimmen lässt, bist du nicht frei.‹* Du willst mir jetzt vermutlich sagen, dass ich nicht frei bin, solange ich nicht die Fähigkeit habe, in so einer Situation wie dem Führungs-Meeting richtig zu fühlen und dann zu handeln?«

Anerkennend nickte Carlos: »Gut in Erinnerung behalten. Aber meine Frage ist die: Hast du dich denn während des Führungs-Meetings frei gefühlt?«

Nachdenklich schüttelte Jan den Kopf und erwiderte nach einer Pause: »Nein, definitiv nicht. Ich hatte nur schlechte Optionen.«

»Das ist nicht das Problem«, lächelte Carlos. »Manchmal haben wir eben nur schlechte Optionen, manchmal nur gute Optionen. Ist unter Entscheidungsgesichtspunkten auch nicht leichter. Das Problem ist, dass du keine von den schlechten Optionen wählen wolltest.«

»Ist doch dasselbe«, warf Jan leicht irritiert ein.

»Mira, solange du nicht im Gefängnis angekettet bist, kann niemand außer dir selbst deine Freiheit einschränken. Du bist nicht angekettet. Joachim ist kein Polizist und kann deshalb deine Freiheit nicht einschränken. Und Sabrina auch nicht. Selbstverantwortung heißt: Habe den Mut, zuzugeben, dass nur du selbst deine Freiheit einschränkst. Du bist einfach nicht bereit, die Konsequenzen anzunehmen.«

»Das ist aber eine krasse Sichtweise«, entgegnete Jan nach einer kurzen Pause. »Dann bin ich ja an allem schuld. Daran, dass Julia sich dauernd mit mir streitet und vermutlich auch noch daran, dass Walter gestorben ist und wir gerade Corona haben.«

»Radikale Befürworter dieser Sichtweise gehen so weit«, nickte Carlos. »Wir machen das nicht. Dinge in dieser Welt geschehen. Warum auch immer. Die Frage ist, wie du damit umgehst. Wir haben Corona. Was tust du? Jammerst du, nutzt du es oder beschäftigst du dich stattdessen mit Dingen, die du beeinflussen kannst, ohne Zeit zu verschwenden? Julia streitet. Was tust du? Jammerst du, verlässt du sie, zickst du zurück oder zeigst ihr deine Liebe? Joachim droht. Was tust du? Lässt du es laufen, weist du ihn in die Schranken oder setzt du ihn vor die Türe?

Sobald du nicht mehr bereit bist, *jede* der möglichen Optionen auszuwählen, bist du nicht mehr frei. Und wenn du das öfter machst, verschwinden immer mehr Möglichkeiten aus deinem Leben. Bis du in Situationen kommst wie jetzt, wo du scheinbar gar keine Freiheit mehr hast.«

»Und nun?«

»Nimm in einer Situation *alle* möglichen Konsequenzen innerlich an. Ich meine das nicht theoretisch, sondern stell dir mal vor, Sabrina würde gehen, Joachim würde gehen und deine ganzen Führungskräfte würden nach und nach gehen. Was wäre dann?«

»Dann könnte ich das Hotel zumachen«, erblasste Jan.

»Wirklich?«, fragte Carlos und wartete.

Jan schwieg und entgegnete schließlich: »Nein, vermutlich ginge es irgendwie. Alle Führungskräfte haben eine Vertretung. Und dann müsste ich mit Volldampf neue Leute suchen.«

»Und in einem Jahr?«, wollte Carlos wissen.

»Würde es vermutlich einigermaßen laufen«, gab Jan zu.

»Und in drei Jahren?«

»Würde sich niemand mehr an die jetzigen Führungskräfte erinnern.«

»Und jetzt eine richtig abstruse Frage: Was könnte das Positive sein, wenn jetzt alle Führungskräfte gehen würden?«

»Positives? Du spinnst!«, schnappte Jan. Aber Carlos wartete nur. Schließlich überlegte Jan: »Ich könnte Führungskräfte auswählen, die wirklich zu mir passen, und müsste nicht mit der Auswahl von Walter leben.«

»Und was macht diese Vorstellung mit dir?«

»Ich spüre eine gewisse Erleichterung«, nickte Jan. »Es würde zwar zu einer Zeitverzögerung führen, aber irgendwie würde es gehen.«

»Mira, das Bild mit der Zeitverzögerung ist völliger Schwachsinn«, schüttelte Carlos vehement den Kopf. »Das ist wieder die alte Idee, dass es um irgendein Ergebnis am Ende ginge. Tut es aber nicht. Es geht um die Qualität des Lebens zwischendrin. Jetzt mal im Ernst: Wie würde sich die Qualität deines Lebens sofort verändern, wenn Joachim nicht mehr da wäre? Nicht irgendwann in der Zukunft, sondern hier und jetzt?«

»Mir würde ein Stein vom Herzen fallen«, antwortete Jan spontan. Und war über seine eigene Antwort überrascht. »Du meinst, die Schwierigkeiten, die dann auftauchen, spielen keine Rolle?«

»Wenn du sie innerlich annimmst und akzeptierst, dass es dann ruckeln wird, dann spielen die Schwierigkeiten keine Rolle. Nein.«

»Gut«, nickte Jan, »ich weiß jetzt, was ich tun muss. Aber was mache ich damit, dass Sabrina mich mit ihrer Drohung, zu gehen, unter Druck gesetzt hat?«

Carlos erwiderte: »Genau dasselbe. Das spielt keine Rolle, wenn du innerlich bereit bist, den Preis zu bezahlen, dass sie gehen würde. Aber wenn du mich fragst: Ich würde ihr einen Blumenstrauß oder so mitbringen und mich bedanken.«

»Blumen? Bedanken? Spinnst du?«

»Würden wir denn ohne Sabrina hier jetzt reden? Wärst du jetzt in deiner Entwicklung ohne sie weitergekommen?«

Langsam schüttelte Jan den Kopf.

»Und jetzt betrachte mal die wirkliche Situation, Amigo«, fuhr

Carlos fort. »Sie hat nicht gekündigt, sondern einen deutlichen Warnschuss abgegeben. Ich würde mal sagen, die hat in ihrem Alter echt Courage! Stärke sie darin – du brauchst solche Mitarbeiterinnen. Deswegen reicht ein einfacher Dank nicht! Das braucht ein extra Zeichen!

Durch ihren Mut hat sie dich gezwungen, zu lernen. An diesen Punkt mit dem inneren Status und der Bereitschaft, den Preis zu bezahlen, kommt jeder werdende Schwarzgurt-Unternehmer. Du hast gerade dank ihr einen riesigen Schritt gemacht.«

Jan verdaute das einen Moment. »Danke, Carlos. Du hast die Fähigkeit, das Gespräch von einer Diskussion über ein konkretes Problem zu einer tiefen Reflexion über Führung, Mut und persönliches Wachstum zu machen. *Jetzt* weiß ich, was ich zu tun habe. Und du hattest recht: Jetzt *bin* ich innerlich wieder ruhig!«

Carlos Stimme klang ermutigend, als er sagte: »Ja, mach dir ein schönes Wochenende. Deine nächste Woche wird spannend beginnen und da wirst du Energie und innerliche Ruhe brauchen. Lass es dir gut gehen. Bis zum nächsten Mal.« Mit einem Lächeln und einem freundlichen Nicken beendete er das Gespräch.

*

Montagfrüh brachte Jan Sabrina einen Blumenstrauß mit. Er entschuldigte sich bei ihr und bedankte sich für die deutliche Ansage, die bei ihm zu einem Umdenken geführt habe. Als sie schnippisch erwiderte, ob er glaube, dass damit alles wieder gut sei, schüttelte Jan den Kopf und bat Sabrina, bis Dienstagfrüh zu warten und sich dann zu entscheiden. Verwirrt blieb Sabrina zurück.

Am Dienstag, dem 23. November 2021, um 9 Uhr, kurz vor Beginn des Führungs-Meetings, war Jan innerlich ruhig wie schon lange nicht mehr. Krass, was es mit einem macht, wenn man bereit ist, den Preis zu bezahlen. Und er hatte den Preis im Vorfeld bezahlt.

Joachim wollte das Meeting eröffnen, aber Jan unterbrach: »Ich habe etwas Wichtiges anzukündigen.«

Alle wirkten wie versteinert und schauten Jan an. Dieser genoss die Pause. Dann fuhr er fort: »Mein Job als Unternehmer ist hier unter anderem, dafür zu sorgen, dass wir gut zusammenarbeiten und miteinander auskommen.«

Jan ließ den Satz nachhallen, bevor er fortfuhr: »Und wo das nicht der Fall ist, will und werde ich in Zukunft eingreifen.«

Pause. »Letzte Woche bei unserem Führungs-Meeting habe ich einen Fehler gemacht, für den ich mich öffentlich entschuldige. Dieser Fehler wird nicht noch einmal vorkommen.«

Alle schauten sich fragend an. Joachim begann unruhig auf seinem Stuhl hin und her zu rutschen. Jan fuhr fort: »Letzte Woche hat Sabrina hier einen Bericht vorgelegt, der falsche Zahlen enthielt. Die Ursache dafür war, dass sie von Joachim falsche Zahlen bekommen hatte.«

»Schwachsinn!!!«, platzte Joachim dazwischen. »So läuft das hier also …!!«

Aber Jan unterbrach mit einer Handbewegung, die keinen Widerspruch duldete: »Lass mich ausreden. Also die Ursache war, dass sie von Joachim falsche Zahlen bekommen hatte. Sabrina hat mir die E-Mail gezeigt.«

»Die schwärzt mich einfach hinter meinem Rücken an …«, rief Joachim noch mal dazwischen.

Jan erwiderte scharf: »Ich war noch nicht fertig. Das mit den falschen Zahlen kann mal passieren.«

Joachim atmete etwas auf.

»Aber dann jemanden von uns vor dem versammelten Team für Fehler runterzumachen, die man selbst verursacht hat, geht gar nicht. Und was auch nicht geht, ist, dann für die eigenen Fehler dem anderen anzudrohen, dass er hier in unserer Runde nichts zu suchen hätte. Ein solches Verhalten hat hier keinen Platz mehr. Nie mehr!

So, jetzt bin ich fürs Erste fertig.«

Joachim war rot im Gesicht geworden: »Du machst mich hier vor versammelter Mannschaft zur Sau! Mich, deine rechte Hand! So einen Bullshit habe ich echt noch nie erlebt!«

Jan erwiderte ruhig: »Nein, ich zeige nur vor dem versammelten Team die Grenzen auf. Und ich zeige, wo ich in Zukunft jeden, der mit einem solchen Verhalten konfrontiert wird, beschützen werde. Und ich habe vor dem versammelten Team zugegeben, dass ich letzte Woche einen Fehler gemacht habe, indem ich nicht sofort reagiert habe.«

»Das lasse ich nicht mit mir machen«, blökte Joachim. »Du kommst hier einfach in dieses Hotel, machst mir meine Position streitig und dann zerlegst du mich vor allen. Das widerspricht sämtlichen Führungsprinzipien.«

»Meinen nicht«, erwiderte Jan ruhig. Nach einer kurzen Pause fuhr er fort: »Ich will, dass alle verstehen, welche Art des Umgangs wir hier haben werden. Ich mache das vor allen, weil es für unsere Zukunft wichtig ist, dass alle die Regeln kennen.«

Dann wandte er sich innerlich völlig ruhig Joachim zu: »Aber so, wie du im Moment reagierst, scheinst du diese Umgangsformen nicht zu befürworten? Falls dem so ist, wirst du gehen müssen.«

»Dann mach deinen Scheiß doch allein«, sprang Joachim auf und verließ wütend den Raum.

Als er draußen war, atmeten alle spürbar erleichtert auf. Sabrina nickte Jan zu. Jan schaute in die Runde und spürte, dass alle das erst mal verdauen mussten. Und so beendete er das Meeting mit einem Auftrag für Lea: »Fürs Protokoll: Du machst jetzt bitte nach dem Meeting die Kündigung fertig und stellst ihn ab sofort frei?

Jetzt geht's mir besser!«

Als alle draußen waren, atmete Jan tief durch. Er fühlte eine tiefe Energie in sich aufsteigen. Und er nahm ein feines Lächeln in seinem Gesicht wahr. Das erste Mal, seit er im Rockstrohhof war, fühlte er sich frei. Er spürte, dass jetzt alles besser würde.

4. Gemeinsames Lernen

(WINTER 2021)

4.1 Workshop-Start

Jan und Wolfgang trafen sich wieder in demselben Hotel südlich von Stuttgart mit der langen Fensterfront und dem Blick ins Tal.

»Schön, dich wiederzusehen, Jan«, begrüßte ihn Wolfgang. Er musterte Jan aufmerksam und fuhr fort: »Du hast seit unserem letzten Treffen im Juni bestimmt 10 kg abgenommen. Super!«

»13 kg«, erwiderte Jan stolz. »Und meine Blutwerte sind laut meinem Arzt auch wieder viel besser! Ging zwar nicht mit allen Gewohnheiten so gut, aber meine Sport- und Ernährungsgewohnheiten haben echt super funktioniert. Ich habe da immer noch eine Schippe draufgelegt und das hat sogar Spaß gemacht.

Vor allem, seit ich mich vermehrt mit Bio-Hacking[62] beschäftigt habe. Das ist ein Thema, das mir meine Energie von der Jahrtausendwende zurückzubringen scheint. Macht mega Spaß! Wäre nicht so viel Stress in der Firma, hätte ich bestimmt noch bessere Ergebnisse. Stress führt zu Schlaflosigkeit und Entzündungen und beides macht Abnehmen schwerer.

In der Firma aber hat es richtig gerappelt und ich weiß nicht, ob ich die Situation gerade besser finden soll als im Sommer.«

---

62 Meine persönlichen besten Bio-Hacking-Tricks unter: www.uc-link.com/bio-hacking.

»Lass uns erst mal deine Erfolge anschauen und dann kümmern wir uns um die Herausforderungen. In Ordnung?«

»Ich kann mich gerade kaum auf die Erfolge konzentrieren«, gestand Jan. »Du hattest mich im Sommer ja schon auf einen zweiten Corona-Winter hingewiesen, aber ich habe leider nicht dran geglaubt. Und war deshalb null auf den massiven Einbruch der Gästezahlen vorbereitet. Private Gäste gibt es praktisch nicht mehr. Und fast alle Veranstaltungen wurden ganz abgesagt, manche fanden mit einem Drittel der üblichen Teilnehmerzahlen statt.«

»Aber ihr bekommt doch Überbrückungsgeld?«, warf Wolfgang ein.

»Ja, schon. Es dürfte auch richtig viel sein, wenn der Staat das endlich mal auf die Reihe bekommen würde. Und Puffer bis dahin habe ich ja auch. Nur wollte ich doch loslegen und jetzt bin ich wieder in Zwangspause und viele meiner Mitarbeiter, außer den Führungskräften und den Auszubildenden, sind in Kurzarbeit. Und manche kehren der Hotellerie komplett den Rücken und kündigen. Darüber wurde unsere ganze Dienstleistung echt grauenhaft. Ich fühle mich so hilflos und ohnmächtig.«

»Wie viel meditierst du?«, wollte Wolfgang wissen.

»Zurzeit gar nicht«, gab Jan zerknirscht zu. »Ich habe es nach einem Gespräch mit Sofia Anfang November noch mal versucht. Ihr Tipp, nur über Menschen zu meditieren, die ich mag, hat auch ein paar Tage geholfen, aber auch nicht dauerhaft. Warum fragst du?«

»Nun, Meditation trainiert dich darin, Ereignisse und Gefühle nicht zu bewerten und sie so anzunehmen, wie sie sind. Du wirst die Corona-Situation nicht ändern – sie ist, wie sie ist. Du bist gerade hilflos. Du kannst jetzt entweder sinnlose Gedankenschleifen produzieren und dir damit weitere unproduktive Gefühle wie Wut, Angst, Ohnmacht oder Empörung erzeugen.

Oder du kannst dich fragen, auf welche Bereiche du Einfluss hast. Um das tun zu können, musst du die Ereignisse und Gefühle annehmen, wie sie sind. Ich halte die zweite Variante für effizienter und freudvoller.«

Mist, dachte sich Jan. Das war bestimmt wieder das Ding mit dem Frankl und der eigenen inneren Einstellung. Und so fragte er: »Und wie komme ich da jetzt ohne Meditationspraxis raus?«

»Indem du mir von deinen Erfolgen im letzten halben Jahr erzählst?«, schlug Wolfgang grinsend vor.

Jan wurde von Wolfgangs Grinsen angesteckt und begann: »Okay, ich kann's mal versuchen. Ich denke, etwa die Hälfte meiner neuen Gewohnheiten funktioniert sehr regelmäßig. Der Hammer ist aber die Master-Gewohnheit – die hatte ich zu Beginn wirklich unterschätzt. Dann noch alles aus dem Bereich Gesundheit, die tägliche Strategiegewohnheit und noch ein paar Gewohnheiten. Alle Tätigkeiten in Flow zu verwandeln, klappt hin und wieder.«

»Das ist immens«, lobte Wolfgang. »Wenn du überlegst, dass du bis vor einem halben Jahr bei etwa 5–10 Prozent Quote lagst und jetzt bei 50 Prozent bist: Respekt! Was noch?«

»Wir haben eine strategische Neuausrichtung vorgenommen und damit – zumindest im September und Oktober – echte Erfolge erzielt. Und auch die Buchungen für nächstes Jahr sind schon richtig gut. Sabrina hat dabei mega geholfen. Nur Katharina ist bockig, Wim und die anderen bewegen sich nicht.

Und die Gäste meckern wegen der hohen Preise. Sie sind wütend und werden echt schon beleidigend. Die Onlinebewertungen sind deutlich in den Keller gegangen und ich weiß nicht, ob wir diese neue Strategie durchhalten können. Im Augenblick lassen wir selbst als Ausgleich entsprechend positive Fake-Bewertungen schreiben, aber das ist ja keine Dauerlösung.«

»Stopp«, lächelte Wolfgang. »Wir wollten erst mal die Erfolge anschauen. Du hast eine Strategie entwickelt und du hast sie umgesetzt.«

»Aber auch das viel zu langsam und nur gegen den Widerstand einiger meiner Führungskräfte« warf Jan ein.

»Ist das Vorrecht des Unternehmers, dass ihm alles immer zu langsam geht«, lächelte Wolfgang. »Nur sehen wir darüber oft nicht, dass es überhaupt vorwärtsgeht und in deinem Fall – Corona mal ausgenommen – auch recht schnell. Noch weitere Erfolge?«

»Ja«, nickte Jan. »Auch wenn es erst mal Unruhe brachte, war die Kündigung von Joachim auch ein Erfolg. Vor allem für mich. Ich fühle mich nun viel freier.«

Wolfgang nickte anerkennend: »Wichtiger Schritt! Kommen wir nachher noch darauf zurück. Noch weitere Erfolge?«

Jan schüttelte den Kopf.

Wolfgang nickte: »Gut, dann lass uns zuerst deine Erfolge würdigen! Wir sprachen bei unserem ersten Treffen von den Schritten hin auf dem Weg zum Schwarzgurt-Unternehmer. Du hast dich mit der Kündigung von Joachim aus Zwängen befreit. Du hast das Prinzip, den Preis zu bezahlen, durchlebt. Du steckst zumindest nicht mehr in allzu großen finanziellen und zeitlichen Zwängen. Das wäre der gelbe Gürtel, der sich aus seinen Zwängen befreiende Unternehmer.

Dann hast du gelernt, mit deinen Gewohnheiten umzugehen, du hast ein emotionales Referenzbild und bist dabei, immer mehr im individuellen Flow zu agieren. Das wäre, wenn du auch noch Zugang zur Meditation gefunden hättest, der grüne Gürtel. Aber da drücke ich mal ein Auge zu.

Und du hast schließlich eine neue Strategie entwickelt und umgesetzt und erste Erfolge. Und nicht nur das, du hast außerdem auch eine tägliche strategische Gewohnheit entwickelt. Das wäre der blaue Gürtel.

Eigentlich hättest du den blauen Gürtel schon im Herbst verdient, aber da die Farben aufeinander aufbauen und du erst jetzt aus den Zwängen mit Joachim rauskamst, bekommst du ihn auch erst jetzt.« Und damit steckte Wolfgang Jan einen Löwen-Pin mit blauer Schleife an den Pulli.[63]

Jan war einen Moment perplex. Dann kam eine leichte Unzufriedenheit hoch, weil er doch Schwarzgurt-Unternehmer werden wollte. Was sollte er mit so einem blöden Gürtel zwischendrin? Und plötzlich erkannte er lächelnd, dass er ja mitten auf dem Weg war. In diesem Moment kam die Freude hoch.

Wolfgang fuhr nach einer kurzen Pause fort: »Dann lass uns aus dem, was zurzeit nicht so gut läuft, lernen. Wenn du jetzt mal aus der Vogelperspektive draufschaust: An welchen Stellen gab es Widerstände und Verzögerungen und warum?«

»Ganz am Anfang lag die Hürde während des Workshops mit Thomas ja bei mir. Ich wollte mich auf seine Vorschläge gar nicht ein-

63 In der Realität gibt es hier wie im Kampfsport auch eine Prüfung. Mehr dazu in Kapitel 8.

lassen, weil ich Angst hatte, Umsatz zu verlieren. Dann war Sabrina eine Hürde, obwohl sie mich unterstützte und ich es ohne sie kaum geschafft hätte. Aber bei ihr muss jedes Konzept perfekt und ins letzte Detail ausgearbeitet sein. Das bremst unglaublich und nervt.«

»Was für ein Gefühl, glaubst du, liegt bei ihr dahinter?«, wollte Wolfgang wissen.

»Es ist eine Art Angst«, erwiderte Jan. »Sie hat mir im Herbst mal von ihren sechs Brüdern erzählt und dass sie nie ernst genommen wurde. Und dass sie dann als Einzige den Master gemacht hat. Sie will sich keinerlei Blöße geben, damit sie endlich ernst genommen wird.«

»Okay, eine Art Angst, die in beide Richtungen wirkt. Sie hat sich vermutlich einerseits totgearbeitet, anderseits die Dinge zu kompliziert gemacht. Lass uns später drauf zurückkommen. Welche Verzögerungen gab es noch?«

»Birgit hatte Angst, in ihrer Rolle zurückgestuft zu werden. Katharina hat Angst, beim Preisgespräch am Telefon zu scheitern. Wim und die anderen haben vermutlich insgesamt Angst vor Veränderungen. Na ja, und Joachim hatte Angst, seine Position zu verlieren, aber der ist ja jetzt weg.«

Wolfgang nickte: »Dann lass uns das Learning abschließen: Alle Bremsen in der Strategieentwicklung und -umsetzung basierten offensichtlich in der einen oder anderen Art und Weise auf Angst, richtig?«

»Ja, das hat mir Thomas im Sommer schon gesagt«, überlegte Jan. »Aber es ist nochmals was anderes, das selbst zu erfahren. Ich glaube, ich begreife erst jetzt wirklich, was er damit meinte. Und wie wichtig es ist, eine angstfreiere Organisation zu schaffen, um in Zukunft mehr Geschwindigkeit zu bekommen. Aber warum haben wir dann nicht gleich mit der angstfreieren Organisation begonnen?«

Genau wie wir im individuellen Flow ein Ziel brauchen, braucht eine angstfreiere Organisation, ein Team-Flow-Unternehmen ein Ziel, eine Richtung: die Strategie.

Wolfgang lächelte: »Genau diese Frage wollte ich von dir hören. Du kannst nicht damit beginnen, weil dafür Voraussetzungen gegeben sein müssen. Genau wie du im individuellen Flow ein Ziel brauchst, braucht eine angstfreiere Organisation, ein Team-Flow-Unternehmen ein Ziel, eine Richtung: die Strategie.

Deswegen ist es beim ersten Mal am schwierigsten, ein Unternehmen auszurichten. Da sind die ganzen Ängste und Widerstände noch da. Wenn du dich nach der initialen Strategie auf den Team-Flow konzentrierst, geht es in Zukunft leichter und schneller.[64]

Wenn du ohne strategisches Ziel direkt zum Team-Flow kommen wolltest, ist das, wie wenn du einen Haufen Leute hast, die miteinander Sport machen wollen. Der eine will hin und wieder ins Fitnessstudio, der Nächste aus Spaß Beachvolleyball spielen und der Dritte Fußball in der Champions League. Auf demokratischem Wege kommt dabei gar nichts raus und auch das erst nach unendlich langer Zeit.

Letztlich braucht es eine klare Entscheidung, meinetwegen Fußball in der Champions League. Dann werden einige begeistert sein, einige abwarten, einige meckern und einige gehen. Und wenn du dann anfängst, darauf hinzuarbeiten, in die Champions League zu kommen, werden sich schließlich auch die Unentschiedenen entscheiden müssen. Und sobald dies geschehen ist, kann Flow entstehen. Ohne initiale Vorgabe kannst du aber den Flow vergessen.«

Jan nickte: »Du sprachst gerade von Voraussetzungen für die angstfreie Team-Flow-Organisation im Plural. Welche noch?«

»Wenn du Organisationen anschaust, die zumindest phasenweise im Team-Flow agierten, dann hatten die immer eines: ein glasklares Statusgefüge. Ob das Steve Jobs bei der Entwicklung des Macintosh war, Walt Disney beim ersten Zeichentrickfilm, Oppenheimer beim Manhattan Project, phasenweise diverse Sportmannschaften mit ihren Trainern oder wo auch immer: Es gab immer einen klaren Leader, der von allen als Leader anerkannt wurde. Das war nicht immer der kreative Kopf oder der, der sich um sämtliche Details kümmerte, sondern der, der die Kultur schuf und diese nach innen und außen beschützte, der alle immer wieder an der Strategie ausrichtete.

Statusgefüge, in denen alle mit ihrem Platz zufrieden sind *und sich zugleich die Statushöchsten der gemeinsamen Sache unterordnen*, reduzieren die Ängste aller dramatisch. Sie schaffen unglaubliche Klarheit. Und dabei wird Energie frei.«

---

64 Gehen der Team-Flow und die relative Angstfreiheit zwischendurch verloren, dann braucht es wieder die direkte Ausrichtung durch den Unternehmer.

»Du meinst, dass ich Joachim vor 17 Tagen rausgeworfen habe, war notwendig, um irgendwann Team-Flow zu schaffen?«, fragte Jan ungläubig. Und dann wurde ihm im selben Moment sonnenklar, dass es so war. Mit Joachim hätte niemals Team-Flow entstehen können.

Wolfgang nickte: »Das war ein Zeichen, dass du bereit bist, deinen Platz einzunehmen. Das war die Schlüsselaktion!

Ist, nebenbei, nichts Besonderes: Ich habe in all meinen Jahren mit Tausenden Nachfolgern in Unternehmen gearbeitet. Nahezu immer, wenn ein Manager da war, der vom Vorgänger angestellt wurde, musste dieser Manager irgendwann das Unternehmen verlassen. Die meisten dieser Manager bekommen weder den Loyalitätswechsel hin, noch kommen sie mit der Tatsache klar, dass plötzlich jemand von außerhalb, der meist jünger ist als sie, über ihnen sitzt.[65]

Wie kam diese Kündigung im Team an?«

»Das ist krass gewesen«, antwortete Jan. »Am Anfang gab es natürlich eine Schockwelle. Und eine unglaubliche Panik vor dem, was man jetzt von Joachim übernehmen müsste. Aber als wir dann alles gesichtet hatten, war es gar nicht so viel. Die Hotel-Digitalisierung erwies sich als riesige Luftnummer – da existierte gar nichts. Die Anträge für die Überbrückungsgelder hat sowieso unser Finanzberater gemeinsam mit dem Steuerberater erstellt.

Die ganzen Freigaben und Kontrollen haben wir einfach gestrichen. Und seit allen anderen Führungskräften bewusst wurde, dass sie jetzt selbst entscheiden können, entstand zumindest eine gewisse positive Dynamik. Auch wenn Katharina immer noch Gegnerin ist und Wim und die anderen immer noch auf irgendetwas zu warten scheinen.«

»Oh, das war zu erwarten«, lächelte Wolfgang. »Du hast nun einmal eine starke Aktion gemacht und warst bereit, den Preis zu bezahlen. Aber wirst du das nun jedes Mal tun? Und wie lange wirst du

65 In den überaus seltenen Fällen, wo ein Manager diesen Wechsel hinbekommt, sind diese Leute aber extrem wertvoll. Deswegen sollte man immer eine gewisse Zeit versuchen, sie zu gewinnen. Wer als junger Unternehmer wirklich klar ist, kommuniziert diese Loyalitätserwartungen am ersten Tag. Dann weiß man meist sofort Bescheid, wohin die Reise geht. Dies gilt insbesondere in den Fällen, in denen die Vorgängergeneration noch irgendwo im Unternehmen herumwuselt.

das nächste Mal warten, bis du deinen Mund öffnest? Ein Gelbgurt ist jemand, der sich ein Mal aus Zwängen befreit, ein Schwarzgurt ist jemand, der das regelmäßig so schnell macht, dass Ungeübte gar nicht wahrnehmen, dass er überhaupt in Zwängen steckte. Für dich ist jetzt als Erkenntnis wichtig: Vertrauen entsteht eher selten nur durch eine einzige Handlung.

Außerdem scheinen aktuell noch Zweifel an der Strategie da zu sein. Du hast die Zweifel selbst doch auch noch. Bist du in der Lage, dein Team vor wütenden Kunden zu beschützen? Oder dafür zu sorgen, dass sie damit umgehen können? Oder, noch besser, dafür zu sorgen, dass die Kunden nicht mehr wütend, sondern begeistert sind?«

Langsam schüttelte Jan den Kopf: »Nein, das bin ich aktuell nicht. Und du glaubst, dass Wim sich erst dann in Bewegung setzen wird, wenn er überzeugt ist, dass ich ein starker Leader bin? Und dass auch Katharina sich erst dann bewegen wird?«

»Keine Ahnung«, schüttelte Wolfgang den Kopf. »Vielleicht gibt's danach noch andere Hürden, die wir noch nicht kennen. Ist aber sicher ein Schritt in die richtige Richtung. Jedoch erst mal meinen Respekt für das, was du bislang geleistet hast!«

»Danke«, erwiderte Jan erfreut und betrachtete noch mal seinen blauen Löwen-Pin. »So positiv hätte ich das heute Morgen, als ich hier reinkam, gar nicht gesehen. Was machen wir jetzt heute?«

»Wegen Corona kannst du wenig machen. Das hat aber auch Vorteile: Du hast Zeit. Ich sehe aktuell zwei Hauptaufgaben, an denen wir ansetzen können: Wir kümmern uns um Katharina und versuchen herauszufinden, warum sie wirklich in Opposition ist. Vermutlich können wir sie gewinnen.

Und dann finden wir Ansatzpunkte, die Kunden-Feedbacks zu verbessern und dein Team zu trainieren, mit den verbleibenden Problemen umzugehen. Du vervollständigst damit deine Strategie und beschützt zugleich dein Team. Und dein Team erfährt, dass es dir wichtig ist. Das sollte Wim und die anderen zumindest ein Stück näher zu dir bringen. Und zugleich ist das ein Schritt in Richtung roter Gürtel. In Ordnung?«

4.2 Wie man mit Widerständen umgeht

»Ja, lass uns mit Katharina beginnen«, stimmte Jan zu.

»Wenn ich dich richtig verstehe, hat sie dir gesagt, dass die ganzen Gespräche an der Rezeption nach den Preiserhöhungen schwierig sind?«

»Ja«, nickte Jan. »Und dann habe ich angeboten, sie und die anderen an der Rezeption in Preisverhandlung zu schulen. Doch da hat sie blockiert. Sie wollte das überhaupt nicht und ihre vier Mitarbeiterinnen auch nicht. Das verstehe ich wiederum nicht, da ich ja angeboten hatte, ihre Probleme zu lösen«, erwiderte Jan frustriert.

»Ist Katharina denn dumm?«, wollte Wolfgang wissen.

Jan erwiderte, ohne den Hintergedanken in Wolfgangs Frage zu bemerken: »Nein, eigentlich nicht. Nur an diesem Punkt offensichtlich.«

»Du bietest ihr eine Lösung an für das, was du als ihr Problem ansiehst. Und sie ist nicht dumm, also wird sie deine Lösung verstehen. Trotzdem will sie nicht. Daraus ergibt sich nur eine mögliche Schlussfolgerung.«

Jan schaute Wolfgang neugierig an: »Keine Ahnung! Jetzt sag schon!«

Wolfgang fuhr nach einer kurzen Pause fort: »Die einzig mögliche Schlussfolgerung ist: Du hast umgekehrt ihr Problem nicht verstanden. Und deine Lösung ist folglich für sie keine Lösung.«

»Aber sie hat doch selbst gesagt, dass sie an der Rezeption von diesen Preisgesprächen genervt sind«, hielt Jan dagegen.

Wolfgang schüttelte lächelnd den Kopf: »Du siehst nur eine Dimension dieser Aussage: die sachliche Dimension. Nach Schulz von Thun[66] gibt es noch drei andere Dimensionen: die Selbstkundgabe, den Appell und den Beziehungshinweis. Die Selbstkundgabe ist: Ich bin genervt. Der indirekte Beziehungshinweis ist: Du bist schuld, dass ich genervt bin. Und der Appell könnte lauten: Mach mich wieder glücklich! Lass uns mal das ›Ich bin genervt‹ genauer anschauen. Wie waren die Gespräche an der Rezeption vorher?«

---

66 Friedemann Schulz von Thun: Miteinander reden. Band 1: Störungen und Klärungen

»Keine Ahnung«, schüttelte Jan den Kopf. »Ich habe mich nie drum gekümmert. Vermutlich freundlich und nett?«

»Und jetzt werden die Preise erhöht und die Gäste sind schon am Telefon genervt. Was macht das mit den Gesprächen?«

»Hammer!«, entfuhr es Jan, als er die andere Dimension erkannte. »Natürlich werden die Gespräche nerviger. Und zwar völlig unabhängig davon, ob Katharina den Preis mit einer Preisverhandlungstechnik durchsetzen kann oder nicht. Mein Vorschlag, sie in Preisverhandlung zu schulen, löst ihr emotionales Problem gar nicht. Selbst wenn sie den Preis durchsetzen, sind die Gespräche zu Beginn immer noch nervig. Das habe ich echt nicht gesehen. Was machen wir denn jetzt? Ich kann doch deswegen nicht einfach meine Strategie aufgeben?«

»Lass uns das allgemeiner angehen, weil es dir in Zukunft noch oft begegnen wird. Wie nimmst du Mitarbeiter mit, wenn sie gegen eine von dir initiierte Änderung sind und auch deine Lösungen nicht akzeptieren?

Wenn du »bockige« Mitarbeiter mitnehmen willst, dann wechsle zuerst deine Perspektive und finde heraus, was das wirkliche Problem und das verletzte Bedürfnis ist.

Dies beginnt immer damit, dass *du versuchst, das wirkliche Problem zu verstehen*. Dazu musst *zuerst du eine andere Perspektive einnehmen*. Also nicht, was in deinen Augen das Problem ist, sondern was das verletzte Bedürfnis des anderen ist. Das kannst du allerdings nur, wenn du dich dem anderen mit Mitgefühl nähern kannst.«

»Ja, ich verstehe die leise Andeutung, doch mal wieder mit der Metta-Meditation zu beginnen«, gab Jan leicht genervt zurück.

Wolfgang grinste und fuhr fort: »Nachdem du die andere Person verstanden hast, kommt als Nächstes die Würdigung der Person und des Bisherigen. Und zwar nicht, weil es dir strategisch opportun erscheint, sondern weil du es wirklich spürst. Wie kommst du mit deinen Dankbarkeitsübungen voran?«

»Das funktioniert ganz gut abends im Familienkreis, aber Katharina tauchte da bislang gar nicht auf«, erwiderte Jan, der etwas verwirrt über den Themenwechsel war.

»Dann machen wir es jetzt gemeinsam. Was haben Katharina und ihre Mitarbeiterinnen bislang gut gemacht?«

»Schwierig«, überlegte Jan. »Ich denke, sie haben die Gespräche freundlich und professionell geführt. Und ich glaube, sie ...«

»Stopp« unterbrach Wolfgang. »Jetzt sind wir beim ersten Fernsehprogramm ARD – Ahnen, Raten, Deuten. Ich bin Fan vom ZDF – Zahlen, Daten, Fakten. Vor allem Fakten. Also folgende Frage: Ihr macht eure Lobrunden im Unternehmen regelmäßig? Und falls ja, für was sind die Leute an der Rezeption gelobt worden?«

»Das war jetzt schon einiges«, nickte Jan, als er verstand. »Sie wurden für ihre Fähigkeit gelobt, zuzuhören und auch schwierigere Anforderungen von Gästen zu lösen. Sie gaben Informationen wie Nahrungsmittelunverträglichkeiten zuverlässig an die Küche weiter und sorgten so dafür, dass die Gäste teils sogar begeistert waren. Es ging fast nichts unter. Sie wurden für ihre ungewöhnliche Freundlichkeit auch in stressigen Zeiten gelobt. In vielen Kunden-Feedbacks wurde die Professionalität gelobt.«

»Gut, das reicht fürs Erste«, lächelte Wolfgang. »Spürst du, wie du dich gerade verändert hast, als du mir das erzählt hast? Du warst innerlich selbst stolz auf sie, richtig?«

Jan nickte überrascht. Er hatte diese Veränderung während des Sprechens gar nicht bemerkt, erst, als ihn Wolfgang darauf aufmerksam gemacht hatte.

Wolfgang fuhr fort: »In dieser Haltung würdigst du Katharina und das ganze Rezeptionsteam. Und du machst deutlich, was diese Fähigkeiten, Eigenschaften und dieses Verhalten für den Rockstrohhof bedeuten. Und was es für dich bedeutet.

Du bedankst dich ausdrücklich dafür – und sagst das nicht nur, sondern meinst das auch, wie gerade eben. Der Schlüsselfaktor ist nicht, dass du die Würdigung aussprichst, sondern dass die Würdigung ankommt. Unter Umständen musst du das sogar einige Tage oder Wochen machen, bis bei ihnen das Gefühl entstanden ist, dass es dir wirklich ernst ist.

Dann im nächsten Schritt bestätigst du ihre Vorbehalte gegenüber den Änderungen: Es wird tatsächlich viel schwerer, gute Kundenbeziehungen aufzubauen und die Freundlichkeit aufrechtzuerhalten. Zeig, dass es dir auch wichtig ist, diese Punkte zu erhalten.«

»Ja, aber das geht doch nicht, wenn ich an meiner neuen Strategie festhalte. Ich kann doch mit meiner Argumentation nicht auf ihre Seite wechseln«, widersprach Jan.

»Du denkst zu digital«, schüttelte Wolfgang den Kopf. »Alles Alte hat seine positiven und negativen Seiten. Und alles Neue auch. Erst wenn du alle Seiten gleichermaßen würdigst oder annimmst, was ist, wird der Widerstand verschwinden und nur dann kann Team-Flow entstehen. Wenn du das Wir verkörperst statt nur dein momentanes Ego-Ziel, dann bist du in der Lage, das Alte und das Neue gleichermaßen wertzuschätzen. Und ich vermute mal, gute Kundenbeziehungen und eine freundliche Rezeption sind dir doch auch wichtig, oder?«

> **Wenn du das Wir verkörperst statt nur dein momentanes Ego-Ziel, dann bist du in der Lage, das Alte und das Neue gleichermaßen wertzuschätzen. Und erst wenn du alle Seiten gleichermaßen würdigst, wird der Widerstand verschwinden. Nur dann kann Team-Flow entstehen.**

»Natürlich«, nickte Jan zurückhaltend.

»Jedenfalls machst du deutlich, dass du gerne bei jeder Lösung unterstützt, die dazu führt, genau diese Punkte wie Freundlichkeit und gute Beziehungen wiederherzustellen oder gar auszubauen.

Wenn das – auch emotional – ankam, lässt du die Seiten wechseln. Du fragst Katharina, was aus ihrer Sicht das Gute an der neuen Lösung sein könnte. Entweder sie ist bereit und bringt einige Punkte, die sie wirklich gut finden könnte. Oder sie weigert sich noch, dann bitte sie, zum Beispiel in Gesprächen mit Birgit, Lea oder Sabrina, herauszufinden, was gut sein könnte. Die drei sind nicht so sehr Partei wie du und da sollte es ihr leichter fallen.

Außerdem gibst du ihr mit, dass du dir auch Gedanken machst. Damit machst du nochmals deutlich, dass du bereit bist, dich zu bewegen. Und dann gibst du ihr noch eine zweite Aufgabe mit: Wenn sie mit den anderen spricht, soll sie mit ihnen auch darüber sprechen, wie man die Punkte, die ihr wichtig sind, auch in der neuen Strategie bewahren kann. Dann denkst nämlich nicht nur du drüber nach, sondern alle.«

»Das könnte funktionieren«, überlegte Jan. »Aber was, wenn uns nichts einfällt?«

»Sabrina ist doch ziemlich pfiffig, oder?«

»Ja« stimmte Jan zu. »Meine anfängliche Einschätzung war total falsch. Warum?«

»Nun, wodurch entsteht Kundenunzufriedenheit?«, fragte Wolfgang, um dann selbst fortzufahren: »Dadurch, dass die Realität nicht mit den Erwartungen des Kunden übereinstimmt. Wenn der Kunde erwarten würde, dass es den höheren Preis kostet, und er das Gefühl hätte, dafür auch eine entsprechende Leistung zu bekommen, dann würde bei den meisten Gästen gar keine Unzufriedenheit entstehen. Es geht also gar nicht um den Preis, sondern um die Erwartungen. Die Frage ist also schlicht die: Welche Möglichkeiten des Erwartungsmanagements habt ihr, bevor die Gäste bei euch anrufen?«

»Die Website, unseren Newsletter, wir könnten Besonderheiten bei uns stärker herausstreichen …«, schlug Jan vor.

»So, und hier hören wir auf, uns die Gedanken zu machen, die eigentlich Katharina und Sabrina miteinander entwickeln können und sollen.

Ergebnis: Du hast zu Beginn für eine Öffnung bei Katharina gesorgt und eure Beziehung verbessert und sie gewürdigt. Sie hat erfahren, dass sie und ihre Bedürfnisse dir wichtig sind. Du hast ihr eine Aufgabe gegeben und damit löst sie ihr Problem selbst. Du als der Verursacher ihres ursprünglichen Problems bist aus der Nummer raus und Katharina und Sabrina können unbelastet etwas Neues entwickeln. Und dabei verbessern sie ihre Beziehung untereinander und es entsteht eine weitere Voraussetzung für Team-Flow. Das Ganze wird viel leichter und menschlicher als der Kampf gegen Katharina.«

»Und vielleicht kommen sie ja noch auf Ideen, die wir hier gerade gar nicht sehen«, überlegte Jan.

»Und nicht sehen können, weil wir gar nicht nahe genug dran sind«, ergänzte Wolfgang. »Lass uns eine kurze Pause machen!«

4.3 Organisationale Gewohnheiten

4.3.1 Eimer schleppen oder Pipeline bauen

Nach der Pause begann Jan: »Ich weiß jetzt, wie ich bei Katharina vorgehen kann. Wie machen wir jetzt weiter? Ich habe nämlich noch jede Menge anderer Probleme. Wim und die anderen kommen nicht mit. Die Kunden meckern angesichts der hohen Preise. Unsere Serviceleistung entspricht so gar nicht den hohen Preisen und so weiter. Wie können wir damit umgehen?«

Wolfgang erwiderte: »Bei fast allen deinen Problemen handelt es sich in letzter Instanz um ein Führungsproblem. Wim und die anderen Unentschiedenen sind ein Führungsproblem. Die Servicequalität ist ein Führungsproblem. Und der Umgang damit, dass einige kündigen und viele in Kurzarbeit sind, ist auch ein Führungsproblem. Nahezu alle Unternehmer schleppen bei der Führung Eimer und kümmern sich um jedes Teilproblem einzeln. Sie werden darüber fast wahnsinnig, und zu allem Überfluss tauchen dann weitere Teilprobleme auf.

Deshalb machen wir das anders und bauen eine Pipeline. Dazu müssen wir erst definieren, was Eimer und Pipeline überhaupt bedeutet. Und dann müssen wir herausfinden, womit wir beim Pipeline-Bau beginnen.

Lass uns zuerst das Problem mit den Eimern identifizieren. Die ganzen Einzelprojekte wären die Eimer. Erinnere dich mal an die Halbwertszeit der Motivation und die Gewohnheiten«, gab Wolfgang einen Hinweis.

»Klar«, erwiderte Jan und schlug sich an den Kopf. »Jetzt ist meine Motivation, all diese Einzelprojekte anzugehen, riesig. Daraus entstehen Dutzende von Führungsaufgaben und To-dos. In einigen Tagen oder spätestens Wochen wird meine Motivation geringer sein. Dann fehlt die Energie bei den Projekten und sie versacken. Und das nicht nur bei mir, sondern auch bei Sabrina und den anderen. Dann habe ich viel Energie, Arbeitszeit und letztlich auch Arbeitskosten für meine beteiligten Mitarbeiter für nichts und wieder nichts verballert. Können wir dieselben Mechanismen wie bei den individuellen Gewohnheiten auch nutzen, um eine Organisation zu verändern?«

»Jetzt sind wir bei der richtigen Frage!«, lobte Wolfgang. »Es geht nicht um die Frage, wie ich ein Führungsproblem lösen kann, sondern darum, wie ich mit dem geringstmöglichen Aufwand und der geringstmöglichen Verschwendung eine Organisation zielgerichtet und dauerhaft verändern kann. Das ist DIE zentrale Frage jeder Führung und das ist eine Frage der Unternehmenskultur. Diese ist so wichtig, dass Lou Gerstner, der ehemalige Chef von IBM, gesagt hat: ›Während meiner Zeit bei IBM erkannte ich, dass die Kultur nicht nur ein Aspekt des Spiels ist – sie *ist* das Spiel.‹ Und damit kommen wir zur Grundlage des roten Gürtels.

Die entscheidende Frage ist, wie ich mit dem geringstmöglichen Aufwand und der geringstmöglichen Verschwendung eine Organisation zielgerichtet und dauerhaft verändern kann.

Jetzt ist Kultur nur leider ein so komplexes Thema, dass sie für Unternehmer in kleinen und mittleren Unternehmen kaum handhabbar ist. Letztlich wird die Kultur von vielen verschiedenen Faktoren[67] beeinflusst, wie den Fähigkeiten, den Glaubenssätzen, dem Lebensgefühl, der Vision, dem Umfeld, den Räumlichkeiten und vielem mehr. So überfordert es selbst große Unternehmen, die Kultur zu steuern und zu beeinflussen. Die meisten erfassen die Aufgabe nicht mal intellektuell und mühen sich entweder mit individueller Führung oder Systemen und Prozessen ab und wundern sich, warum das nicht richtig funktioniert.«

»Puuh«, entfuhr es Jan. »Gibt es denn nicht einen Schlüsselfaktor, den ich beeinflussen kann und der zum großen Teil die Kultur bestimmt?«

»Sogar zwei Faktoren«, grinste Wolfgang. »Zuerst einmal wieder dich selbst. Wenn du deine Persönlichkeit trainierst, wirkst du anders als Vorbild. Da sind wir aber schon dran. Der zweite Faktor sind die Gewohnheiten der Organisation. Und da hast du ja schon eine eingeführt: deine Lob- oder Positivrunden.

Wir hatten schon mal ganz kurz darüber gesprochen: Genauso, wie es individuelle Gewohnheiten gibt, gibt es auch organisationale Ge-

---

67 Mehr dazu in meinem Bestseller »Dein Wille geschehe. Führung für Unternehmer«. www.uc-link.com/fuehrung-buch

wohnheiten. Es gibt Unternehmen, da kommen alle pünktlich zum Meeting, und andere, da kommen die meisten später und es wird viel Zeit verschwendet. Es gibt Unternehmen, da wird in Meetings nur über operative Themen geredet und in anderen fast nur über qualitative Themen. Es gibt Unternehmen, da ist es völlig normal, offen und direkt Feedback zu geben – und zwar über alle Hierarchieebenen hinweg –, und es gibt andere Unternehmen, da versuchen alle nur gut auszusehen und ja nicht anzuecken.

All das sind organisationale Gewohnheiten. Und je nachdem, welche Gewohnheiten bei dir im Unternehmen vorherrschen, hast du mehr oder weniger individuelle Führungsaufgaben. Dein Ziel ist, so wenig wie möglich individuell führen zu müssen – das wäre nur Eimer schleppen. Natürlich werden wir auch in Zukunft individuell führen, aber auf einem viel höheren Qualitätsniveau, weil das meiste über organisationale Gewohnheiten gelöst ist. *Die richtigen organisationalen Gewohnheiten zu implementieren, ist also wie der Bau einer Pipeline.*«

Ein Großteil des Verhaltens von Organisationen ist Ausdruck von Gewohnheiten und nicht von rationalen Entscheidungen. Also ist es deine *Hauptaufgabe*, effizient organisationale Gewohnheiten zu formen.

»Aber das sind dann Hunderte oder Tausende Gewohnheiten! Und die meisten davon wahrscheinlich unbewusst.«

»Stimmt. Vor fast 40 Jahren haben die beiden Ökonomen Nelson und Winter, die den Begriff der Evolutionsökonomik prägten, ein Buch geschrieben, dessen Kernfeststellung damals wie eine Bombe einschlug: *Ein Großteil des Verhaltens von Organisationen ist Ausdruck von Gewohnheiten und nicht von rationalen Entscheidungen.*

Diese Gewohnheiten und Muster gehen oft aus Tausenden früheren, voneinander unabhängigen Entscheidungen von Mitarbeitern hervor. Oder gar aus Entscheidungen von anderen Unternehmen, aus denen neue Mitarbeiter ihre Gewohnheiten mitgebracht haben. Oder gar aus unbewussten Gewohnheiten, die sie von ihren Familien mitgebracht haben. Und vieles davon ist jetzt nicht mehr funktional oder sinnvoll.«

»Vermutlich habe ich so wohl auch Gewohnheiten aus meiner Softwarefirma ins Hotel mitgebracht, ohne dass mir das bewusst ist. Aber wie soll man das dann jemals auf die Reihe bekommen?«, fragte Jan frustriert.

»Letztlich genauso wie deine eigenen Gewohnheiten. Du sammelst alle Ideen in einem organisationalen Backlog, welches du am besten jetzt beginnst. Und dann wählst du wenige davon aus und beginnst, sie in kleinen Schritten zu verändern. Und vergiss die Vorstellung, dass du all diese organisationalen Gewohnheiten im Backlog verändern kannst. Es sind zu viele und mit jedem Mitarbeiter kommen unreflektiert neue Gewohnheiten dazu. Ist aber auch nicht wichtig! Ändere die organisationalen Schlüsselgewohnheiten!«

4.3.2 Die Schlüsselgewohnheiten

»Du meinst, es gibt einige organisationale Gewohnheiten, die größere Auswirkungen haben als andere?«, fragte Jan hoffnungsvoll.

»Ja, genauso wie bei individuellen Gewohnheiten auch. Man hat zum Beispiel oft erlebt, dass es in viele Lebensbereiche abstrahlt, wenn Menschen beginnen, Sport zu machen. Insbesondere, wenn ihnen ihr Sport Spaß macht. Nach und nach ernähren sie sich anders. Dann gehen sie ihren Beruf zielorientierter an. Zu Hause wird es ordentlicher. Und in der Folge gibt es viele weiteren Änderungen.

Ich bin mir sicher – auch wenn wir dazu noch keine Untersuchung durchgeführt haben –, dass eine wirklich gut implementierte Master-Gewohnheit[68] ebenfalls zu Änderungen in allen anderen Lebensbereichen führt.«

»Das stimmt definitiv«, unterstützte Jan. »Seit ich wieder mit dem

---

68 Ich bin mir sogar sicher: Die von uns entwickelte Master-Gewohnheit ist DIE Schlüsselgewohnheit schlechthin. Ich glaube auch, dass dies *der zentrale Unterschied zu allen Büchern über Gewohnheiten* ist: Nach diesen Büchern ändert man – die Halbwertszeit der Motivation lässt grüßen – vielleicht eine Gewohnheit. Genau aus diesem Grund halte ich unseren 90-tägigen Onlinekurs »Meistere deine Gewohnheiten« für den zentralen Schlüssel, wenn du dein unternehmerisches Leben nachhaltig auf die Reihe bekommen willst. Dort implementierst du vor allem deine Master-Gewohnheit: www.uc-link.com/gewohnheitskurs.

Sport begonnen habe, habe ich viel mehr Energie für andere Dinge. Ich habe mehr oder weniger von allein mit dem Trinken aufgehört. Und ich arbeite fokussierter. Und die Master-Gewohnheit ändert wirklich alles bei mir – auch wenn ich erst bei einer 50-Prozent-Quote bin. Gibt's solche Schlüsselgewohnheiten auch in Unternehmen?«

»Die wichtigste ist genau wie bei deinen individuellen Gewohnheiten eine *organisationale Master-Gewohnheit*. Idealerweise schaffst du dafür in deinem Führungs-Meeting – und dann deine Führungskräfte in ihren Bereichs-Meetings – einen kleinen Raum von vielleicht fünf Minuten, wo ihr gemeinsam die organisationalen Gewohnheiten optimiert.«

»Und in diesen fünf Minuten wird dann darüber diskutiert, welche der Gewohnheiten überhaupt aus dem Backlog übernommen werden und wie wir die Gewohnheiten, die wir verankern wollen, attraktiver machen. Das ist das Fundament jeder organisationalen Gewohnheitsänderung«, überlegte Jan. »Klingt ziemlich einfach und nachvollziehbar. Aber nenn mir bitte mal ein paar Beispiele, welche Schlüsselgewohnheiten das dann sein könnten.«

»Klar kann ich dir Beispiele geben«, nickte Wolfgang. »Bei Starbucks / USA[69] werden nicht nur die qualifiziertesten Menschen eingestellt. Oft haben sie die Schule abgebrochen und sind bei Antritt der Stelle kaum in der Lage, in Stresssituationen ihre Emotionen im Zaum zu halten. Nun verdient Starbucks sein Geld aber nicht damit, eine bestimmte Menge Kaffee in einen Becher zu gießen, sondern damit, den Gästen ein Erlebnis zu bieten.

Wenn nun der Barista mit einem gestressten und nervigen Kunden konfrontiert ist und selbst seine Emotionen nicht kontrollieren könnte, dann würde das Vermitteln eines positiven Erlebnisses zum Glücksspiel. Die Lösung bestand darin, die Entwicklung von Selbstdisziplin und Emotionskontrolle in eine organisationale Gewohnheit zu verwandeln.

Sie entwickelten bei Starbucks Schulungsprogramme und Rollenspiele, die sie gemeinsam mit ihren Vorgesetzten trainierten. Neben

---

69 Aus Chip und Dan Heath: Switch.

eigenen Zielsetzungen war hierbei wesentlich, dass sie selbst identifizierten, wann sie aus der Spur gerieten, und gemeinsam mit dem Vorgesetzten genau für diese Situationen neue Verhaltensweisen in Rollenspielen einübten.

In der Konsequenz begannen viele Mitarbeiter auch ihr sonstiges Leben besser auf die Reihe zu bekommen. Sie kamen pünktlicher und die Mitarbeiterfluktuation ging zurück. Manche kamen endlich in der Arbeitswelt an und wurden selbst Vorgesetzte. Eine neue Gewohnheit, nämlich das Training der Emotionskontrolle mit Rollenspielen, führte also zu einer Vielzahl von weiteren Folgen.«

Jan wurde nachdenklich: »Ich glaube, dies könnten einige Mitarbeiter im Hotel auch gebrauchen.«

»Möglich«, nickte Wolfgang. »Du kannst es ja in dein Backlog aufnehmen. Mit was wir – neben der organisationalen Master-Gewohnheit – beginnen, schauen wir uns heute Abend an, wenn wir das komplette Bild haben. Es ging mir gerade nur um die Idee von Schlüsselgewohnheiten. Das kann ein Emotionstraining sein.

Auch die Gewohnheit, dass Meetings auf die Minute genau beginnen und enden, kann dazu führen, dass alle möglichen anderen Dinge pünktlicher geschehen und damit viele Konflikte aufgrund von Verzögerungen verschwinden.«

»Das nehme ich auch gleich in mein Backlog« unterbrach Jan. »Es nervt mich, dass unsere Führungs-Meetings immer fünf bis zehn Minuten später beginnen.«

Wolfgang grinste und fuhr fort: »Oder die Gewohnheit, dass jeder jeden Abend seinen Platz aufgeräumt und den Schreibtisch papierlos verlässt, kann dazu führen, dass die Selbstorganisation besser wird. Und das führt dann meist zu besserer Zusammenarbeit in Projekten.

Oder noch eine sehr coole organisationale Schlüsselgewohnheit: sich nämlich im Unternehmen gemeinsam Verhaltens- statt Ergebnisziele zu setzen.«

»Wieso ist das hier wieder relevant?«, wollte Jan wissen. »Dass das Leben in dem, was wir tun, stattfindet und nicht in dem, was wir erreichen wollen, habe ich verstanden. Aber was hat das mit den organisationalen Gewohnheiten zu tun?«

»Oh, diese eine Gewohnheit kann alles ändern!«, strahlte Wolfgang. »Man[70] hat Firmen miteinander verglichen. Von den besten Firmen haben sich 89 Prozent Ergebnisziele gesetzt.«

»Das spricht aber jetzt doch für die Erfolgsziele, wie es in allen Büchern steht«, warf Jan verwundert ein.

»Nicht ganz. Von den schlechtesten Firmen waren es nämlich auch 86 Prozent. Das heißt, Ergebnisziele machen – entgegen der verbreiteten Lehre in allen Erfolgsbüchern – keinerlei Unterschied.

Diese Irrlehre ist Konsequenz eines methodischen Fehlers: Man fragt die Gewinner bei der Olympiade, was sie besonders gemacht haben, und erhält zur Antwort, dass sie unbedingt die Goldmedaille haben wollten. Hätte man die Zweiten und die Dritten oder selbst die Letzten gefragt, hätte man dieselbe Antwort erhalten und leicht festgestellt, dass die Zielsetzung in Bezug auf das Ergebnis keinen Unterschied macht. Ergebnisziele setzen sich fast alle.

Man hat aber auch festgestellt, dass ebenfalls 89 Prozent der besten Firmen auch Verhaltensziele hatten, aber nur 33 Prozent der schlechtesten Firmen. Das ist nun mal ein relevanter Unterschied. Der Hintergrund dafür ist ganz einfach: Setze ich mir im Verkauf beispielsweise das Ergebnisziel, 5 Millionen Umsatz zu bringen, dann weiß ich oft nicht, was ich tun soll. Und unser Gehirn vermeidet nun Nachdenken und tut dann lieber gar nichts.

Setze ich aber das Verhaltensziel, zehn Vertriebsgespräche pro Tag mit einem Durchschnittsvolumen oberhalb von x Euro zu führen, dann ist das eine konkrete Anweisung. Oder wenn ich meine Kunden nicht nur als Melkkühe betrachten will, kann ich auch das Verhaltensziel setzen, in jedem Gespräch die Beziehung zu intensivieren und dem Kunden einen Weg zur Befriedigung seiner Bedürfnisse zu zeigen.

Egal, welches konkrete Verhaltensziel ich jetzt wähle, es weiß immer jeder genau, was er tun soll. Und macht es dann eher. Deswegen erzielt solch ein Mitarbeiter eher Ergebnisse und damit steigt auch das Selbstbewusstsein. Und dies hat wiederum viele weitere Auswirkungen.«

---

70 Ebenfalls Chip und Dan Heath: Switch.

Jan nickte nachdenklich: »Vermutlich braucht es eine Menge Versuche und eine gewisse Erfahrung, um herauszufinden, was die richtige Schlüsselgewohnheit ist und was nicht.«

Wolfgang nickte: »Zum Glück kannst du in unserem Umfeld auf viele Tausend Jahre Unternehmererfahrung zugreifen.«

»Und was wäre jetzt bei mir die Schlüsselgewohnheit?«

»Kommen wir später dazu«, schüttelte Wolfgang den Kopf. »Ich bat dich ja vorher um einen scheinbaren Umweg. Lass uns also zuerst noch schauen, wie wir organisationale Gewohnheiten verändern.«

4.3.3 Unterschied zwischen individuellen und organisationalen Gewohnheiten

»In Ordnung«, stimmte Jan zu. »Vermutlich ändern wir organisationale Gewohnheiten ähnlich wie individuelle Gewohnheiten, oder?«

Wolfgang nickte: »Es ist fast alles gleich. Bis auf einen Punkt, aber der ist wesentlich. Der einzige Unterschied ist, dass das, was bei der Veränderung von individuellen Gewohnheiten nur in deinem eigenen Kopf abgeht, bei der Veränderung von organisationalen Gewohnheiten zwischen den Menschen geschieht.

Wenn du als Person weniger essen willst, bist es trotzdem du, der mitten in der Nacht zum Kühlschrank huscht und diesen plündert. Du machst den ganzen Frust und die negativen Selbstgespräche nur mit dir aus. Wenn du pünktliche Meetings im Unternehmen einführen willst, ist es vermutlich jemand anderes, der zu spät kommt. Und daraus entstehen dann meist Vorwürfe, Stress und Konflikte.«

»Und in der Familie mit Kindern ist es wohl auch so. Will ich ihre Gewohnheiten ändern oder entwickeln, dann habe ich Stress mit ihnen.«

»Wenn du es falsch machst, ist das so«, stimmte Wolfgang zu. »Aus genau diesem Grund haben wir bei deinen individuellen Gewohnheiten begonnen und gelernt, das Ganze so leicht wie möglich zu machen. Idealerweise so, dass du keine negativen inneren Dialoge mehr mit dir selbst hast, sondern dich sogar auf die nächste Gewohnheit freust.«

»Das bedeutet, ich beginne die organisationalen Gewohnheiten ganz klein. Ich sorge dafür, dass sie Flow erzeugen. Ich sorge für klare Auslöser. Ich sorge für Belohnungen und Feiern.«

»Genau. Das ist bei den organisationalen Gewohnheiten noch wichtiger als bei deinen individuellen Gewohnheiten. Deswegen gebe ich dir noch ein paar zusätzliche Tipps, die du zwar auch für dich individuell nutzen kannst, die aber beim Ändern von Gewohnheiten anderer essenziell sind.

Zuerst einmal: Mit was beginnst du? Du kannst entweder etwas komplett Neues einführen, zum Beispiel, dass deine Mitarbeiter jeden Tag zehn Minuten in ein internes Online-Learning-Portal gehen sollen. Das wird recht zäh. Nimm stattdessen etwas, was es schon gibt, also meinetwegen kurze Zehn-Minuten-Meetings vor dem Arbeitsbeginn, und mach diese vorhandene Gewohnheit besser. Das ist dramatisch einfacher.

Und selbst wenn du eine komplett neue Gewohnheit einführen willst: Mach deutlich, dass ihr das ja schon zum Teil macht. Also zum Beispiel bei individuellen Gewohnheiten beim Sport. Von 0 auf 100 ist schwer. Aber wenn du deutlich machst, dass du selbst ohne Sport und als völliger Bewegungsmuffel schon 2000 Kalorien am Tag verbrennst und jetzt eben erst mal auf 2100 erhöhen willst, dann wirkt die Änderung viel kleiner.

Das basiert auf einer Idee, die Chip und Dan Heath beschreiben: Eine Autowaschanlage wollte die Kunden nach acht Besuchen mit einer Extrawäsche belohnen. Dazu probierten sie zwei Stempelkärtchen. Ein leeres Achter-Kärtchen und ein Zehner-Kärtchen, wo schon zwei Stempel drin waren. Letzteres funktioniert dramatisch besser, weil das Gefühl entsteht, schon auf dem Weg zu sein.«

»Du meinst«, überlegte Jan, »dass es besser funktionieren müsste, wenn ich meinen Kindern nicht ›Zieht euch jetzt endlich an‹ sage, sondern sie lobe, dass sie schon fast angezogen sind und nur noch Schuhe und Jacke fehlen?«

»Probier's aus«, nickte Wolfgang lächelnd. »In dem konkreten Fall ist zusätzlich noch hilfreich, dich als Konfliktpartner rauszunehmen, indem du eine Begründung hinterherschiebst. Zum Beispiel: ›Die Schule fängt an.‹«

»Gibt's noch mehr, was organisationale Gewohnheiten leichter macht?«

»Natürlich, eine ganz Menge«, nickte Wolfgang. »*Mache immer die* ***positiven Abweichungen und Ausnahmen*** *sichtbar.* Wenn also etwas richtig gut funktioniert hat, richte den Scheinwerfer drauf. Und wenn es nur Kleinigkeiten sind. Deine Restaurantleiterin macht ein Zehn-Minuten-Meeting vor dem Arbeitsbeginn und dort soll in Zukunft zum Beispiel jeder sagen, was er an diesem Tag besser machen will als bisher. Macht aber nur ein Mitarbeiter. Üblicherweise bekommen jetzt entweder die anderen eine Abreibung oder man ignoriert es und das war es dann auch schon mit der Gewohnheit. Der richtige Weg: Feiere die eine Person! Ist eine positive Abweichung zu bisher. Bisher waren es nämlich null Personen!

Wenn etwas richtig gut funktioniert hat, sollten wir den Scheinwerfer drauf richten. Und wenn es nur Kleinigkeiten sind.

Dann als Nächstes wieder die Frage der **Identität**. Spielt ja schon bei den eigenen Gewohnheiten eine zentrale Rolle, aber hier noch mal besonders.«

»Du meinst, dass der Nichtraucher keine Disziplin zum Nichtrauchen braucht?«

»Genau! Ein Beispiel: In einem Krankenhaus in den USA gab es eine enorme Fluktuation unter den Krankenschwestern. Man hat nun die, die gingen, nach den Gründen gefragt und versucht, Probleme abzustellen. Das hat nicht funktioniert.

Dann fragten sie die, die blieben, warum sie blieben. Und plötzlich kamen viele Antworten, aus denen sich schließen ließ, dass sie stolz auf ihre Arbeit als Krankenschwester sind. Und auch, was sie stolz macht. Nun stärkte man alle Gewohnheiten, die diesen Stolz aufs Krankenschwestersein entstehen ließen, und schwups, die Fluktuation sank dramatisch.

Warum bleiben die Mitarbeiter bei dir? Worauf sind sie stolz? An dieser Stelle Gewohnheiten zu entwickeln oder zu stärken, ist dramatisch leichter und hat auch noch einen wichtigen Effekt auf die Mitarbeiterbindung.«

»Da braucht man aber Mut«, überlegte Jan. »Könnte ja sein, dass ihnen nichts einfällt, warum sie dableiben, und dann gehen.«

»Mut brauchst du eh immer«, lachte Wolfgang. »Aber wenn da nichts kommt, dann schließt du einfach die nächste Frage an: ›Wenn es einen Grund geben könnte, warum du bleiben würdest, welcher wäre das?‹ Dann kommen normalerweise die Antworten. Und daraus ergibt sich, was einen Rockstrohhöfler ausmacht und worauf er stolz ist.

Dann habe ich nur noch einen Punkt: **Umfeldveränderungen** sind immer wirksamer und konfliktfreier als Selbstkontrolle. Willst du, dass im Meeting keine Handys benutzt werden, lege einen Ablagekorb mit Ladestationen an den Eingang des Meetingraums. Willst du, dass deine Servicemitarbeiter den Blick über die Gäste schweifen lassen, wenn sie aus der Küche kommen, dann häng auf die Küchenseite der Türe ein lustiges Schild auf, das die Botschaft ›Blick schweifen lassen‹ vermittelt.

Und willst du, dass bestimmte Dinge nicht mehr geschehen, mach sie möglichst schwer. Um im Privaten zum Beispiel Einkaufsanfälle im Internet zu verhindern, lösche die Kartendaten im Browser und friere die Kreditkarte in einem großen Eisblock im Gefrierfach ein.«

Jan musste laut lachen: »Okay, da fallen mir einige verrückte Dinge ein. Aber ich fürchte, ich habe bei all dem, was du mir erzählst, ein zentrales Problem: Ich bin leider immer noch bei meinen eigenen Gewohnheiten zu ungeduldig. Und bei den organisationalen Gewohnheiten soll ich jetzt noch vorsichtiger und langsamer sein. Das wird mich umbringen.«

»Vermutlich«, grinste Wolfgang. »Erst wenn du in der Lage bist, dir selbst neue Gewohnheiten wie im Flow anzueignen, und dabei Mitgefühl mit deinen eigenen Schwächen hast, und erst wenn du dir selbst die Zeit zugestehen kannst, wirst du auch in der Lage sein, organisationale Gewohnheiten ohne große Konflikte oder Widerstände im Unternehmen einzuführen. Mit dem Konzept der organisationalen Gewohnheiten haben wir jetzt die Grundlage für die Lösung deiner konkreten Probleme. Lass uns aber erst mal Mittagspause machen.«

Jan schaute auf die Uhr und war überrascht, dass es schon fast 13 Uhr war. Und so stimmte er zu.

4.4 Wie man während der Arbeit lernt und trainiert

Nach dem Mittagessen begann Jan: »Für Katharina habe ich jetzt einen Ansatz. Dann haben wir als Grundlage besprochen, in der Führung weniger Eimer zu schleppen und dafür eine Pipeline zu bauen. Der erste Schritt ist die Einführung einer organisationalen Master-Gewohnheit und eines Backlogs. Als Idee, nicht mehr allen Details hinterherzulaufen, sondern organisationale Gewohnheiten zu formen, klingt das super.

Aber lass uns jetzt zu den konkreten Herausforderungen kommen: Wie verbessere ich – neben dem heute Morgen angesprochenen Erwartungsmanagement – die Kunden-Feedbacks und löse die schlechte Performance meines Teams?«

»Erkläre mir bitte zuerst, was die häufigsten negativen Feedbacks sind, damit ich ein Bild bekomme«, bat Wolfgang.

»Zum einen betrifft das die Veranstaltungsräume und das Restaurant. Die Räume an sich sind schon okay, aber die Farbe an den Wänden, das Design und die gesamte Ausstattung sind ziemlich in die Jahre gekommen. Das Feedback lautet ungefähr: Bahnhofsambiente zum Mondpreis.«

»Wie ist das mit dem Spa, den Zimmern, der Bar, den Toiletten und anderen Räumen?«, wollte Wolfgang wissen.

»Die hat Walter noch vor seinem Tod renoviert. Deswegen haben wir noch die Schulden. Und an diesen Räumen kommt auch keine Kritik.«

»Ihr werdet ja gerade mit Corona-Geldern zugeschüttet«, überlegte Wolfgang. »Und es dürfte mit Sicherheit auch noch Förderungen für Modernisierungen geben. Hast du mal drüber nachgedacht, jetzt, wenn das Hotel leer ist, diese Zeit effizient für eine Modernisierung zu nutzen?«

»Ja, schon«, nickte Jan. »Aber die Angst, dann noch eine Million oder mehr Schulden zu haben, hat mich abgehalten.«

»Das würde aber diesen Teil des negativen Kunden-Feedbacks lösen, oder?«

»Ja, vermutlich«, nickte Jan.

»Dann solltest du es mit deinem Finanzberater angehen. Seit dem

Sommer sind die Kreditzinsen gestiegen und aufgrund der ganzen Corona-Lieferkettenproblematik mit China werden sie tendenziell weiter steigen. Mach das also eher schneller als langsamer.

Ich kenne übrigens Unternehmer, die solche Bauprojekte gerade nur zum Teil mit externen Handwerkern umsetzen und zum anderen Teil die eigenen Mitarbeiter aus der Kurzarbeit holen und sie unter fachkundiger Anleitung mitarbeiten lassen. Wird preiswerter und sorgt für Mitarbeiterbindung. Gerade jetzt, wo deine Mitarbeiter mindestens vier Monate in Kurzarbeit sein werden und sich dort vielleicht einen anderen Job suchen, nicht ganz unwichtig. Denk mal drüber nach.

Solche Projekte sind aber nicht unsere Expertise: Die liegt in der Entwicklung der Unternehmerpersönlichkeit, nicht in der Entwicklung der Räume – also nutze die Berater, die du hast.«

»Okay, ich werde zeitnah mit meinem Berater sprechen«, stimmte Jan zu. »Ich werde angesichts unserer höheren Preise sowieso nicht um schönere Räume herumkommen. Damit haben wir aber erst die eine Hälfte der negativen Feedbacks abgedeckt. Die andere Hälfte betrifft unsere Mitarbeiter.«

»Kannst du das genauer erklären?«, bat Wolfgang.

»Während der Kurzarbeitsphasen haben wir vor allem die normalen Mitarbeiter in Kurzarbeit geschickt. Die Führungskräfte waren da und die Auszubildenden auch. Für gewöhnlich lernen die Auszubildenden aber am meisten von den normalen Mitarbeitern. Und die fehlten. Also konnten die Auszubildenden viel zu wenig lernen. Zum Beispiel, wie sie mit kritischen Situationen umgehen.«

»Gib mir Beispiele«, forderte Wolfgang Jan auf.

»Da stimmt eigentlich gar nichts«, schüttelte Jan frustriert den Kopf. »Im Restaurant warten Gäste 15 Minuten, bis sie wahrgenommen werden. Dann räumt niemand die leeren Teller vom Tisch, damit sich die Gäste neue Teller vom Buffet holen können.

Einmal habe ich sogar beobachtet, dass Gäste einen Auszubildenden zu sich riefen und ihn baten, das Geschirr abzuräumen, woraufhin dieser einen einzigen Teller abräumte. Den Rest ließ er stehen und vergaß ihn. Die Gäste stellten daraufhin ihre benutzten Teller selbst aus Protest auf den Boden und der Mitarbeiter lief um diese Teller auf dem Boden außen herum.[71] Darauf angesprochen, erwiderte der Auszubildende entrüstet: ›Ich mache mich vor den Gästen doch nicht zum Kasper!‹ Wenn es derart im Restaurant hängt, sind auch die Köche hintendran genervt und zwischen Restaurant und Küche kochen dann auch noch die Emotionen hoch.«

»Stimmt, das verträgt sich definitiv nicht mit Preisen oberhalb von 200 Euro pro Nacht«, schüttelte Wolfgang den Kopf. »Noch mehr?«

»Ja«, erwiderte Jan und langte sich frustriert an die Stirn. »Ich hatte neulich eine Auszubildende, die von einem unserer Veranstalter etwas härter angegangen wurde, weil der Service nicht stimmte. Dieser sagte schließlich der Auszubildenden, dass er jedes Jahr einen sechsstelligen Betrag ins Hotel brächte und das Hotel wechseln würde, wenn sich nichts ändere. Daraufhin pflaumte meine Auszubildende[72] zurück, dass er das tun solle, weil wir solche unverschämten Gäste auch nicht brauchen würden.

Würde dich doch auch fassungslos machen, Wolfgang, oder? Birgit, Sabrina und ich kämpfen um jeden Kunden und die Auszubildende wirft einen sechsstelligen Betrag zum Fenster raus! Das hat mich diverse Telefonate gekostet, diesen Veranstalter dann doch noch als Kunden zu halten. Aber Auszubildende kann ich ja kaum kündigen …«

»Und die zugehörigen Kunden-Feedbacks lauten dann vermutlich: 0-Sterne-Service zum 5-Sterne-Preis«, ergänzte Wolfgang.

»Ja, und die Gäste haben ja recht. Aber wenn ich die Auszubildenden drauf hinweise, habe ich den Eindruck, dass es in ein Ohr rein und zum anderen Ohr wieder raus geht.«

»Jetzt habe ich ein Bild«, nickte Wolfgang. »Das bekommen wir gelöst. Ist sehr einfach und letztlich eine Frage des Trainings. Wir haben also aktuell folgende Aufgaben: Sabrina, Birgit und Lea helfen, die Erwartungen deiner potenziellen Gäste zu managen und damit Katharina an Bord zu holen. Dann führst du die organisationale Master-Gewohnheit ein.

Und der nächste Schritt ist nun, organisationale Gewohnheiten aufzubauen, die dazu führen, dass deine Mitarbeiter bestens trainiert sind

71 Das habe ich als Gast im Mai 2022 genau so erlebt.

72 Auch das war ein echtes Erlebnis aus dem Juli 2022.

und damit auch in der Lage, die höheren Erwartungen zu erfüllen. Und dann kommen noch ein paar weitere organisationale Gewohnheiten dazu.

In einigen Monaten dürftest du vermutlich nochmals die Strategie nachschärfen, um vor allem solche Gäste anzuziehen, die eure Leistungen besonders schätzen. Kannst du mit dieser Skizze etwas anfangen?«

»Ja, mega«, stimmte Jan zu, als ihm klar wurde, dass damit seine aktuellen Herausforderungen gelöst würden. »Daneben kommt noch der Umbau dazu, wenn sich das finanziell stemmen lässt.«

Wolfgang lächelte: »Dann lass uns zum Training deiner Mitarbeiter kommen. Du hast gerade zum Glück den positiven Sonderfall, dass ihr recht viel Zeit zum Training habt. In rund vier Monaten kannst du schon was erreichen. Aber ich würde es dennoch anders angehen, weil du außerhalb von Corona diese Zeit nicht hast. Und dann fällt das Training wieder hinten runter und nach kurzer Zeit stehst du vor demselben Problem wie jetzt. Das heißt: Die vier Monate bis zum Ende der Corona-Welle zu nutzen, ist gut, aber nicht nachhaltig.

Das Problem dabei ist: Arbeit und Lernen bildeten bisher im Kopf der meisten Unternehmer, Führungskräfte und auch Mitarbeiter immer einen Gegensatz. Wir beschäftigen uns jetzt mit einem der wichtigsten Punkte, den ich in den letzten Jahren kennengelernt und weiterentwickelt habe: der Frage, wie du und deine Mitarbeiter *während* der Arbeit lernen und wachsen könnt.«

»Du meinst so etwas wie, dass ich letztens Lea zu einer Onlineweiterbildung über die Möglichkeiten unserer HR-Software angemeldet habe?«, unterbrach Jan.

Aber Wolfgang schüttelte den Kopf: »Nein, Lernen nicht *neben* der Arbeit oder *statt* der Arbeit in Fortbildungen, sondern *während* die reguläre Arbeit getan wird.«

»*Während* der Arbeit?«, unterbrach Jan ungläubig. »Das würde ja den üblichen Konflikt auflösen. Man sieht zwar, dass Weiterentwicklung nötig ist, aber dann bleibt keine Zeit, weil so viel andere Arbeit zu tun ist.«

»Exakt«, stimmte Wolfgang zu. »Thomas hat dir ja bestimmt bei der Strategie schon erzählt, wie wichtig Geschwindigkeit ist. Dasselbe gilt auch beim Training. Die Welt bewegt sich immer schneller, also müsst auch ihr als Team euch schneller entwickeln, um euch zumindest anzupassen, besser noch, der Welle voraus zu sein. Nun seid ihr zwar mit eurem Hotel nicht im Hightech-Bereich unterwegs, aber auch bei euch schläft der Wettbewerb nicht.«

Jan unterbrach: »Für mich sind bei diesem Thema Lernen während der Arbeit zwei andere Punkte viel wichtiger: Erstens haben wir in der Hotellerie eine durchschnittliche Mitarbeiterfluktuation von 30 Prozent, also eine mittlere Verweildauer von rund drei Jahren. Wenn ich etwas anders machen will als andere, dann muss ich in der Lage sein, meine Leute sehr schnell zu entwickeln.

Und außerdem gibt es bei uns viele 450-Euro-Kräfte. Würde ich die neben der Arbeit trainieren, bliebe keine Zeit mehr für die Arbeit. Bei denen ist der Konflikt mit der begrenzten Zeit, die ich bislang entweder für Arbeit oder für Lernen einsetzen konnte, also besonders krass.«

Wolfgang ergänzte: »Außerdem kannst du mit der Weiterentwicklung deiner Mitarbeiter dafür sorgen, dass die Fluktuation runtergeht. Ist zudem auch noch ein Wettbewerbsvorteil beim Kampf um neue Mitarbeiter. Die Qualifikationsmöglichkeiten gehören zu den wichtigsten Gründen, warum die besten Mitarbeiter bei Schwarzgurt-Unternehmern® arbeiten wollen.

Jedenfalls werden Arbeit und Weiterentwicklung fast immer dualistisch betrachtet. Entweder ich arbeite oder ich trainiere und entwickle mich weiter. Wenn man es nun schaffen könnte, beides zumindest teilweise überlappend zu designen, dann würde in Summe viel mehr Zeit für beide Bereiche zur Verfügung stehen *und* es würde auch noch viel mehr Spaß machen. Und mittelfristig werden deine Mitarbeiter qualifizierter und innovativer und du ziehst dem Wettbewerb davon.

Wenn du also diesen Konflikt auflösen kannst, integrierst du nach und nach immer mehr Lernen in die Arbeit, zuerst fünf, dann zehn, dann 20 oder mehr Stunden pro Woche. Ich zeichne dir das mal auf. Interessiert?«

Lernen während der Arbeit

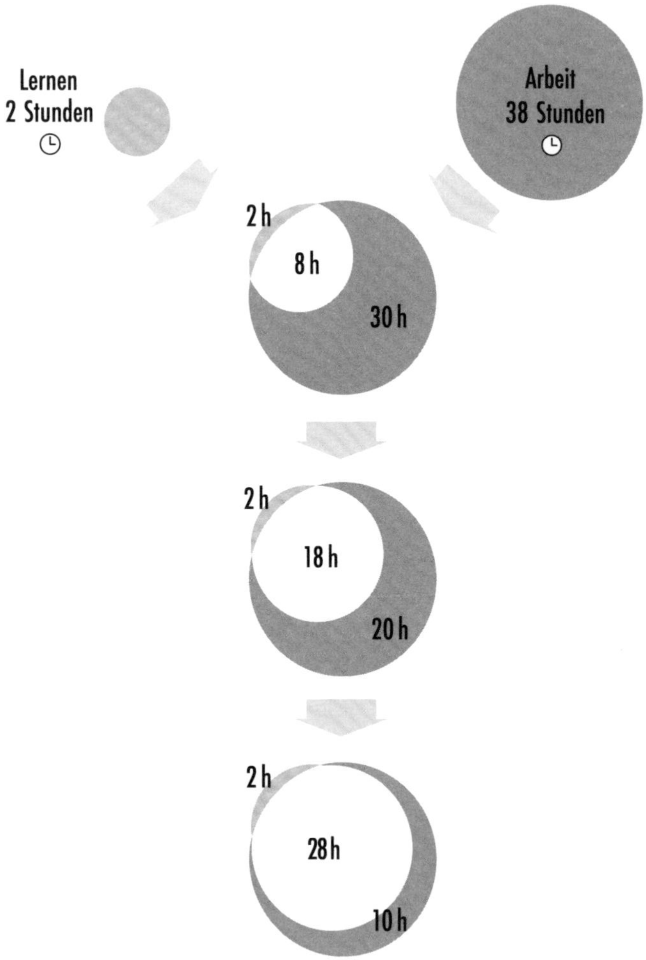

»Mega!«, stimmte Jan zu. »Das könnte ich dann auch noch für mich selbst nutzen und hätte zudem viel mehr Zeit für mein eigenes Training, weil es in der Arbeit stattfinden würde. Und meine Mitarbeiter würden in ihrem Bereich immer besser – das wäre genial. Da bin ich echt gespannt.«

4.4.1 Bewusstes Lernen

»Dann lass uns beginnen«, schlug Wolfgang vor. »Wir haben zwei unterschiedliche Ansätze dazu, denen wir mit der Arbeit von Anders Ericsson[73] ein gemeinsames Fundament geben können. Wahrscheinlich hast du schon mal davon gehört, dass man, um Meister auf Weltniveau in einer beliebigen Disziplin zu werden, 10 000 Stunden lernen muss.«

»Ja, kommt mir bekannt vor«, nickte Jan.

»Diese Idee mit den 10 000 Stunden kommt von Ericsson, ist aber eine Verballhornung seiner Arbeit. Es kommt nämlich darauf an, wie man die 10 000 Stunden verbringt. Ich bin sicher in meinem langen Leben mehr Auto gefahren als Mick Schumacher. Und sicher auch mehr als 10 000 Stunden. Trotzdem kann er es deutlich besser als ich. 10 000 Stunden allein reichen also nicht.

Der Unterschied nennt sich ›bewusstes Lernen‹. Und das erklärt auch den Unterschied, warum manche Unternehmer zwar schon mehr als 10 000 Stunden in ihrem Unternehmen gearbeitet haben, aber trotzdem noch keine Weltklasse-Unternehmer sind. Und dasselbe gilt natürlich auch für Mitarbeiter.«

»Du meinst, ich war bislang genauso Unternehmer wie du Autofahrer?«, überlegte Jan. »Moment, ich bin jetzt zwölf Jahre Unternehmer und im Durchschnitt über alle Jahre habe ich vielleicht 55 Stunden pro Woche gearbeitet. Das sind ja bereits rund 30 000 Stunden.« Und dann ergänzte Jan fassungslos: »Wenn ich nur ein Drittel davon wirklich genutzt hätte, um herausragender Unternehmer zu werden, dann wäre ich auf Weltniveau?«

»So ungefähr«, lächelte Wolfgang. »Lass uns das bewusste Lernen mal genauer anschauen. Es gibt acht Einflussfaktoren:

Erstens: Sorge für ein klares Lernziel. Das heißt zuerst einmal: jede Aufgabe bekommt zwei Ziele – ein Ergebnisziel und ein Lernziel. Beim Autofahren zum Beispiel kann das Ergebnisziel sein: Fahre fünf Runden. Und das Lernziel: Fahre so nah wie möglich an der Idealspur. Ich hatte bei meinen Autofahrten immer nur ein Ergebnisziel – ich

73 Anders Ericsson: TOP.

wollte ankommen. Deswegen habe ich während des Fahrens nichts oder nur wenig gelernt.«

Jan unterbrach: »Das bedeutet, wenn ich mir bei der Strategieentwicklung beispielsweise Ziele wie ›Finde im Kundengespräch in kürzestmöglicher Zeit das brennendste Problem heraus‹ setzen und die Zeit messen würde, würde dies zu einem anderen Lernen führen? Oder bei meinen Servicemitarbeitern die Zahl der lächelnden Kunden erhöhen?«

»Exakt«, nickte Wolfgang. »Und durch das Lernziel beginnst du während der Arbeit zu lernen. Du hast lediglich einen geringen Overhead, anfangs deine Lernziele zu definieren.

Ich gebe dir noch ein paar Beispiele: ›Übe, bis XY erreicht ist.‹ Das kann sein: Spiele dieses Musikstück dreimal fehlerfrei. Oder beim Gedächtnistraining: Merke dir fünf Namen von Gästen. Wenn du das fünfmal hintereinander richtig gemacht hast, erhöhe auf sechs und so weiter. Hast du einen Fehler gemacht, reduziere wieder um eins. Das Ziel sollte, wie beim individuellen Flow üblich, oberhalb der Komfortzone liegen. Und der Lernende sollte das Ziel für sich selbst formulieren, wobei ein Trainer oder eine Führungskraft natürlich ein gewisses Stretching oder bei Hochleistern eine Reduzierung anregen kann.

Zweitens: Feedback (oder Selbst-Feedback) nach jedem Versuch. Jedes Mal, wenn eine Lernaufgabe ausgeführt wurde, braucht es Feedback. Das kann vom Vorgesetzten sein, aber besser sollte das jeder Mitarbeiter sich selbst geben können. Oder noch besser ist, wenn du das System so anlegst, dass Feedback darin enthalten ist.

Nehmen wir noch mal das Beispiel mit dem Namenlernen. Das soll und kann natürlich nicht dauernd der Vorgesetzte beobachten. Er gibt lediglich einen Impuls, wenn er wahrnimmt, dass das Lernen nicht stattfindet. Der Mitarbeiter kann sich selbst nach jedem Tisch ein Feedback geben, indem er noch mal in Gedanken die Namen wiederholt und wenn er sie alle kann, sich in Gedanken dafür auf die Schulter klopft und lächelt.

Und in gewissem Sinne ist hier auch ein Feedbacksystem eingebaut, weil die Gäste sich freuen, wenn sie mit Namen angesprochen werden, und dann auch lächeln. Und dann kann er für jedes dieser Lächeln beispielsweise eine Bohne aus der linken in die rechte Hosentasche tun und nach der Arbeit zählen.«

»Das muss man dann als eine Art organisationale Gewohnheit etablieren«, überlegte Jan. »Das ist also die Querverbindung.«

»Ja, und du kannst es mit einem System unterstützen. Zum Beispiel eine offen ausgehängte Tabelle, wo jeder seine Ergebnisse einträgt. Dabei muss noch nicht mal offen dastehen, um was es geht – eine Zahl an jedem Tag reicht. Der Trick ist, dass die anderen daran erinnert werden, bei denen nichts eingetragen ist.

Drittens: Verlassen der Komfortzone. Hier braucht es Selbstbeobachtung und auch das Feedback der Führungskraft. Jede Tätigkeit rutscht irgendwann vom Flow-Kanal in die Komfortzone, weil wir besser darin werden. Und irgendwann geht es sogar in die Langeweile-Zone, dann müssen die Ziele angehoben werden. Zwei Jahre lang die Ideallinie zu fahren, ist komplett langweilig. Die Ideallinie auf Zeit zu fahren oder mit dem spätestmöglichen Bremszeitpunkt oder was auch immer, führt wieder zurück in den Flow-Kanal.«

»Dazu muss ich es erst mal meinen Führungskräften nahebringen, und damit das funktioniert, muss ich es selbst machen«, überlegte Jan.

Wolfgang nickte und fuhr fort: »**Viertens: Volle Aufmerksamkeit.** Das ›bewusste Lernen‹ funktioniert bei voller Aufmerksamkeit am besten. Wenn das Ziel irgendwo im Flow-Kanal liegt und attraktiv ist, ist auch die Aufmerksamkeit in aller Regel hoch. Dem muss ich mich dann kaum separat widmen. Natürlich kann ein Training in Meditation hier noch weiter unterstützen.

Fünftens: Der Glaube daran, dass es immer noch besser geht. Früher gab es die Annahme, dass man sieben plus / minus zwei Ziffern im Kurzzeitgedächtnis halten könne. Bis das durch einen Versuch von Anders Ericsson infrage gestellt wurde. Er wollte wissen, wie weit man gehen könne. Nach zwei Jahren Training war die Versuchsperson bei rund 80 Ziffern. Der heutige Weltrekord liegt bei 630 Ziffern in fünf Minuten. Und vermutlich geht es auch da noch besser.

Sechstens: Identität und Commitment. Wenn jemand an die Tätigkeit herangeht mit der Einstellung ›Ich bin halt der Walter‹, dann wird er nie wirklich besser werden. Einer der zentralen Schlüssel ist unsere Identität, wer wir sind oder sein wollen. Wenn eine Servicekraft für sich das Ziel ›Ich bin in meinem Kern die beste Servicekraft Deutschlands und werde dafür jeden Tag trainieren‹ setzt, dann wird sie es am Ende auch.

Dabei muss die zukünftige Identität nicht mal unerreichbar hoch sein. Es reicht zu Beginn auch, ein kleines Stückchen weiter zu zielen, zum Beispiel: Ich bin die freundlichste Servicekraft in unserem Team. Wie weit weg diese zukünftige Identität ist, entscheidet sich allein dadurch, ob es für die Person, die sich entwickeln will, attraktiv und glaubwürdig ist. Solange es glaubwürdig ist, sollte die Identität möglichst groß sein.«

»Für mich war die Identität des Schwarzgurt-Unternehmers glaubwürdig«, nickte Jan. »Und deswegen habe ich bereits Lerngewohnheiten entwickelt, wie beispielsweise meine Aufgaben mit Flow zu versehen oder überhaupt meine Gewohnheiten zu entwickeln. Wir sind also bei mir schon mittendrin?«

»Exakt«, lächelte Wolfgang. »Du siehst, wie alles aufeinander aufbaut. Lass uns zu den letzten beiden Punkten kommen:

Siebtens: Trainer oder Führungskraft mit hohen Standards. Die meisten untrainierten Menschen ohne Identitätsziele sind bequem. Aber auch die anderen, die wirklich etwas wollen, erreichen ein Vielfaches mehr, wenn es jemanden gibt, der hohe Erwartungen in sie setzt. Die Zeit im Flow-Kanal, die Zeit im bewussten Lernen multipliziert sich einfach.

Allein dadurch, dass du am Ende auf ein definiertes Ziel wie Schwarzgurt-Unternehmer hinarbeitest und dies von jemand anderem mit hohen Standards entschieden wird, ändert sich etwas für dich. Es entsteht eine starke Energie. Diese kannst du umwandeln in Scham, weil du es nicht hinbekommst, oder in Wut auf das System, dann verlierst du. Oder du kannst dich diesen Standards stellen, dann beginnst du, ehrlich mit dir selbst zu sein. Das ist meist mit Schmerz verbunden, weil es das oft zu positive Bild, das du von dir hast, geraderückt. Etwa 90 Prozent aller Autofahrer halten sich für überdurchschnittliche Autofahrer. Also liegen mindestens 40 Prozent falsch. Erst das schmerzhafte Erkennen, falschzuliegen, ermöglicht die Verbesserung.

Zudem gibt es noch eine wichtige Wechselwirkung: Indem die Schüler immer besser werden, müssen sich auch die Lehrer strecken.

Anders Ericsson sagt deshalb: ›Die Wechselwirkung zwischen Leistungssteigerungen und Verbesserung der Unterrichtsmethoden hat dazu geführt, dass heutzutage jeder, der auf einem Gebiet Expertise erlangen will, die Hilfe eines Mentors benötigt, der einen auf dem Weg der eigenen Erfahrung begleitet und auch seine eigenen Standards immer höher setzt.‹«

»Das heißt, du musstest selbst immer besser werden, weil deine Kunden Schwarzgurt-Unternehmer oder beste Arbeitgeber Deutschlands wurden?«, grinste Jan.

»Definitiv«, nickte Wolfgang ernst. »Das geht immer in beide Richtungen. Auch herausragender Trainer bist du erst nach 10 000 Stunden bewussten Lernens. Und auch nur dann, wenn die Lernenden auf höchstem Niveau spielen.[74] Lass uns zum letzten Punkt kommen.

Achtens: Glücksgefühle bei der Verbesserung. Der Glaube an die dauernde Verbesserungsmöglichkeit ist das eine, aber wichtig ist, dabei auch Glücksgefühle zu entwickeln, wenn man immer besser wird. Genauso wie ein Kind sich freut, wenn es lernt, schneller zu rennen oder ein Spiel besser zu spielen. Dazu braucht es viel positives Feedback. Auch die wachsende Bindung zum Trainer oder zur Führungskraft bei Verbesserung hilft.«

»Das klingt megaspannend. Und ich sehe auch die ganzen Querverbindungen zu den Gewohnheiten und zum Flow. Ich verstehe, dass wir es erst jetzt wirklich besprechen konnten, weil vorher die Grundlagen fehlten. Aber wie nutze ich das denn nun in der Praxis? Und wie löst mir das meine Probleme mit meinen Mitarbeitern?«

»Dazu kommen wir jetzt«, erwiderte Wolfgang. »Die gerade besprochene Grundidee teilt sich in zwei konkrete Umsetzungsformen auf. Du wirst beide benötigen. Die unterschiedlichen Arten hängen mit den unterschiedlichen Lernformen des Menschen zusammen.

Wir haben das analytische Lernen. Da zerlegen wir eine Tätigkeit,

---

74 Das heißt, wenn du einen Coach oder Mentor in irgendeinem Bereich auf Top-Niveau suchst, meinetwegen Vertrieb, dann recherchiere ernsthaft folgende drei Punkte: 1) Hat der Coach mind. 10 000 Stunden Erfahrung als Vertriebler? 2) Hat der Coach mind. 10 000 Stunden Erfahrung als Vertriebscoach? 3) Erzielen seine Kunden im Durchschnitt relevante Ergebnisse?

Die acht Einflussfaktoren des bewussten Lernens

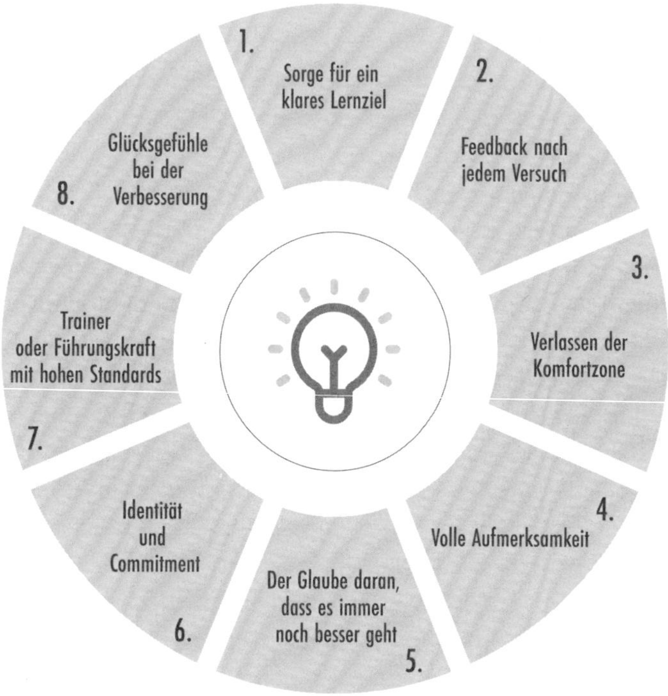

wie beispielsweise ein Frühstücksbuffet aufzubauen, in ihre Teilelemente und optimieren dann die Teile. Frederick Winslow Taylor hat diese Art der Entwicklung – allerdings noch getrennt in Analyse und Umsetzungsphase – bekannt gemacht. So machte er beispielsweise jahrtausendealte Tätigkeiten wie Schaufeln oder Mauern um den Faktor 2–3 effizienter.

Der Vorteil ist, dass das Gelernte oft in Systemen abgebildet werden kann, die der ganzen Organisation zugänglich sind. Als ›Abfallprodukt‹ kann dabei zum Beispiel ein Systemhandbuch, heute eher als interne Online-Learning-Plattform, herauskommen, mit dessen Hilfe du das

Gelernte auch anderen sehr schnell beibringen kannst. Die müssen nicht dieselben Fehler nochmals machen.

Der Nachteil dieses Lernens ist, dass es oft eher spaßbefreit und nur für einfache Tätigkeiten mit geringer innerer Komplexität und mit stabilen äußeren Rahmenbedingungen anwendbar ist.

Dann haben wir das **spielerische Erfahrungslernen**. Das nutzen zum Beispiel kleine Kinder. Sie probieren aus, sie lachen, sie weinen, sie probieren es noch mal, bis sie es können. Es macht meist Spaß und ist auch für komplexe Tätigkeiten geeignet. Einem Kind, das lernt, Rad zu fahren, aus einem Systemhandbuch vorzulesen, wie es das schneller lernen kann, wird nicht funktionieren.

Ich kann vielleicht zwei oder drei Tricks weitergeben – Stützräder zu Beginn oder so –, aber ansonsten muss die Erfahrung immer wieder von vorne gemacht werden. Ein Kind lernt auch die Muttersprache durch Ausprobieren und Verbessern und nicht, indem es zuerst die Grammatik paukt und danach zielgerichtet die grammatikalischen Regeln anwendet. Das ist zugleich der Nachteil dieser Art des Lernens, da das Gelernte kaum systematisiert und in der Organisation verteilt werden kann.

Beide Lernarten haben also Vor- und Nachteile und sind für bestimmte Einsatzgebiete geeignet und für andere nicht. Beide Lernkonzepte wurden übrigens aus dem Sport ins Business transferiert, schlicht und ergreifend, weil Sport von der Entwicklung der Menschen lebt. Lass uns die Vorgehensweise jetzt im Detail anschauen.«

4.4.2 Das analytische Lernen

Nach einer kurzen Pause fuhr Wolfgang fort: »Das analytische Lernen während der Arbeit wurde von Art Turock[75] entwickelt. Im Sport gibt es Basics wie bestimmte Bewegungsabläufe, Kraft, Schnellkraft, Ausdauer, Strategien usw. Dies lässt sich auf das Business übertragen: Wir haben Meetings, Ideenentwicklung, Entscheidungen allein oder im Team, Feedback-Geben, Zuhören und andere Tätigkeiten. Bei dir

75 Art Turock: Competent ist not an option.

zum Beispiel das Vorbereiten von Seminarräumen, das Aufnehmen von Bestellungen, das Einchecken der Gäste usw. All dies lässt sich auflisten und trainieren.«

»Das ist doch wahnsinnig viel!«, warf Jan ein.

»Ja, das stimmt. Und man kann sich damit auch in die analytische Lähmung begeben, bis gar nichts mehr geht. Andererseits, wenn man mal alles aufschreibt, kommt man selten auf mehr als 20 bis 30 unterschiedliche Tätigkeiten pro Stellenbeschreibung. Vermutlich ist einiges auch schon in eurem Systemhandbuch beschrieben. Wenn du dich dann auf die drei Tätigkeiten konzentrierst, die auf Sicht der nächsten drei bis sechs Monate am kritischsten für das Unternehmen sind, dann kommst du damit schon ganz gut voran.«

Jan dachte einen Moment nach: »Wenn ich das also nutzen will, um die Herausforderungen in meinem Unternehmen zu lösen, dann passt das Beispiel mit der Auszubildenden, die dem Veranstalter sagte, dass er auch wegbleiben könne, hier wohl nicht. Das war eine einmalige, sehr spezifische Situation und das kann ich auch nicht in einem Handbuch abbilden. Da passt das Beispiel mit dem Abräumen von gebrauchten Tellern besser. Lass uns also mal die Servicekräfte im Restaurant nehmen.«

Wolfgang nickte: »In Ordnung. Dann brauchen wir ein Zielbild für die Identität – das ist beim analytischen Lernen wichtiger als beim spielerischen Lernen. Dazu möchte ich dir die Geschichte von Camille erzählen. Ich hielt vor über zehn Jahren in einem Hotel ein kleines Elite-Seminar mit 13 Teilnehmern. Zum Abendessen kam Camille zu uns an den Tisch und stellte sich vor: ›Ich bin Camille und die nächsten drei Tage für euch zuständig.‹ Und dann scherzte sie mit jedem, während sie die Bestellungen aufnahm und unsere Namen erfragte. Das wirkte alles völlig natürlich. Ab dieser ersten Runde kannte sie alle Namen und sprach uns damit an.

Natürlich kannte sie auch die Namen der anderen Gäste in ihrem Servicebereich. Während sie mit jemandem sprach, war sie ganz bei dieser Person. Und wenn sie mit einem Vorgang fertig war, waren ihre Augen einen kurzen Moment im ganzen Raum. Sie sah alles und gab den Gästen sofort mit Blicken zu verstehen, dass sie gesehen wurden. Getränke und Essen kamen perfekt richtig – jeder bekam seins. Sie schien ihre Aufgabe aber nicht darin zu sehen, jedem das Essen und Trinken hinzustellen, sondern jedem ein Lächeln ins Gesicht zu zaubern.

Am nächsten Abend fragte sie mich: ›Und, Wolfgang, wieder eine Grapefruit-Schorle wie gestern?‹ Ich wollte sie testen und antwortete: ›Klar, aber nur, wenn du die Zimmernummer weißt, auf die du es buchen sollst.‹ Als sie ›312‹ sagte, wirkte sie fast ein bisschen beleidigt darüber, wie ich annehmen konnte, dass sie das nicht wisse. Das, was Camille diese drei Abende ablieferte[76], war perfekt. Und jetzt folgende Frage: Glaubst du, sie ist wie Obelix in ihrer Kindheit in den Zaubertrank gefallen, oder glaubst du, sie hat trainiert?«

Jan nickte begeistert: »Megaspannend! Auf so einem Niveau habe ich das noch nie erlebt. Vor allem, dass *du* nach über zehn Jahren noch ihren Namen kennst, zeigt ja schon, wie außergewöhnlich das war.«

»Ja, sie war so was wie eine Schwarzgurt-Mitarbeiterin«, lächelte Wolfgang. »Und es ist dein Job, deine Mitarbeiter dahin zu trainieren. Am besten lässt du die Mitarbeiter selbst erzählen, was der beste Service war, den sie jemals erlebt haben. Und aus dem, was da kommt, beschreibt ihr eine fiktive Camille. Das ist eure Zielidentität. Später kannst du auch von der echten Camille erzählen.«

»Das könnte aber auch entmutigen«, warf Jan ein.

»Stimmt, wenn du gleich mit der echten Camille anfangen würdest, wäre das nicht der Flow-Kanal, sondern die Stress- und Überforderungszone.

Ich möchte aber noch einen wichtigen Gedanken hineinbringen: Bevor du damit beginnst, brauchst du deine Führungskräfte an Bord. Sprich, sie müssen selbst begeistert von dem Konzept sein – vorher hast du kaum eine Chance, dass sie ihre Mitarbeiter begeistern. Deswegen lass uns das Beispiel wechseln. Wo, glaubst du, wollen sich deine Führungskräfte weiterentwickeln?«

»Das ist bei allen unterschiedlich«, schüttelte Jan den Kopf. »Ich glaube, meine Serviceleiterin wäre gerne besser im Feedback-Geben. Ich habe den Eindruck, dass sie sich dabei immer unwohl fühlt. Und

76 Auch Camille hat, genau wie die vorigen Auszubildenden, ein echtes Vorbild.

deswegen vermeidet sie es, ihren Mitarbeiterinnen klares Feedback zu geben, und deswegen ist der Service so schlecht.«

»Gut«, nickte Wolfgang. »Wir sind uns bewusst, dass das nur deine Vermutung ist. Natürlich musst du das im Einzelgespräch abklären, ob es tatsächlich so ist. Aber wir können es immerhin als Beispiel nehmen. Nach dem Konzept von Art Turock muss eine Tätigkeit gut definiert sein. Im Gegensatz zum spielerischen Erfahrungslernen: Dort wird Free Form bevorzugt. Wie also würde ein gutes Feedback deiner Meinung nach aussehen?«

»Da war ich mal auf einem Seminar, wo das erklärt wurde«, freute sich Jan. »Zuerst sollte man in eine positive Grundhaltung kommen, indem man zum Beispiel zehn Dinge aufschreibt, die man an dem Mitarbeiter toll findet. Dann möglichst spezifisch sagen, was man nicht gut findet, also zum Beispiel Teller, die auf dem Boden stehen, dort stehen zu lassen. Und zuletzt sollte man dem Mitarbeiter Handlungsoptionen aufzeigen, also in diesem Fall die Teller doch bitte einzusammeln.«

»Gut, reicht für den Anfang«, nickte Wolfgang. »Arbeitet deine Serviceleiterin damit?«

Jan schüttelte den Kopf: »Ich denke nicht.«

»Arbeitest du damit?«

Jan schüttelte wieder den Kopf.

Wolfgang überlegte einen Moment: »Wenn du deine Serviceleiterin wärst und du es dir als Gewohnheit aneignen wolltest, auf diese Art Feedback zu geben, wo wären die Probleme?«

Jan dachte einen Moment nach: »Zehn positive Dinge aufschreiben ist echt schwer, wenn man gerade wütend auf den Mitarbeiter ist. Und sich die Zeit dafür zu nehmen, wenn man selbst im Stress ist, ebenfalls. Das wird dann, auch wenn es gut klingt, gar nicht funktionieren, oder?«

»Nein, wird es so nicht«, lächelte Wolfgang. »Bette es in vorhandene Gewohnheiten ein. Trainiere es nur in einem Teilbereich. Mach es einfacher. Beispiel: Es gilt am Anfang nicht für jede Art von Feedback, sondern nur für Feedback während des Mitarbeitergesprächs. Da bereitet sich deine Serviceleiterin sowieso vor.

Idealerweise habt ihr eine Checkliste für die Vorbereitung eines Mitarbeitergesprächs. Und da nimmst du mit auf, mindestens ein

Feedback in dieser Form zu geben. Und damit das noch einfacher wird, schreibt sie vorher nur eine positive Sache auf. Überprüfe mit ihr, ob das ihrem Flow-Kanal entspricht oder ggf. noch einfacher oder auch schwieriger gemacht werden soll. So schaffst du mit ihr in den Job eingebettete Entwicklungsroutinen.«

»Und wenn sie das ein paar Mal gemacht hat, dann erhöhen wir die Anforderungen, entweder indem wir die Zahl der positiven Dinge erhöhen oder indem wir die Situationen ausweiten. Bis sie es irgendwann regelmäßig und überall macht.«

»Genau so!«, bejahte Wolfgang. »Und später kannst du deine Anforderungen an Feedbacks erhöhen. Zum Beispiel, dass nach dem Feedback die Bindung stärker sein sollte als vorher, und auch dafür überlegst du dir trainierbare Maßnahmen.

Die meisten Führungskräfte erklären im Feedback etwas einmal, bis es verstanden wurde, und fertig. Damit trainieren sie das Großhirn. Nur ist dann noch nichts passiert. Lernen während der Arbeit bezieht sich auf Können und nicht auf Wissen.

Letztlich trainieren wir hier nicht das Großhirn, sondern die Basalganglien. Wolltest du das Großhirn trainieren, wie es die meisten Führungskräfte tun, dann erklärst du es einmal, bis es verstanden wurde, und fertig. Nur ist dann noch nichts passiert. Wie bei dir, nachdem du im Seminar gelernt hast, wie es geht. Lernen während der Arbeit bezieht sich auf Können und nicht auf Wissen. Deshalb nutzen wir dieselben Mechanismen wie bei den Gewohnheiten.«

Jan hatte alles mitgeschrieben und sah schließlich auf: »Vieles von dem, was du sagst, erscheint mir mittlerweile bekannt. Wir hatten bei den Gewohnheiten drüber gesprochen, dann beim Flow und jetzt wieder beim Lernen. Aber jedes Mal ergibt sich für mich eine neue, tiefere Perspektive. Bei den Gewohnheiten ging es darum, wie ich Tätigkeiten überhaupt regelmäßig auszuführen lerne. Beim Flow ging es um mein subjektives Empfinden dabei und jetzt beim Lernen um meine Entwicklung. Es sind unterschiedliche Seiten desselben, richtig? Und dasselbe gilt dann auch für meine Mitarbeiter?«

»Ja, definitiv«, stimmte Wolfgang zu. »Mir geht es darum, dass du zu beherrschen beginnst, wie du dich auch in unbewussten Momenten verhältst, wie du dabei Flow-Gefühle entwickelst und ausstrahlst und wie du dabei immer besser wirst. Und je mehr dir das bei dir selbst gelingt, desto mehr kannst du das auch deinen Führungskräften beibringen und die wiederum ihrem Team. Und dann beginnen sich die Mitglieder deines Teams zu verbessern.

Wichtig ist dabei aber noch Folgendes: Du hast für dich die Erfahrung gemacht, dass du mehrere Monate brauchtest, um da hinzukommen. Und dass es zwischendurch Rückfälle gab. Und dies, obwohl du für dich bewusst ein Commitment eingegangen bist, dass du Schwarzgurt-Unternehmer werden willst.

Deine Mitarbeiter haben so etwas für sich noch nicht beschlossen. Und selbst wenn sie nach und nach beschließen, so jemand wie Camille zu werden, wird es Monate dauern, bis sie es nur annähernd können. Aber wenn sie es einmal können, dann nimmt eure Entwicklung dramatisch Speed auf.«

»Du willst mir also sagen«, grinste Jan, »ich solle das anwenden, was mir Sofia kürzlich erzählt hat: Mitgefühl, Bescheidenheit und diese Dinge.«

»›Connecting the dots‹ hat das Steve Jobs einmal genannt, was du gerade machst«, nickte Wolfgang lächelnd. »Je besser du wirst, desto besser kannst du die einzelnen Bereiche verknüpfen. Und wenn du es dann auch noch täglich übst, wird es am besten.«

»Du hast gesagt, dass es zwei Arten des Lernens gibt. Wie sieht nun die andere Art aus?«

4.4.3 Das spielerische Erfahrungslernen

»Die andere Art des Lernens wird von Timothy Gallwey[77] beschrieben, ursprünglich ein Tennis-Coach«, begann Wolfgang. »Er hatte beobachtet, dass die klassische Art des Trainings nicht optimal funktionierte. Diese war charakterisiert durch Aufforderungen wie ›Du sollst …‹, ›Mach ABC nicht …‹, ›Konzentriere dich auf X, Y und Z‹, ›Nein, so wieder auch nicht‹, ›Wo hast du nur deinen Kopf?‹ usw.

77 Timothy Gallwey: Inner Game Coaching.

Das wäre, wie wenn jemand neben einer Servicekraft stehen würde: ›Nein, nimm die Bestellungen der kleinen Kinder zuerst auf, damit sie nicht mehr quengeln‹, ›Merk dir die Namen!‹, ›Hast du nicht gesehen, dass an dem anderen Tisch auch Gäste was von dir wollen?‹, ›Lächle doch mehr!‹, ›Denk doch mal dran, dass das Essen für den Nachbartisch schon in der Küche bereit steht und kalt wird‹. Wie wäre wohl die Reaktion?«

Jan dachte einen Moment nach: »Na ja, die Servicekraft würde immer verwirrter und im Lauf der Zeit auch immer genervter. Und vermutlich würden dann die Ergebnisse schlechter.« Er schwieg einen Moment: »Wenn ich ehrlich bin, habe ich mich auch schon öfter so verhalten. Bei Dojan habe ich den Programmierern dauernd Feedback gegeben, wenn mir irgendwas nicht gepasst hat. Irgendwann habe ich das sogar in Systemen niedergeschrieben; dann brauchte es mich gar nicht mehr, um die Programmierer zu nerven und zu verwirren.

Und ein genervter Programmierer vergräbt sich meist noch tiefer hinter seinen Monitor, was mich dann wieder genervt hat, und dann habe ich noch mehr Feedback gegeben und Systeme gebaut. Krasse Schleife, die mir so gar nicht klar war. Und ich glaube, ich mache das im Hotel auch manchmal.«

»Ach, das machen wir alle dauernd so, wenn wir nicht aufpassen«, besänftigte Wolfgang. »Wir haben alle ausreichend Training in dieser Lernform hinter uns, 18 bis 20 Jahre bei unseren Eltern und parallel dazu 13 Jahre an der Schule. Kein Wunder, dass wir das einfach unreflektiert wiederholen.

Und deine Beobachtung, dass wir manchmal all unsere Kritik in Systeme gießen, ist absolut richtig. Das ist genau der Punkt, an dem Systeme Flow und Lernen zerstören können. Und einer der Gründe, warum es viele Menschen hassen, in Systemen zu arbeiten.«

»Aber wie geht das anders?«, wollte Jan wissen.

»Wenn ein Kind laufen lernt, sagen die Eltern dann: ›Nein, nimm erst das rechte Bein‹, ›Nicht festhalten‹, ›So wird das nie was!‹, ›Halt doch mal das Gleichgewicht, du blödes Kind!‹, ›Kannst du nicht aufpassen, dass da eine Vase auf der Tischdecke stand, an der du dich festgehalten hast‹? Lernten Leon und Mia auf diese Art laufen?«

»Nein«, verstand Jan lachend. »Julia und ich haben uns in einiger Entfernung hingekniet, damit sie ein attraktives Ziel hatten. Wir haben uns über jeden Versuch gefreut und wir haben jeden Schritt gefeiert. Und wir haben es noch mal gefeiert, wenn sie nach dem Hinfallen gleich wieder aufstanden. Wir haben sie machen lassen und nur manchmal Hilfestellung gegeben. Aber das ist in der Firma echt schwer – da brauchen wir doch Ergebnisse. Da muss ich doch sagen, wenn was danebenläuft!«

»Und bei der Erziehung brauchst du keine Ergebnisse?«, schüttelte Wolfgang fragend den Kopf. »Was würde wohl die Kindergärtnerin sagen, wenn das Kind zwar rein körperlich laufen könnte, es aber bei euch nicht gelernt hätte?«

»Ja, aber das Kind will doch von allein lernen!«, widersprach Jan noch mal.

»Und die Mitarbeiter wollen nicht von allein lernen, sondern dumm und unfähig bleiben?«, wollte Wolfgang wissen und zog dabei die Augenbraue hoch.

Jan nickte ernsthaft: »Ja, so, wie ich das erlebe, habe ich schon manchmal das Gefühl. Jedenfalls wollen sie sich nicht auf meinem Leistungsstandard bewegen.«

»Und dann gibst du 20 verschiedene Feedbacks, die alle folgenden Inhalt haben: Du machst es falsch, du bist nicht genug und du bist zu blöde? Und du wunderst dich, dass sie noch bockiger werden? Jede Bewertung löst Versagensängste und Widerstand aus! Was davon ist wohl die Henne und was das Ei?«

»Aber die kommen doch oft schon so bockig in meinem Unternehmen an«, widersprach Jan. »Und in der Hotellerie sind jetzt auch nicht nur die motiviertesten Leute unterwegs.«

»Das stimmt allerdings oft«, gab Wolfgang zu. »Die meisten haben schon viele Jahre dieser Erziehungsmethode hinter sich und sind auch schon in ihrem inneren Selbstdialog auf Versagensängste und Abwehr gepolt. Da bist nicht nur du allein verantwortlich. Das bedeutet aber letztlich nur, dass sie etwas länger brauchen, bis sie es anders können.

Und dein Job als Unternehmer ist, erstens diese Muster zu unterbrechen oder zweitens möglichst nur solche Menschen einzustellen, bei denen diese alten Muster schon unterbrochen sind. Da gibt es aber nicht so viele. Also egal, wie es angefangen hat und wer etwas wofür kann und wer die Henne und wer das Ei ist: *DU führst und bist deshalb JETZT derjenige, der die Änderung initiiert.*«

»Und wie soll das dann aussehen?«

»Indem du verstehst, dass diese ganzen Kritiken und Kommentare die Wahrnehmung, die Reaktion, die Ergebnisse und letztlich das Selbstbild der Mitarbeiter zerstören.

Neben den Faktoren des ›bewussten Lernens‹ von Ericsson kommen hier noch drei weitere Einflussfaktoren dazu. Der erste ist Vertrauen. Der zweite Faktor ist die zielgerichtete Aufmerksamkeit und der dritte die Wahlfreiheit.

Der erste Einflussfaktor ist also, dass man darauf **vertraut**, dass etwas im anderen steckt, das lernen will. Vielleicht zu Beginn nur ganz leise und versteckt, aber es ist da. Und indem man beginnt, diesen Teil zu stärken.

Das bedeutet, ganz bewusst auch Kontrolle aufzugeben und nicht mehr immer nachzufragen und zu bewerten. Wir hatten im Sommer besprochen, dass für den individuellen Flow nötig ist, über jeden Schritt frei entscheiden zu können. Dasselbe gilt auch für Mitarbeiter und für diese Art des Lernens.«

»Aber wenn ich gar nichts mehr kontrolliere, wofür bin ich dann noch da?«, fragte Jan etwas hilflos.

Etwas irritiert schaute Wolfgang Jan an: »Na, um Standards und den Rahmen zu setzen, Flow und Lernen zu ermöglichen, eine Richtung zu geben – eben für all die Dinge, die wir bislang besprochen haben. Und für noch ein paar mehr. Aber natürlich hast du in gewissem Sinne recht: Kontrolle aufzugeben löst beim Führenden Angst aus. Genau wie in der Strategie behindert uns auch in der Führung die Angst am meisten. Durch diese Angst musst du hindurch.

Was dir dabei hilft, ist Achtsamkeit. Indem du die Angst wahrnimmst und dann wieder loslässt. Und dann braucht es Zeit. Ein Vertriebsleiter[78] beschloss, seine Leute in den wöchentlichen Meetings nicht mehr zu fragen, wie viel sie verkauft, sondern was sie gelernt haben. Das machte ihm natürlich Angst, weil er selbst von seinem Vorgesetzten immer noch nach Zahlen gefragt wurde.

---

78 Beschrieben bei Gallwey: Inner Game Coaching.

Er vertraute dennoch einfach darauf, dass sie verkaufen wollten. Innerhalb eines Vierteljahres gab es eine dramatische Zunahme der Verkäufe. Und die Meetings wurden zusätzlich dramatisch spannender als der langweilige Soll-Ist-Vergleich der Zahlen früher. Wir haben heute nicht zu viele Meetings, sondern zu viele langweilige und sinnlose Meetings.«

»Das kann ich in meinen Führungs-Meetings auch machen. Fragen, was alle gelernt haben, um den Kunden mehr zu begeistern. Das ist einfach und gefällt mir«, stimmte Jan zu.

Wolfgang bremste: »Kommt aber nur ins Backlog. Lass uns den zweiten weiteren Einflussfaktor anschauen, die **Aufmerksamkeit**. Dieser ersetzt in gewissem Sinne das ferne Zielbild. Wir vergessen also das Label Schwarzgurt-Unternehmer oder Camille, zumindest als ausdifferenziertes Bild. Das Baby hat zwar irgendwie eine Ahnung davon, dass es cool wäre, dieses ›Laufen‹ von den Erwachsenen auch zu können. Aber es erstellt sich keinen Plan, wie es da hinkommt. Und es macht auch keinen ›Miracle Morning‹[79], um dort das Zielbild des Laufens zu visualisieren. Stattdessen richtet es seine Aufmerksamkeit zum Beispiel auf euch, drei Meter entfernt. Oder auf den je nächsten Schritt.«

»Das ist derselbe Unterschied, den wir vorher bei den organisationalen Gewohnheiten hatten?«, fragte Jan. »Also das mit den Unternehmen, mit den Ergebniszielen und den Handlungszielen? Das würde ja heißen: Wenn ich das direkt übertragen könnte, funktioniert diese Art des Lernens viel besser. Auch besser als das analytische Lernen?«

»Hängt von der Situation ab«, schüttelte Wolfgang den Kopf. »Dazu kommen wir nachher noch. Die Aufmerksamkeit bedeutet, dass man nur noch einen Fokus schafft, und dieser sollte keine Bewertung beinhalten. Damit verbessert sich vieles von allein. Gallwey schildert, wie er seine Schüler im Tennis dazu brachte, sich nur auf die Bewegung des Balles zu konzentrieren. Plötzlich verbesserte sich die Beinstellung und vieles andere von allein. Unser Unterbewusstsein hat viel mehr Weisheit, als wir ihm normalerweise zugestehen.

---

79 Hal Elrod: Miracle Morning: Die Stunde, die alles verändert.

Zum Beispiel wird oft das Zeitmanagement von Menschen von allein besser, wenn sie nur darin trainiert werden, vorneweg immer eine Zeitschätzung zu machen. Völlig bewertungsfrei. Plötzlich haben sie einen ganz anderen Fokus auf die Zeit. Und zwar ohne das Zielbild, der Schnellste unter der Sonne sein zu müssen.

Gallwey schildert auch ein AT&T-Callcenter, in der ein durchschnittliches Gespräch 25 Sekunden dauerte und die Mitarbeiter nach sechs Wochen alle möglichen Fragen und Antworten kannten. Sie langweilten sich und empfanden ihre Arbeit als monoton und sinnlos. Deshalb führte er als Fokuspunkt für die Aufmerksamkeit ein, die Stimmung des Anrufers einfach auf einer Skala von 0 bis 10 bewertungsfrei wahrzunehmen. Bewertungsfrei, weil die Stimmung ja nichts mit ihnen zu tun hat.

Allein dadurch verbesserte sich die Kundenzufriedenheit, weil das Unterbewusstsein der Callcenter-Mitarbeiter von allein Wege fand, die Stimmung der Anrufer ein klein wenig zu verbessern. Ganz ohne dass dies offizielles Ziel gewesen wäre oder Führungskräfte dies bewusst einforderten. Einfach nur durch gerichtete Aufmerksamkeit innerhalb von 25 Sekunden.«

»Und auf was sollen die Leute ihre Aufmerksamkeit richten?«, wollte Jan wissen.

»Die konkrete Auswahl des Fokuspunkts ist gar nicht so entscheidend. Da könnt ihr experimentieren. Der Schlüssel ist eher das Bedürfnis hinter der Aufmerksamkeit. Gallwey bringt das Beispiel von Fünfjährigen, die ihren Eltern Dinge verkaufen wie der Teufel. Die können Einwandbehandlung und all die anderen Elemente, die Erwachsene erst mühsam lernen müssen, von allein. Sie haben eine Verbindung zu ihren Bedürfnissen und machen einfach das, was sich gut anfühlt. Das funktioniert dann meist auch.«

»Wie meinst du das mit der Verbindung zu ihren Bedürfnissen?«, wollte Jan wissen.

»Ich möchte es am Unterschied zum analytischen Lernen deutlich machen. Nehmen wir mal das Lernen, besser zuzuhören. Zuhören kann ich analytisch zerlegen in mehrere, aufeinander aufbauende Lernschritte: erstens nicht unterbrechen, zweitens jedes Wort hören und merken, drittens den sachlichen Sinn begreifen und paraphrasieren können, viertens das Gefühl oder Motiv hinter dem Gesagten wahrnehmen und damit das eigentlich Gemeinte verstehen. Jeden dieser Lernschritte kann ich jetzt nacheinander trainieren und vermutlich werden dabei die Ergebnisse immer schlechter.«

»Wieso das denn?«

»Ganz einfach«, grinste Wolfgang, »weil du dich irgendwann auf vier unterschiedliche Prozesse konzentrieren musst und deswegen keine mentale Kapazität mehr hast, um zuzuhören.

Zuhören mit dem spielerischen Lernen funktioniert anders. Wenn du ein wirkliches Interesse am Gegenüber hast, wenn dein Bedürfnis ist, den anderen als Menschen wahrzunehmen, dann brauchst du das mit den Stufen überhaupt nicht. Wenn du oder deine Mitarbeiter ein ernsthaftes Interesse an eurem Gegenüber haben, führt das automatisch zu aufmerksamem Zuhören.«

Beginne du selbst, dich für andere zu interessieren. Wenn du dich nicht für deine Mitarbeiter interessierst, wieso sollten sie sich für deine Kunden interessieren?

»Und wie sorgt man nun wieder für dieses ernsthafte Interesse?«

Wolfgang lächelte: »Das ist ganz einfach: Schaffe ein Umfeld, in dem sich Menschen füreinander interessieren. Beginne du selbst, dich für andere zu interessieren. Wenn du dich nicht für deine Mitarbeiter interessierst, wieso sollten sie sich für deine Gäste interessieren?«

»Und da war sie wieder, die Metta-Meditation«, schüttelte Jan lachend den Kopf.

Wolfgang lächelte und fuhr fort: »Ich möchte dir noch ein Beispiel zum Zuhören geben. Ich war vor 13 Jahren bei einem Seminar auf den Fidschi-Inseln. Da waren etwa 80 Teilnehmer, alle weißer Hautfarbe. Für die Einheimischen müssen wir alle sehr ähnlich ausgesehen haben, genau wie sie für uns alle recht ähnlich aussahen. Bei der Ankunft fragte einer von ihnen nach meinem Namen. Fortan kannten alle Einheimischen, die dort arbeiteten, meinen Namen und den der anderen 80 Teilnehmer auch.

Das fand ich phänomenal und ich fragte den Trainer. Der erklärte: Wenn wir im Westen jemanden kennenlernen, dann fragen wir uns erst mal Folgendes: Werde ich den anderen wiedersehen? Ist er wichtig? Bringt er mir etwas? Mag ich ihn? Hat er was Besonderes? Und so weiter. Und erst wenn wir da fünf oder sechs Jas haben, dann merken wir uns den Namen.

Für die Einheimischen hier gibt es hingegen folgende Prioritäten: 1. andere Menschen, 2. andere Menschen, 3. andere Menschen. Und weil sie sich wirklich aufrichtig für den anderen interessieren, wissen sie einfach nach einmaligem Hören den Namen. Ist ein bisschen so wie beim Verlieben. Du fragst die Angebetete ja auch nicht fünfmal, wie sie heißt. Du weißt es eben nach dem ersten Mal. Dafür brauchst du auch keine speziellen Methoden des Gedächtnistrainings.«

»Hammer«, entfuhr es Jan.

»Aber was noch viel verrückter war«, ergänzte Wolfgang, »nach zwei Tagen hatten die uns irgendwie angesteckt – Spiegelneuronen oder sonst irgendwie – und alle 80 Teilnehmer kannten die Namen der anderen 80 Teilnehmer. Das ist das, was du als Unternehmer bewirken kannst, wenn du dich wirklich für andere Menschen interessierst. Du richtest die Aufmerksamkeit der anderen Menschen durch dein Vorbild aus.«

»Langsam bekomme ich eine Ahnung davon, wo wir noch hinkommen könnten. Das ist aber ein wirklich weiter Weg.«

Wolfgang nickte: »Von dem wir aber schon einige wichtige Schritte zusammen gemacht haben.

Lass uns nun noch zum letzten Einflussfaktor kommen: **Wahlfreiheit**. Indirekt waren wir da schon. Wir sprachen beim Vertrauen davon, Kontrolle aufzugeben. Nur durch die Wahlfreiheit, wo man besser werden möchte und was man in jedem Moment tun kann, wird das bewusste Lernen gestärkt. Den Callcenter-Mitarbeitern wurde nicht gesagt, was sie dann zu tun hätten. Die Einheimischen auf den Fidschi-Inseln wussten nichts davon, dass sie sich Namen merken sollten. Die Vertriebsleute hatten keine Vorgaben, was sie lernen sollten. Das Kind weiß auch nicht, dass es jetzt laufen lernen soll. Sie waren frei.«

»Das bedeutet, wenn ich meinen Mitarbeitern, egal ob jetzt im Service oder im Veranstaltungsbereich, beibringe, nur regelmäßig die Stimmung zwischen 0 und 10 zu bewerten, ändert sich was? Das ist hart! Aber ich habe keine Ahnung, ob ich mich so sehr zurücknehmen könnte. Ich will doch großartige Ergebnisse und eine fantastische Stimmung.«

»Ja, deswegen bekommen das die meisten Unternehmer auch nicht hin und bleiben beim analytischen Lernen kleben. Und das kann, zu weit getrieben, genau zu dieser Verwirrung und dem Widerstand führen. Es funktioniert nur, wenn du deinen Mitarbeitern genauso vertraust, wie du deinem Kind vertraust, dass es laufen lernen will.

> **Wenn Arbeit nicht nur den Ergebnissen dient, sondern zugleich auch Lernerfahrung, Flow und der Ausdruck der eigenen Fähigkeiten ist, dann hört Arbeit auf, Arbeit zu sein. So entstehen Glück und Höchstleistung.**

Dein Job ist hier: vertrauen, helfen, die Aufmerksamkeit ausrichten und dann beiseite gehen und entscheiden lassen. Und wenn du das konsequent weiterdenkst, dann kommst du auch zu einer neuen Definition von Arbeit: Arbeit ist Lernerfahrung, ist Flow und ist, die eigenen Fähigkeiten durch Arbeit auszudrücken und dabei Leistung zu bringen. Dann hört Arbeit auf, Arbeit zu sein, genauso, wie Kinder laufen zu lernen nicht als Arbeit empfinden, sondern als Glück, obwohl es neurologisch und physiologisch betrachtet Höchstleistung ist.«

4.5 Jans Plan für organisationale Gewohnheiten

Jan überdachte nochmals alles, was sie an diesem Tag besprochen hatten. Vor allem die Möglichkeiten, welche die organisationalen Gewohnheiten und das Lernen während der Arbeit boten. Schließlich resümierte er: »Ich habe die Konzepte verstanden und wir haben viele Beispiele besprochen. Nebenbei habe ich ein paar Punkte in mein Backlog geschrieben. Was ich jetzt noch brauche, ist ein Plan, wie ich das konkret in organisationale Gewohnheiten umsetze. Und zwar auf eine Art und Weise, dass die Qualifikationsprobleme, die ich jetzt habe, bis zum Frühjahr, wenn wir nach Corona wieder aufmachen, beseitigt sind.«

»Klingt gut«, stimmte Wolfgang zu. »Magst du selbst auf Basis dessen, was wir besprochen haben, einen Vorschlag ausarbeiten?«

»Und du machst wieder Pause?«, lachte Jan.

Wolfgang nickte und verließ den Raum: »Bis in einer Stunde.«

Als Wolfgang nach einer Stunde wiederkam, hatte Jan so ziemlich alle denkbaren Gefühle durchlebt. Und so begann er: »Am Anfang war ich erschlagen, weil mir so viele Ideen gekommen sind. Dann war ich frustriert, weil ich so wenig davon zeitgleich umsetzen kann. Dann war ich verärgert, weil ich das Gefühl hatte, noch zusätzliche Zwischenschritte machen zu müssen, bevor ich richtig anfangen kann. Und jetzt ganz am Ende bin ich klar und erleichtert.«

»Klingt nach einer interessanten Stunde«, grinste Wolfgang. »Was waren das für zusätzliche Zwischenschritte? Nicht, dass du es zu kompliziert machst …«

»Mir wurde klar, dass häufige, regelmäßige Zweiergespräche mit meinen Führungskräften nötig sind, wenn ich das mit dem Lernen während der Arbeit einführen will. Und diese brauchen häufigere Gespräche mit ihren Mitarbeitern. Bislang hatten wir nur Jahresgespräche.«

»Gute Erkenntnis«, nickte Wolfgang anerkennend. »*Ein Jahresgespräch sagt in Wirklichkeit, dass dir die Entwicklung des Mitarbeiters völlig egal ist.* Wie oft willst du das machen?«

»Bei qualifizierten Mitarbeitern und Führungskräften würde ich alle zwei Wochen 30–45 Minuten ansetzen. Und zwar nicht für Operatives, sondern für die Entwicklung, bei 450-Euro-Stellen reichen alle zwei bis drei Monate«, erwiderte Jan. »Und wahrscheinlich muss ich das erst mal zwei bis drei Monate mit meinen Führungskräften machen, bevor sie das wiederum mit ihren Mitarbeitern machen können. Und das nervt mich, weil dann alles wieder ewig dauert.«

»Deine alte Ungeduld«, lachte Wolfgang. »Zeig mir mal, was du jetzt tun willst!«

	Lernziel	Flow
Meine Aufgaben		
• Katharina und Rezeptionsteam würdigen, bis es angekommen ist. Danach sie mitnehmen	Fokus auf Wahrnehmung ihrer Gefühle	Hinterher feiern
• Lea vorbereiten lassen: Veranstaltungsräume und Restaurant mit Mitarbeitern modernisieren	Klarer meine Erwartungen kommunizieren	Erwartungen vorher durchdenken
• Nächstes Führungs-Meeting: – Ich öffne mich und erzähle von meinen Gewohnheiten. – Ich erzähle davon, wie ich vorhabe, den Service zu verbessern und die Kundenzufriedenheit nach oben zu bringen. Camille-Story – Führungskräften die Gewohnheiten-Methodik beibringen – Wir erarbeiten Verhaltensziele (im Ggs. zu Ergebniszielen) im Unternehmen.	Fokus auf Wahrnehmung unserer Bindung	Mein verkäuferisches Können einsetzen
Individuelle Gewohnheiten		
• Metta-Meditation wieder beginnen – täglich in Master-Gewohnheit angehen, bis ich Flow erlebe	Wertschätzung anderer	Nur mit Menschen, die ich mag, beginnen
• Ich fokussiere mich darauf, wie sich andere fühlen (Skala 0–10), um mein Interesse an anderen zu stärken	Fokus auf Wahrnehmung ihrer Gefühle	Zählsystem mit Bohnen in der Tasche
• Bei jeder Aufgabe/Rolle ein Lernziel für mich definieren		Mich zu Beginn auf wenige Lernziele fokussieren

	Lernziel	Flow
• Alle zwei Wochen mit jeder Führungskraft ein Entwicklungsgespräch	Fokus auf Wahrnehmung ihrer Gefühle	Standard-Ablauf definieren
• Mit spielerischem Erfahrungslernen und dem Fokus darauf, wie der andere sich fühlt, mein Interesse an Menschen steigern	Fokus auf Wahrnehmung ihrer Gefühle	Klären, was genau die Schritte sind
Organisationale Gewohnheiten		
• Im Zweiergespräch mit Führungskräften – Ihnen mit ihren Gewohnheiten helfen – Individuelle Lernziele vereinbaren und optimieren – Führungskräfte befähigen, organisationale Gewohnheiten und Lernen während der Arbeit in ihrer Abteilung umzusetzen	Klarer meine Erwartungen kommunizieren	Standard-Ablauf definieren
• Im Führungs-Meeting – Fünf-Minuten-Slot für organisationale Master-Gewohnheit und Backlog – Wenn Lernziele Verhalten in Meetings umfassen, dann Kärtchen vor sich stellen – Bei jeder Tätigkeit Ergebnis- und Lernziel definieren – Führungs-Meetings beginnen und enden pünktlich.	Klarer meine Erwartungen kommunizieren	Standard-Ablauf definieren

Backlog

- Handy-Video-Plattform mit Learnings der Mitarbeiter
- Checkliste für Abteilungs-Meetings
- Lösung der Probleme mit Auszubildenden im Service und im Veranstaltungsbereich
- Verbesserungen im Service
  - Namen-Gedächtnistraining
  - Blick über Gäste schweifen lassen
  - Nie ohne Geschirr oder Bestellungen laufen
  - Training der Emotionskontrolle wie bei Starbucks
  - Zusammenstehen vor der Arbeit und jeder nennt sein Lernziel und am Ende Lern-Report
- Camille-Zielbild mit allen in allen Bereichen erarbeiten
- Führungskräfte investieren 20 Prozent ihrer Zeit, um Mitarbeiter zu entwickeln.
- Alle Führungskräfte fragen ihre Mitarbeiter, warum sie im Rockstrohhof arbeiten. Und daraus destillieren wir dann, worauf die Leute stolz sind, und beginnen dort mit den Gewohnheiten.
- Meeting-Optimierungen als organisationale Gewohnheiten: besser oder knapper oder prägnanter oder häufiger im Meeting präsentieren. Sich besser auf die Meetings vorbereiten. Die Positivrunde spannender und echter gestalten. Sich besser organisieren, sodass die Aufgaben dieses Meetings auch umgesetzt werden

Wolfgang überflog Jans Übersicht: »Sieht mir alles so weit gut aus. Manches ist noch etwas unklar, aber das optimierst du selbst während deiner Master-Gewohnheit. Was mir gefällt, ist, dass du von innen nach außen beginnst. Du öffnest dich und erzählst von deinen Gewohnheiten. Das schafft Glaubwürdigkeit.«

»Ich glaube, das wird einfach«, lachte Jan. »Es sind sowieso schon alle neugierig, wie ich es geschafft habe, 13 kg abzunehmen. Und wenn ich ihnen zeigen kann, wie sie ihre Gewohnheiten auch stärker in den Griff bekommen, sollte daraus Neugier entstehen. Vor allem jetzt zum Jahreswechsel, wo sich alle irgendwas vornehmen.«

»Und aus der Neugier entsteht Handlung und damit wieder für

deine Führungskräfte Vorbildcharakter gegenüber ihren Mitarbeitern. Aber wichtig ist, dass du nicht nur von deinen Erfolgen bei den Gewohnheiten erzählst, sondern auch von den Misserfolgen.«

»Echt?«, wollte Jan wissen. »Aber dann stellen sie vielleicht fest, dass ich gar nicht so gut bin. Und ich schaffe ja auch nur 50 Prozent der Gewohnheiten.«

»Gerade das ist das Spannende: Du zeigst, dass du mit dir kämpfst, und das erlaubt ihnen, auch nicht perfekt zu sein. Und scheitern zu dürfen gehört zu neuen Gewohnheiten und zum Lernen während der Arbeit dazu. Wenn du über deine Punkte sprichst, wo du nicht vorwärtskommst, entsteht Vertrauen.«

»Meinetwegen«, stimmte Jan zu. »Aber ich habe noch eine Frage: Können die nicht auch den 90-Tage-Kurs machen?«, wollte Jan wissen.

»Ja, gibt es abgewandelt auch für Mitarbeiter und Führungskräfte«, erklärte Wolfgang.[80] »Es stellt sich für mich nur eine Frage: Wie geht es dir damit, dass du die Probleme mit deinen Auszubildenden im Backlog hast und aktuell gar nicht angehst? Das war eines deiner wichtigsten Motive für unser heutiges Gespräch.«

»Ja, das fiel mir ganz am Ende der Stunde gerade auch auf. Zuerst habe ich mich geärgert. Dann wurde mir klar, dass ich rund vier Monate habe, bis Corona vorbei ist und es wieder richtig losgeht. Gebe ich zwei Monate mit meinen Führungskräften Vollgas, dann sind sie selbst in der Lage, die Mitarbeiter zu trainieren. Sonst müsste ich es selbst machen und das würde mich noch mehr ärgern.«

Wolfgang nickte anerkennend und Jan fuhr fort: »Im Fall der Auszubildenden im Veranstaltungsbereich ist das das Thema mit der Emotionskontrolle wie bei Starbucks. Ich lasse Lea genauer danach recherchieren, wie die das machen. Im Fall der Servicekraft mit den Tellern auf dem Boden habe ich noch keine Antwort. Irgendwie habe ich das Gefühl, dass dieser Mitarbeiter eine besonders taube Nuss ist und nichts helfen wird. Zuerst dachte ich an das spielerische Erfahrungslernen. Aber da blieb ich hängen.«

»Lass uns mit dem Vertrauen beginnen«, schlug Wolfgang vor.

---

80 www.uc-link.com/schwarzgurt-mitarbeiter

»Ich versuche mal, zu vertrauen«, grummelte Jan. »Nach diesem Modell wäre es also so gewesen, dass dieser Auszubildende eine Vielzahl von negativen Feedbacks zu seiner bisherigen Arbeit erhalten hätte. Da er eine besonders taube Nuss ist, war das sogar sehr wahrscheinlich so, auch wenn ich selten bei den Feedbacks dabei war.

Das hat sowohl sein Selbstwertgefühl angekratzt und die innere Unsicherheit verstärkt als auch eine unglaubliche Verwirrung erzeugt, weil er auf zig Sachen gleichzeitig achten musste. Er lief im Angstmodus, das heißt mit Tunnelblick, durch das Restaurant. Und er hat dann, auch wenn mir das völlig unvorstellbar erscheint, die Teller gar nicht gesehen?«

»Immerhin möglich«, nickte Wolfgang anerkennend.

»Wenn ich dem jetzt mit der analytischen Art des Lernens komme, dann wird er noch verwirrter und die Leistungen werden noch schlechter. Also ist meine erste Aufgabe, ihm die Angst zu nehmen und mein Vertrauen zu zeigen. Das ist bei dieser tauben Nuss echt schwer. Daran hänge ich ja.«

> **Vertrauen ist eine Entscheidung. Und zu Beginn wird dieses Vertrauen oft enttäuscht. Dann ist weiteres Vertrauen eine weitere Entscheidung.**

»Nachvollziehbar. Wenn du ihn taube Nuss nennst, kannst du kaum vertrauen«, lächelte Wolfgang. »Du kannst ihm auch kündigen.«

»Aber ich brauche die Mitarbeiter, das geht nicht!«, wehrte sich Jan.

»Dann wirst du ihm vertrauen müssen. *Ihn zu halten und ihn in Gedanken zugleich loswerden zu wollen, ist die perfekte Anleitung zum Unglücklichsein für euch beide.* Ganz oder gar nicht. Wichtig ist, zu verstehen, dass Vertrauen eine Entscheidung ist. Und zugleich zu wissen, dass dieses Vertrauen in der Anfangszeit enttäuscht werden wird. Dass du bei Mitarbeitern den Schalter umlegen kannst, ist eher selten. Also wird es einen Übergang geben. Bist du bereit, den Preis zu bezahlen?«

»Ihr mit euren zu bezahlenden Preisen«, lachte Jan gequält. »Carlos und Thomas haben auch schon davon gesprochen. Okay, ich gebe ihm die Chance.«

»Und du hältst ihn nicht mehr für eine taube Nuss?«

»Boah, das ist ja schwerer, als ich dachte«, wand sich Jan. »Na gut, er ist ein … ein … verunsicherter Lernender. Dann müsste ich ihm als Nächstes sagen, dass er die ganzen Details vergessen soll, und ihm einen neuen Fokus geben, der keine Bewertung beinhaltet. Keine Ahnung, welcher das sein könnte.«

»Das mit dem Vergessen der Details ist echt wichtig«, nickte Wolfgang. »Das setzt allerdings voraus, dass dann jede Art von Feedback sich nur noch auf diesen einen bewertungsfreien Fokus richtet. Welcher das ist, kannst du durch Experimentieren rausfinden. Mein Vorschlag auf die Schnelle wäre, dass er sich nur auf die Stimmung jedes Gastes konzentrieren solle. Zehn ist, wenn der Gast überglücklich ist, null, wenn er gleich zum Monster wird.«

»Warum dieser Fokus?«, wollte Jan wissen.

»Dieser Fokus zwingt ihn, die Leute anzuschauen. Dann nimmt er nebenbei auch wahr, ob sie was wollen. Und er hat dann die Entscheidungsfreiheit, was er tun will.«

»Und wenn dann mal wieder ein Teller auf dem Boden steht«, warf Jan ein, »dann besteht das Feedback nicht darin, ihn mit der Nase in die schmutzigen Teller zu drücken, sondern ihn zu fragen, welche Stimmung die Gäste am Tisch hatten. Nicht um ihn auf deren schlechte Stimmung hinzuweisen, sondern um den Fokus auszurichten. Kommt mir ehrlich gesagt ein bisschen weltfremd vor. Aber ich sehe immerhin deinen Punkt.«

»Ist zugegebenermaßen auch ein nicht ganz so leichtes Beispiel«, gab Wolfgang zu. »Aber jetzt stell dir mal die Frage, ob das bei jemandem, dem du mehr vertraust, funktionieren könnte.«

»Klar«, gab Jan zurück.

»Und deshalb fängst du auch damit an«, grinste Wolfgang. »Immer schön einfach. Und wenn du das Vertrauen in diese Lernmethode entwickelt hast, probierst du sie bei deinem ›verunsicherten Lernenden‹.«

»Einverstanden«, nickte Jan. »Ich verstehe auch den Ablauf. Aber was mich echt ärgert, ist, dass das alles so langsam geht.«

Wolfgang lächelte: »Diese Ungeduld ist wirklich eine zwiespältige Sache. Auf der einen Seite führt sie immer wieder zu Konflikten mit Mitarbeitern, die in deinen Augen blockieren oder zu langsam sind. Auf der anderen Seite treibt sie dich voran und sorgt dafür, dass du dranbleibst. Ich denke, im Moment überwiegen noch die Vorteile, aber irgendwann müssen wir da noch genauer hinschauen. Nur nicht heute.

Jetzt zufrieden mit dem Tag? Mal abgesehen, dass es zu langsam geht?«

Jan überdachte nochmals alles, was er heute gelernt hatte – wie man mit Widerständen wie bei Katharina umgeht, wie man über organisationale Gewohnheiten eine Führungs-Pipeline bauen kann, statt bei jedem Problem Eimer zu schleppen, und wie er sein Unternehmen so umbauen kann, dass während der Arbeit gelernt wird. Und er hatte einen klaren Plan, wie er die nächsten Schritte angehen wollte. Und so nickte er: »Mega! Ich habe jetzt für die nächsten Monate eine klare Richtung. Danke!«

Und mit diesen Worten verabschiedeten sie sich mit einer Umarmung voneinander.

4.6 Die neue Marketingleiterin

»Hallo Sabrina, wie geht's dir?«, wollte Iris wissen. »Wir haben jetzt Anfang Februar, es ist also auch schon wieder drei Monate her, seit wir das letzte Mal miteinander gesprochen haben.«

»Echt jetzt, wirklich schon drei Monate?«, stellte Sabrina überrascht fest. »Die Arbeit hat mich komplett verschluckt. Sorry, dass ich mich nicht gemeldet habe. Es ist total viel passiert und fast schon wie in einer anderen Welt. Seit Jan diesen Schwätzer Joachim im November gekickt hat, bin ich plötzlich vollwertiger Teil der Führungs-Crew. Und das Sahnehäubchen ist«, freute sich Sabrina, »dass Jan mich zur Marketingleiterin befördert hat. Das war eine wichtige Anerkennung.«

»Moment, ganz langsam«, bremste Iris. »Dieser Joachim ist weg? Was ist da genau passiert? Geht mir etwas zu schnell gerade.«

»Joachim hatte mir falsche Zahlen untergejubelt und mich dann in einem Führungs-Meeting bloßgestellt. Und Jan? Hat einfach nichts unternommen. Das hat mich wütend gemacht und so habe ich ihm die Pistole auf die Brust gesetzt und angedroht, dass ich kündige.«

»Hoch gepokert«, nickte Iris anerkennend. »Da es niemand mag, wenn man von anderen falsche Beschuldigungen untergejubelt bekommt, hattest du ganz gute Karten. Was ist dann passiert?«

»Anscheinend ist Jan dann aufgewacht. Jedenfalls stellte er sich beim nächsten Führungs-Meeting hin und machte seine Standards klar – dass er nie wieder erleben wolle, dass man jemand anderem die eigenen Fehler unterschiebt und ihn dann noch runtermacht. Und als Joachim versuchte, sich zu wehren, hat er ihn vor die Tür gesetzt.«

»Da muss wirklich etwas bei Jan passiert sein«, stimmte Iris anerkennend zu. »Es braucht schon ziemlichen Mut, den altgedienten Manager zu entlassen. Offensichtlich war es ihm sehr wichtig. Wie hast du dann reagiert?«

»Ich war echt baff, dass er den Mut hatte, das durchzuziehen. Natürlich habe ich ihm gedankt. Aber ich war immer noch sauer auf ihn, weil er mich eine Woche zuvor im Stich gelassen hatte. Ich dachte, es wäre nur fair, wenn er auch mal fühlt, dass er einen Fehler gemacht hat.«

Nachdenklich erwiderte Iris: »Das merken sich die Menschen normalerweise. Irgendwann wirst du dafür wohl einen Preis bezahlen müssen.«

»Ich glaube nicht«, widersprach Sabrina. »Ich bin dann zu Birgit, die ja zu diesem Zeitpunkt erst seit Kurzem als Unterstützerin an Bord war, und habe sie gefragt, wie es für sie wäre, wenn wir wieder einen Vertriebsleiter hätten. Und ich habe richtig spekuliert: Sie hätte es als weitere mögliche Entwertung ihrer Arbeit angesehen, weil der die Telefonate mit den Veranstaltern wieder zu sich geholt hätte. Ich habe dann nur einen winzig kleinen Hinweis gegeben, dass ich in der Position gar nicht vorhätte, ihr etwas wegzunehmen.«

»Und dann hat sie sich als Ältere bei Jan dafür starkgemacht, dass ihr keinen Vertriebsleiter mehr braucht und du stattdessen Marketingleiterin werden könntest, richtig?«, warf Iris ein.

»Genau«, erwiderte Sabrina grinsend. »Und Jan hat sich schuldig gefühlt, weil er seinen Fehler noch nicht richtig wiedergutgemacht hatte. Also hat er mich zur Marketingleiterin befördert. Und danach war alles wieder cool.«

»Funktioniert oft«, stimmte Iris zu. »Aber diese Beziehungsspielchen werden einem oft nachgetragen. Mit etwas Glück hat er dieses

Mal überhaupt nicht geblickt, was du da mit ihm gemacht hast. Wenn du das wiederholst, wird er vermutlich irgendwann dahinterkommen.«

»Muss ich ja höchstens noch ein Mal machen«, erwiderte Sabrina verschämt lächelnd. »Also, Marketingleiterin ist ja schon mehr Anerkennung als vorher. Aber wenn man bedenkt, was ich jetzt schon alles beigetragen habe, geht da noch mehr. Es fühlt sich innerlich immer noch nicht ausgeglichen an. Da wäre zurzeit der Posten des Hotelmanagers frei, aber das ist wahrscheinlich aktuell für mich nicht erreichbar. Und bis ich so weit bin, ist der Posten bestimmt wieder besetzt.«

»Deinen Ehrgeiz finde ich großartig. Und auch deinen Realismus«, unterstützte Iris. »Denn aktuell hast du die Leiterin nur im Titel und führst noch gar niemanden. Dann den Sprung auf 40 bis 50 Mitarbeiter zu machen, ist wirklich gewaltig. Bist du dir sicher, dass du das willst?«

»Ja, schon, das wäre meine Chance! Aber jetzt sind wir bei dem Punkt, warum ich dich angerufen habe. Ich habe seit Januar einen Mitarbeiter im Marketing bekommen. Markus, Anfang 30, hat einen Marketing-Bachelor und kennt sich mit IT aus. Ich hatte mir schon Hoffnungen gemacht, dass ich den auf die Digitalisierungsthemen ansetzen könnte, die seit Joachims Abgang brachlagen. Dann hätte ich schon einen Fuß in der Tür zu den Management-Aufgabenbereichen. Und Jan hat glücklicherweise überhaupt keine Lust auf Digitalisierung.

Aber Markus hört mir nicht zu, bekommt nichts auf die Reihe und produziert nur Mist. Jetzt kann ich seine Fehler auch noch ausbügeln und meine Arbeitszeit hat sich vom Herbst mit vielleicht 50 Stunden pro Woche auf knapp 60 Stunden erhöht. Ich bin echt frustriert, dass ich so eine Niete als Mitarbeiter bekommen habe.«

»Da fällt mir aber ein Stein vom Herzen«, strahlte Iris. »Stell dir mal vor, du hättest 50 Mitarbeiter und von denen wären 45 so wie Markus. Wie würde es dir dann wohl gehen?«

»Aber der ist doch eine Ausnahme!«, wehrte sich Sabrina.

»Wirklich? Schau dich mal im Hotel um. Wer käme mit deinem Standard mit?«

Nach einer kurzen Pause erwiderte Sabrina nachdenklich: »Na gut, vielleicht noch Birgit, Wim und Lea. Die anderen sind, was ihr Leistungsniveau und ihre Motivation betrifft, furchtbar. Ich würde komplett ausflippen, wenn ich die alle führen müsste. Wahrscheinlich würde ich mich wie im Irrenhaus fühlen. Du meinst, ich muss mit meinem Standard runter?«

»Nein«, beruhigte sie Iris. »Die Herausforderung ist: Du bist eine super Fachkraft, hast durch deine Fachkenntnisse wirklich viel zur Strategie beigetragen und hast damit die Grundlage für euren Erfolg in diesem Jahr gelegt. Aber du hast noch keinerlei Erfahrung in Management und Führung. Sieh es als Chance, dich zu entwickeln. Was kannst du dazu beitragen, dass Markus sein Potenzial immer besser ausspielen kann?«

»Und wie lerne ich das?«, wollte Sabrina wissen. »Und zwar so schnell wie irgend möglich? Ich sehe ja meine Grenzen, aber nachher besetzt Jan den Managerposten mit jemand anderem. Und dann wäre meine Chance weg, dass sich mein Beitrag und die Anerkennung, die ich bekomme, ausgeglichen anfühlen.«

»Sabrina, du setzt dich ganz schön unter Druck«, schüttelte Iris ihren Kopf. »Letztlich hast du keinerlei Kontrolle darüber, was geschieht. Wenn Jan einen Manager einstellen will, dann macht er es. Egal, wie schnell du lernst. Du musst mental aus dieser Abhängigkeit raus. Ich verstehe, dass du dir Anerkennung wünschst. Dafür kannst du alles geben. Aber wie und ob du die Anerkennung bekommst, entscheiden die anderen.«

»Sehe ich ja«, stimmte Sabrina leicht frustriert zu. »Aber was kann ich denn tun, um schneller besser zu werden?«

Iris dachte einen Moment nach. Sie hatte das Gefühl, dass sich Sabrina da in eine fixe Idee hineinmanövrierte, sah aber auch keine Möglichkeit, ihr das jetzt auszureden. Als sie schließlich an ihre eigene Karriere dachte, wurde ihr plötzlich bewusst, dass sie auch immer am meisten gelernt hatte, wenn sie den von außen betrachtet falschen und zu harten Weg gewählt hatte. Und in diesem Moment beschloss sie, Sabrina zu unterstützen, obwohl es nach ihrer Einschätzung zurzeit für sie zu viel wäre.

»Zwei Möglichkeiten«, erwiderte Iris gewinnend. »Zum einen würde ich zu diesem Jan gehen und ihn um ein Führungsseminar bitten. Geh offen ran und sag ihm, dass du eine super Fachkraft bist, aber besser in Führung werden willst.«

»Aber so ein Seminar kostet sicher 2000 oder 3000 Euro«, warf Sabrina ein.

»Du rechnest falsch«, schüttelte Iris den Kopf. »Markus kostet schon in einem halben Monat so viel. Und wenn er da nicht effizient ist oder gar aufgrund deiner schlechten Führung wieder geht, ist das viel teurer. Erklär das im Zweifel Jan genau auf diese Art.«

»Das sollte funktionieren. Und die andere Möglichkeit?«

»Jan scheint mir zwar nicht die beste Führungskraft aller Zeiten zu sein, aber du sagtest mir, dass er schon seit einigen Jahren Unternehmer war. Also hat er geführt und zumindest eine gewisse Führungserfahrung. Geh auf ihn zu und bitte ihn um Unterstützung oder Mentoring.«

Sabrina dachte einen Moment nach: »Jan hat Mitte Dezember zweiwöchentliche Entwicklungstermine mit allen Führungskräften eingeführt. Auch mit mir. Aber bislang brachte mir der Termin, außer dass ich gelernt habe, neue Gewohnheiten zu entwickeln, überhaupt nichts.«

»Hast du denn Schwäche und damit einen Weiterentwicklungswunsch gezeigt?«, wollte Iris wissen.

»Nein, natürlich nicht!«, wehrte sich Sabrina. »Ich will doch mittelfristig Hotelmanagerin werden, da darf ich doch keine Schwäche zeigen.«

»Dann bringt solch ein Termin natürlich auch nichts. Erst dann, wenn du offen bist und deinen Weiterentwicklungsbedarf ehrlich benennst, kann daraus Großes entstehen.«

»Na gut, ich versuche es«, erwiderte Sabrina wenig überzeugt. Vor Jan, der sie gerade befördert hatte, eine Schwäche zuzugeben, widerstrebte ihr zutiefst.

»Versuchen?«, wollte Iris wissen. »Du willst doch perspektivisch Hotelmanagerin werden. Also wirst du so schnell wie möglich führen lernen müssen. Und sieh auch mal die positive Seite! Bei uns im Konzern gibt's solche Gespräche einmal im Jahr oder bestenfalls im Quartal. Alle zwei Wochen sind eine riesige Chance!«

Nicht ganz überzeugt, stimmte Sabrina zu: »Ja, ich werde dann wohl in den sauren Apfel beißen und ihn um Unterstützung bei meinen Führungsfähigkeiten bitten.«

»Finde ich mega, dass du da über deinen Schatten springst«, unterstützte Iris. »Genau das ist die Voraussetzung, um gute Führungskraft zu werden. Immer wieder sich selbst reflektieren und dann Dinge tun, die einem Angst machen.«

»Danke, Iris. Schön, dass ich dich habe. Darf ich dich vielleicht öfter mal anrufen? Du führst doch auch und dann kann ich von dir auch was lernen?«

»Selbstverständlich«, erwiderte Iris und damit beendeten sie das Gespräch.

5. Team-Flow

(FR., 25. MÄRZ 2022)

5.1 Die letzten Ereignisse

»Ich freue mich richtig, dich wiederzusehen«, begrüßte Wolfgang Jan. »Wie ist es dir seit unserem Coaching im Dezember ergangen?«

»Es ist viel passiert«, entgegnete Jan. »Kaum zu glauben, dass wir schon ein Dreivierteljahr miteinander arbeiten. Aber mein Führungsteam ist nicht schnell genug, verliert sich in Details und zieht nicht genug mit. Und mit Julia ist es auch eher eine WG. Und …«

»Stopp!«, unterbrach Wolfgang lachend. »Erzähl mir zuerst mal wieder das Positive und würdige dich selbst!«

»Aber ich habe so viele Probleme, die ich heute besprechen will«, widersprach Jan.

»Ein Grund mehr, mit dem Positiven zu beginnen«, lächelte Wolfgang.

Jan starrte Wolfgang einen Moment an und nickte schließlich: »Meinetwegen. Ich weiß ja, dass du glaubst, dass wir in einer positiven Stimmung bessere Ergebnisse hinbekommen.«

Wolfgang zog eine Augenbraue hoch, ging zum Flipchart und wartete.

Jan begann schließlich: »Ich starte mal bei mir selbst. Praktisch alle meine Gewohnheiten in Bezug auf meine Gesundheit und meine Energie funktionieren perfekt. Ich bin jetzt bei 85 kg und 17 Prozent Körperfett. Ich trinke keinen Alkohol mehr. Ich schlafe 7,5 Stunden. Wenn ich aufwache, könnte ich Bäume ausreißen. Ist das Resultat der Master-Gewohnheit und meiner Begeisterung für Kraftsport und Bio-Hacking. Mein Hirn ist voll da und die ganzen Ablenkungen wie Insta &Co interessieren mich gar nicht mehr. Ich schaffe locker und entspannt, 70 Stunden konzentriert zu arbeiten.«

Wolfgang hatte am Flipchart die Stichpunkte mitgeschrieben und unterbrach: »70 Stunden als Ausnahme oder als Regel?«

»Als Regel natürlich! Wir haben so viel zu tun und ich will doch vorwärtskommen. Und es ist echt geil, dass ich das jetzt wieder kann.«

Wolfgang schüttelte leicht irritiert den Kopf und wandte sich wieder dem Flipchart zu: »Wir waren bei den Erfolgen. Was noch?«

»Ich habe wieder Kontakt mit meinem Freund Sven aufgenommen und ich habe das Gefühl, dass wir uns innerlich super verstehen. Er powert genauso wie ich. Nur scheint er in gleichem Maße zugenommen zu haben, wie ich abnahm. Bestimmt 15 kg.«

»Wie kam es zu diesem neuen Kontakt?«, wollte Wolfgang wissen.

»Nachdem Joachim weg war, kam ich aus der Opferhaltung raus. Die Dinge kamen in Bewegung. Und ich spürte, dass Sven recht gehabt hatte. Ich war in einer negativen Opferhaltung und so kontaktierte ich ihn, wir trafen uns und wir wollen alle beide Vollgas geben.

Dann im Hotel: Aufgrund von Corona und einer Inzidenz von fast 2000 ist das Hotel zwar eher leer, aber wir haben ziemlich viele Buchungen für den Zeitraum ab Mai. Ende Mai ist dann auch die Bio-Hacker-Konferenz. Aber ich habe keine Ahnung, wie ich das mit einem aufgrund von Kurzarbeit überhaupt nicht eingespielten Team bewerkstelligen soll.«

Lächelnd schüttelte Wolfgang den Kopf: »Fokus auf das Positive, Jan.«

»Okay«, gab sich Jan geschlagen. »Wir haben recht großzügige staatliche Zusagen für Überbrückungsgelder bekommen, sodass sich unsere finanzielle Reichweite deutlich auf neun Monate erhöht hat. Zumindest, wenn die Bürokratie mal mit der Auszahlung vorankäme. Dann sind wir in der Endphase bei der Modernisierung des Restaurants und der Veranstaltungsräume.«

»Wie habt ihr das denn so schnell geschafft?«, wollte Wolfgang wissen.

»Lea hat mir nach unserem letzten Gespräch erzählt, dass Walter das alles schon geplant hatte. Wir hatten fertige Pläne und Finanzierungskonzepte. Und die Ehemänner von Birgit und Katharina haben Handwerksunternehmen und schickten jeweils zwei Gesellen vorbei. Diese leiteten dann einige meiner Mitarbeiter an, die ich aus der Kurzarbeit holte. Die haben sich echt gefreut, dass sie was zu tun hatten. Sieht zwar nicht an allen Stellen so professionell aus, wie ich mir das vorgestellt habe, aber die meisten Gäste werden das nicht bemerken.«

»Super!«, unterbrach Wolfgang. »Was noch?«

»Katharina ging auf unsere Ideen, die wir das letzte Mal erarbeitet haben, ein. Sie sprach dann mit Sabrina und Birgit. Da kamen einige Ideen heraus, wie wir auf der Website und auch sonst die Erwartungshaltung unserer Kunden verändern können. Sabrina setzte das sofort um und es gab eine leichte Besserung. Es reicht, dass Katharina sich jetzt auch nicht mehr gegen die neue Strategie wehrt. Aber Begeisterung ist was anderes. Und die Bewertungen der Kunden gingen auch nur leicht nach oben.«

»Aber die Richtung stimmt«, warf Wolfgang ein. »Kommt also auch auf die Liste der positiven Punkte. Was noch?«

»Ich habe das mit den organisationalen Gewohnheiten, den 14-täglichen Gesprächen mit meinen Führungskräften und dem Lernen während der Arbeit begonnen. Das funktioniert einigermaßen und zumindest bleibe ich dran, dass das auch weiterhin stattfindet. Bei meinen Führungskräften kam aber, glaube ich, nur das mit den individuellen Gewohnheiten richtig gut an und da gibt es auch einen regen Austausch.

Und, ach ja, eine Sache war noch super!«, ergänzte Jan. »Wim kam auf mich zu, weil er von Sabrina gehört hatte, dass ich Bio-Hacker bin. Und er ist es auch. Deswegen ist er so unzufrieden damit, dass Birgit mit den Veranstaltern immer nur Verträge über das Standard-Hotelfutter macht. Wir beschlossen dann, dass er wenigstens für uns beide ein Paleo-Mittagessen[81] zubereitet. Ich wollte mich jetzt nicht

---

81 Die Paleo-Ernährung ist eine Diät, die sich auf den Verzehr von Nahrungsmitteln konzentriert, die während des Paläolithikums, der Altsteinzeit, verfügbar waren, also zum Beispiel Gemüse, Fleisch, Fisch, Nüsse und Beeren, während Getreide, Milchprodukte und verarbeitete Lebensmittel vermieden werden.

gegen Birgit stellen, deswegen war nicht mehr drin. Wim ist zwar immer noch nicht der 100-prozentige Unterstützer, aber auch da stimmt die Richtung.

Und dann hat er mir noch von einem Bekannten erzählt, der seine Firma wegen Corona schloss und eine gebrauchte Kältesauna loswerden will. Genau das richtige Bio-Hacking-Tool. Ich habe dann sofort zugeschlagen und das Ding gekauft und in unseren Wellnessbereich gestellt. Jetzt habe ich allerdings unsere Spa-Leiterin gegen mich: Die fand das unmöglich, dass ich so ein lautes Gerät über ihren Kopf hinweg angeschafft hatte, und stellte es in den hintersten Raum, um die anderen Gäste nicht zu stören.«

Wolfgang schmunzelte: »Lass mich raten: Du und Wim seid die einzigen beiden Anwender?«

»Ja, vielleicht noch ein zusätzlicher Gast pro Woche. Aber das Ding ist echt geil: Drei Minuten bei minus 188 Grad. Du kommst mit einer ganz anderen Energie raus und deine Mitochondrien sind auf Höchstleistung eingestellt! Das war's jetzt auch mit den positiven Dingen.«

»Du hast vorher noch gesagt, dass du mit Julia eine WG hättest. Hat sich denn gar nichts verbessert?«

Jan dachte einen Moment nach: »Trotz der 70 Stunden Arbeit pro Woche schaffe ich es meist, noch Teile der Hausarbeit, Einkaufen und so, zu übernehmen. Das mit der Dankbarkeit beim Abendessen ist ein festes Ritual und Mia versucht mittlerweile auch mitzumachen. Aber sonst ist Julia weiter desinteressiert an dem, was ich mache. Als ich mal versucht habe, ihr das mit den Gewohnheiten auch beizubringen, habe ich wieder eine Abreibung bekommen. Und dann habe ich es gelassen.«

»Okay, deine Familie bräuchte mehr Aufmerksamkeit. Aber lass uns mal das Positive anschauen.« Wolfgang betrachtete das Flipchart:

Erfolge

- Gesundheit, Ernährung und Sport und Bio-Hacking
- Gewohnheiten funktionieren
- Keine Ablenkungen mehr
- Energie für 70 Stunden konzentrierte Arbeit
- Treffen mit Freund Sven
- Aus Opferhaltung raus
- Viele Buchungen ab Mai
- Bio-Hacker-Konferenz
- Neun Monate finanzielle Reichweite
- Modernisierung in den letzten Zügen
- Katharina ist keine Gegnerin mehr
- Organisationale Gewohnheiten, 14-tägliche Führungsgespräche und Lernen bei der Arbeit funktionieren einigermaßen
- Du isst jeden Mittag mit Wim gesundes Essen
- Neue Kältesauna gibt Energie
- Dankbarkeitsritual beim Abendessen zu Hause
- Hausarbeit wird teils aufgeteilt

»Wie geht es dir damit jetzt, Jan?«

»Ja, es geht schon voran«, stimmte Jan widerstrebend zu. »Aber viel zu langsam! Ich bin fast nirgends da, wo ich hinwill!«

Wolfgang schüttelte lächelnd den Kopf: »Du erinnerst dich an unser erstes Coaching? An die Gefühle, die du erleben wolltest? Verbindung, Flow, Lebensfreude, Freiheit und all das? An das Loveparade-Feeling? Und dass es nicht ums Ziel, sondern um den Weg geht? Und jetzt hast du mehr als ein Dutzend Erfolge und entwertest diese sofort in deinem Kopf mit ›Aber viel zu langsam‹? Ich persönlich bin stolz auf dich und deine Entwicklung!«

»Ist ja gut. Aber ich habe große Ziele«, widersprach Jan. »Und ich glaube, in Wahrheit ärgerst du dich auch, dass ich vieles von dem, was du mir beigebracht hast, nicht mache. Das mit dem bewussten Lernen könnte viel besser sein. Ich schaue nicht auf die positiven Ausnahmen. Ich mache die Metta-Meditation nur unregelmäßig. Ich arbeite für deine Welt zu schnell und zu viel.«

Wolfgang ging noch mal zum Flipchart und ergänzte bei den Erfolgen: »Hin und wieder Metta-Meditation«. Dann lächelte er: »Zuerst einmal kenne ich den Unterschied zwischen dem Großhirn, dem limbischen System und den Basalganglien. Wir sprachen über die Konzepte und sie sind in deinem Großhirn angekommen. Darauf bin ich stolz. Ich verwechsle das aber nicht mit deinen emotionalen Assoziationen, mit denen du diese Konzepte versiehst. Und erst recht nicht mit installierten Gewohnheiten. All das braucht Zeit.«

»Ich bin halt noch nicht so weit, meinst du?«, warf Jan ein.

Wolfgang hörte einen Moment in sich hinein. Er hatte diese Ungeduld und diese Widerstände, wenn Unternehmer zu ihrem ursprünglichen Mindset zurückkehrten – meist ohne dies selbst zu bemerken –, schon oft erlebt. Oft lag dem auch eine Scham zugrunde, den selbstgestellten Anforderungen nicht gerecht zu werden, und diese wurde dann in Wut transformiert. Ihm war bewusst, dass die entscheidende Änderung noch bevorstand, und er hoffte, dass Jan sie meistern würde.

Er spürte aber auch, dass heute noch nicht der Tag dafür war. Es wäre leicht, heute einen Durchbruch in Jans Denken zu erzielen, aber dieser wäre noch nicht nachhaltig. Seine fast sieben Lebensjahrzehnte hatten ihn gelehrt, dass das Gras auch nicht schneller wächst, wenn man dran zieht. Und so bot er an: »Wir haben heute zwei Möglichkeiten. Entweder wir versuchen, uns beide gegenseitig von der Richtigkeit unseres Weges zu überzeugen. Oder ich helfe dir bei deinem Weg. Welche Möglichkeit wählst du?«

Entwicklung findet nicht immer so statt, wie man sich das vorstellt. Entwicklung führt aber immer dazu, dass der wirkliche innere Kern des Gegenübers zum Vorschein kommt und zu leuchten beginnt.

Jan schaute Wolfgang irritiert an: »Du hilfst mir bei meinem Weg? Einfach so? Auch wenn du nicht davon überzeugt bist?«

»Ich bin von Entwicklung überzeugt«, entgegnete Wolfgang. »Und Entwicklung findet nicht immer so statt, wie man sich das vorstellt. Entwicklung führt aber immer dazu, dass der wirkliche innere Kern des Gegenübers zum Vorschein kommt und zu leuchten beginnt. Und dazu bin ich angetreten.«

»Dann wähle ich Möglichkeit zwei«, erwiderte Jan erleichtert. Und damit ging er zum zweiten Flipchart und schrieb Herausforderungen oben drüber und ergänzte darunter seine Punkte:

Herausforderungen

- Bio-Hacker-Konferenz ohne eingespieltes Team
- Langsames und unfokussiertes Führungsteam (außer Sabrina)
- Kunden geben immer noch schlechte Bewertungen
- Kostenexplosion durch Ukraine (Energie, Lebensmittel) und Mindestlohnerhöhung um fast 25 Prozent
- Konflikt Wim und Birgit wegen Essen
- Ärger mit Spa-Leiterin wegen Kältesauna
- Nur WG mit Julia

»Das war's?«, wollte Wolfgang wissen.

»Ja, schon«, erwiderte Jan, dem auffiel, dass es viel weniger Punkte waren als die Erfolge. »Aber die Punkte haben es echt in sich. Insbesondere der zweite und der vierte.«

»Erzähl mir mehr dazu«, forderte Wolfgang auf.

»Ich beginne mit dem vierten Punkt, der Kostenexplosion. Da muss ich nicht so viel erklären. Seit dem Start des Ukraine-Kriegs vor einem Monat sind die Energie- und Lebensmittelkosten dramatisch gestiegen. Und die Erhöhung der Mindestlöhne schlug deutlich auf die Lohnkosten durch. Alles zusammengenommen habe ich eine Kostensteigerung von etwa 23 Prozent. Und ich kann wegen der schlechten Kundenbewertungen meine Preise nicht noch weiter anheben, um diese Kosten auszugleichen.«

Wolfgang nickte: »Was noch?«

»Im Führungsteam ist alles unglaublich zäh. Ich muss bei den neuen organisationalen Gewohnheiten immer hinterher sein. Und neulich konnte ich mal nicht zum Führungs-Meeting, da haben sie den

Teil komplett ausfallen lassen. Beim Lernen während der Arbeit passiert auch nicht so viel. Das mit den Kärtchen mit den Lernzielen während der Meetings machen nur manche manchmal.

Ansonsten verzetteln sich alle in irgendwelchen Kleinprojekten. Sie sagen, sie wollen einfach ihre Arbeit machen. Lediglich Sabrina gibt Vollgas. Aber mit ihrem neuen Mitarbeiter hat sie dieselben Probleme wie ich mit allen anderen. Irgendwann nervte mich das alles nur noch und ich führte nach einem Gespräch mit Sven kurzerhand Zielvorgaben mit Bonuszahlungen zum Jahresende ein, wenn sie die Ziele erreichen.«

»Und, hat das etwas gebracht?«

»Nein«, schüttelte Jan frustriert den Kopf. »Es wurde noch zäher.«

»Hast du eine Vorstellung, warum?«, wollte Wolfgang wissen, während er zum Herausforderungs-Flipchart ging und ›Bonuszahlung funktioniert nicht‹ darunterschrieb.

»Keine Ahnung«, schüttelte Jan den Kopf. »Da wollen sie dauernd mehr Geld, und wenn sie es bekommen könnten, ist es auch wieder nicht recht. Ich bin vielleicht aufgrund meines Bio-Hackings in Highspeed unterwegs und die anderen im Schneckentempo?«

»Du müsstest einfach deine Mitarbeiter auch zum Bio-Hacking bekehren, damit sie ähnlich schnell werden wie du«, schlug Wolfgang unschuldig vor.

»Echt?«, wollte Jan wissen. »Daran habe ich auch schon gedacht, aber irgendeine innere Unsicherheit hielt mich bislang davon ab. Vielleicht war es auch, dass nicht mal Wim positiv auf diese Idee reagierte, obwohl er Bio-Hacker ist. Meinst du, ich soll das tun?«

»Wenn dir danach ist, ein Zündholz in einen Benzinkanister zu werfen, dann wäre das sicher eine gute Idee«, grinste Wolfgang.

»Sven schlug vor, ich solle einfach noch jemanden rauswerfen. Als Joachim ging, hat das ja echt einen Ruck gegeben. Vielleicht meine Spa-Leiterin, dann habe ich den Ärger mit ihr auch gleich gelöst? Mir geht das so dermaßen gegen den Strich! Ich will vorwärtskommen! Wir haben eine neue geile Strategie und alle schleichen vor sich hin!«

Wolfgang dachte einen Moment nach, dann nickte er: »Was ist dein übergreifendes Ziel im Hotel?«

»Na, erfolgreich sein. Was denn sonst?«, erwiderte Jan.

»Okay«, nickte Wolfgang. »Ich habe jetzt ein erstes Bild. Ich verspreche dir, dass wir heute Abend auf alle Herausforderungen eine Antwort haben. Da lasse ich mich voll auf dich ein. Aber der Weg wird anders sein, als du vermutest. Vertraust du mir, dass ich den richtigen Weg für dich heute wähle?«

Jan zögerte einen Moment, schließlich nickte er. Die bisherigen Gespräche hatten ihm ja eine Menge gebracht, obwohl sie stellenweise auch recht seltsam gewesen waren.

»Gut«, begann Wolfgang. »Du erinnerst dich, dass wir über die Ziel-Mittel-Umkehrung gesprochen hatten? Du willst erfolgreich sein. Und es gibt die alte Idee, erfolgreich zu sein, um dadurch glücklich zu werden. Und die neue Idee, glücklich und im Flow erfolgreich zu werden. Bist du bereit, dich auf den zweiten Weg einzulassen?«

Jan nickte widerstrebend: »Es geht also heute wieder um Flow?«

»Ja, genauer um Team-Flow. Dabei geht es um die Frage: Wie werdet ihr als Team unschlagbar? Wie bekommst du dein Team in einen Zustand wie damals bei deinen Loveparade-Touren? Und ich glaube, der Erfolg folgt dann. Bereit dafür?«

Jan nickte wenig begeistert: »Es ist alles besser als jetzt!«

»Ich will ehrlich sein: Mit deiner aktuellen inneren Haltung bekommst du höchstens ein Drittel des im Team-Flow liegenden Potenzials gehoben. Aber auch das ist besser als jetzt. Bist du bereit, dich auf das einzulassen, was kommt, und willst du trotzdem beginnen?«

Jan nickte nochmals.

»Meinen Respekt«, nickte Wolfgang anerkennend. »Das, was du gerade machst, ist eines der herausforderndsten Dinge, denen man als Unternehmer gegenübersteht. Ich gerate auch immer wieder in die Haltung, unbedingt an meinem Weg festhalten zu wollen. Wäre ich dabeigeblieben, wäre ich zum Beispiel nie auf den Team-Flow gestoßen. Oder auf die Bedeutung der Gewohnheiten. In meiner Welt wusste ich doch schon, wie man seine Unternehmerpersönlichkeit entwickelt. Und ich hatte ja auch Beweise dafür, weil ich zum Beispiel Thomas vor 16 Jahren ohne all das geholfen habe.

Aber dann hatte ich in einer meiner Firmen eine steigende Fluktuation. Zuerst weigerte ich mich, das anzuerkennen. War sicherlich eine Ausnahme. Dann eskalierte die Situation so, dass ich nicht mehr anders konnte. Ich musste wieder in die lernende Identität. Wenn du nicht jeden Tag den Mut hast, die Schülerhaltung einzunehmen, dann hörst du auf zu lernen und beginnst die immergleiche Story zu erzählen. Hier liegt der Keim des Scheiterns.

Und zugleich liegt hier auch die Chance für das wirkliche Wachstum. Ohne diese Herausforderung und ohne die Bereitschaft, selbst wieder in die Schülerhaltung zu gehen, wäre dieses ganze Herangehen, das ich dir gerade vermittle, nie entstanden. Weil ich selbst erfahren habe, wie schwer es ist, sich auf Dinge einzulassen, von denen man ›weiß‹, dass sie falsch sind, bist du gerade in meinen Augen richtig gewachsen!«

Als Wolfgang von dieser eigenen Erfahrung berichtete, fühlte sich Jan das erste Mal an diesem Tag gesehen.

5.2 Das Team-Flow-Konzept

»Lass uns anfangen«, nickte Jan. »Du hattest mir bei unserem letzten Treffen schon kurz vom Team-Flow bei Apple oder bei Walt Disney erzählt. Alle haben Großartiges geleistet und jeder hat sich fürs gemeinsame Ziel nicht nur eingesetzt, sondern fast sogar aufgeopfert. Das will ich bei mir auch! Dann werde ich erfolgreich – nur erscheint mir das gerade ziemlich weit weg!«

»Toll, dass du diese Beispiele noch im Kopf hast«, erwiderte Wolfgang. »Es gibt noch viele weitere Beispiele. Etwa die deutsche Fußballnationalmannschaft 2014, als das ganze Team in einen Flow-Zustand geriet und die Fans und alle Zuschauer ansteckte. Oder die Entwicklung des ersten Düsenjägers durch die Skunk Works Mitte der 40er-Jahre. Sie hatten nur 180 Tage Zeit und waren 37 Tage früher (!) fertig. Und das mit einem Team von nur knapp 50 Leuten. Nach 143 Tagen hob der Prototyp vom Boden ab!

Oder bei der Produktion von *Toy Story*, dem ersten computeranimierten Film durch Pixar. Alle gaben ihr Bestes. Oder bei militärischen Elitetruppen oder bei herausragenden Bands. Es ist immer derselbe Mechanismus: eine starke Führung, deren Hauptanliegen ist, Team-

Flow zu erzeugen. Wenn es einen Fokus herausragender Unternehmen gibt, dann ist es dieser.

Vermutlich würde sogar ein ganzer Staat[82] abgehen wie eine Rakete, wenn die politischen Leader nach diesem Muster agieren würden.«

Jan hatte mit steigendem Interesse zugehört: »Ein solches Projekt 37 Tage früher fertig? Meine agilen Programmierer bei Dojan haben immer dreimal so lange gebraucht wie geplant. Und im Hotel ist es zwar etwas, aber nicht viel besser. So ein Team will ich auch!«

»Wenn man genau hinschaut, erkennt man, dass diese Beispiele in zwei unterschiedliche Gruppen eingeteilt werden können. Der Macintosh bei Apple und die Fußball-WM 2014 waren singuläre Projekte mit Team-Flow-Charakter. Die Teams von Walt Disney, Pixar und den Skunk Works hatten projektübergreifenden, dauerhaften Team-Flow. Zumindest, solange der alte Leader da war.«

»Da will ich natürlich das Zweite«, warf Jan ein.

»Wird kaum funktionieren«, schüttelte Wolfgang lächelnd den Kopf. »Der Haken und der Vorteil beim Team-Flow ist, dass das Erleben während des Team-Flows so extrem intensiv ist. Nach Keith Sawyer[83] dreimal so intensiv wie der individuelle Flow. Das lässt sich sogar messen: Die Werte der Neurotransmitter Dopamin, Serotonin, Oxytocin und so weiter sind beim Team-Flow viel höher.

Und wenn man sich überlegt, dass zum Beispiel Wingsuit-Flieger schon wegen des individuellen Flow-Gefühls bewusst in Kauf nehmen, gegen die Wand zu knallen, dann bekommt man eine Ahnung, wie stark dieses Gefühl ist.

Die Menschen, die bei solchen Team-Flow-Ereignissen dabei waren, vergessen das ihr ganzes Leben nicht mehr. Mitarbeiter, die den Macintosh mitentwickelt haben, erzählen auch heute, 40 Jahre danach, noch davon, dass das die beste Zeit ihres Lebens war. Und dies, obwohl

---

82 Wird aber nicht passieren. Dazu müssten Politiker ihre Führungsqualitäten entwickeln. Geschieht aber nicht – wenn man sucht, gibt es zwar Medientrainings für Politiker, aber keine Führungstrainings. Show ist wichtiger als Kompetenz. Heftig, wenn man bedenkt, dass jeder Abteilungsleiter bei der Sparkasse irgendwann mal Führungsseminare macht, Politiker aber nicht. Und das bei millionenfach größerer Führungsverantwortung.

83 Keith Sawyer: Group Genius.

der Führungsstil von Steve Jobs nicht gerade als wertschätzend und freundlich bezeichnet werden konnte.

Der Haken dieses Gefühls ist deshalb: Es kann zur Sucht werden. Und dann brennen alle innerlich aus. Die Leute beim Macintosh-Team hatten T-Shirts, auf denen stand: ›Wir arbeiten 90 Stunden und sind stolz drauf‹. Und dann wurde einer von Steve Jobs zusammengeschissen, weil er *nur* 90 Stunden gearbeitet hat. Ein solches Team *muss* nach getaner Arbeit auseinanderbrechen. Schon allein zum Wohl der Mitglieder.

Der Vorteil ist allerdings, dass all die anderen Ablenkungen und Süchte wie Social Media und Handy und was es sonst noch so alles gibt, schal werden. Die Hersteller dieser Plattformen erreichen bei ihren Kunden nicht diese Neurotransmitter-Konzentration. Die Leute verlieren jedes Interesse daran. Und das ist wirklich cool!

Worauf ich hinauswill, ist Folgendes: Ein Leader eines solchen Flow-Teams kann entweder temporär ein Team zu Höchstleistungen befähigen. Oder er wird einen großen Teil der Zeit bremsen und *auf die Regeneration achten müssen*. Nur wenn er das tut, kann das Team überdauern und dann wirklich zusammenwachsen. Andernfalls brennt das Team einfach aus.«

»Und du meinst, dass ich mit meiner Ungeduld dazu nicht in der Lage bin?«, fragte Jan nachdenklich.

»Noch nicht. Aber es gibt noch einen zweiten Grund, warum viele dieser Flow-Teams nicht von Dauer waren. Der schlichte Grund ist, dass bei den jeweiligen Leadern und damit auch bei den Teams das Ergebnis im Zentrum stand. Es sollte ein neuartiger Computer entwickelt werden, es sollte die Weltmeisterschaft gewonnen werden. Und als das Ergebnis erreicht wurde, war es vorbei. Wie nach einem Orgasmus.«

Erfolg ist ein verwaschenes, völlig unklares Ergebnisziel. Was heißt das? Und warum sollten das alle anstreben?

»Das Problem habe ich nicht«, warf Jan ein. »Ich will, dass wir mit dem Hotel erfolgreich werden. Das ist übergreifend.«

»Das«, schüttelte Wolfgang den Kopf, »ist ein verwaschenes, völlig unklares Ergebnisziel. Was heißt Erfolg? Und warum sollten das alle anstreben? Die wenigen Leader, zum Beispiel Ed

Catmull von Pixar, die Flow-Teams über einen längeren Zeitraum und über viele Projekte führten, berücksichtigten zwar das Ergebnis, stellten es jedoch nicht ins Zentrum.«

»Was denn dann?«, fragte Jan verblüfft.

»*Sie stellten den Team-Flow selbst ins Zentrum.* Und das ist der Grund, warum die meisten Unternehmen das eben nicht dauerhaft schaffen. Es gibt Situationen, wo Team-Flow aufblitzen kann. Zum Ende einer Produktentwicklung zum Beispiel. Oder bei den letzten Vorbereitungen vor einem Messeauftritt. Aber danach ist dieses Gefühl genauso schnell wieder weg.

Warum? Weil 99,9 Prozent der Unternehmen das Ergebnis zur Priorität eins machen. Ein Produkt, ein Finanzergebnis, den Unternehmenserfolg oder was auch immer. Selbst dann, wenn sie das Gegenteil behaupten, wie ›Der Mensch steht im Mittelpunkt‹ oder anderes Werbe-Blabla. Die wirkliche, also nicht die deklarierte Prioritätenreihenfolge in fast allen Unternehmen ist: ›Ergebnis[84] – Systeme und Prozesse – ganz lange gar nichts – die Menschen‹.

Unternehmer, die Flow-Unternehmen schaffen, haben folgende Prioritäten: ›Team-Flow – Entwicklung der Menschen – Ergebnisse – Prozesse‹. *Und zwar nicht, weil sie wissen, dass das auf diese Art bessere Ergebnisse bringt, sondern weil ihnen das wirklich genau in dieser Reihenfolge am Herzen liegt.* Würde man es nur wegen der Ergebnisse machen, würden das alle unterschwellig spüren und dann funktioniert die Magie nicht mehr.«

»Ich habe dabei nur ein Problem«, warf Jan ein. »Ich muss doch auf die Zahlen schauen. Wenn die Zahlen nicht stimmen, habe ich auch keinen Team-Flow mehr.«

»Völlig richtig«, nickte Wolfgang. »Allerdings verhält es sich bei den Finanzen wie mit dem Atmen. Du musst atmen. Es geht im Leben aber nicht ums Atmen. Die meisten Menschen haben andere Prioritäten. Du musst einfach sicherstellen, dass das mit Finanzen genauso gut funktioniert wie mit dem Atmen, und dann konzentrierst du dich auf das wirklich Wichtige, den Team-Flow.

---

84 Oder (Finanz-)Ziele oder Vision etc. Ist in diesem Zusammenhang alles dasselbe.

Zumal das mit den Finanzen wirklich einfach ist.[85] Du schaust, was reinkommt, und passt deine Ausgaben entsprechend an, damit 20 Prozent Rohertragsrendite nach Steuer übrig bleiben. Das Problem ist nicht die Mechanik, sondern die innere Weigerung von Unternehmern, die Situation so anzunehmen, wie sie ist, und die notwendigen Konsequenzen draus zu ziehen.

Das ist jetzt nur insofern wichtig, als dass ein Unternehmer, der nicht bereit ist, die notwendigen Handlungen auszuführen und den Preis zu bezahlen, auch nie in der Lage sein wird, diese Flow-Prioritätenreihenfolge aufrechtzuerhalten. Und er wird vermutlich sowieso irgendwann pleitegehen. Wir können gerne ein anderes Mal ausführlicher drüber reden.«

»In Ordnung« nickte Jan, noch nicht ganz überzeugt. »Aktuell habe ich glücklicherweise dieses finanzielle Problem nicht, und wenn es denn auftaucht, sprechen wir nochmals. Aber was bedeutet das mit der geänderten Prioritätenreihenfolge nun konkret?«

»Zwei Dinge. Zum Ersten orientieren sich diese Unternehmer weniger an ihren langfristigen Erfolgszielen, sondern mehr an ihrem emotionalen Referenzbild. Also bei dir die Zeit während der Loveparades. Ihr wart in einem Zustand, in dem die Dinge im Team entstanden sind. Ihr hattet eine gemeinsame Aufgabe, es war spannend, ihr habt euch großartig gefühlt. Jeder im Team war wichtiger Teil. Und ihr habt Dinge hinbekommen, die man normalerweise mit 16 nicht macht. Heißt also, dass sich diese Unternehmer in ihrem Morgenritual mehr auf dieses emotionale Referenzbild als auf Ziele fokussieren.«

Jan spürte einen leichten inneren Stich, als ihm klar wurde, dass er es gerade wieder, durch Sven angeregt, umgekehrt machte. Aber er wollte da nicht tiefer graben und so nickte er: »Und zweitens?«

Wolfgang schüttelte den Kopf: »Ich war noch nicht ganz fertig. Es ist wichtig, dass du selbst diesen Zustand des Team-Flows erlebt hast, um zu spüren, ob du gerade drin bist oder nicht. Deswegen brauchst du dein spezifisches emotionales Referenzbild. Aber in Wahrheit ist

---

85 Vgl. dazu mein kostenloses E-Book zum Thema Unternehmensfinanzen: »Wie du innerhalb weniger Monate deine unternehmerischen Finanzen in den Griff bekommst. Dauerhaft!« www.uc-link.com/finanzen

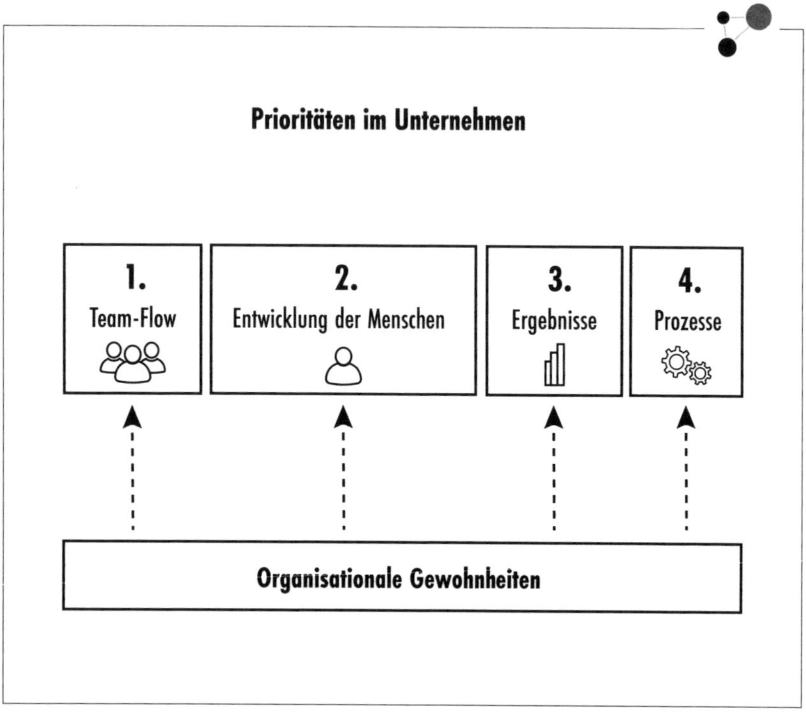

dieses Gefühl etwas Universelles. Dein Referenzbild hilft dir nur bei deiner Orientierung.

Und zweitens hängen diese Unternehmer nicht einfach eine abstrakte Prioritätenliste an die Wand. An den Wänden in Unternehmen hängt sowieso schon genug Unfug. Sondern sie fragen sich konkret beim Meeting, womit sich gerade alle beschäftigen, und wenn sie feststellen, dass es gerade um Ergebnisse oder Abläufe geht, dann ändern sie sowohl Form als auch Inhalt der Meetings: Es geht um Team-Flow. Sie fragen sich bei Mitarbeitergesprächen, worüber gesprochen wird, sie fragen sich bei jedem Report, von was dieser handelt. Und dann ändern sie es. *Sie nutzen die organisationalen Gewohnheiten als Transmissionsriemen, um die neuen Prioritäten Wirklichkeit werden zu lassen.*

Sie kennen die Einflussgrößen, damit Team-Flow entstehen kann, und nutzen diese. Sie wissen, welchen inneren Zustand sie selbst benötigen, um Flow erschaffen zu können, und dann bringen sie sich in diesen inneren Zustand.

Und sie wissen, dass das Flow-Erleben, egal ob individuell oder im Team, durchaus flüchtig ist. Wenn du es greifen willst, dann entgleitet es dir schon mal. Es ist ein Spiel mit Wahrscheinlichkeiten. Sie schaffen also die Rahmenbedingungen, damit Flow entstehen kann, mehr nicht.

Und jetzt der Schlüssel: Sie konzentrieren sich *nur* darauf. Da draußen gibt es Tausende Modelle wie Vertrauenskultur, Total Quality Management (TQM), angstfreie Organisation, Kanban, werteorientierte Kultur, Scaling Up, Agile, OKR, Kaizen, Balanced Scorecard, Lean, Management by Objectives und was weiß ich noch alles. All diese Modelle enthalten wertvolle Elemente, sind aber für sich genommen unterkomplex und einseitig.

Um Team-Flow zu erschaffen und aufrechtzuerhalten, brauche ich natürlich Vertrauen und eine gewisse Angstfreiheit und die eine oder andere Methode. *Aber wann ich was in welchem Ausmaß brauche, hängt allein daran, ob es jetzt zum Team-Flow beiträgt, weil dies sowohl der für alle subjektiv erfüllendste als auch objektiv produktivste Zustand ist.*

Wann ich welche Business-Methode in welchem Ausmaß einsetze, hängt allein daran, ob sie jetzt zum Team-Flow beiträgt. *Weil Team-Flow sowohl der für alle subjektiv erfüllendste als auch objektiv produktivste Zustand ist.*

Dadurch, dass alle anderen Modelle und Konzepte nachgeordnet sind, werden das Handeln und die Ausrichtung einfach. In letzter Instanz frage ich mich nur immer: Wenn wir dies jetzt tun, kommen wir dann meinem emotionalen Referenzbild des Team-Flows näher oder entfernen wir uns davon? Fertig!«

Jan hatte mit wachsender Begeisterung zugehört: »Dann verschwindet die ganze Verwirrung, die ich mindestens seit meinem BWL-Studium hatte. Und auch das Gefühl, tausend andere Dinge noch besser lernen zu müssen, bevor ich so richtig weiterkomme.«

»Absolut! Aber kippe nicht das Kind mit dem Bad aus«, bremste Wolfgang. »Diese anderen Modelle sind nicht falsch oder unwichtig. Nur manchmal kann Vertrauenskultur das Richtige sein und manchmal wird daraus eine kuschlige Meerschweinchen-Kultur. Da fühlen sich alle wohl, aber es passiert nichts.

Manchmal kann es den Flow befördern, wenn du Leute wie Joachim vor die Türe setzt, manchmal kann es schaden. Manchmal kann TQM Flow befördern und manchmal wird daraus Bürokratie. Manchmal ist Agile genau das Richtige, um Flow zu befördern, manchmal sind klassisch trainierte Standard-Abläufe besser. Manchmal ist Flow-Kultur sehr weich, manchmal klar und hart und voller Konflikte.

Es gibt nicht die eine Methode, die in jeder Situation zu mehr Team-Flow führt. Deswegen beginnen wir auch nicht mit den Methoden.

Die Methoden zu kennen und je nach Bedarf anwenden zu können, ist hilfreich. Aber es gibt nicht die eine Methode, die in jeder Situation zu mehr Team-Flow führt. Deswegen beginnen wir auch nicht mit den Methoden. Das ist so, wie wenn ich meine Wohnung renovieren will. Da beginne ich auch nicht mit dem Hammer. Oder dem Pinsel.«

»Ja, habe ich verstanden«, unterbrach Jan ungeduldig, »denn ein oberstes Kriterium zu haben, an dem ich mich ausrichten kann, das macht alles anders. Auch wenn ich was Neues lerne oder ein Buch lese, dann wird das in diesem Moment nicht zum Heiligen Gral, sondern es bekommt einfach seinen Platz innerhalb des Team-Flow-Konzepts. Ich werde nicht mehr so verwirrt sein. Wenn ich das kann, dann habe ich das letzte Geheimnis des Unternehmerseins gemeistert.«

Wolfgang aber schüttelte lächelnd den Kopf: »Wenn du dein Team in den Team-Flow bringst, hast du den roten Gürtel gemeistert. Den letzten vor dem schwarzen Gürtel. Etwas bleibt danach noch offen. Aber lass uns einfach schauen, wie du jetzt zu mehr Team-Flow kommst.«

Jan nickte ungeduldig: »Lass uns anfangen! Nur ein Kriterium zu haben, an dem ich meine Führung ausrichten kann, ist der Hammer!«

5.2.1 Gemeinsames Ziel und Anliegen

Wolfgang stieg ins Thema ein: »Wir arbeiten bei allem, was wir tun, von innen nach außen. Deshalb begannen wir vor einem Dreivierteljahr mit deinem individuellen Flow, jetzt kommt der Flow deines Teams und später mindestens der Customer- oder besser noch der

Group-Flow deiner Kunden[86]. Kannst du bei dir selbst keinen Flow erzeugen, schaffst du es auch nicht bei deinem Team. Und ist dein Team nicht im Flow, schafft ihr es nicht beim Kunden.

Beim Team-Flow gibt es ein gemeinsames *Anliegen*, das in der Qualität der Tätigkeit und des Erlebens liegt. Das Anliegen ist also der Team-Flow oder das Loveparade-Feeling selbst. Darüber hinaus gibt es zusätzlich noch ein *Teamziel*, auf das alle Teammitglieder hinarbeiten, also zum Beispiel die WM zu gewinnen.«

Jan versuchte sich zu sortieren: »Vom Team-Flow erlebe ich im Hotel nicht sonderlich viel. Jeder scheint seine eigenen Ziele zu haben. Eine Servicekraft zickt dauernd mit einem Koch rum, weil der sie abserviert hat und jetzt mit einer von der Rezeption zusammen ist. Im Housekeeping habe ich eine Russin und eine Ukrainerin, die seit dem Beginn des Ukraine-Kriegs dauernd Stress machen. Eine Masseurin im Wellnessbereich scheint die Uhr nicht lesen zu können. Meine Spa-Leiterin mag die Kältesauna nicht. Und so weiter. Na ja, vielleicht haben wir ein bisschen Team-Flow im Führungsteam, seit Joachim weg ist.«

»Mit deinem letzten Satz bist du in Bezug auf das Anliegen völlig auf der richtigen Spur«, lächelte Wolfgang. »Du suchst nicht nach den Bereichen, wo etwas nicht da ist, sondern du schaust, wo dieses Anliegen in kleinen Ansätzen gelebt wird. Und dann richtest du die Scheinwerfer drauf. Du lässt die Leute in den Lobrunden berichten, wie es plötzlich flutscht, du erzählst selbst von deinen positiven Erlebnissen. Du gibst dem Ganzen einen Namen, meinetwegen das ›Joachim-weg-Feeling‹ oder das ›Korken-aus-der-Flasche-Feeling‹ oder was auch immer für euch passt.

Deine Aufgabe ist, positive Referenzerlebnisse, die immer – und seien sie noch so winzig – da sind, zu finden. Du spiegelst diese so ins Team hinein, dass alle ein Bedürfnis danach entwickeln, das immer wieder zu erleben. Wenn dann weitere solche Erlebnisse entstehen, dann werden die mit ins Referenzbild integriert. Und wenn diese Erlebnisse dann im Lauf der Zeit intensiver und stärker werden, dann kann sich auch noch mal der Name des Referenzbilds ändern.

86 Siehe Kapitel 7.2.

Das gemeinsame Anliegen ist langfristig betrachtet wichtiger als das Ziel. Deshalb stärkst du mit gemeinsam erlebten emotionalen Referenzbildern das gemeinsame Anliegen nach und nach. Damit prägst du mittel- und langfristig ein konstituierendes kulturelles Element. Das Anliegen wird also nach und nach gestärkt.

Für den Team-Flow brauchen wir auch ein klares gemeinsames Ziel. Und das geht schneller.«

»Und Erfolg als gemeinsames Ziel lässt du wohl nicht gelten?«, wollte sich Jan nochmals versichern.

»Nein«, schüttelte Wolfgang den Kopf. »Ist aber egal, was ich gelten lasse. Entscheidend ist: Deine Mitarbeiter lassen es ja auch nicht gelten. *Das Ziel muss klar sein. Das Ziel muss von allen gekauft werden. Und die Größe des Ziels muss stimmen.* Lass uns in deiner konkreten Situation von hinten beginnen, also mit der Größe des Ziels.

Das Ziel muss für den gegenwärtigen Zustand des Teams im Flow-Kanal sein, also bei 100 bis 120 Prozent des Teampotenzials. Groß genug, damit es eine wirkliche Herausforderung darstellt. Und zwar eine Herausforderung, die man nur gemeinsam bewältigen kann.

Und dann darf das Ziel aber nur so groß sein, dass die überwiegende Mehrheit der Teammitglieder noch dran glauben kann. Ein Projekt zu starten, bis Ende des Jahrzehnts ein riesiges Raumschiff auf einem Planeten in einer anderen Galaxie zu landen, wird niemanden richtig anziehen.«

»Das darf dann beim gegenwärtigen Zustand meines Teams kein allzu großes Ziel sein«, schüttelte Jan frustriert den Kopf.

»Schau mal auf deine Herausforderungen am Flipchart«, schlug Wolfgang vor. »Was kann nur das ganze Team gemeinsam erreichen und hat die richtige Größe?«

Jan betrachtete das Flipchart und dachte einen Moment nach: »Da kommen nur die Bio-Hacker-Konferenz und die Kundenbewertungen infrage. Lass uns die Kundenbewertungen nehmen. Die sind langfristig wichtiger«, schlug er vor.

»Nicht so schnell«, bremste Wolfgang lachend. »Du bist an dieser Stelle jemand, der eine Führungsdienstleistung für dein Team erbringt. Es geht also nicht um dich. Lass uns deshalb überlegen, welches der beiden Ziele eher von deinem Team gekauft wird. Der entscheidende

Punkt beim Ziel ist, dass die überwiegende Mehrheit des Teams das Ziel einkauft, also von innen heraus unterstützt.

Das ist der Grund, warum es meistens eben nicht funktioniert. Da werden irgendwelche Ziele ausgewählt, zum Beispiel Finanzziele, die in Wahrheit nur den Unternehmer oder die Aktionäre interessieren. Oder diese Ziele haben keinerlei Bezug zur Wirklichkeit der Teammitglieder. Oder Ziele wie Digitalisierung, die erst mal Stress bedeuten und oft einen unklaren Nutzen haben. Oder es werden willkürlich irgendwelche Deadlines gesetzt, die keinerlei Bedeutung haben. Oder die Teammitglieder haben nicht das Gefühl, etwas zur Zielerreichung beitragen zu können.«

»Aber es kommt offensichtlich nicht darauf an«, überlegte Jan, »dass das Ziel vom Team selbst gesetzt wurde. Das war beim Macintosh nicht so und bei dem Düsenjäger-Ding kam das Ziel auch von außen. Und auch bei meinen Loveparade-Touren war das Ziel, gemeinsam Busse zu chartern, erst mal meine Idee.«

Solange der Führende nicht versteht, dass es gar nicht um das Ziel geht, sondern das Ziel nur ein Mittel ist, um das Team in den Flow-Kanal zu bringen, entsteht Team-Flow bestenfalls zufällig.

»Absolut! In den weitaus meisten Fällen wird das Ziel nicht im demokratischen Kompromiss erarbeitet, sondern vorgegeben. Demokratisch erarbeitete Kompromissziele ziehen in Wahrheit niemanden an und sind meist deutlich unterhalb des Flow-Kanals. Vielleicht mit Ausnahme von jungen wilden Start-ups: Da sind die Ziele dann meist deutlich in der Stress- oder Panikzone. Solange der Führende nicht versteht, dass es nicht um das Ziel geht, sondern das Ziel nur ein Mittel ist, um das Team in den Flow-Kanal zu bringen, entsteht Flow bestenfalls zufällig.

Wenn Führende ein Ziel erarbeiten, muss es eben so gestaltet sein, dass die Menschen es begeistert annehmen können. Welches der beiden Ziele Kundenbewertungen und Bio-Hacker-Kongress könnten deine Mitarbeiter also begeisterter annehmen?«

»Aus Team-Perspektive den Kongress«, überlegte Jan. »Bei den Kundenbewertungen habe ich das Problem, dass viele Mitarbeiter nicht glauben, diese beeinflussen zu können. Die Sauberkeit der Zimmer ist schon gut, die Massagen im Spa sind es auch. Das Essen ist zwar nicht fantasievoll, aber gut. Kaum jemand hat Einfluss auf die Kundenbewertungen, außer über die Modernisierung der Räume und das Erwartungsmanagement.«

»Also würde bei diesem Ziel auch niemals Team-Flow entstehen«, überlegte Wolfgang. »Bleibt die Bio-Hacker-Konferenz.«

»Aber meine Mitarbeiter können außer Wim nichts mit Bio-Hacking anfangen«, warf Jan ein.

»Lass uns die Perspektive ändern. Du hattest mir erzählt, dass das die erste größere Konferenz seit dem Beginn von Corona vor zwei Jahren ist. Und dein Team ist derzeit aufgrund von Kurzarbeit überhaupt nicht eingespielt. Kann es sein, dass die meisten angesichts dieser Herausforderung ein bisschen aufgeregt sind?«

»Ja, absolut!«, stimmte Jan zu. »Jetzt, wo du mich fragst: Ich glaube, diese Konferenz ist bezüglich der Anforderungen genau im Flow-Kanal. Und es sind sowieso schon alle aufgeregt. Das Ziel ist groß genug. Es würde von allen gekauft. Aber ist es schon klar genug?«

»Beim Ziel ›Konferenz findet statt‹ dürften kaum alle ihr Bestes geben«, stimmte Wolfgang zu. »Die Konferenz findet ja sowieso statt, egal, was deine Mitarbeiter tun.«

»Und wenn ich eine bestimmte Kundenbewertung der Teilnehmer oder des Veranstalters erreichen will, habe ich dasselbe Problem wie vorher. Und was mir eigentlich wichtig wäre, nämlich, dass die Teilnehmer des Kongresses eine Art Loveparade-Feeling erleben, versteht mein Team noch nicht«, überlegte Jan.

»Solche Konferenzen finden doch oft regelmäßig statt«, warf Wolfgang ein.

»Du meinst, wir sollten als Ziel wählen, dass die Konferenz so geil wird, dass die Veranstalter nächstes Jahr wiederkommen? Das wäre, das Loveparade-Feeling in eine messbare Größe übertragen. Das könnte gehen. Daran müssen alle mitwirken.«

»Für die operative Umsetzung musst du vielleicht noch ein bisschen mit der Formulierung spielen, bis alle anbeißen. Wichtig ist, dass es nicht als verkapptes Finanzziel ankommt.«

»Das mache ich«, stimmte Jan begeistert zu.

Wolfgang unterstützte: »Und ich habe eine Idee, um dein Team noch mehr zu begeistern. Musst du aber noch abklären. Bei dem Bio-

Hacking-Kongress geht's doch auch um Fitness, Ernährung, Eisbaden und solche Themen, richtig?«

»Ja, und noch vieles andere. Nahrungsergänzungsmittel, besseren Schlaf, Stressresistenz, Mikrobiom, Mitochondrien, Rotlicht usw. Warum?«

»Gibt es dabei Vorträge, die so einfach sind, dass auch Anfänger mitkommen?«

»Ja, ich denke schon«, erwiderte Jan. Und plötzlich wurde ihm klar, worauf Wolfgang hinauswollte: »Falls einzelne dieser Anfängervorträge nicht voll sind, könnte ich den Veranstalter fragen, ob da einige meiner Mitarbeiter in ihrer Freizeit zuhören könnten. Fitness, Ernährung und Schlaf interessieren ja fast alle. Dann hätten sie eine kostenlose Ausbildung, und wenn sie davon was umsetzen, käme der höhere Energielevel auch wieder dem Hotel zugute. Und dann kämen sie vielleicht mit meiner Geschwindigkeit auch mit. Das wäre geil!

Keine Ahnung, ob der Veranstalter da mitmacht. Aber es sind für ihn ja keine zusätzlichen Kosten damit verbunden. Eher im Gegenteil: Wenn die Mitarbeiter der Veranstaltungs-Location am Thema interessiert sind, sind sie motivierter, und das kommt ihm zugute. Das verkaufe ich dem Veranstalter!«

Wolfgang stimmte zu: »Dann lass uns das als Team-Flow-Projekt bis Ende Mai nehmen. Wie es nach Mai weitergeht, besprechen wir dann. Wir haben also ein Anliegen, den Team-Flow selbst, den du durch die Positivrunden immer stärker verankerst, und ein Ziel, das von allen gekauft werden könnte.«

»Ja, das klingt mega«, stimmte Jan zu.

»Gut«, nickte Wolfgang. »Du siehst, dass es oft sehr einfach ist, ein Ziel für den Team-Flow festzulegen. Du musst meist gar nichts erfinden, sondern nimmst etwas, das sowieso schon da ist und alle beschäftigt. Dann kümmerst du dich um Klarheit und Größe des Ziels. Und das war es auch schon.

Dann lass uns eine kurze Pause machen und danach die weiteren Einflussfaktoren auf den Team-Flow neben Anliegen und Ziel anschauen.«

Jan nickte.

5.2.2 Die individuellen Flow-Kanäle

Nach der Pause fuhr Wolfgang fort: »Damit Team-Flow entstehen kann, sollte einerseits die Mehrheit deines Teams individuell in einen Flow-Zustand kommen, andererseits das Team als Ganzes im Zusammenwirken. Dabei ist weder der individuelle Flow der Mitarbeiter Voraussetzung für den Team-Flow noch der Team-Flow für den individuellen Flow. Beide Zustände stärken sich gegenseitig und insofern hast du glücklicherweise viele Einflussfaktoren. Lass uns mit den individuellen Flow-Kanälen beginnen.«

»Das wird dann ähnlich funktionieren wie der individuelle Flow bei mir selbst, oder?«, wollte Jan wissen.

»Absolut!«, stimmte Wolfgang zu. »Deswegen ist es ja so wichtig, dass du zuerst für dich selbst trainiert hast. Ab dieser Stelle würde ich das Team bei der Erarbeitung der Sub-Ziele zu deinem Kongress-Ziel immer integrieren. Teil des Flows ist das Gefühl der Entscheidungsfreiheit und Kontrolle. Und das steigt, wenn die Leute ihre Teil-Ziele selbst festlegen können.

Dein nächster Schritt, nachdem mindestens dein Führungsteam das große Ziel eingekauft hat, wäre also ein Brainstorming, was alle dazu beitragen können, um das Gesamtziel zu erreichen. Idealerweise lässt du die Moderation jemand anderen machen. Zum Beispiel Birgit, Lea oder Sabrina. Und du oder Wim als Bio-Hacker spielen bei diesem Projekt den Kunden.«

»Dann ist es ja vielleicht doch gut, dass ich meinen Führungskräften schon das Konzept mit dem Flow-Kanal erklärt habe«, überlegte Jan. »Sie haben es zwar bislang nicht genutzt, aber bei diesem Brainstorming sollten ja Teilziele herauskommen, die für die Umsetzenden im Flow-Kanal sind. Vielleicht ist das konkreter und sie bekommen dann eher einen Bezug zum Konzept?«

»Gute Idee«, nickte Wolfgang. »Wenn du ihnen das Konzept schon erklärt hast, dann können sie auch drauf schauen, ob der jeweils nächste Schritt, was zu tun ist, klar ist. Nur dann entsteht tatsächlich Flow.«

»Das kann bei den Führungskräften oder den Mitarbeiterinnen im Veranstaltungsbereich gut funktionieren. Aber«, warf Jan ein, »ich habe teilweise Arbeitskräfte mit ziemlich stupiden Aufgaben wie Putzen. Wie sollen die denn jemals in den Flow kommen?«

Wolfgang lächelte: »Die jeweilige Tätigkeit von Teammitgliedern ist natürlich sehr unterschiedlich. Bei der Nationalmannschaft gab es nicht nur die elf Spieler auf dem Platz, sondern Masseure, Ärzte, Trainer, Ernährungsberater und so weiter. Der eine kommt in den Flow, wenn er Zauberfußball spielen darf. Der andere, wenn er bei der Massage spürt, wie sich eine Verspannung löst, und der dritte, wenn der Spieler sein Ernährungskonzept umsetzt und dann nach hinten raus im Spiel noch ein oder zwei Prozent mehr Speed und Power hat als der Gegner.

Dein Job bzw. der von deinen Führungskräften ist, herauszufinden, wo der Flow-Kanal derjenigen ist, die ihr führt, und ihnen zu helfen, in den Flow-Kanal zu finden. Es ist egal, in welchem Arbeitsbereich das ist.«

»Und wie finde ich den Flow-Kanal der Leute heraus?«, fragte Jan.

»Das ist einfach. Du zeigst das Schaubild mit dem Flow-Kanal. Dann fragst du, wie viel Prozent der Zeit sich die entsprechende Person in welchem Bereich, also Langeweile, Komfort, Flow und Stress bzw. Panik, aufhalten würde, wenn sie eines der Brainstorming-Ziele bekäme. Und dann kannst du schauen, was man ändern kann, um den Langeweile- und Panikanteil zu reduzieren.

Oder du fragst, wie man den Flow-Anteil erhöhen könnte. Das Ziel, auf das es hinzuarbeiten gilt, ist bei wachstums- und leistungsorientierten Menschen bei etwa 75 Prozent Flow, 15 Prozent Komfort und zehn Prozent Stress. Bei den etwas gemütlich getakteteren vielleicht 50 Prozent Flow, 45 Prozent Komfort und fünf Prozent Stress.«

»Wieso denn Stress?«, wollte Jan wissen.

»Die Leistungsorientierten wachen da erst so richtig auf«, lachte Wolfgang und fuhr dann ernster fort: »Wenn man nicht hin und wieder im Stress ist, kennt man die obere Grenze seines Flow-Kanals nicht und wird immer unterhalb seiner Möglichkeiten agieren. Stress innerhalb gewisser Grenzen ist gut und führt zum Wachstum. Nennt sich Eustress. Deswegen bin ich auch nicht für ein komplett stress- oder angstfreies Unternehmen – geht ja sowieso nicht. Lediglich der sinnlose Stress sollte so weit wie möglich vermieden werden.«

»Ich glaube, Sabrina und Birgit bräuchten 30 Prozent Stress und 70 Prozent Flow und gar keine Komfortzone«, freute sich Jan.

»Das ist genau der Punkt, den ich vorhin bei der Regeneration ansprach«, warf Wolfgang ernst ein. »Die bringen zwar jetzt eine Hammerleistung. Aber wenn sie das so weiter durchziehen, werden sie ausbrennen. Und solche Menschen sind nahezu unersetzbar. Das ist wie im Krieg. Schon Hannibal hat seine fast unersetzbaren, exzellent ausgebildeten Kerntruppen immer nur dann eingesetzt, wenn sie zwingend notwendig waren. Im normalen, unmittelbaren Schlachtgetümmel fanden sich meist leicht ersetzbare Hilfstruppen wieder. Du wirst auch heute keinen Navy SEAL, dessen Ausbildung etwa 2,5 Millionen pro Person kostet, in den Schützengraben stellen.«

»Um Sabrina und Birgit zu bremsen, werde ich mit meiner eigenen Ungeduld noch zu kämpfen haben«, wich Jan aus. »Aber was mache ich zum Beispiel im Housekeeping? Dort sind Mitarbeiter, die nur eine sehr geringe Qualifikation haben und teilweise wenig Deutsch können. Die werden das Schaubild mit dem Flow-Kanal gar nicht verstehen. Was mache ich da?«

»Du meintest, was deine Führungskraft im Housekeeping da macht?«, zwinkerte Wolfgang ihm zu. »Wenn du das bei allen Mitarbeitern selbst machen wolltest, kämst du zu nichts anderem mehr. Sie werden mit Bildern und Geschichten arbeiten müssen. Deine Führungskräfte sollen mit den Menschen sprechen und fragen, wann ihnen alles zu viel war. Da kann im Stressbereich dann ein Bild von der Flucht aus Syrien stehen und im Flow-Bereich ein Bild vom Fußballspiel als Kind.«

»Und am Ende kommt raus, dass sie sich zu 100 Prozent im Langeweile-Bereich aufhalten. Und dann?«

»Das weißt du doch schon«, erwiderte Wolfgang abwartend.

Jan blickte etwas irritiert und versuchte dann, das, was er auch von den vorherigen Coaching-Tagen bereits wusste, zu verbinden: »Zuerst sucht meine Führungskraft positive Abweichungen. Wenn sie nur einen Mitarbeiter im Housekeeping hat, der fünf Prozent seiner Zeit im Flow-Kanal verbringt, dann schauen sie, was dieser Mitarbeiter in dieser Zeit anders macht. Und dann wird das kopiert. Noch was?«

Wolfgang wartete und Jan dachte weiter nach: »Thomas hat mir erzählt, wie man von unten herein in den Flow-Kanal kommt. Schnellere Zeit- und höhere Qualitätsansprüche, anspruchsvolleres Nebenziel und Gamification. Zeit- und Qualitätsansprüche von unserer Seite zu erhöhen, führt zu Widerstand. Bleiben Gamification und anspruchsvolle Nebenziele. Zu Gamification wird uns etwas einfallen. Aber anspruchsvolle Nebenziele? Was könnte das hier bedeuten?«

Wolfgang lächelte: »Ist doch schön, wenn du mich fast nicht mehr brauchst. Und bei den anspruchsvollen Nebenzielen kann ich dir zwei Möglichkeiten mitgeben.

Es gab ein Experiment[87] mit Reinigungskräften in Hotels in den USA. Dort wurde erklärt, dass Putzen in Wahrheit ein Workout sei und ein Fitnessstudio ersetzen könne. Ihnen wurden dann einige Bewegungsabläufe gezeigt, die sowohl zur besseren Reinigung als auch zum besseren Muskelaufbau beitrugen. Einige Monate später waren diese Reinigungskräfte im Vergleich zu anderen ohne diese Erklärung nicht nur schlanker, sondern auch glücklicher.«

»Krass«, warf Jan ein. »Und das hilft ihnen vielleicht, auch noch mehr inhaltlich an die Konferenz anzudocken.«

Wolfgang fuhr fort: »In einem anderen Experiment gaben sie Reinigungskräften ein kleines Budget, um die gereinigten Zimmer mit einer individuellen, liebevollen Überraschung zu versehen. Zuerst verschwand bei einigen das Budget in der eigenen Tasche. Bis sie erfuhren, dass die anderen, die sich die Mühe gemacht hatten, viel mehr Trinkgeld auf dem Zimmer vorfanden und damit den Einsatz multiplizierten. Schließlich machten es alle. Das Ergebnis: Die Gäste waren glücklicher, die Zimmer waren sauberer und die Reinigungskräfte tauschten sich aus, was am besten funktioniert, und hatten eine zusätzliche Aufgabe, um aus der Langeweile zu kommen. Und sie bekamen mehr Trinkgeld.

Es gibt superviele Beispiele auf jedem Komplexitäts-Niveau. Man muss nur ein bisschen suchen. Die Idee hinter dem zweiten Experiment kam auch nur dadurch zustande, dass eine Führungskraft nach positiven Abweichungen gesucht und eine Mitarbeiterin gefunden

87 Von Alia Crum und Ellen Langer, zitiert nach Shawn Achor: Das Happiness-Prinzip.

hatte, die das sowieso von sich aus mit eigenem Geld machte und sich damit Zusatzeinnahmen generierte.«

Jan schüttelte ungläubig den Kopf: »Krass, zu was alles Experimente und wissenschaftliche Untersuchungen gemacht werden. Und du, Wolfgang, scheinst das auch alles gelesen zu haben?«

»Nein, unmöglich« schüttelte Wolfgang lachend den Kopf. »Deswegen arbeite ich ja mit Thomas, Carlos und vielen anderen zusammen. Und deswegen sorgen wir dafür, dass du nicht nur mit einem von uns zu tun hast, sondern mit mehreren – dann multiplizieren sich die Erfahrungen, auf die du zugreifen kannst. Unternehmer sein ist so komplex, dass auch ich mit meinen über 40 Jahren Unternehmersein keine Chance mehr habe, alles zu überschauen. Aber wir waren bei den individuellen Flow-Kanälen und wie jeder da reinkommen kann. Damit die Mitarbeiter drinbleiben können, gilt es, auch alle Ablenkungen zu minimieren. Im Büro sicher das ganze E-Mail- und Telefongebimmel. Wie ist das in den anderen Bereichen im Hotel?«

»WhatsApp, Insta, Tinder ... Ist alles dabei. Gut, in Bereichen mit direktem Kundenkontakt wie im Service haben wir eine hausinterne Regel. Aber nicht überall. Das könnte ich verallgemeinern – wird halt zu Widerstand führen. Vielleicht fange ich auf dem Weg zum Team-Flow nicht gleich damit an?«

»Besser nicht«, lachte Wolfgang. »Wenn du den Leuten heute ihr Handy wegnimmst – und sei es auch nur für ein paar Stunden –, dann bringen sie dich um. Auch hier ist der Weg eher der: Mach die Arbeit so spannend, dass das Interesse an den Ablenkungen abnimmt.«

Jan nickte: »Ich habe eine Idee, wie man selbst einfache Aufgaben in den Flow-Kanal bringen kann. Ich habe nur noch ein Problem. Bei den Beispielen vorher mit der Nationalmannschaft oder bei Apple, da waren das alles absolute Top-Leute. Die respektierten sich gegenseitig. Ich habe wenige Top-Leute, viel Mittelfeld und einige Vollpfosten. Und die Top-Leute sind – genau wie ich – immer wegen der Vollpfosten angefressen. Bei manchen ist der Flow-Kanal erreicht, wenn sie Wasser zum Kochen bringen, ohne es anzubrennen. Was mache ich mit denen?«

»Ich glaube, beim letzten Coaching nanntest du die Vollpfosten taube Nüsse, oder?«, grinste Wolfgang.

»Ja, ist ja gut«, wehrte Jan ab. »Ich habe verstanden. Es sind verunsicherte Lernende oder so. Aber trotzdem habe ich das Problem, dass die guten Leute von denen mit dem Wasserkoch-Flow-Kanal angefressen sind.«

Wolfgang dachte einen Moment nach: »Es gibt letztlich nur zwei Möglichkeiten. Die erste Möglichkeit ist – und die wirst du aktuell gehen müssen: Die Top-Leute müssen ein aktives Commitment eingehen, dass auch die nicht so guten Leute Teil des Teams sind und mitgenommen werden.

Aktives Commitment heißt, auch diesen mit Wohlwollen zu begegnen, ihnen zu helfen, in ihren Flow-Kanal zu kommen und während der Arbeit zu lernen. Aktives Commitment heißt, sie dort einzusetzen, wo sie noch etwas beitragen können. Auch Wasser muss gekocht werden. Und diese innere Haltung beginnt bei dir.

Wenn Schwarzgurt-Unternehmer erst mal ein Schwarzgurt-Unternehmen geschaffen haben, dann finden sich dort auch in wenigen Jahren nur noch Schwarzgurt-Mitarbeiter. Die Anziehungskraft steigt einfach dramatisch.

Das ist allerdings keine Dauerlösung und wird permanent unterschwellig rumoren. Wenn das nämlich zu lange dauert, laufen dir die besten Leute weg. Das bedeutet – und das ist die zweite Option: Mittel- und langfristig haben sich diese Mitarbeiter entweder entwickelt oder werden durch Top-Leute ersetzt. Das kannst du allerdings aktuell nur begrenzt, weil deine Anziehungskraft für Top-Leute noch viel zu gering ist. Du wirst sie nicht in ausreichender Anzahl finden oder halten können.

Bist du allerdings erst mal Schwarzgurt-Unternehmer und hast ein Schwarzgurt-Unternehmen geschaffen, dann finden sich dort auch in wenigen Jahren nur noch Schwarzgurt-Mitarbeiter. Deine Anziehungskraft steigt einfach dramatisch.[88] Dann hast du dieses Problem

88 Mit der Anziehungskraft eines Schwarzgurt-Unternehmers ist es auch heute durchaus realistisch, mindestens 50 Bewerber pro Stelle zu bekommen. Das ist das Minimum, um für jede Stelle Top-Leute zu finden. Wir bei Unternehmercoach sind zum Beispiel derzeit, wo es angeblich keine Mitarbeiter gibt, bei etwa 75 bis 100 Bewerbungen pro Stelle. Mehr dazu auch in meinem Buch »Der Weg zum erfolgreichen Unternehmer«. www.uc-link.com/weg-buch

nicht mehr und die nicht so guten Leute sammeln sich bei deinen Wettbewerbern.«

»Da bete ich dafür, dass ich da bald hinkomme«, lachte Jan mit leicht verkniffenem Gesicht. »Gibt's zum Thema individueller Flow-Kanal noch was, was ich für mein Konferenz-Ziel brauche?«

»Brauchen nicht, ist aber vielleicht für die Zukunft und euer Anliegen eines Flow-Teams wichtig: Du kannst in den jeweiligen Teamräumen die Flow-Kanäle von jedem Mitarbeiter aufhängen lassen. Das Ziel ist, dass jeder vom anderen weiß, wann dieser in den Flow kommt, wann in den Stress und wann in die Langeweile.

Wenn die Führungskraft das jetzt nutzt, um den Mitarbeitern immer wieder für sie passende Flow-Aufgaben zuzuweisen – und zwar so, dass die anderen das mitbekommen –, dann entsteht im Lauf der Zeit ein Klima, in dem die Mitarbeiter selbst darauf zu achten beginnen, wie sie sich gegenseitig in den Flow bringen können, und vermeiden, was den anderen rausbringt.

Das ist der Punkt, an dem ein wirkliches Team zu entstehen beginnt.«

»Das kann ich mir in der Küche und im Service ganz gut vorstellen«, überlegte Jan. »Dort sind die Aufgaben doch recht vielfältig und auch das Potenzial für Stress ist recht groß. Wenn jetzt alle wissen, wann bei jemandem Stress entsteht, kann man das gemeinsam als Team eher vermeiden, als wenn die Person still vor sich hin grummelt oder plötzlich herumschreit.

Wir haben jetzt Anliegen und Ziel sowie die individuellen Flow-Kanäle. Was brauche ich noch für den Team-Flow?«

5.2.3 Sicherheit und Vertrauen

»Beim individuellen Flow brauchst du ein Gefühl der Kontrolle. Dieses Gefühl hast du in Team- und Gruppensituationen als Individuum nur noch begrenzt – es agieren einfach zu viele andere Mitspieler auf dem Spielfeld. Damit dennoch ein Team-Flow entsteht, braucht es einen emotionalen Ausgleich. Und dieser entsteht durch die Sicherheit, dass einem kein Nachteil entsteht, wenn man etwas ausprobiert oder

Feedback gibt.[89] Und durch das Vertrauen, dass man im Team bei Problemen aufgefangen wird.

Bietet das Team weder Sicherheit noch Vertrauen, dann kann kein Flow entstehen. Und dann kann auch kaum jemand seine innere Anspannung loslassen. Die Folge in Teams ohne Sicherheit und Vertrauen ist, dass jeder in Wahrheit zwei Jobs ausführt.

Zum einen den Job, für den man bezahlt wird, zum anderen muss man permanent seinen Status und seine Rolle in der Gruppe absichern. Man muss eine Maske tragen und etwas spielen, das man nicht ist. Und man muss dafür sorgen, dass man unangreifbar ist. Auch Bündnisse zu schaffen und andere, die den eigenen Status bedrohen, abzuschießen, ist eine beliebte Aufgabe bei diesem zweiten Job.

Dieser zweite Job kann solche Ausmaße annehmen – und in Großkonzernen, Bürokratie und Politik ist das der Normalfall –, dass locker 90 Prozent der Arbeitszeit dafür draufgehen. Darüber hinaus werden auch die Entscheidungen schlechter. Sie werden nicht mehr gefällt, um die beste Lösung zu finden, sondern vor allem, um die eigene Position oder die der Verbündeten und Unterstützer abzusichern.«[90]

»Das habe ich krass in meiner Zivildienstzeit im Krankenhaus erlebt«, stimmte Jan zu. »Die Ärzte wachten argwöhnisch über ihren Bereich und kämpften gegen die Verwaltung. Dabei versuchten sie die Krankenschwestern als Verbündete einzusetzen, sie aber gleichzeitig kleinzuhalten. Niemand vertraute einander. Jeder hetzte über jeden. Und weil es keinerlei Vertrauen und Sicherheit gab, waren alle permanent im selbst gemachten Stress. Es war furchtbar. Aber das ist im Rockstrohhof glücklicherweise nicht so.«

---

89 Nach dem Aristoteles-Projekt von Google wäre Sicherheit der wichtigste Aspekt. Das glaube ich zwar nicht, weil diese Sicherheit nur im Kontext von Flow-Teams Sinn macht und da viele andere Faktoren auch eine Rolle spielen. Und zu viel Sicherheit führt auch eher in die Komfort- oder Langeweile-Zone. Aber es betont zumindest die Bedeutung dieses Aspekts.

90 Wichtig: Nie jemanden, der in solchen Umfeldern ohne Vertrauen und Sicherheit groß geworden ist und dort länger als fünf Jahre sozialisiert wurde, einstellen. Dieses Verhalten ist kaum mehr in adäquater Zeit aus diesen Menschen herauszubekommen. Warum? Aus ihrer Perspektive erscheint es geradezu dumm und schwach, sich zu öffnen und zu vertrauen. Und sie haben für ihren Kontext recht.

Wolfgang schaute Jan in die Augen und wartete.

Jan schwieg einige Zeit und gab schließlich zu: »Joachim machte nur den zweiten Job. Sabrina bekam im Dezember von mir zu spät Sicherheit. Und Katharina hatte auch keine Sicherheit, dass ich sie nicht rauswerfe, wenn sie bei der neuen Strategie nicht mitmacht. Und der Service ist immer etwas im Krieg mit der Küche. Und die Küche wiederum mit der Veranstaltungsabteilung. Und die Serviceleitung erwartet von den Servicekräften auch eine bestimmte Art des Auftretens. Wenn ich wirklich ehrlich zu mir selbst bin, gibt es das Misstrauen bei uns auch – nur habe ich dem bislang keine Aufmerksamkeit geschenkt. Wie gehe ich das an?«

Wolfgang nickte anerkennend: »Respekt, dass du dir das eingestehst. Das ist der Anfang der Änderung. Zuerst einmal achten wir darauf, was alles Misstrauen ausdrückt. Lass uns mal den letztgenannten Konflikt nehmen: Serviceleitung und Servicekräfte. Erzähl mal kurz davon.«

»Ein Beispiel«, erklärte Jan. »Wir brauchen zur Abrechnung des Frühstücks die Zimmernummer der Gäste. Manche Servicekräfte vergessen einfach zu fragen. Und um jemanden an den Eingangsbereich zu stellen, der nichts anderes macht, als die Zimmernummern zu erfassen, sind wir zu klein. Deshalb hat unsere Serviceleitung ein Standard-Skript erstellt, wonach jede Servicekraft zuerst zu fragen hat, ob der Gast einen Kaffee oder einen Tee will, und dann im Anschluss nach der Zimmernummer. Und das mögen einige Servicekräfte nicht.«

»Die wahre Botschaft eines solchen Skripts ist die«, überlegte Wolfgang, »dass derjenige, der das Skript eingeführt hat, seinen Mitarbeitern nicht einmal vertraut, dass sie charmant nach einer Zimmernummer fragen können. Und die wahre Botschaft an die Mitarbeiter ist, dass man in diesem Unternehmen nicht authentisch sein darf. Diese Botschaft wird dann ganz unterschwellig auf alle anderen Bereiche übertragen.«

»Puuh, das war mir so nicht klar«, entfuhr es Jan. »Aber was mache ich dann mit den Vollpf…, äh, den Lernenden, die vergessen zu fragen?«

»Trainieren, nach ihren Ängsten schauen oder eine andere Aufgabe geben«, erwiderte Wolfgang grinsend. »Aber was du noch viel weniger kannst, ist deine guten Leute mit Misstrauen dafür zu bestrafen, dass du ein paar Lernende eingestellt oder von Walter übernommen hast. Zeig, dass du Fehler begrüßt, zumindest wenn sie nur ein Mal gemacht wurden. Der ehemalige Hotelier Bernd Reutemann hat für Fehler recht humoristisch den ›Mops des Monats‹ eingeführt. Den ersten ›Mops des Monats‹ bekam er selbst verliehen.

Wenn ich mal ehrlich bin, dann bin ich selbst nur ein guter Unternehmer geworden, weil ich so viele Fehler gemacht habe. Und da ich gute Leute um mich herum haben will, müssen die auch Fehler machen. Ich lasse also noch viele für meine Mitarbeiter übrig. Weil ich weiß, dass sie mit jedem Fehler wachsen.«

»Das kann aber ganz schön teuer werden«, wandte Jan ein.

»Ach, weißt du, Jan, wenn ich die Kosten all meiner eigenen Fehler zusammenzähle, dann komme ich leicht auf einen zweistelligen Millionenbetrag.«

»Echt, so viel?«

Wolfgang grinste: »Jeden Tag mehr. Wie soll ich sonst lernen? Rückblickend muss ich sagen, dass all diese Ausbildungskosten gut investiert waren. Und meine Mitarbeiter wissen auch davon, wie viel Geld ich selbst versenkt habe und noch immer hin und wieder versenke. Ich mache mich verletzlich, und daraus entsteht wiederum Vertrauen.

Bezogen auf die Mitarbeiter gibt es da eine Geschichte kurz nach dem Zweiten Weltkrieg. Ein amerikanischer Unternehmer flog mit einem Piloten, der einen Fehler machte. Sie stürzten ab, überlebten aber. Der Unternehmer kam ins Krankenhaus. Als er wieder gesund war, musste er eines Tages wieder fliegen und forderte explizit diesen Piloten an. Seine Begründung: Bei diesem Piloten weiß ich, dass er diesen Fehler nie wieder machen wird – bei anderen bin ich mir nicht so sicher.

Und noch ein kleiner Punkt am Rande: In meinen Unternehmen sind – je nachdem, wie hoch das Risiko ist – zwischen drei und fünf Prozent meines Umsatzes für die Fehler meiner Mitarbeiter reserviert. Unkonventionelle Ausbildungskosten sozusagen. Wenn dann ein Fehler passiert, dann geht er von diesem Budget ab.«

»Und so kannst du Fehler neutral annehmen, ohne dich zu ärgern«, überlegte Jan. »Aber kontrollierst du denn nicht?«

»Wichtiger Punkt«, nickte Wolfgang. »Kontrolle und Freigaben sind an manchen Stellen wichtig. Dort, wo sie als sinnvoll für den Team-Flow wahrgenommen werden oder die Existenz des Unternehmens gefährden können. Gehst du zu weit, dann führen Kontrollen zu Misstrauen und letztlich zu Minderleistung. Der Mitarbeiter weiß ja sowieso, dass noch mal überprüft wird. Außerdem machen Kontrollen und Freigaben unglaublich langsam.«

»Und woran kann ich erkennen, welche Art von Kontrolle oder Freigabe sinnvoll und wichtig und welche schädlich ist?«

»Ach, das ist einfach«, lächelte Wolfgang. »Ihr sprecht einfach drüber. Zum Beispiel wird es im Vorfeld eures Bio-Hacker-Kongresses Projekte geben. Frag einfach dein Führungsteam, an welchen Stellen sie sich Kontrolle und Freigabe wünschen. Das heißt nicht, dass diese Wünsche immer sinnvoll sind, aber du bekommst sehr genau mit, wo sie Ängste oder Misstrauen haben, und kannst das Problem dann angehen. Ziel ist, am Ende nur noch dort zu kontrollieren, wo es *alle* als sinnvoll ansehen.

Natürlich sorgst du für eine ausgeprägte Feedback-Kultur, damit nun unkontrollierte Fehler zum frühestmöglichen Zeitpunkt angesprochen werden. Sonst werden sie nach einiger Zeit zu Killern. Zum Feedback kommen wir gleich noch.«

Boni kommen oft als Bedrohung an. Sie erzeugen beim Mitarbeiter Angst, nicht gut genug zu sein. Und sie erzeugen deshalb unproduktive Kämpfe um die Grenzwerte und Manipulationen zum Jahreswechsel.

»Während du gesprochen hast«, warf Jan ein, »schossen mir meine neu eingeführten Boni durch den Kopf. Kann das sein, dass diese auch Unsicherheit erzeugen?«

»Gut erkannt«, lobte Wolfgang. »Die unterschwellige Botschaft ist, dass man dem Mitarbeiter nicht vertraut, dass er sein Bestes gibt. Und da der Bonus mental gleich mit ins Gehalt eingerechnet wird, kommen Boni oft eher als Bestrafung an. Es entsteht Angst, nicht gut genug zu sein. Im Extremfall nehmen sich Teammitglieder gegenseitig die Ergebnisse weg und Team-Flow wird geradezu verhindert. Es gibt noch zig weitere Gründe gegen Boni. Deswegen kenne ich keinen Schwarzgurt-Unternehmer, der damit arbeitet.«

»Aber Sven macht das«, warf Jan ein. »Und der ist ziemlich erfolgreich.«

»Natürlich kann man damit erfolgreich werden«, stimmte Wolfgang zu. »*Erfolg kann jeder. Aber wir geben uns nicht mit dem Mittelmaß des Erfolgs zufrieden. Ein Schwarzgurt-Unternehmer ist viel mehr.* Lass uns das von einer anderen Seite angehen. 1998 veröffentlichte Barbara Fredrickson einen Artikel mit dem Titel ›Wozu sind positive Gefühle gut?‹. Evolutionär betrachtet schienen diese keinen Sinn zu haben. Ihr Resümee: Wenn jemand positive Gefühle hat, erweitert das sein Repertoire beim Spielen, beim Lernen, bei Handlungen und letztlich bei neuen Optionen. Sorg für Vertrauen, für Flow und positive Gefühle und du wirst mit mehr kreativen Lösungen und Mitdenken belohnt.

Motivation durch negative Gefühle funktioniert auch, aber nur wenn eine einzelne klare, spezifische Handlung erforderlich ist: Renn aus der Hütte, weil es brennt. Deswegen funktionieren angsterzeugende Anreize wie Boni sowie Drohungen nur, wenn du eine klare, spezifische Handlung ohne jegliches kreatives Denken erwartest. Angst schaltet das Großhirn ab und verhindert geradezu kreative Ideen und damit gute Ergebnisse. Wenn Sven von seinen Mitarbeitern nur klare, spezifische Handlungen braucht, dann sollte das funktionieren – ist allerdings heute immer seltener der Fall.«

»Und ich wollte ursprünglich auch noch für die erfolgreiche Umsetzung des Kongress-Projekts einen Extra-Bonus ausschütten«, schüttelte Jan den Kopf. »Danke, dass wir darüber gesprochen haben.«

»Lass uns zum nächsten Punkt beim Team-Flow kommen«, fuhr Wolfgang fort.

5.2.4 Aufeinander einschwingen und Kommunikation

Jan nickte: »In Ordnung, schieß los!«

»Ich möchte dir zwei Bilder geben. Wenn ein Volleyball-Team im Team-Flow ist, dann bewegen sich alle Spieler, sobald sich ein Spieler bewegt. Jeder sieht das Ganze und gleicht seine Bewegungen in jeder Millisekunde mit den anderen ab. Es ist wie ein Organismus.

Dann haben sie bei der Fußball-EM 2008 analysiert[91], wie oft wel-

91 Zitiert nach Olaf-Axel Burow.

che Spieler anderen Spielern Pässe zugespielt haben. Die elf Spieler wurden als elf Punkte auf ein Spielfeld gemalt. Und wenn sich zwei Spieler viele Pässe zuspielten und diese auch ankamen, wurden sie mit einer dicken Linie verbunden, sonst mit einer dünnen. Bei der deutschen Mannschaft sah man aus dem Diagramm ziemlich gut, dass da nur sechs Spieler richtig mitspielten. Bei den Spaniern waren es alle elf. Deswegen haben sie gewonnen. Dieses System wurde dann zur Prognose der Europameisterschaft 2012 und der Weltmeisterschaft 2014 eingesetzt und beide Male war die Prognose richtig. Bei der deutschen Mannschaft wurde 2014 die enge Vernetzung sogar mit einem eigenen Begriff geadelt: ›Die Mannschaft‹.

Was ich damit deutlich machen will: Ein Team im Flow hat intensive Bindungen zwischen allen Beteiligten. Es schwingt aufeinander ein. Jeder weiß, was der andere macht, oder sogar, was er machen wird, und kann sich daran ausrichten. Dieses Aufeinander-Einschwingen ist in gewissem Sinne der Schlüssel des Team-Flows. Und daran wird deutlich, dass die Summe der individuellen Flow-Kanäle einerseits und des Team-Flows andererseits unterschiedliche Dimensionen umfasst.«

Die Stärke der Bindungen aller untereinander und das Aufeinander-Einschwingen ist in gewissem Sinne der Schlüssel des Team-Flows.

»Moment«, warf Jan ein. »Es haben alle Bindungen untereinander? Wir haben in der Vergangenheit drauf geachtet, dass nach Möglichkeit nur die Abteilungsleiter direkten Kontakt untereinander haben, damit kein organisatorisches Chaos entsteht. Aber nicht die Mitarbeiter der Abteilungen. Das wäre dann falsch?«

»Absolut!«, nickte Wolfgang. »Du musst dafür sorgen, dass wirklich alle miteinander Kontakt haben, und ich glaube, dass da die Bio-Hacker-Konferenz ein gutes Trainingsfeld ist. Zum Beispiel dürften da einige Teilnehmer stark auf ihre Ernährung schauen, was eine Abstimmung zwischen allen Beteiligten notwendig macht.«

»Da könnte ich für solche Themen eine abteilungsübergreifende Arbeitsgruppe im Vorfeld der Konferenz gründen«, überlegte Jan. »Aber wie sorge ich dafür, dass dabei kein Chaos entsteht?«

»Indem du es trainierst«, grinste Wolfgang. »Du gibst den Leuten in

Rollenspielen einfach Beispielfälle und sie lernen dabei, wann sie den Abteilungsleiter besser miteinbeziehen. Hier kommen wir wieder auf die beiden Arten des Lernens vom letzten Coaching zurück.

Bestimmte Prozesse lassen sich einspielen und trainieren. Das Zusammenspiel zwischen Küche und Service beispielsweise. Oder zwischen Veranstaltungsabteilung und Küche. Oder ob ein Servicemitarbeiter nur bestimmte Tische bedient oder ob das flexibel gehandhabt wird. Und wenn flexibel: Wie sieht das System aus, damit kein Chaos entsteht? Wann beziehen sie den Abteilungsleiter mit ein?

Das entspricht der ersten Art des Lernens. Wir nehmen eine bestimmte Schnittstelle, analysieren, welche Fehler und Unstimmigkeiten immer wieder auftauchen, und optimieren das System. Daraus werden dann einfache Trainingsaufgaben für die Beteiligten formuliert, die sie während der Arbeit trainieren können.

Andere Bereiche erfordern Achtsamkeit, das Interesse, einander wahrzunehmen, und die Bereitschaft, dann für das Gesamtziel einzuspringen. Zum Beispiel hat Sabrina so gehandelt, als sie dir die Infos für den Strategietag mit Thomas zusammengestellt hat. Sie hat gesehen, dass du noch nicht wirklich fit in dem Bereich bist, und hat unterstützt.

Oder Birgit und Sabrina, als sie Katharina dabei geholfen haben, dass die Kunden schon mit ganz anderen Erwartungen buchen. Sie haben Katharinas Stress reduziert. Das entspricht der zweiten Art des Lernens. Jeder richtet seinen Fokus auf die Qualität des Gesamtspiels und auf das Wohlbefinden der anderen Teammitglieder – dann entstehen die richtige Handlung und das gemeinsame Lernen von ganz allein.«

»Dann haben wir das ja schon punktuell mit dem Team-Flow«, freute sich Jan. »Letztlich ist dann auch hier wieder meine Aufgabe, das, was funktioniert und schon da ist, mit dem Scheinwerfer zu beleuchten und in den Vordergrund zu bringen.«

»Genau«, nickte Wolfgang. »Und deshalb besprechen wir hier alles. *Du musst zuerst lernen, das, worauf es ankommt, überhaupt zu sehen.* Und dann, wenn du das Positive siehst, erkennst du nach und nach auch alles, was aktiv den anderen behindert. Zum Beispiel Joachim mit seiner Überkontrolle oder Abteilungsleiter, die verhindern, dass ihre

Teammitglieder direkt mit den Teammitgliedern einer anderen Abteilung sprechen. Da musst du sofort aktiv eingreifen und es ändern.«

Jan spürte in sich hinein: »Das, was du sagst, klingt alles großartig, aber es löst auch Angst in mir aus. Jeder redet mit jedem, Kontrollen und Freigaben werden minimiert und die Leute sollen Fehler machen. Das kann ganz schön in die Hose gehen.«

»Stimmt«, lachte Wolfgang. »Wird es am Anfang auch. Deswegen brauchst du einen korrigierenden Faktor, den alle trainieren müssen. Flow-Teams geben sich sofort unmittelbares, klares und auch hartes Feedback. Das ist unglaublich wichtig und du solltest Feedback-Geben in deinem Team immer wieder trainieren.

Schau mal auf den Fußballplatz und beobachte die Kommunikation! Es kommunizieren ständig alle miteinander. Feedback kommt immer sofort und direkt. Ob von den Mitspielern, dem Trainer oder sogar den Fans. Und jetzt schau mal genauer hin: Es gibt zusätzlich noch Nachbesprechungen, in denen ebenfalls Feedback gegeben wird, aber mit einem anderen Ziel und anderem Qualitätsniveau. Davon können wir im Unternehmen superviel lernen.

Zuerst einmal, das Feedback kommt nicht nur von dir. Im Extremfall in Bezug auf das Operative sogar am wenigsten von dir. *Dein Job ist weniger, Feedback zu geben, als dafür zu sorgen, dass sofort und immer Feedback gegeben wird. Und dazu muss Feedback-Geben trainiert werden.*

Jan lächelte: »Bei uns hat kürzlich ein Koch Feedback gegeben, indem er mit einem Kürbis nach einer Servicekraft warf. Das wäre jetzt untrainiert, oder?«

Wolfgang musste lachen. »Das wäre definitiv untrainiertes Feedback. Beim Training müssen wir auf zwei Punkte achten: die Grundhaltung und die Umsetzbarkeit. Dein Ziel ist, dass jedes Feedback aus der **Grundhaltung** geschieht, dem anderen und dem Gesamtteam helfen zu wollen. Dann ändert sich nach und nach alles. Ein Kürbis fliegt aus der Grundhaltung von Hilflosigkeit oder Stress oder Wut – jedenfalls nicht aus der Grundhaltung, dem anderen helfen zu wollen.«

»Und wie komme ich da hin?«, wollte Jan wissen.

»Sind wir schon mittendrin«, grinste Wolfgang. »Durch Lob oder durch Positivrunden. Man kann speziell in Flow-Teams unglaublich viel positives Feedback beobachten. Die Teammitglieder bestärken sich. Sie feuern sich gegenseitig an, sie unterstützen sich, sie weisen sich gegenseitig auf Erfolge hin und schaffen so ein gemeinsames Gefühl des Fortschritts. Das, und das ist wirklich wichtig, muss gemeinsam trainiert werden.«

»Thomas hat beim individuellen Flow ein Lob-zu-Kritik-Verhältnis von fünf zu eins erwähnt. Gilt das auch hier?«, wollte Jan wissen.

Wolfgang nickte: »Ja, definitiv. Und wir müssen es trainieren, weil wir alle, durch die Evolution geprägt, viel stärker auf negative Dinge achten als auf positive. Diejenigen, die die Schönheit des Sonnenuntergangs für wichtiger hielten als den Löwen, sind nicht unsere Vorfahren. Wir haben alle eine evolutionär negative Polung in unserem Gehirn. Manche Neurowissenschaftler sagen, dass Negatives doppelt so stark wahrgenommen wird wie Positives.

Wenn man nun weiß, dass Flow-Teams aber ein Lob-zu-Kritik-Verhältnis von fünf zu eins haben, ist völlig klar, dass dies nicht naturwüchsig aus unserem unbewussten Gehirn entstehen kann. Das würde bedeuten, dass wir in Flow-Teams das Positive um den Faktor zehn übergewichten müssen – im Vergleich zu dem, was sich natürlich anfühlen würde.

Und da sind die Amerikaner viel besser als wir. Diese wichtige Seite war bei Leuten wie Steve Jobs, die immer wieder für ihren Führungsstil kritisiert wurden, extrem ausgeprägt, wurde aber selten betrachtet. Er redete davon, dass man gerade ›eine Delle ins Universum‹ macht. Für andere ist alles ›awesome‹, ›mindblowing‹ und so weiter.«

»Das würde ja bedeuten: Wenn man da nicht ganz bewusst drauf achtet, fällt jedes Team irgendwann aus dem Flow-Zustand heraus.«

»Genau!«, lächelte Wolfgang. »Und genau deshalb haben wir das schon trainiert. Bei deinen neuen Gewohnheiten ging es darum herauszufinden, was funktioniert, und das zu feiern. Beim individuellen Flow hast du trainiert, dir positives Feedback zu geben. Beim Lernen während der Arbeit ging es darum, die positiven Abweichungen zu finden, und in deinen Meetings hast du Lobrunden eingebaut. Damit hast du das Anfängertraining hinter dir. Jetzt kannst du steigern!

Und dann werden die Bindungen untereinander immer stärker, man lacht gemeinsam, man schwingt immer mehr aufeinander ein.

Und diese positive Energie wirkt durch die Spiegelneuronen in unserem Kopf ansteckend. Und wenn die Menschen so eine Beziehung untereinander haben, fliegen von allein keine Kürbisse mehr. Es muss nirgends in Prozessen oder Regeln festgeschrieben werden.«

Jan nickte nachdenklich: »Du sprachst von der Grundhaltung und der Umsetzbarkeit als Grundlage für Feedback. Das mit der positiven und miteinander verbundenen Grundhaltung habe ich verstanden. Was meinst du mit **Umsetzbarkeit**?«

»Die Umsetzbarkeit hängt von der Situation ab. Und hier muss ich zwei Arten von Feedbacks unterscheiden. Es gibt Feedbacks unmittelbar in der Situation, also wenn man noch direkt was ändern kann. Und solche, die sich hinterher auf die Optimierung des Systems, des Zusammenspiels oder der Qualifikationen beziehen. Beide Arten von Feedbacks haben ein unterschiedliches Ziel und gehorchen unterschiedlichen Regeln – etwas, das im Kontext von Business-Feedback-Methoden nie beachtet wird.«

Jan unterbrach: »Du meinst, die eine Art ist, wenn ein Servicemitarbeiter ein fertiges Essen übersieht und es kalt werden lässt. Dann kann ich unmittelbar drauf hinweisen. Und die andere Art wäre eine gemeinsame Besprechung von Küche und Service, in der man systematische Lösungen findet, falls ein Essen öfter mal kalt wird?«

»Genau!«, stimmte Wolfgang zu. »Unmittelbares umsetzbares Feedback in der Situation ist: ›Essen wird kalt. Bring es dem Gast. Jetzt!‹ Nicht umsetzbares Feedback in der Situation ist: ›Überdenk mal deine Prioritäten, wie lange du mit Gästen redest und wann du mal wieder nach dem fertigen Essen schaust.‹ Also wird man das letztere Feedback auch nicht in der Situation geben, sondern in der Nachbesprechung.

Wichtig ist zudem, das Feedback so zu formulieren, dass es ankommt und in die richtige Handlung mündet. Das kann manchmal nur ein Zeichen sein, manchmal ein Wort, manchmal eine Erklärung und manchmal auch ein Schrei. *›Ankommt‹ heißt nicht, dass der andere es gehört hat, sondern dass er in die Lage versetzt wird, das Feedback unmittelbar umzusetzen.*«

»Schrei?«, fragte Jan etwas irritiert.

»Ja«, nickte Wolfgang. »Wenn wir auf Basis einer positiven Grundhaltung miteinander umgehen und darauf achten, dass unser Feedback umsetzbar ist, dann sollten wir auch alle Kommunikationskanäle nutzen, die nötig sind. Wie auf dem Fußballplatz.

Umsetzbares Feedback sollten alle nach Möglichkeit annehmen – selbst wenn es ruppig daherkommt. *Das geht aber nur, wenn jeder in der Lage ist, sein Ego hintanzustellen. Und das passiert wiederum nur, wenn wir ein gemeinsames Anliegen und Vertrauen untereinander haben.* In dem Moment, wo wir dieses Vertrauen haben, wissen wir, dass der andere einen unterstützen will. Und dann sind wir von allein nicht mehr nachtragend.

Natürlich verstehe ich, dass das den Vertretern der kuschligen, politisch korrekten Feedback-Kultur nicht gefällt. Nur ist diese lebensfremd. In einer Situation entstehen eben Emotionen und Emotionen transportieren wichtige Information. Zudem habe ich in der Situation, in der es schnell gehen muss, oft gar nicht die Zeit, mein Feedback so zu geben, dass es sich für den anderen schön anfühlt. In der Nachbesprechung ist das selbstverständlich anders.

In der Situation sind diese Feedbacks oft alles andere als kuschelig. Angeblich korrekte Regeln unter Gleichrangigen, wie zuerst zu fragen, ob jemand Feedback haben will, machen in solchen Teams einfach keinen Sinn. Das würde viel zu lange dauern. Stell dir das im Fußball mal vor, dass der Stürmer den Mittelfeldspieler zuerst fragt: ›Möchtest du Feedback zu deinem Pass eben?‹

Und wenn man dabei mal übers Ziel hinausschießt, dann wird es hinterher geklärt und alle sind wieder fein miteinander. Teams, die sich immer politisch korrekt verhalten und sich auch nur so Feedback geben, verschwenden wieder einen großen Teil ihrer Energie darauf, die Maske, ihren zweiten Job, zu nähren. Und sie werden dadurch wieder unendlich langsam.

Das gilt auch bei Flow-Teams im Business. Egal, ob du dir Walt Disney und sein Team für den ersten abendfüllenden Trickfilm, Kelly Johnson von den Skunk Works, Steve Jobs beim Macintosh oder andere Hochleistungsteams anschaust, sowohl die Mitglieder als auch die Leader waren megadirekt. *Von Gutmenschen der reinen Lehre wurde das immer so interpretiert, dass diese Teams trotz der ›persönlichen Schrullen‹ der Leader so erfolgreich wurden. Nein, sie wurden wegen dieser extremen Direktheit so erfolgreich!*«

»Okay, aber wenn so ein Feedback in der Situation häufiger mal schiefging, was mache ich dann?«, wollte Jan wissen.

»Falls es schiefging, dann sollte das schnellstmöglich im direkten Gespräch geklärt werden. Wenn noch Wut oder Ärger da sind, dann sollten das beide notfalls mit einem Dritten klären, der moderiert. Das Ziel in Flow-Teams ist, immer wieder zu dem Zustand voller Vertrauen und Sicherheit zurückzukommen.

Das Ziel in Flow-Teams ist, immer wieder zu dem Zustand voller Vertrauen und Sicherheit zurückzukommen.

Klären das die beiden nicht von allein, so haben alle im Team, insbesondere aber der Führende, die Verantwortung, die beiden wieder in einen vertrauten Umgang miteinander zu bringen. Passiert dies nicht, wird es den Flow des gesamten Teams zerstören. Also kein Warten, Prinzip Hoffnung oder Gras drüber wachsen lassen an dieser Stelle. Maximal eine Nacht drüber schlafen lassen, um emotional etwas runterzukommen, und dann klären.«

»Das erfordert aber eine ungeheure Klarheit und Aufmerksamkeit beim Führenden«, warf Jan nachdenklich ein. »Ich glaube, dafür bin ich noch viel zu sehr in meine eigenen Gedanken verstrickt.«

»Nun ja, deshalb dauert es ja einige Zeit, bis man Schwarzgurt-Unternehmer ist. Und wenn nur du das machst, dann werdet ihr eh nicht weit kommen. Du kannst nicht überall sein. Das ist die Aufgabe von jedem Einzelnen – bei der Situation mit dem Kürbis warst du vermutlich auch nicht dabei. Dazu braucht es wieder organisationale Gewohnheiten.«

»Krass«, entfuhr es Jan. »Langsam beginne ich zu verstehen, wie alles aufeinander aufbaut. Hätte ich nicht zu Beginn die Fähigkeit entwickelt, meine Gewohnheiten zu verändern, wäre ich nicht in der Lage, organisationale Gewohnheiten einzuführen und zu stärken, und dann könnte auch ein Team-Flow niemals stabil werden. Ich bin zwar immer noch ungeduldig, aber das Verständnis, warum das so lange dauert, steigt. Das ist manchmal, wenn man mittendrin steckt in der Veränderung, echt schwer.

Lass uns von diesem Ausflug zum Feedback wieder auf das Oberthema Team-Flow zurückkommen! Was braucht es noch für den Team-Flow?«

»Wir brauchen als nächsten Schritt zum Flow erst mal eine Mittagspause«, lächelte Wolfgang.

5.2.5 Identität: Ego / kollektives Ego / Wir / Community

Als sie sich eine Stunde später wieder trafen, fuhr Wolfgang fort: »Das Nächste setzt ein wenig Übersetzungsarbeit voraus, wenn du es in Teams aus weniger qualifizierten Menschen einsetzen willst, aber bei deinem Führungsteam sollte es gehen. Es geht um die Frage der Identität.«

»Wie meinst du das?«, fragte Jan dazwischen. »Ich bin Jan. Das ist meine Identität.«

»Das ist das Bild, das die meisten Menschen haben, wenn sie über ihre Identität nachdenken: Es gibt nur eine Identität und die benennen sie mit ihrem Namen. Aber lass uns mal drei unterschiedliche Jans anschauen. Den ungeduldigen Jan, der angesichts der wahrgenommenen Langsamkeit seiner Mitarbeiter genervt ist. Den begierig lernenden Jan hier. Den ausgelassenen Jan, der mit Paul spielt.«

»Aber das bin doch immer ich, nur in unterschiedlichen Situationen.«

Wolfgang schüttelte den Kopf: »Diese Idee geht davon aus, dass es irgendwo in deinem Kopf eine Stelle gibt, an der deine Identität abgespeichert ist. Die Wahrheit ist, dass deine jeweilige Identität durch die aktuell aktivierten Neuronennetzwerke in deinem Gehirn bestimmt wird. Der ausgelassene Jan nimmt die Welt anders wahr als der ungeduldige Jan. Er hat andere Emotionen. Er denkt über andere Dinge nach. Er sieht sich selbst anders. Es sind andere Glaubenssätze aktiv, wie sich andere Wesen verhalten sollen. Er bewegt sich anders. Das *sind* zwei unterschiedliche Jans! Und es sind nicht nur einfach unterschiedliche Rollen, weil du diese Unterschiede ja nicht spielst. Sie sind da.«

Jan war nachdenklich geworden: »Wenn das stimmen würde, dann bewege ich mich ja auf Treibsand. Für jedes Selbstbild von mir finde ich mit Sicherheit eine Situation, wo ich anders war.«

»Absolut«, stimmte Wolfgang zu. »Deswegen arbeite ich nach Möglichkeit kaum mehr mit Methoden, die von einem stabilen Selbstbild ausgehen. Zum Beispiel arbeite ich nicht mehr mit Werten oder Konzepten wie wertebasierter Kultur. Das ist meist instabiler Mindfuck. Lass Leute ihre zehn wichtigsten Werte aufschreiben und dann warte, bis sie in einer anderen Identität sind, und lass sie dasselbe noch mal tun. Es wird was anderes dabei rauskommen. Modelle wie emotionale Referenzbilder oder – da kommen wir noch dazu – vor allem die Seele gehen viel tiefer und sind stabiler.«

»Gut, ich gehe mal mental mit deinem Modell der Identitäten mit. Warum brauche ich das für den Team-Flow?«

»Weil Identitäten überpersonal sein können«, begann Wolfgang. »Du kannst auch die Identität deines Hotels annehmen. Und in der Identität deines Hotels nimmst du plötzlich dessen Bedürfnisse wahr, du spürst, wie sich dein Hotel fühlt und welche Glaubenssätze es hat. Du freust dich als Hotel, wenn die Kunden kommen, und du bist unglücklich, wenn Mitarbeiter weglaufen. Und jetzt stell dir mal die Frage, in welcher Identität die Mitglieder wohl sein müssen, damit das mit dem Team-Flow am besten funktioniert?«

»In irgendeiner Art Gesamt-Identität«, überlegte Jan. »Dann sind sie am ehesten in der Lage, das ganze Team und die weiten Auswirkungen ihres Handelns zu überblicken. Aber ich verstehe das Konzept selbst ja kaum. Überpersonale Identitäten? Wie soll ich das meinen Mitarbeitern jemals erklären? Da muss man ja studiert haben, um das nur näherungsweise zu verstehen.«

»Kaum«, grinste Wolfgang. »Erstens verstehen das sechsjährige Kinder viel besser als wir Erwachsenen. Bei den personalen Identitäten sind die Kinder beim Spiel plötzlich Cowboy und dann wieder Prinzessin oder Hexe. Sie schalten in Millisekunden um. Sie sind es dann mit Haut und Haaren. Und bezüglich der überpersonalen Identitäten: Hast du schon mal beobachtet, wie ganz kleine Kinder Fußball spielen?«

Jan schüttelte den Kopf.

»Ganz einfach: Eine Traube von 20 Kindern jagt dem Ball hinterher. Werden Kinder etwas älter, sind sie in der Lage, ihre Identität zu wechseln. Das Spiel heißt dann nicht mehr ›Leo und der Ball‹, sondern ›Leos Team und der Ball‹. Sie lernen, was gut für das Gesamtteam ist, verhalten sich danach und bleiben auf ihrer Position. Zumindest meistens.«

Jan begann zu verstehen: »So kann ich das auch unqualifizierteren Mitarbeitern erklären. Und ich kann sie in einer Situation, in der sie mal wieder nicht über den Tellerrand hinausgeschaut haben, fragen, wie das Spiel gerade heißt.«

»Und wenn du dann noch weißt, dass es recht wenige relevante kollektive Identitäten gibt, dann kommst du ziemlich gut klar. Lass uns mal unterscheiden. Zuerst hast du alle möglichen Ich-Identitäten – zum Beispiel Wim, der ein anderes Essen kochen will, um seine Kreativität auszuleben, oder Wim, der Bio-Hacker. Dann hast du ein kollektives Ego, wenn mehrere gemeinsam andere Arbeitsbedingungen wünschen – es sind zwar mehrere, aber letztlich geht es immer noch um die Bedürfnisse der Einzelnen.

Dann hast du ein Wir oder Team, das fragt, was das Beste für das Gesamtsystem ist. Also wie das Hotel oder zumindest eine Abteilung besser funktionieren kann. Dabei geht es nicht mehr um die Bedürfnisse Einzelner, sondern des größeren Systems. Als du Joachim gekündigt hast, geschah das nicht aus deiner Ego-Identität, sondern um eine Kultur zu etablieren und das Team zu schützen. Du warst in diesem Moment in einer Teamidentität.«

»Ist das auch der Grund, warum ich mich da innerlich so stark dabei fühlte?«, überlegte Jan.

»Ja, neben der Tatsache, dass du vorneweg den Preis bezahlt hast, ist das der zweite Grund, warum man sich in solchen Situationen stark fühlt. Man hat letztlich mental das Team hinter sich.

Aber es gibt ein noch größeres System, das auch deine Kunden miteinschließt. Das nenne ich die Community-Identität. In diese Identität solltest du bei strategischen Entscheidungen gehen. Die meisten entwickeln Strategien in der Ich- oder Wir-Identität und dann kommen am Ende egogesteuerte Entscheidungen heraus, die in einen Kampf gegen die Kunden münden.«

»Dann sollte das ganze Team die überwiegende Zeit in der Community oder zumindest der Wir-Identität unterwegs sein«, überlegte Jan. »Denn das ist ja genau das, was mich als Unternehmer vom Mitarbeiter oft unterscheidet: Ich betrachte das Ganze. Und wenn das alle machen würden, dann müsste ich nie mehr korrigierend eingreifen. Das wäre mega!«

»Gut erkannt!«, stimmte Wolfgang zu. »Mitarbeiter wollen oft Entscheidungsfreiheit. Diese macht aber nur Sinn, wenn der Mitarbeiter aus der richtigen Identität heraus entscheidet. Wenn er sich nicht die Frage stellt: ›Wir würde ich entscheiden?‹, sondern: ›Welches Bedürfnis hat das Team oder die Community?‹

Wenn es dir allerdings durch Training gelingt, dass zumindest die meisten Mitarbeiter, wenn nicht alle, aus dieser Identität entscheiden, dann brauchst du keine Freigaben und keine Kontrolle mehr. Dann kann jeder Einzelne Entscheidungen treffen, die am Gesamten ausgerichtet sind. Und selbst wenn die Entscheidungen falsch sind, gibt es eine Identität, aus der heraus sich für jeden beurteilen lässt, was die richtigere Entscheidung gewesen wäre. Und damit kann Lernen stattfinden.«

»Und«, überlegte Jan, »damit würde eine unglaubliche Geschwindigkeit entstehen. Ich habe mich schon damals bei den Loveparade-Touren gefragt, warum alles so unglaublich schnell ging. Das wäre die Antwort: Alle Beteiligten waren die überwiegende Zeit in der Community-Identität unterwegs. Kann ich das irgendwie nutzen, um den Team-Flow bei der Bio-Hacker-Konferenz zu fördern?«

»Zumindest deinem Führungsteam kannst du das Modell erklären. Damit bekommst du Themen wie die Kältesauna ganz gut abgeräumt. Deine Spa-Leiterin hat ja schon die Community im Blick und deshalb ist ihre Haltung zur Lautstärke im Spa auch richtig. Allerdings dürfte das nicht für die Teil-Community der Bio-Hacker gelten, die sicher auf das Ding abfährt.«

»Aber dann sticht sie mich ja mit der Gesamt-Community«, entfuhr es Jan.

»Sicher«, grinste Wolfgang. »Bislang war die Kältesauna ja nur ein kollektives Ego-Ding von dir und Wim. Die Ego-Nummer spielen wir als Unternehmer auch viel zu oft. Aber wie könnte eine Lösung aussehen, die sowohl für die Gesamt-Community aller Kunden als auch für die Teil-Community der Bio-Hacker die richtige wäre?«

»Ist doch klar«, erwiderte Jan. »Wir modernisieren sowieso gerade. Wir könnten den Raum besser gegen Schall isolieren. Und ich frage meine Spa-Leiterin umgekehrt, wie sie die Kältesauna bei der Teil-Community Bio-Hacker bewerben will.« Verblüfft hielt Jan inne. »Krass, wie simpel das auf einmal ist. Ich hatte mich vorher richtiggehend in sie verbissen.«

»Genau. Und du bringst in deinem Führungsteam nun genau dieses Beispiel. Oder das Beispiel mit der Kündigung von Joachim. Jedes Mal, wenn du siehst, dass jemand in der falschen Identität unterwegs ist, dann fragst du nach der je aktuellen Identität. Am besten arbeitest du mit dem Modell ›Lernen während der Arbeit‹ für dich und schreibst dir für die Meetings ein Kärtchen: ›Auf Identitäten achten‹.«

»Cool«, stimmte Jan zu. »Aber das ist alles so viel – ich verliere jetzt schon den Überblick.«

»Wir bündeln das am Ende noch mal«, beruhigte Wolfgang. »Und um Leader eines Flow-Teams zu werden, musst du genau wie bei all den anderen Themen, also Gewohnheiten, individuellem Flow, Strategie, Lernen während der Arbeit, organisationalen Gewohnheiten usw., einfach trainieren. Zu Beginn erscheint das oft überwältigend, aber wenn du es mal zwei Jahre trainiert hast, dann ist es dir in Fleisch und Blut übergegangen. Genauso wie im Kampfsport. Zu Beginn erscheinen dir die Bewegungen alle wirr und du wirst von einem trainierten Gegner sofort überwältigt. Nach einiger Zeit steigt die Chance, dass es umgekehrt läuft. Und jetzt kommen nur noch vier kleinere Punkte.«

»Gut, dann lass uns weitermachen«, stimmte Jan leicht ironisch zu. »Wenn es nur noch vier Punkte sind, dann ist ja alles überschaubar.«

5.2.6 Umgebung und Kontext

»Warren Bennis[92] hat bei seiner Untersuchung genialer Teams festgestellt, dass alle in ziemlich spartanischen Umgebungen, teils sogar Bruchbuden agierten. Dabei geht es nicht um die Baufälligkeit, sondern um große Räume, abgeschieden von der Welt, wenig Ablenkung. Es geht darum, dass jeder jeden sieht, dass zur Kommunikation eingeladen wird.«

---

92 Warren Bennis: Geniale Teams.

»Dann ist es ja nicht nur strategisch ideal, dass der Rockstrohhof in der Pampa liegt«, überlegte Jan. »Wir haben recht wenig Ablenkung – wenn man mal von den manchmal zu ausschweifenden Partys im Mitarbeiterhaus absieht –, wir haben nach dem Umbau eher offene, übersichtliche Räume, der Veranstaltungsbereich ist großzügig und übersichtlich. Nur von der Baufälligkeit haben wir zum Glück recht wenig.«

»Wie sind die Räume, die die Gäste nicht sehen? Die Büros? Die Küche? Laden diese Räume zur Kommunikation miteinander und untereinander ein? Wo sind die Mitarbeiter in ihren Pausen? Können sie sich da austauschen? Ist klar, dass man sich gegenseitig besuchen kann und soll, und wird dazu ermuntert? Du erinnerst dich an die Verbindungslinien bei den Spielern der Fußballmannschaft?«

»Da ist sicher noch Optimierungspotenzial«, überlegte Jan. »Obwohl es zum Glück in der Hotellerie kein Homeoffice gibt und Sabrina, die aus dem Homeoffice arbeiten könnte, das gar nicht will. Bei Dojan hatten wir das ja und da fand ich das auch gut, dann musste ich die Programmierer nicht den ganzen Tag sehen. Aber wenn es um Verbindung untereinander geht, ist Homeoffice ja echt schädlich.«

»Vielleicht bin ich aus der Zeit gefallen«, schüttelte Wolfgang den Kopf. »Aber in meinen Unternehmen gibt es nur minimal Homeoffice. Ich würde ein Homeoffice-Unternehmen nicht führen wollen. Sicher, ich kann auf der Sachebene vieles per Zoom klären. Und wenn ich weltweit verstreute Spezialisten integrieren muss, geht es gar nicht anders.

Aber all die Dinge, von denen wir hier sprechen, sind nur suboptimal und mit hohem Aufwand möglich. Die vielen kleinen, unterschwelligen Kontakte, die auf einer emotionalen Ebene Vertrauen schaffen, finden nicht statt. Der kurze Ideenaustausch entfällt, Konflikte werden seltener ausgetragen und häufiger verschleppt.

Die meisten Umfragen stellen fest, dass die Leute im Homeoffice auf Dauer unglücklicher sind. Wenn du motivierte Mitarbeiter nach dem wichtigsten Grund ihrer Motivation fragst, dann steht auf Platz eins mit 58 Prozent die Zusammenarbeit mit ihren Kollegen. Doof, ihnen mit Homeoffice diese Motivation zu nehmen.

Und über 90 Prozent der Kreativen im Marketing geben an, dass die

Kreativität unter Homeoffice leidet. Weiterentwicklung findet weniger statt. Bei spannenden Projekten werden die, die zu Hause sitzen, auch übergangen, ganz einfach, weil die Führungskräfte denen Verantwortung geben, denen sie vertrauen.

Ich hätte als Mitarbeiter echt Angst, wenn ich im Homeoffice arbeiten könnte. Irgendwann kommt der Arbeitgeber auf die Idee, dass das Homeoffice dann auch zu einem Fünftel des Preises in Osteuropa oder aufgrund der mittlerweile ausgereiften Übersetzungs-Tools auch noch preiswerter in Afrika liegen kann. Ist aus der Perspektive des Arbeitgebers kein Unterschied. Homeoffice ist für mich, wie abends vor der Glotze Chips zu futtern. Sicherlich angenehm, aber mittel- und langfristig schädlich.

Wirklicher Team-Flow wird, wenn Homeoffice mehr ist, als in wenigen Ausnahmefällen Flexibilität zu bieten, unmöglich. Ist wie zu Hause oder im Fußballstadion Fußball zu schauen. Oder zu Hause zu tanzen oder im Club. Fühlt sich anders an. Natürlich werden manche Mitarbeiter aus Bequemlichkeit Homeoffice fordern. Der Preis, den du als Unternehmer zahlen müsstest, wenn du dem umfassend nachgibst, ist, auf den Team-Flow zu verzichten.[93]

Der Preis, den ich für den Team-Flow gerne bezahle, ist, den ein oder anderen Mitarbeiter, dem Homeoffice wichtiger ist als Team-Flow, ziehen zu lassen. Wir haben dann einfach unterschiedliche Ziele.«

»Wolfgang, so emotional habe ich dich selten erlebt«, lachte Jan. »Gerne mehr davon.«

93 Und noch heftiger, aber das kann Wolfgang Anfang 2022 noch nicht wissen: In den USA entließen 2023 viele Tech-Unternehmen wie Google, Amazon, Microsoft usw. Mitarbeiter, wohingegen andere Tech-Unternehmen wie Apple das nicht taten. Der Unterschied? Die erste Gruppe hatte großzügige Homeoffice-Regeln und deshalb fehlte die Teamenergie in der Krisensituation. Ohne verbundenes Team kann man keine Krise bewältigen. Von Luay Rahil: www.uc-link.com/home-office (Zugriff im August 2023). Ab Mitte 2023 strich BigTech Homeoffice. Wie immer Elon Musk als Lautsprecher vornedran: »Ich habe nichts gegen Homeoffice – wenn man zuvor 40 Stunden im Büro gearbeitet hat.«

5.2.7 Feiern

»Kannst du haben«, grinste Wolfgang. »Beim nächsten Thema, um Team-Flow zu schaffen: dem gemeinsamen Feiern!«

»Das passiert vor allem im Mitarbeiterhaus ziemlich viel. Manchmal zu viel«, warf Jan ein. »Die meisten, die bei uns arbeiten, sind noch ziemlich jung. Und sie verstecken sich auch nicht so wie die Softwareentwickler früher.«

»Da gibt es allerdings zwei Haken an diesen Feiern«, entgegnete Wolfgang. »Der eine Haken ist, dass beim Feiern eine gewisse Verbindung zur Leistung hilfreich ist. Die Nationalmannschaft hat auch erst nach dem Titel gefeiert. Jetzt muss man natürlich nicht immer 20 Jahre bis zum nächsten Titel warten, bis man wieder feiern darf, aber wenn man kleine, gemeinsame Zwischenetappen feiert, ist das cool.«

»Bei den Programmierern gab es immer Zoom-Pizza-Red-Bull-Feiern, wenn sie was geschafft hatten. Wir könnten nach der Konferenz, wenn alle Gäste aus dem Haus sind, eine kleine Feier machen«, schlug Jan vor.

»Genau so was! Ist definitiv besser als ein Bonus. Manchmal reicht auch nur ein Kuchen, wenn die Veranstaltungsabteilung ein bestimmtes Buchungsziel erreicht hat oder irgendetwas Vergleichbares. Jedenfalls viel und oft und ausgelassen. Einfach weil es Verbindung, Vertrauen und Positivität schafft. Und nach der vorherigen Anspannung auch eine Entspannung bringt.«

»Und der zweite Haken an den Feiern im Mitarbeiterhaus?«, wollte Jan wissen.

»Der zweite Haken ist, dass diese Feiern dafür sorgen werden, dass es eine In-Group gibt, also die, die dort wohnen. Und dass es umgekehrt Außenseiter gibt, die dort nicht dabei sind. Und das *zerstört* den Team-Flow, statt ihn zu befördern. Wenn ihr gemeinsam feiert, dann darf das noch nicht mal so sein wie bei Asterix. Auch Troubadix darf nicht auf dem Baum festgebunden und ausgeschlossen werden. Zumindest dann, wenn er nicht singt«, lachte Wolfgang.

»Das ist in der Tat ein Problem«, stimmte Jan zu. »Die aus dem Mitarbeiterhaus halten sich manchmal für was Besonderes. Aber ich kann die Partys dort ja nicht verbieten.«

»Nein, das vermutlich nicht«, nickte Wolfgang. »Aber du kannst nach und nach drauf einwirken, dass die anderen inklusive dir immer eingeladen werden, wenn sich eine Party anbahnt. Der Schlüssel beim gemeinsamen Feiern ist, dass sich eben keine Grüppchen bilden und dass sich alle vermischen. Eine Betriebsfeier, wo die Leute getrennt nach Abteilungen zusammensitzen, kann man sich auch sparen. Sobald es eine Feier mit Sitzplätzen gibt, Weihnachtsfeiern oder so, würde ich ab einer bestimmten Größe zum Beispiel das Los entscheiden lassen, wer wo sitzt. Oder irgendein Gamification-Projekt draus machen.

Noch eins: Grüppchenbildung ist ebenfalls, wenn die Mitarbeiter unter sich etwas machen und den Chef oder die Vorgesetzten ausschließen. Wenn sie das tun, wie kann dann Vertrauen entstehen? Wie können sie dann erwarten, dass die Vorgesetzten umgekehrt ihnen vertrauen?

Also unterbinde jede Art von Grüppchenbildung – und zwar nicht, indem du die vorhandenen starken Beziehungen zwischen den Mitgliedern der Grüppchen zerstörst, sondern indem du neue Bindungen und Beziehungen förderst. Oft ist es doch sowieso nur die Angst und Unsicherheit, die Menschen an ihrer In-Group festhalten lässt.«

Wer neue Bindungen und Beziehungen fördert, ohne die vorhandenen starken Beziehungen zwischen den Mitgliedern der Grüppchen zu zerstören, unterbindet jede Art von Grüppchenbildung.

»Da wird uns einiges einfallen. Ich glaube, Walters wichtigstes Einstellungskriterium früher war, ob die Leute Feiermonster sind. Gibt's noch was, worauf ich beim Team-Flow achten muss?«, wollte Jan wissen.

5.2.8 Regeneration

»Ja, noch zwei Punkte. Über einen hatten wir schon kurz gesprochen«, fuhr Wolfgang fort. »Je stärker der Team-Flow wird, desto stärker wird auch der Suchtcharakter. Und desto mehr musst du auf die Regeneration der Menschen achten.«

»Du meinst Sabrina und Birgit, richtig?«

»Zurzeit ja«, nickte Wolfgang. »Aber je weiter du kommst, desto mehr Leute werden davon angesteckt. Inklusive dir selbst. Damit schaffst du ein unglaublich helles Strohfeuer, wenn du nicht frühzeitig gegensteuerst. Und das führt dann zu Folgeproblemen bei Gesundheit oder Beziehung.

Das kannst du auf unterschiedliche Art und Weise steuern – je nachdem, was zu deinem Unternehmen passt. Sofia beispielsweise hat sich selbst eine Grenze von 30 Stunden pro Woche gesetzt. Sie hat bemerkt, dass sie selbst durch diese Grenze viel früher anfängt, nachzudenken. Sie kommt also schneller auf Lösungen. Und sie hat genug Zeit für ihre anderen Lebensbereiche und vor allem für sich selbst und ihre Regeneration. Ich glaube nicht, dass sie die letzten acht Jahre auch nur einen Tag ihre Meditation ausfallen ließ.

Und dann dachte sie, dass sie die Erfahrung, schneller auf Lösungen zu kommen und Zeit für sich und ihre Regeneration zu haben, ihren Mitarbeitern nicht vorenthalten will. Deswegen hat sie ein Überstundenverbot in ihrer Firma eingeführt.«

Jan erwiderte fassungslos: »Zieht das dann nicht die ganzen faulen Leute an, denen der Life-Teil der Work-Life-Balance wichtiger ist?«

Wolfgang schüttelte den Kopf: »Natürlich zieht es die an. Aber Sofia machte das bei ihren Mitarbeitern erst, *nachdem* sie ein Flow-Team mit einer unglaublichen Arbeitsintensität geschaffen hatte. So etwas führt dann dazu, dass über 90 Prozent der Bewerber am Probetag – und das sind schon die besten Bewerber – einfach scheitern. Und von denen, die übrig bleiben, scheitern nochmals zwei Drittel in der Probezeit – sie können das Tempo und die Intensität nicht mitgehen. Wenn du mit Überstundenverbot beginnen würdest, hättest du eine kuschlige Meerschweinchen-Kultur, in der sich niemand mehr bewegt.«

»Krass!«, schluckte Jan. »Mit Überstundenverbot könnte ich, wenn Corona vorbei ist, keinen Tag überleben.«

»Das geht auch nicht überall. Carlos hat zeitkritische Projekte. Und da wird dann manchmal auch 60 Stunden pro Woche gearbeitet. Aber er sorgt dann im Anschluss an die Projekte für eine Regenerationsphase, in der die Leute nur 30 oder 40 Stunden arbeiten.«

Jan schmunzelte: »40 Stunden als Regeneration zu bezeichnen, passt zu Carlos.«

»Wenn du überwiegend im Flow agierst, können 40 Stunden auch Regeneration sein«, warf Wolfgang ein. »Energie kostet doch vor allem die Fremdbestimmung, der Kampf um den Status und Zugehörigkeit, der Umgang mit den Ängsten, die Bündnispolitik, also der zweite Job, von dem ich heute Morgen sprach. Und wenn diese Probleme wegfallen, macht alles auf einmal Spaß und du willst gar nicht weniger arbeiten. Einfach weil Arbeit nicht mehr wie Arbeit erscheint.

Vor diesem Hintergrund wird auch deutlich, warum Konzepte wie Work-Life-Balance völliger Schwachsinn sind. Sie erzeugen einen künstlichen Gegensatz, wo keiner ist. Das Life, zum Beispiel die Beziehung, erfordert oft unglaublich viel Work. Und wenn die Arbeit richtig gestaltet ist, dann ist sie ein unglaublich wichtiger Life-Bereich. Und wieso solltest du dann auf die Arbeit und damit erfülltes Leben verzichten?«

»Gut, dann gibt es nach dem Bio-Hacker-Kongress 40 Regenerationsstunden pro Woche. Da bin ich eher Fan von Carlos«, grinste Jan. »Aber bis dahin geben wir Vollgas.

Um was geht's beim letzten Punkt?«

5.2.9 Das Erleben

»Der letzte Punkt ist genau genommen kein To-do, sondern das emotionale Ergebnis deines ganzen Handelns bis hierhin. Der Team-Flow ist ein Gefühl, das viele andere Gefühle integriert. Vor allem die, die du bei unserem ersten Coaching ans Flipchart geschrieben hast, also Begeisterung, Energie, Abenteuer, Neugier, Mut, Entschlossenheit, Liebe, Nähe, Faszination, Verbindung, Lebendigkeit, Dankbarkeit und so weiter. Wenn man es einmal erlebt hat, will man es immer wieder.

Wenn ein Team wirklich im Flow ist, dann **erscheint nichts mehr unmöglich**. Gemeinsam geht ihr dann Ziele an, die ihr vorher als Spinnerei abgetan hättet. Und weil das Team so im Flow ist, erreicht es diese Ziele meist auch. Oft sogar früher als geplant – wie bei den Jungs, die in knapp fünf Monaten den ersten Düsenjäger bauten. Wenn Projekte zu lange dauern, dann liegt das meist nicht am problematischen Projektmanagement, sondern am fehlenden Team-Flow.

Der Nachteil des Team-Flows mag vielleicht sein, dass manchmal Risiken übersehen werden. Aber die Wahrheit ist, dass Risiken niemals objektiv sind. Ein Team im Flow räumt die meisten Risiken einfach ab.

Jetzt wird auch klar, dass Team-Flow nicht einfach heißt, dass es sich alle gut gehen lassen, sondern es ist Höchstleistung kombiniert mit Höchstgefühl. Du wolltest heute Morgen Höchstleistung. Hier hast du den Weg dorthin.«

»Krass!«, entfuhr es Jan. »Da war mein bisheriger Ansatz, es über Druck oder Boni zu versuchen, zwar viel einfacher gestrickt, aber er hat auch nicht funktioniert. Das hier ist, wenn man es denn mal kann, leicht und am Menschen orientiert. Und wesentlich wirksamer.«

»Und das ist noch nicht alles«, fuhr Wolfgang nickend fort. »Jedes Teammitglied im Team-Flow ist so auf seine Aufgaben und Interaktionen konzentriert, dass **Nachdenken über sich selbst verschwindet**. Man selbst ist sich nicht mehr wichtig – ein großer Gewinn, wenn man berücksichtigt, dass der normale Mensch im Wachzustand 98 Prozent der Zeit an seine Sorgen, Hoffnungen, Ängste oder Bedürfnisse denkt. Insbesondere in Umgebungen, die den vorher erwähnten zweiten Job fördern. Wenn dieses Nachdenken über sich verschwindet, erhöht sich das Potenzial, über andere Dinge nachzudenken, also *um den Faktor 50*.

Jeder ist dann so involviert, dass **der ganzen Gruppe das Zeitgefühl abhandenkommt**. Aktion und Aufmerksamkeit verbinden sich, sodass der Fokus immer auf dem Jetzt liegt. Der Rest der Welt, gestern, morgen, übermorgen – das alles verschwindet einfach. Es ist reine Präsenz, etwas, wofür Mönche 30 Jahre meditieren.

Zugleich und am wichtigsten: Die getrennte **Ego-Identität kann verschwinden und man kann in einer Einheit verschmelzen** – die große Sehnsucht vieler Menschen. Das ist der Grund, warum Menschen oft in der Freizeit mit Leuten oder sogar Lebenspartnern abhängen, die sie gar nicht mögen – der Bindungswunsch ist so groß! Insgeheim wünschen sich fast alle wieder dieses Gefühl des Einsseins und dass das Gefühl der Trennung und der Einsamkeit verschwindet. Und was gibt es Geileres, als wenn du dieses Bedürfnis für deine Mitarbeiter während der Arbeit befriedigen kannst?

Aufgrund der Intensität des Team-Flow-Gefühls bewegt man sich am Limit und dort ist das Wachstum, das gemeinsame Wachstum am größten. Es gibt nichts anderes, wo man so in Warp-Speed lernen kann – und ich meine nicht nur Theorie-Lernen, sondern vor allem Können-Lernen. Im Vergleich zu einer normalen Firma oder gar der Bürokratie liegen wir hier bei einem Faktor von deutlich über 50. *Es ist nicht nur alles erreichbar, sondern man kann als Team auch alles werden.*

Neurowissenschaftler vom California Institute of Technology in Pasadena haben den Team-Flow im Gehirn vermessen und dabei festgestellt, dass Team-Flow auch subjektiv als viel angenehmer eingestuft wird als individueller Flow. Dabei hat Team-Flow qualitativ eine andere Signatur als nur die Kombination von Flow und sozialem Erleben. Das Abgefahrenste aber war: **Die Gehirnwellen der Teilnehmer synchronisierten sich im Team-Flow**.[94] Und dann entsteht Magie!

Und wenn du wissen willst, wie der Team-Flow bei dir im Unternehmen aktuell aussieht, dann mach einfach den folgenden kostenlosen Selbsttest: www.uc-link.com/teamflow-test.«

»Und dank deiner Beispiele aus dem Service und aus anderen Bereichen erscheint mir das auch für mein Hotel und insbesondere für die Bio-Hacker-Konferenz realistisch. Zu Beginn habe ich gedacht, dass das nur was für hochkarätige Entwicklerteams ist. Aber das kann jeder mit jedem Unternehmen! Und ich habe richtig Lust drauf, loszulegen! Aber zuerst brauche ich nochmals eine kurze Pause.«

5.3 Was jetzt zu tun ist

Nach der Pause begann Wolfgang: »Bevor wir das Modell jetzt in die Praxis übertragen, möchte ich mit dir noch überprüfen, ob wir auf dem richtigen Weg sind. Lass uns mal auf deine Herausforderungen von heute Morgen schauen.«

In diesem Moment fiel Jan auf, dass sie den ganzen Tag gar nicht

94 Von Elena Bernard, Quelle: Toyohashi University of Technology, vgl. www.uc-link.com/teamflow-gehirn (Zugriff im August 2023).

mehr auf die Herausforderungen geschaut hatten. Im ersten Moment kam ein Gefühl des Frusts hoch, weil ihm bewusst wurde, dass er doch eigentlich seine Herausforderungen hier gemeinsam mit Wolfgang angehen wollte. Aber als er noch mal auf das Flipchart schaute, traute er seinen Augen kaum.

Herausforderungen:

- Bio-Hacker-Konferenz ohne eingespieltes Team
- Langsames und unfokussiertes Führungsteam (außer Sabrina)
- Kunden geben immer noch schlechte Bewertungen
- Kostenexplosion durch Ukraine (Energie, Lebensmittel) und Mindestlohnerhöhung
- Konflikt Wim und Birgit wegen Essen
- Ärger mit Spa-Leiterin wegen Kältesauna
- Nur WG mit Julia
- Bonuszahlung funktioniert nicht.

»Das ist ja krass, Wolfgang! Wir haben uns den ganzen Tag über nicht mit diesen Herausforderungen beschäftigt und wie durch Zauberhand haben wir für fast alle Herausforderungen eine Antwort!

Ich nutze die Bio-Hacker-Konferenz als Team-Flow-Ziel, um mein Team einzuspielen. Das Führungsteam hat ein gemeinsames Ziel und einen Fokus. Je mehr wir für die Bio-Hacker-Konferenz optimieren, desto mehr bessere Bewertungen werden wir auch von den anderen Kunden bekommen. Der Konflikt zwischen Wim und Birgit kann zumindest einmal experimentell entschärft werden, da Bio-Hacker kein Stück Fleisch mit Nudeln wollen und Wim experimentieren kann. Für die Kältesauna haben wir auch eine Lösung. Bonuszahlungen schaffe ich wieder ab. Und daneben noch viele weitere Lösungen für die Zusammenarbeit im Team, was ich heute Morgen gar nicht auf der Liste hatte. Nur für die Kostenexplosion und für Julia haben wir noch keine Lösung.«

»Danke, dass du mir heute Morgen vertraut hast«, entgegnete Wolfgang. »Diese Magie entsteht immer, wenn man am Engpass arbeitet, statt irgendwelche Detailsymptome zu behandeln. Zur Kostenexplosion: Angesichts deiner aktuellen finanziellen Reichweite hast du Zeit, zu reagieren. Letztlich wirst du deine Strategie nochmals anpassen müssen. Eine Strategie ist für mich nur dann wirklich gut, wenn sie mindestens die 3×20-Regel erfüllt: Sie muss in 20 Wochen umgesetzt[95] sein, sie muss in der Lage sein, 20 Prozent Rendite vom Rohertrag zu erwirtschaften, und sie muss in der Lage sein, 20 Prozent Inflation abfedern zu können. Bei Wachstumsunternehmen würde ich noch eine vierte 20 dazu nehmen: 20 Prozent mehr Wachstum als der Branchenschnitt – aber du baust ja nicht jedes Jahr 20 Zimmer dazu.

Ich glaube, es wäre sinnvoll, dich zuerst auf die Bio-Hacker-Konferenz zu konzentrieren. Erst danach haben wir eine Antwort auf die Kundenzufriedenheit und dein Potenzial, die Preise nochmals anzupassen. Und bei einem weiteren Termin mit Thomas optimierst du im Juni nochmals die Strategie. Bis dahin lässt du die Preise und wirbst eher damit, dass du trotz der gestiegenen Kosten die Preise vorerst gleich lässt. Mit guter Kommunikation und etwas Glück kannst du so deine Auslastung steigern und zugleich nochmals die Kundenzufriedenheit erhöhen. Finanziell ist das bei deiner Reichweite locker drei Monate durchhaltbar. Aber glaubst du, dass du das auch mental durchhältst?«

Jan ging einen Moment in sich und antwortete schließlich: »Im Herbst ging die neue Strategie voll auf. Es war mir zwar nicht klar, dass ich sie dann nochmals anpassen muss – obwohl Thomas mir gesagt hatte, dass ich nun jeden Tag an der Strategie arbeiten müsse. Aber ich habe das Vertrauen, dass es uns noch mal gelingt, die Strategie weiterzuentwickeln. Ja, ich halte das noch drei Monate durch.«

Wolfgang nickte: »Und was willst du mit Julia machen?«

---

95 Genau genommen in maximal drei Monaten von der ersten Idee zur funktionierenden Strategie. Aber das klingt halt nicht so gut wie 3×20-Regel ;-). Und natürlich ist mir bewusst, dass größere Unternehmen und solche, bei denen ein Großteil des Kapitals in Anlagevermögen gebunden ist, langsamer sind. Genau das macht das Führen eines solchen Unternehmens vor dem Hintergrund der exponentiellen KI- und Robotik-Entwicklungen dramatisch riskanter und deswegen müssen solche Unternehmen noch mehr auf Speed achten. Sonst werden sie einfach von der nächsten Disruption gekillt.

»Erst mal gar nichts. Sobald das mit der Konferenz durch ist, habe ich Zeit, mich zu kümmern. Das sind ja nur noch zwei Monate.«

»Bist du dir sicher?«, fragte Wolfgang. »Kleine Konflikte werden zu großen Konflikten. Große Konflikte werden zu kleinen Monstern und diese dann zu großen Monstern. Beim kleinen Monster bist du schon. Eine WG ist der Zustand nach den Auseinandersetzungen und vor der Trennung.«

Kleine Konflikte werden zu großen Konflikten. Große Konflikte werden zu kleinen Monstern – und diese dann zu großen Monstern.

»Ja, ich bin mir absolut sicher! Julia muss endlich auch mal verstehen, dass ich das mit dem Hotel nur für uns mache«, gab Jan genervt zurück. »Und außerdem kann ich mit nur einem Thema, dem Team-Flow, viel besser meinen Fokus bewahren. Machen wir weiter?«

»Wie du meinst«, erwiderte Wolfgang. »In meiner Hauptprofession bin ich Unternehmercoach und nicht Paarcoach. Und was ich denke, spielt hier keine Rolle, solange dir bewusst ist, dass dieses Monster wachsen und irgendwann zuschlagen wird.«

»Ja«, nickte Jan etwas angefressen. »Lass uns noch mal mein Backlog von heute durchgehen.«

Backlog:

- Team-Flow ist das eine Kriterium, an dem ich alle meine Methoden ausrichte.
- Fälle von Team-Flow finden und, indem ich den Scheinwerfer drauf richte, das Anliegen des gemeinsamen Flow-Erlebnisses verankern
- Veranstalter des Kongresses fragen, ob einzelne Mitarbeiter in nicht volle Anfängervorträge dürfen
- Das gemeinsame Ziel »Bio-Hacker-Kongress findet nächstes Jahr wieder bei uns statt« dem Führungsteam verkaufen
- Brainstorming mit Führungsteam, um Teilziele zu definieren
- Ergebnisse des Brainstormings mit Flow-Kanälen abgleichen
- Wissenschaftliche Experimente (Fitness, Überraschungen) auf Housekeeping transferieren
- Commitment meiner Top-Leute, dass auch die weniger guten Mitarbeiter bis zur Konferenz dazugehören und eine Chance bekommen, sich zu entwickeln

- Flow-Kanäle aller Mitarbeiter aufhängen
- Skript im Service mit der Zimmernummer beim Frühstück streichen
- Offen über meine Fehler und »Ausbildungskosten« reden
- Rücklage für Fehler der Mitarbeiter in Höhe von 3 Prozent des Umsatzes
- Führungskräfte fragen, an welcher Stelle sie sich in Bezug auf den Kongress Kontrolle wünschen
- Boni wieder streichen und eine Lösung dafür finden, dass das nicht auch wieder negativ ankommt
- Feier nach Kongress zur Belohnung für die Mitarbeiter
- Bei der Kommunikation zwischen Mitarbeitern unterschiedlicher Abteilungen den Umweg über die Führungskräfte abschaffen (Beispiel Unverträglichkeiten von Konferenzteilnehmern)
- Feedback-Training (Feedback geben, annehmen und Konflikte lösen)
- Fünfmal mehr positives Feedback als negatives
- Führungskräfte im Identitäten-Konzept schulen
- Im Führungs-Meeting permanent die Identitäten beobachten und bei Bedarf benennen
- Klärung mit Spa-Leiterin wegen Kältesauna (Schalldämmung vs. Werbung)
- Mitarbeiterräume so gestalten, dass sie zu mehr Begegnung einladen (nach Kongress)
- Gemeinsam bei Milestones zum Kongress feiern
- Dafür sorgen, dass alle bei den Feiern im Mitarbeiterhaus eingeladen sind – auch Führungskräfte und ich

»Okay, bevor ich daraus To-dos mache«, fuhr Jan fort, »überprüfe ich, was wirklich essenziell für den Team-Flow jetzt ist. Dann werde ich die Tätigkeiten möglichst klar formulieren und so umbauen, dass ich selbst beim Ausführen der Tätigkeiten in den Flow komme. Und am Schluss füge ich jeweils noch ein Lernziel für mich dazu. Ich bleibe dann einfach noch hier und mache das fertig – im Büro käme ich sicher nicht dazu.«

Wolfgang nickte: »Ich bin gespannt, was sich in den nächsten beiden Monaten bei dir entwickelt. Und falls Probleme auftauchen, hast du deine Trainer Thomas und Carlos, deine Trainingsgruppe und im Notfall auch mich. Melde dich einfach!«

Und damit verabschiedeten sie sich.

5.4 Der entstehende Team-Flow und die Hürden

»Hallo Sabrina, schön, wieder von dir zu hören. Was gibt's Neues?«, begrüßte Iris Sabrina in ihrem Zoom-Call.

»Hallo Iris, schön, dass du für mich Zeit hast. Ich wollte mich zuerst bei dir für deinen Tipp bedanken, Jan zu fragen, ob er mich in meinen Führungsfähigkeiten coacht. Ehrlicherweise hat mich das bei meinem Problem mit Markus kein Stück vorangebracht. Aber ich habe dennoch eine Menge gelernt und habe vor allem dadurch die beste Bindung von allen im Hotel zu Jan gewonnen. Er erzählt mir sehr viel von sich und seinem Coaching und seinen Zielen.«

»Bindung und ein Gespür, wie dein Vorgesetzter tickt, sind gerade in deiner Führungsrolle ultrawichtig!«, stimmte Iris zu. »Aber erzähl, was hast du gelernt?«

»Vor einem Monat etwa, also Ende März, kam er von einem Coaching zurück. Weißt du, er ist da bei so einem Unternehmercoach namens Radies. Und danach brachte er eine neue Dynamik ins Team, also zumindest teilweise. Wir haben in einem Monat hier eine Bio-Hacker-Konferenz, die ich im Herbst an Land zog.

Alle waren schon längere Zeit recht aufgedreht deswegen. Aufgrund von Corona und einigen Personalwechseln ist ja hier nichts mehr eingespielt. Und das ist die größte Veranstaltung seit Corona-Beginn hier im Hotel. Er brachte das simple Ziel mit, dass wir diesen Kongress zu einem solchen Erfolg machen, dass nicht nur die Kongressveranstalter im Jahr drauf wiederkommen, sondern auch drei der Teilnehmer, die ja oft eigene Unternehmen im Bio-Hacking-Bereich haben, ebenfalls hier bei uns Veranstaltungen machen wollen. Und auf einmal dockten alle an.

Vor allem, als er den Veranstalter dazu brachte, dass wir Mitarbeiter auch an drei Vorträgen über Ernährung, Fitness und so teilnehmen können. Plötzlich war es nicht mehr *eine* Konferenz, sondern *unsere* Konferenz!

Er holte die Leute, obwohl wir wegen Corona weitestgehend leer waren, aus der Kurzarbeit zurück, damit sie Ideen entwickeln und die Abläufe trainieren können. Viele waren allein deswegen happy, weil ihnen zu Hause die Decke auf den Kopf fiel.

Und Wim geht seither voll ab. Er erklärte uns, dass Bio-Hacker speziellen Bulletproof-Coffee[96] trinken, nur Bio essen und Fleisch und Butter nur aus natürlicher, regionaler Haltung vom Weiderind. Und dass sie glutenfrei essen. Dass sie frische Kräuter wollen, teilweise wegen Intervallfasten nur zwei Mahlzeiten zu sich nehmen. Dass sie mit dem Standard-Knabberkram auf den Zimmern nichts anfangen können.

Dass überall in Lebensmitteln versteckte Schimmelgifte sind, die Bio-Hacker vermeiden wollen. Und dass es zwar Bio-Hotels, aber kein einziges speziell für Bio-Hacker gibt und man die ganze interne Logistik anpassen müsse. Er trieb dann gleich regionale Bauern auf, die uns dafür beliefern. Ich hatte davon keine Ahnung, aber diese ganzen Informationen sind wiederum mega für mein Marketing – vielleicht kann man einen Teil davon auch nach der Konferenz aufrechterhalten.

Das ist was völlig anderes als die Strategieentwicklung im Sommer und Herbst, die nur zwischen Jan und mir lief. Das ganze Team ist dabei. Das ist viel cooler so!«

Iris versuchte sich ein Bild zu machen und erwiderte dann: »Schlau, ein Ziel auszugeben, das sowieso schon alle beschäftigt. Die vorhandene Aufregung so zu bündeln, dass alle mitwirken können. Und die Mitarbeiter als Teilnehmer zugleich zu Kunden zu machen. Aber wieso sagtest du, er brachte nur teilweise eine Dynamik ins Team?«

»Na ja, teilweise Dynamik ist nicht ganz richtig. Ich verstehe einfach

---

96 Ein spezieller Kaffee, bei dem vor der Röstung möglichst wenig Schimmelbildung erlaubt wird (die Schimmelpilze werden zwar beim Rösten getötet, aber deren zuvor abgesonderte Gifte bleiben im Kaffee). Außerdem wird dieser Kaffee mit MCT-8-Öl verquirlt und getrunken. Falls man Intervallfasten macht und das Frühstück auslässt, ist man durch diese Mischung den ganzen Vormittag energiegeladen und in der Ketose. So zumindest das Konzept von Dave Asprey.

sein Herumgeeiere nicht. An einem Tag kommt er und erzählt uns allen was von Team-Flow. Am nächsten Tag scheint ihm alles wieder zu langsam zu gehen und er reißt wieder Themen an sich, die er am Tag zuvor jemand anderen machen lassen wollte. Am übernächsten Tag nimmt er sich wieder zwei Stunden Zeit, um uns allen zu erklären, wie wir in den Flow kommen. Manchmal denke ich, der einfachste Weg dorthin wäre, wenn er uns einfach machen ließe. Aber garantiert kommt er am Tag drauf wieder mit einem neuen Plan um die Ecke.«

»Wie wirkt das auf dich, Sabrina?«

»Ziemlich getrieben. Ich weiß nur nicht genau, von was. Wahrscheinlich von irgendwelchen inneren Widersprüchen. Vor zwei Wochen war es richtig irre!«

»Was war da?«

»Da hatte er wieder eine Zoom-Coachingsession mit einem Trainer namens Carlos. Und der scheint kein Blatt vor den Mund zu nehmen. Der hat Jan gesagt, dass er gerade wohl auf dem Mount Stupid wäre.«

»Mount was?«, wollte Iris wissen.

»Kannte ich zuerst auch nicht«, schüttelte Sabrina ihren Kopf. »Aber Jan hat mir das am nächsten Tag haarklein erklärt. Ich male dir das mal kurz auf.« Sabrina erstellte kurz eine Skizze und hielt sie in die Kamera.

»Bei jeder Art von Lernen gibt es folgende Kurve: Am Anfang hat man keine Ahnung und weiß das auch. Da ist auch das Selbstvertrauen niedrig. Das Selbstvertrauen steigt aber sehr viel schneller an als das Können. Deswegen fahren die 18-Jährigen eher waghalsig Auto. Und nach einer kritischen Situation oder einem Crash gelangen sie ins Tal der Verzweiflung und jetzt fängt das Lernen erst richtig an.«

»Lustiges Modell«, nickte Iris. »Das erklärt manches, was ich in meinem Berufsleben erlebt habe. Aber was hat jetzt Carlos genau zu Jan gesagt?«

»Also, gesagt hat Carlos, dass Jan wohl gerade mit seinen unternehmerischen Kompetenzen auf dem Mount Stupid angekommen sei. Was angesichts von Jans Herumeiern die richtige Diagnose sein dürfte. Jedenfalls ist Jan seither auf diesen Carlos so richtig sauer. Dabei vermute ich, dass Carlos ihm vorher bestimmt einige dezentere Hinweise gegeben haben dürfte, die Jan aber nicht hören wollte.

Der Dunning-Kruger-Effekt

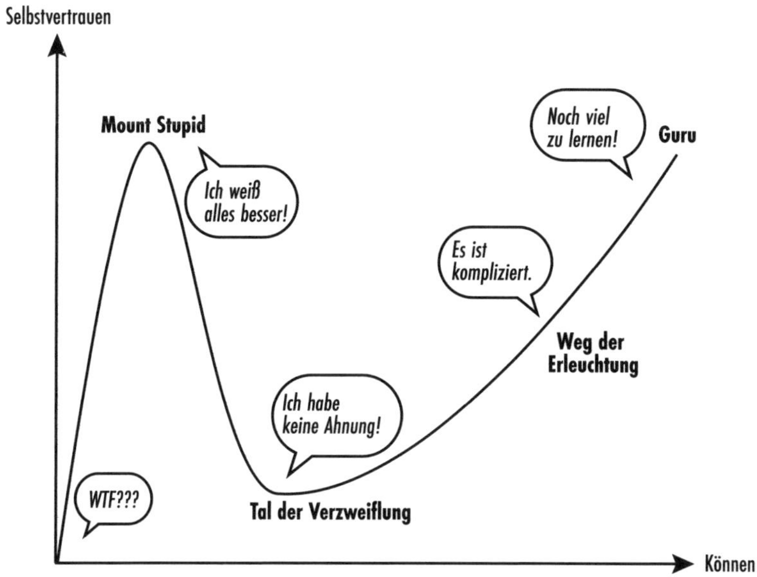

Und dann wollte Jan von mir wissen – das war echt das Heftigste –, ob ich das auch glauben würde, dass er auf dem Mount Stupid wäre. Der spinnt wohl! Wie soll ich denn meinem Chef sagen, dass er blind ist – selbst wenn es stimmt?«

»Und das war vor zwei Wochen? Was ist seither passiert?«, wollte Iris wissen.

»Er hat da noch diesen Unternehmer-Buddy, Sven. Der Typ ist, als ob man einen Erfolgs- und Motivationskalender zum Leben erweckt hätte. Er spuckt Kalendersprüche aus, als hätte man sie ihm bei der Geburt eingetrichtert. Und er quasselt sie in Dauerschleife, mit einer Selbstsicherheit, die kein Ende zu kennen scheint. Ich schwör, der ist zu blöd, um zu checken, dass er auf dem Mount Stupid festgekettet ist und da für immer hängen bleibt.«

»Okay, ich sehe, du magst ihn nicht«, lachte Iris. »Was ist also mit diesem Sven?«

»Der quatscht Jan seither dauernd mit noch größeren Zielen voll. Und so verdoppelt Jan einfach mal die Ziele – plötzlich sollen nicht nur drei der Kongressteilnehmer danach hier ihre eigene Veranstaltung machen, sondern sechs. Oder die Schallisolierung für seine komische Kältesauna im Spa soll doppelt so schnell gebaut werden.«

»Und was macht das mit dem Team?«, wollte Iris wissen.

»Also zum einen bleiben wir glücklicherweise noch immer bei unserem Fokus. Aber zugleich beginnen wir, uns an Jan vorbei selbst zu koordinieren. Und die anderen gehen dauernd in Deckung, wenn er aufkreuzt. Manche haben mittlerweile richtig Angst vor ihm.«

»Jetzt bekomme ich langsam ein Bild«, nickte Iris. »Und wo stehst du da jetzt? Einerseits unterstützt er dich in deiner Entwicklung und es entsteht eine Bindung, andererseits siehst du, wie er gerade kurz davor ist, das Team wieder zu zerlegen, das er selbst geschaffen hat. Und du bist ja auch Teil des Teams. Wem gegenüber bist du jetzt loyal? Und hast du eine Chance, ihm aus seiner Zerrissenheit zu helfen?«

»Ja, genau. Das waren die Fragen, die mir die ganze Zeit auf der Zunge lagen, die ich aber gar nicht so klar hätte formulieren können.«

»Was wäre das Beste für das Hotel?«, wollte Iris wissen.

Sabrina schlug sich an den Kopf: »Crazy! Er hat mir da neulich so ein Identitäten-Modell erklärt und gesagt, dass man möglichst oft in der Hotel- oder gar Community-Identität, also mit den Kunden sein solle. Und jetzt stellst du mir eine Frage, die genau mit dem Modell konform ist, und die löst alles auf. Es geht gar nicht um Loyalität gegenüber dem Team oder gegenüber Jan, sondern um die Frage, was das Beste für das Hotel ist!«

»Und die Antwort erfordert Mut!«, stimmte Iris zu.

»Ich kann ihm aber doch nicht sagen, dass er auf dem Mount Stupid ist? Nachher geht es mir wie Carlos und er spricht nicht mehr mit mir!«

»Nein, das wohl nicht. Aber du kannst zu ihm gehen und ihm sagen, dass du nicht weißt, wie du mit der Situation zurzeit umgehen sollst. Dann schilderst du ihm deine Beobachtungen. Also dass sich die anderen wegducken. Und – ohne Vorwurf – dass seine Ziele mal so und mal so sind. Und welche Gefühle das in dir auslöst, und die Bitte an ihn, dir zu helfen, damit umzugehen.«

»Das ist ja tricky«, grinste Sabrina. »Du tarnst das Feedback als Bitte um Hilfe und nutzt so seine Bedürfnisse nach Bindung und danach, der rettende Held zu sein. Und darin verpackst du das, was du eigentlich loswerden willst. Und weil er mir helfen will, muss er sein eigenes Problem lösen. Das wird sicher funktionieren. Das ist endlich mal eine Situation, wo es mir zugutekommt, dass ich auf den ersten Blick etwas naiv wirke.«

»Na, ob das mit der Naivität noch funktioniert, da habe ich meine Zweifel«, lachte Iris. »Mittlerweile müsste er dich ja besser kennen. Jedenfalls musst du dann schauen, wie er mit dem Feedback umgeht. Je nachdem, was da kommt, wäre ein dezenter Hinweis, sich doch wieder Carlos anzunähern, ganz gut. Ich glaube, der ist besser für Jan als dieser Sven.«

»Ja, das glaube ich auch. Aber dazu muss Jan erst mir gegenüber eingestehen, dass er tatsächlich einen Fehler gemacht hat, bevor ich ihn auf Carlos ansprechen kann. Da habe ich jetzt einen Plan.

Ich habe aber noch ein anderes Thema: mein Mitarbeiter Markus. Ich versuche zwar immer wieder, ihn zu entwickeln, und da gibt es auch mal Tage, wo er sich bewegt, aber dann bekommt er wieder gar nichts hin und dann muss letztlich ich es selbst machen. Mittlerweile habe ich drei Jobs: meinen Marketing-Job, dann den Job, Jans Ideen im Führungsteam abzufedern, und dann noch den Job von Markus. Ich bin mittlerweile bei über 60 Stunden in der Woche und kann manchmal einfach nicht mehr.«

Iris lächelte: »Solche Zeiten sind gut!«

»Was soll daran gut sein, dass ich völlig fertig bin?«, fragte Sabrina entgeistert.

»Sie zwingen dich zum Nachdenken und dazu, Dinge zu ändern. Je früher, desto besser – dann kommst du überhaupt nie auf 60 Stunden. Schau, so, wie ich das sehe, arbeitest du nicht 60 Stunden, weil Jan das angewiesen hätte. Ich glaube noch nicht mal, dass du 60 Stunden arbeitest, weil du auf die Manager-Position schielst. Zumindest ist das nicht der Hauptgrund. Ich glaube, es gibt einen anderen Grund, den aber nur du kennst. Jedenfalls brauchst du solche Grenzerfahrungen, um zu wachsen und dich selbst tiefer kennenzulernen. Allerdings: Je schneller du daran wächst und wieder herauskommst, desto besser!«

»Jan nett klarzumachen, dass er auf dem Mount Stupid ist, ist schon mal ordentliches Wachstum«, grummelte Sabrina. »Wo glaubst du, dass ich bei Markus wachsen muss?«

»Darf ich deutlich sein?«, wollte Iris wissen.

»Klar, immer!«

»Danke«, nickte Iris. »Du verhältst dich gegenüber Markus genauso wie Jan gegenüber seinem Team. Du traust ihm nichts zu. Dann gibst du ihm wieder Ziele. Dann nimmst du ihm wieder die Aufgabe weg. Dann willst du ihn wieder trainieren. Dann arbeitest du wie gestört und machst ihm durch dein Vorbild ständig ein schlechtes Gewissen, dass er nicht gut genug sei. Markus duckt sich unter dir genauso weg wie die anderen bei Jan. Trifft meine Beobachtung die Situation?«

Sabrina wollte sich im ersten Moment entrüstet wehren: »Aber Markus ist ein Vollpf…« Dabei zog sich ihr Magen mitten im Satz immer weiter zusammen und sie spürte, dass Iris recht hatte.

Schließlich fragte Sabrina kleinlaut: »Und wie komme ich raus aus dieser Nummer?«

»Ach, da gibt es zwei Möglichkeiten«, lachte Iris. »Kurzfristig, indem du sofort Urlaub machst und dich erholst. Vor allem kann sich Markus dann ohne dich beweisen. Und mittelfristig, indem du reflektierst, was deine Antreiber sind, die dich in diese Situation bringen. Das Problem ist nicht Markus, sondern wie du mit Markus umgehst und warum du es genau auf diese Weise machst.«

»Ich kann jetzt nicht Urlaub machen«, protestierte Sabrina. »Das Führungsteam und Jan brauchen mich gerade.«

»Und wenn du nicht da wärst?«, fragte Iris mitfühlend.

»Dann würde ich meine Position, die ich mir so hart erarbeitet habe, verlieren.«

»Die ist dir so wichtig?«

»Ja, das zum Erfolg zu bringen, ist alles für mich!«, entgegnete Sabrina.

Iris dachte einen Moment nach, sah dann aber für sich keine Möglichkeit, Sabrina aus diesem Strudel herauszuhelfen. Sabrina machte sich sowohl mit der erarbeiteten Position als auch dem Erfolg etwas vor und war davon zumindest jetzt von ihr nicht abzubringen. Und so beließ sie es bei einer Bitte: »Bitte kau da drauf noch einige Zeit herum, ob das wirklich die richtige Haltung ist. In Ordnung?«

»Ich bin mir da ziemlich sicher, dass es das ist«, bestätigte Sabrina nochmals.

»Gut, dann habe ich eine andere Bitte: Da du und Jan ja offensichtlich eine ähnliche Herausforderung habt, tauscht euch doch gegenseitig aus – aber nicht mit der Idee, euch in eurem Rechthaben zu bestärken, sondern mit der Idee, euch zu verstehen. Macht das Sinn?«

»Das könnte spannend sein, aber ich weiß noch nicht, ob ich mich das traue. Ich denke mal drüber nach. In Ordnung?«

»Selbstverständlich! Und melde dich bald mal wieder, Sabrina«, schloss Iris.

6. Die andere Seite

(FRÜHJAHR 2022)

6.1 Julias Entscheidung

In einem gemütlichen Bistro am Stadtrand, von einem gedämpften Lichtschein umgeben und dem leisen Klingen von Tassen, trafen Julia und ihre beste Freundin wieder zusammen. Monate waren vergangen, aber in Julias Augen las ihre Freundin noch immer die gleiche Schwere. »Jan hat sich nicht geändert«, gestand Julia. »Er sieht nicht, was er uns antut.«

Julias Freundin beobachtete sie, ihre Augen von Sorge getrübt: »Julia, du musst etwas tun. Diese ständige Qual kann so nicht weitergehen.«

Julia senkte den Blick, gefangen in ihrer eigenen Verzweiflung: »Aber was soll ich tun? Ich liebe ihn immer noch. Ich kann doch nicht einfach aufgeben.«

Nach einem Moment des Nachdenkens sprach ihre Freundin wieder: »Vielleicht ... vielleicht gibt es einen Weg, ihm die Augen zu öffnen, ohne gleich alles zu beenden.«

Julia sah sie fragend an: »Was meinst du?«

Ihre Freundin zögerte, wissend, dass der Vorschlag riskant war: »Beim nächsten Mal wirf ihn raus. Nicht für immer, nur um ihm zu zeigen, was auf dem Spiel steht. Es könnte der Weckruf sein, den er braucht.«

Julia atmete tief durch. Der Gedanke war beängstigend, aber gleichzeitig war da ein Funken Hoffnung. Sie konnte den Schmerz in ihrem Herzen nicht länger ignorieren, und ihre Freundin bot ihr einen Ausweg, einen Kompromiss, vor der endgültigen Entscheidung: »Vielleicht … vielleicht hast du recht«, murmelte sie, während sie den Mut fand, sich dieser Option zu stellen.

Ihre Freundin legte tröstend ihre Hand auf Julias: »Es ist nur ein Versuch, Julia. Manchmal braucht es eine Erschütterung, um wieder festen Boden unter den Füßen zu finden. Und jede Bewegung ist besser als das jetzt.«

Julia nickte dankbar, fest entschlossen, diesen mutigen Schritt zu wagen, in der Hoffnung auf ein besseres Morgen.

6.2 Der Schatten (Mi., 18. Mai 2022)

6.2.1 Rauswurf

»Danke, Wolfgang, dass du so schnell Zeit hattest«, begann Jan atemlos. »Julia hatte am letzten Freitag einen fetten Konflikt mit mir und seither schlafe ich im Rockstrohhof. Ich habe echt keine Ahnung, wie es dazu kommen konnte und warum sie mich nicht unterstützt. Ist doch auch ihr Hotel.«

»Was war denn los?«, fragte Wolfgang mit ruhiger Stimme.

»Los ging es damit, dass ich mir am Freitag etwas früher Zeit nahm, um nach Hause zu kommen, also so gegen 17 Uhr, um noch etwas mit Leon spielen zu können.«

»Wenn 17 Uhr früher ist, wann kommst du denn sonst zurzeit nach Hause?«

»Gegen 22 Uhr, manchmal noch später. Hatte ich dir das letzte Mal ja erzählt mit den 70 Stunden. Nächste Woche ist die Konferenz und da ist wirklich ein toller Flow entstanden und langsam bringen auch einige aus dem Hotel hin und wieder Leistung …«

Wolfgang unterbrach: »Und wie viele Stunden arbeitest du zurzeit?«

Jan überschlug kurz: »Ist auf etwa 85 Stunden angestiegen, aber das ist ja nur für die Konferenz.«

Wolfgang schaute Jan nachdenklich an: »Und dann warst du am Freitag um 17 Uhr zu Hause, um mit Leon zu spielen. War dein Kopf auch zu Hause oder noch im Hotel?«

»Mein Kopf war gar nicht das Problem«, gab Jan etwas verärgert zurück. Er fühlte sich missverstanden: »Das Problem war der Kopf von Leon. Wir spielten Puzzle und das war wirklich einfach mit 48 Teilen. Müsste er mit seinen vier Jahren ja schaffen. Aber er war überhaupt nicht konzentriert, sondern warf die Teile wild in der Gegend herum. Da hätte ich dann gleich im Hotel bleiben und weiterarbeiten können. Und da habe ich einen Moment die Kontrolle verloren und ihn mal angeblafft, dass er sich endlich konzentrieren solle. Und in dem Moment kam Julia rein und machte mich zur Schnecke, dass Leon noch ein Kind wäre, und er sei nach dem anstrengenden Tag müde und zu nichts mehr zu gebrauchen. Und dass ich seit Herbst wieder genauso sei: zu nichts mehr zu gebrauchen, wenn ich nach Hause käme.

Ja, ich wäre wieder so wie bei Dojan und den ersten Monat im Hotel, als ich auch so viel gearbeitet hätte. Damals hätte ich ihr versprochen, dass das nicht wieder vorkäme, und sie hätte mir geglaubt. Aber offensichtlich hätte ich sie mal wieder angelogen. Und dann warf sie mir meine Jacke hin: ›Schlaf im Hotel oder sonst wo. Und komm erst wieder, wenn du eine Entscheidung getroffen hast, was dir wichtiger ist – deine Familie oder deine 80-Stunden-Scheiße.‹ Sie hörte mir noch nicht mal zu, als ich erklären wollte, dass ich das nur für sie machen würde. Sie weinte nur und zeigte zur Türe.

Mit Julias Tränen kann ich ja so gar nicht umgehen. Und ich habe keine Ahnung, was ich jetzt tun soll. Es ist mir echt ein Rätsel, warum sie das mit der Konferenz nicht versteht.«

Wolfgang nickte langsam. Dann legte er Jan die Hand auf den Oberarm und zeigte zum Fenster hinaus auf den Park hinter dem Hotel: »Lass uns rausgehen und eine Runde drehen. Und dann stelle ich dir ein paar Fragen.«

Jan nickte, und nachdem sie ein paar Minuten gelaufen waren, wurde er etwas ruhiger.

Schließlich fragte Wolfgang: »Du hast mir doch bei unserem ersten Treffen vor einem knappen Jahr von deinem Vater erzählt. Wie war er als Kind zu dir?«

»Mein Vater?« Jan wirkte irritiert. »Schwierig zu sagen. Er war fast nie da. Und wenn er da war, musste alles so laufen, wie er es wollte. Ich musste konzentriert sein, ich musste in der Schule der Beste sein. Schließlich sollte ich Unternehmer werden wie Großvater und Urgroßvater auch. Das habe ich doch schon mal erzählt … Ich glaube, wie es mir wirklich geht, hat ihn nie interessiert. Ich habe mich dann ja mit den Loveparade-Touren und der Hotellehre von diesem Druck befreit.«

»Was, glaubst du, Jan, wird dein Sohn Leon in 20 Jahren über dich erzählen, wenn er groß ist?«

Es dauerte einige Sekunden, dann schlug die Frage ein, wie wenn ihm Muhammad Ali direkt ins Gesicht geschlagen hätte. Jan wankte leicht und murmelte: »Scheiße …«

Schweigend gingen sie einige Minuten nebeneinanderher und Wolfgang beobachtete aus den Augenwinkeln, wie Jan Tränen über die Wange liefen.

Schließlich sagte Jan leise: »Weißt du, Wolfgang, woran ich gerade denke?«

Dieser schüttelte leicht den Kopf.

»Dass es meinem Vater vermutlich genauso ging wie mir jetzt. Und meinem Großvater auch. Und …«, diese Worte blieben fast an Jans Kloß im Hals hängen, »… dass es dem Sohn von Leon auch mal so gehen könnte.«

Jan war stehen geblieben und Wolfgang legte den Arm um seine Schultern. Schließlich fragte Jan mit stockender und zugleich ernster Stimme: »Wo ist der Ausgang? Wie kann ich diese Geschichte ändern? Ich will das Leon und meinem zukünftigen Enkel oder gar Urenkel nicht antun. Und mir auch nicht mehr. Wo ist der Ausgang? Kann ich das unterbrechen?«

Wolfgang nickte: »Lass uns ins Hotel zurückgehen. Ich möchte mit dir eine etwas abgefahrene Gedankenreise machen. Einstein sagte einmal: ›Es ist nie zu spät, eine schöne Kindheit zu haben.‹ Es ist nicht ganz klar, ob er damit meinte, dass man auch in seinem Alter wie ein Kind sein dürfe, oder ob er meinte, dass man seine Kindheit jederzeit anders betrachten könne. Beide Interpretationen gefallen mir, aber die zweite ist für uns jetzt wichtiger.

Du wirst danach deine Vorfahren und dich anders sehen und fühlen. Und du hast die Chance, danach wirklich innerlich frei zu sein, und genau das an Leon und auch Julia und sogar dein Team im Hotel weiterzugeben.«

Jan seufzte: »Ist mir ehrlich gesagt ziemlich egal, was wir machen. Meinetwegen auch einen Schamanentanz mit Trommeln und Hühnerknochen werfen. Hauptsache, es unterbricht die Kette.«

Wolfgang grinste: »Gute Einstellung, denn ein bisschen merkwürdig wird es schon werden. Aber Knochen habe ich leider nicht dabei.«

6.2.2 Die Dämonen-Meditation

Mittlerweile waren sie wieder im Hotel angekommen und Wolfgang bat Jan, sich auf den Knien auf den Boden zu setzen und die Augen zu schließen.[97]

Während Jan mit geschlossenen Augen dasaß, erklärte Wolfgang noch kurz: »Ich werde dich jetzt in eine Art Trance führen. Dann werde ich durch kurze Anweisungen Impulse geben. Es werden Bilder in dir aufsteigen. Deine Aufgabe ist, einfach geschehen zu lassen, was kommt. Auch wenn das teilweise überaus seltsam anmuten mag. Es werden zum Beispiel Dämonen auftauchen, etwas, das wir im ›aufgeklärten‹ Westen eher schräg finden.

Aber letztlich geht es dabei nur um Eigenschaften, Werthaltungen und Gefühle. Benennst du diese nur abstrakt, sind sie emotional nicht wirksam. Einer der größten Bereiche in unserem Gehirn ist für die Erkennung von Gesichtern und deren Emotionen verantwortlich – diesen Bereich nutzen wir, indem wir Gefühle und Eigenschaften in Gesichts- oder auch Dämonenform visualisieren. Das geht dramatisch tiefer und ist viel wirksamer.«

---

97 Es lehnt sich an die Dämonen-Meditation der tibetischen Nonne Machig Labdrön aus dem 11. Jhd. an. Beschrieben in Tsültrim Allione: Den Dämonen Nahrung geben. Aber letztlich findet sich die Grundidee auch wieder bei den Gedanken von C. G. Jung oder dem Heldenreise-Seminar von Paul Rebillot oder vielen antiken Sagen, in denen der Held in die Unterwelt muss.

Jan erwiderte: »Ich kann es mir gerade zwar nicht vorstellen, was passieren wird, aber bitte fang an. Ich will diese Kette unterbrechen.«

Wolfgang bat Jan nun, sich auf seine Atmung zu konzentrieren, und nach wenigen Minuten wurde Jan innerlich ruhiger. Aufgrund der Impulse von Wolfgang entstanden erste Bilder. Diese wurden immer stärker und emotionaler. Mit ruhiger Stimme und klaren Worten führte Wolfgang Jan durch eine aufwühlende innerliche Reise voller Trauer, Angst, Panik und Freude. Und Jan weinte, zitterte, erstarrte, richtete sich auf und lachte.

*

Schließlich bat Wolfgang Jan, seine Augen wieder zu öffnen. Scheinbar waren nur wenige Minuten vergangen, seit Jan die Meditation begonnen hatte.

Als Jan seine Augen geöffnet hatte und wieder anwesend zu sein schien, fragte Wolfgang sachte: »Magst du erzählen, was in der letzten halben Stunde passiert ist? Oder brauchst du noch einen Moment, um dem Erlebten nachzufühlen?«

Die Sonne schien zur breiten Fensterfront hinein. Es herrschte eine tiefe Ruhe. Nur ein paar Vögel zwitscherten draußen. Jan fühlte sich völlig präsent und mit Wolfgang tief verbunden. Und er spürte in diesem Moment eine umfassende innere Klarheit, wie er sie noch nie erlebt hatte.

Nach etwa einer weiteren Minute sah er Wolfgang an und begann nach einer gefühlten Ewigkeit zu sprechen: »Plötzlich ergibt alles einen Sinn. Es fühlt sich an, wie wenn alles so geschehen musste, um genau auf diesen Punkt zuzulaufen. Meine Vergangenheit ist völlig klar. Und meine Lebensaufgabe für meine zweite Lebenshälfte auch.«

Wolfgang nickte und wartete.

»Als du mit der Meditation begonnen hast, erschienen Hans, Werner und Johann – Vater, Opa und Uropa. Und sie verwandelten sich aufgrund deiner Impulse in eine Art Dämon mit drei Köpfen. Der Dämon bestand aus schwarzem Stein und hatte eine schwarze Metallrüstung. Er war unglaublich hart und unverwundbar.

Jeder der drei Köpfe *wollte* etwas von mir. Ich fühlte eine unglaubliche Angst. Die Angst, nicht geliebt zu werden. Die Angst, abgelehnt zu werden. Und je stärker meine Angst wurde, desto fordernder und bedrohlicher wurden die drei. Sie rückten immer näher. Der Dämon hatte auf jeder Seite drei Arme und in jeder Hand hielt er ein Schwert. Ich begann zu weinen.

Ich sollte, nein, ich musste erfolgreich sein. Ich musste die Scharte im Familienstammbaum, dass alle gescheitert waren, auswetzen. Der Dämon schien nach meinem Herz zu greifen und es zog sich zusammen. Ich wurde völlig starr und hilflos. Ich hatte das Gefühl, dass sie mich töten würden, wenn ich ihnen nicht sofort das geben würde, was sie wollten. Und ich wollte ja, gab alles, aber schaffte es nicht.

Dann hast du mich aufgefordert, real meinen Platz zu wechseln und mich da hinzusetzen, wo gerade der Dämon saß. Ich sollte der Dämon sein. Das war eine total krasse Erfahrung! Ich als Dämon forderte von Jan Erfolg und Leistung. Und ich sah, dass dieses kleine, ängstliche Etwas vor mir es niemals schaffen würde. Ich als Dämon wurde unfassbar wütend und schrie diesen hilflosen Jan an – er solle endlich aufwachen und erfolgreich werden. Aber statt sich aufzurichten, fiel dieser Jan immer mehr in sich zusammen und wurde zugleich immer fetter.

Du hast dann gefragt, was der Dämon von Jan *wolle*. Und der Dämon *wollte* Erfolg, wollte Leistung, aber in Wahrheit *wollte* er meinen Tod. Ich sollte aus seinen Augen verschwinden.

Und dann begann sich etwas zu ändern: Ich als Dämon spürte, dass das Versagen dieses Jan letztlich mein Versagen war, das ich nicht wahrhaben wollte. Dieser Jan war ja mein Fleisch und Blut und ich hatte ihn so geschaffen.

Und dann hast du gefragt, was ich als Dämon wirklich *brauche*. In diesem Moment begann sich alles zu verändern. Ich als Drei-Ahnen-Dämon richtete den Blick nach innen. Mir als Werner, dem mittleren Dämon, flossen plötzlich Tränen über die Wange und der Stein, aus dem ich gemacht war, färbte sich orange und wurde weich. Und dann formten meine Werner-Lippen nur ein Wort und ich wusste tief in mir, dass dieses Wort wahr war: *Lebensfreude!*

Ich als Werner erkannte, wie mir meine Kindheit gestohlen worden war. Von 1930 bis 1939 dadurch, dass Johann so viel arbeitete, danach durch den Krieg. Und ich als Werner hatte unbewusst gehofft, dass ich diese Lebensfreude bekommen würde, wenn ich Johann nacheifern würde. Aber ich bekam diese Lebensfreude nie, sondern starb an einer kaputten Leber.

Plötzlich war ich im Hans-Kopf und mir liefen ebenfalls die Tränen über die Wangen und auch dieses Ich verfärbte sich in ein weiches Orange. Und das Hans-Ich sagte: ›Mir wurde meine Kindheit gestohlen und ich habe sie dir, Jan, gestohlen. Es tut mir so leid. So unendlich leid. Ich wünschte mir immer nur *Lebensfreude*. Für mich und für dich. Und dann kam der Herzinfarkt.‹

Plötzlich war ich im Johann-Kopf, und als ich Werner und Hans sah, rollten auch mir die Tränen die Wangen hinunter. Mein Johann-Ich nahm ebenfalls eine weiche orange Farbe an und begann zu sprechen: ›Ich habe meine Jugend im Schützengraben verbracht und wollte immer, dass es euch besser geht. Dafür habe ich dann nach dem Ersten Weltkrieg alles geopfert. Für euch! Ich brauchte nach diesen Erfahrungen *Lebensfreude* und schuf das genaue Gegenteil. Mir war nicht klar, was ich damit angerichtet habe. Ich habe es nicht gesehen. Es tut mir so leid!‹

Ich war nun wieder der ganze Dämon und hatte mich komplett verwandelt, war weich geworden und hatte meine Rüstung verloren. Ich fühlte die Trauer von allen dreien gleichzeitig und zugleich die tiefe Sehnsucht nach *Lebensfreude*. Ich begann innerlich zu leuchten und wandte nun alle drei Köpfe dem Jan mir gegenüber zu, nahm ihn in den Arm und sagte mit allen drei Stimmen: ›Wir wünschen uns in unserer ganzen Tiefe nichts als *Lebensfreude*. Für dich und die Menschen um dich!‹

Da kam wieder ein Impuls von dir, mich zurückzuverwandeln. Und so wurde ich wieder Jan und sah den neuen, weichen, leuchtenden Dämon vor mir. Und in diesem Moment wusste ich, *dass ich diese tiefe Lebensfreude bereits in mir hatte*. Schon immer! Ich hatte sie ja zum Ende meiner Schulzeit erlebt und erfahren. Und plötzlich entstand ein tiefes inneres Bedürfnis in mir, Hans, Werner und Johann mit meiner Lebensfreude zu überschütten. Es waren eine Art Energiewellen, die aus mir hervorkamen. *Voller Lebensfreude*. Und ich überflutete damit die drei, die diese Freude begierig aufsogen.

Dabei verwandelten sie sich nach und nach nochmals in freudige, kraftvolle, weise Männer. Sie stellten sich an meine Seite und sagten: Wann immer du uns brauchst, sind wir für dich da. Und mit diesen Worten übergaben sie mir die Freude, die Kraft und die Weisheit und verschwanden.

Und jetzt sitze ich hier. Ich bin überwältigt. Und habe verstanden.«

Wolfgang blickte Jan lange an.

Jan genoss die tiefe Ruhe. Schließlich fuhr er fort: »Zu Beginn unserer Zusammenarbeit hast du mir gesagt, dass es nicht um Erfolg ginge, sondern um den Weg, um den Flow und die Erfüllung. Ich habe es gehört und geglaubt, es zu verstehen. *Jetzt habe ich es erfahren.*

Du hast von der Seele gesprochen und davon, diese zum Ausdruck zu bringen. Und davon, dass die Seele größer sei als wir selbst. Ich habe es, obwohl es etwas in mir zum Schwingen brachte und eine Sehnsucht weckte, wenn ich ehrlich bin, für esoterischen Quatsch gehalten. Vermutlich würden das auch alle, die ich kenne, für esoterischen Quatsch halten, wenn ich ihnen von diesem Erlebnis hier erzählen würde. Aber das ist egal. *Es geht nicht darum, wie die Erfahrung zustande kam, sondern einzig und allein um die emotionale Bedeutung, die diese Erfahrung für mich hat.*

Jetzt hat meine Seele einen Namen: *Lebensfreude*. Meine wirkliche Aufgabe hier auf dieser Welt ist, Lebensfreude zu schenken. Leon, Julia, Mia, mir selbst, meinem Team, meinen Kunden. Und wenn ich das tue, bin ich in tiefer innerer Ruhe. Ich hatte diese Lebensfreude schon immer in mir. Und auch Sofia hat mir im Herbst alles mitgegeben, was für Lebensfreude wichtig ist. Ich habe es gehört, aber damals nicht verstanden. Zumindest nicht in der Tiefe.

Der Erfolg kommt dann von selbst – auch wenn er gar nicht mehr wichtig ist. Thomas hat mal von so einem dänischen Philosophen gesprochen, der sagte: ›Das Leben wird vorwärts gelebt und rückwärts verstanden.‹ Jetzt, rückwärts, ergibt alles Sinn.

Ich unterbreche hiermit die Kette meiner Ahnen mit meiner eigenen Lebensfreude und führe genau damit die Kette fort. Ich habe gerade ein tiefes Gefühl der Dankbarkeit und würde das gerne meinen Kindern schenken.«

Wolfgang beobachtete, wie Jan mit einer inneren Stärke und Weisheit zu strahlen begann.

Einige Minuten später fuhr Jan fort: »Ich habe nie für Dojan oder für das Hotel so viel gearbeitet. Auch nicht für den Kongress. Und nicht für Julia. Und nicht für die 8,5 Millionen. *Das waren immer nur Storys, die ich mir selbst erzählt habe.* Ich habe so viel gearbeitet, um mein tiefes inneres Loch zu stopfen, um den angenommenen Anforderungen meiner Vorfahren nachzukommen.«

Wolfgang hatte zugehört und auf die Resonanz, die Jans Geschichte in ihm auslöste, geachtet. Er spürte, dass Jan noch einen längeren Weg vor sich hatte, aber dass dies gerade die entscheidende Abzweigung war. Er wusste auch, dass Jan emotional die nötige Tiefe erreicht hatte, dass es aber noch eine Verteidigungslinie für die reale, sachliche, analytische Welt brauchte, und so erklärte er:

»Du hast gerade eine mythische Heldenreise hinter dir. Seit vielen Zehntausend Jahren erleben Menschen nach Joseph Campbell solche Heldenreisen und haben sie in ihren Mythen ausgedrückt. Ein Held lebt in seiner alten Welt und dort, in deiner Welt, galt Leistung. Leistung war dein Ideal. Aber wo ein Ideal ist, ist ein Schatten. Dieser Schatten treibt unseren Helden zu für ihn völlig unverständlichen Handlungen. Dieser Schatten kostet Energie. Und dieser Schatten ist sogar in der Lage, das Leben des Helden zu vernichten. Du erinnerst dich an deine Diagnose vor eineinhalb Jahren?«

Nicht der Schatten kostet die Energie oder gar das Leben, sondern die zwanghafte Aufrechterhaltung des alten Ich-Ideals, die den Schatten ausschließen will. Der Schatten ist in Wahrheit unser Freund.

Jan nickte und Wolfgang fuhr fort: »Und dann bricht unser Held zu seinem großen Abenteuer auf und kommt ins Schattenreich. Im Schattenreich erscheint das, was verbannt wurde, auf einmal strahlend hell, die Lebensfreude. Und das, was vorher sein Ideal war, die Leistung, erscheint als dunkler Dämon. *Nicht der Schatten kostet die Energie oder gar das Leben, sondern die zwanghafte Aufrechterhaltung des alten Ich-Ideals, die den Schatten ausschließen will. Der Schatten ist in Wahrheit unser Freund.*

Mit dieser Erfahrung kommt unser Held ins Reich des Lichts zurück. Aber es ist ein neues Reich. Ein Reich der Lebensfreude *und* der Leistung. Du hast beide Seiten integriert. Die Lebensfreude ist dein Kern und die Leistung ist dein trainiertes Potenzial. Beides ist Teil von

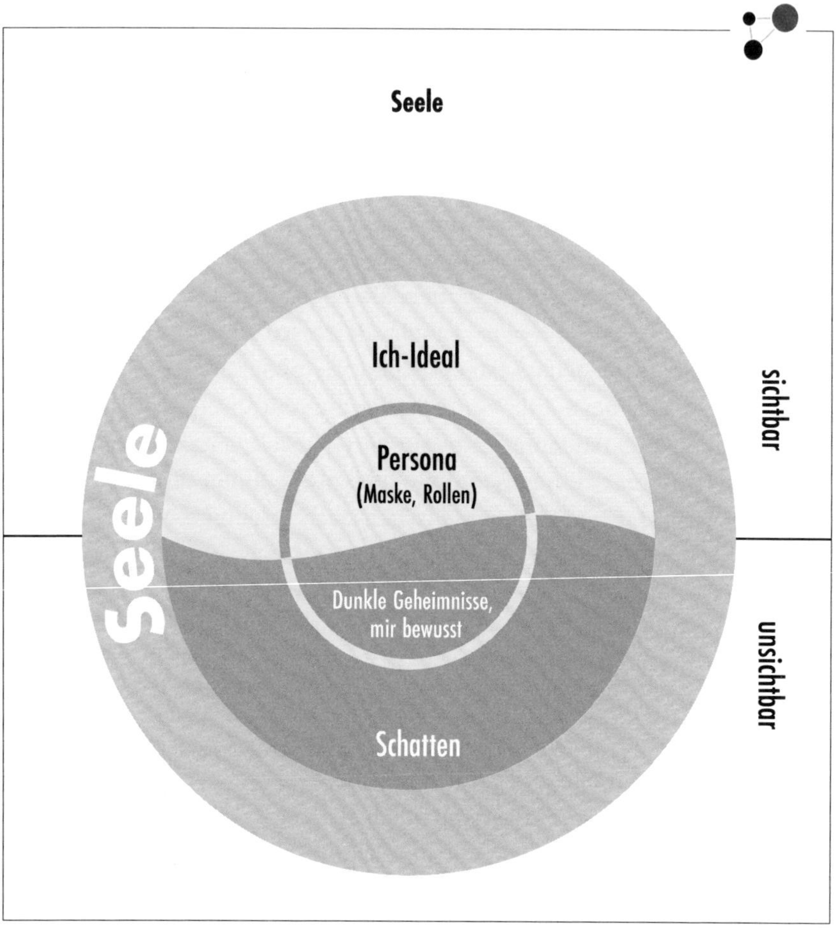

dir, Jan! Ich sage das, weil manche an diesem Punkt einfach auf der anderen Seite stehen bleiben und nun die Leistung ins Schattenreich drücken. Damit wäre nichts gewonnen.«

»Lebensfreude als Kern *und* Leistung als Potenzial« wiederholte Jan langsam und spürte in sich hinein. »Das fühlt sich gut an!«

»Und diese Integration, dieses Vollständige, nenne ich die Seele. Seele ist nichts Esoterisches. Seele ist das Verbundene, das Vollständige in uns, das schon immer da ist. Und nicht nur in uns, sondern Seele ist immer schon mit allen anderen verbunden. In deiner Reise zumindest mit deinen Vorfahren. Du hast heute ein tiefes Geschenk erhalten: Du hast deine Seele gespürt und hast nun ein Referenzbild, zu dem du immer wieder zurückkannst.

Aus dieser Lebensfreude wird sich deine Liebe speisen und deine Arbeit. Daraus wird sich Erfüllung ergeben und Sinn. An unserem ersten Tag stellte ich das Thema Erfüllung noch hintenan. Weil es erst jetzt zu verstehen ist. *Erfüllung ist die Integration von Flow und deiner Seele und dem sich daraus ergebenden Sinn.*

Das ist das, was ich meine, wenn ich sage, dass ein Schwarzgurt-Unternehmer in jedem Bereich seines Lebens seine Seele zum Ausdruck bringt und damit die Leben der anderen Menschen um sich her bereichert.«

Jan spürte einen Moment in sich hinein, dann bat er: »Ich würde gerne Julia und Leon anrufen und mich entschuldigen. Und ich brauche danach eine längere Pause.«

Wolfgang nickte: »Aber sei dir klar, dass du dieses Erlebnis kaum jemandem vermitteln kannst, der nicht dabei war. Und erwarte keine wundersamen Reaktionen bei ihnen.«

Jan lächelte mit einer tiefen inneren Kraft: »Ja, ich bin bereit, das anzunehmen, was kommt. Alles ist gut.«

6.2.3 Im, am und mit dem Unternehmen

Etwa drei Stunden später trafen sich Jan und Wolfgang wieder. Jan erzählte: »Julia war extrem kühl und das hat sich während des Gesprächs auch nicht gewandelt. Aber ich darf morgen den Nachmittag mit Leon und Mia verbringen. Darauf freue ich mich wirklich. Etwa 50 km von uns ist ein Streichelzoo und ich fahre dort mit beiden hin. Und Paul nehmen wir auch mit. Ich glaube, letztlich wird meine Lebensfreude alles überstrahlen – auch die Kälte von Julia.

Was machen wir heute noch?«

»Du hast noch Energie und Lust?«, wollte Wolfgang überrascht wissen. »Dann hätte ich in der Tat noch etwas Wichtiges, das du erst jetzt in der Tiefe verstehen kannst.«

»Ja, wenn es nicht noch mal so ein krasses Erlebnis ist wie vorher die Gedankenreise? Ein solches Erlebnis pro Tag reicht«, lächelte Jan.

»Keine Ahnung, welche Schatten du noch mit dir herumschleppst. Das Schattenreich ist nie weg. Ich selbst habe auch noch ein paar davon«, lachte Wolfgang. »Aber mein Bauchgefühl sagt mir, dass wir den großen Fisch erst mal haben.«

»Gut, dann sag!«, forderte Jan Wolfgang auf, »was hast du noch Wichtiges?«

»Du erinnerst dich an den ersten Abend mit Thomas, Carlos und Sofia?«, fragte Wolfgang.

»Ja, wieso? Du warst doch gar nicht dabei«, schüttelte Jan verwundert den Kopf.

»Aber ich weiß mit ziemlicher Sicherheit, dass sie dir von den drei Rollen Fachkraft, Manager und Unternehmer erzählt haben, weil wir das immer am Anfang machen«, grinste Wolfgang.

»Okay«, lachte Jan. »Da liegst du richtig. Was ist damit?«

»Nun, man kann diese Erkenntnis auch aus einer anderen Perspektive einfacher beschreiben. Man kann auch sagen, die Fachkraft arbeitet *im* Unternehmen und Manager und Unternehmer arbeiten *am* Unternehmen. Ich mache dir kurz mal die Skizze dazu.«

Jan verstand: »Das heißt, die Fachkräfte arbeiten im System Unternehmen an einer Leistung für den Kunden. Und Manager und Unternehmer arbeiten am System Unternehmen. Sie stellen ein System her, das wie ein Uhrwerk läuft.«

»Fällt dir auf, was du gerade gesagt hast?«, unterbrach Wolfgang.

»System, das wie ein Uhrwerk läuft«, wiederholte Jan. »Wieso?«

»Spür mal in dich rein. Welcher Begriff passt besser zu System und Uhrwerk? Lebensfreude? Oder Leistung?«

Jan schwieg einen Moment: »Fuck! Das klebt ja an einem wie Kaugummi!«

Wolfgang nickte: »Die Bilder, die wir mit uns tragen, machen etwas mit uns. Wenn wir davon sprechen, am Unternehmen zu arbeiten, dann haben die meisten das Bild einer perfekten Maschine vor sich. Sie haben den Wunsch und die Vorstellung, dass ihr Unternehmen nach Möglichkeit genauso geräuschlos funktioniert wie eine perfekte Maschine. Und sie nicht mehr nervt.

Die Schlüsselerkenntnis ist nun die: Ein Unternehmen ist – zumindest unter den meisten Perspektiven betrachtet – keine Maschine. Also

Die Rollen im Unternehmen

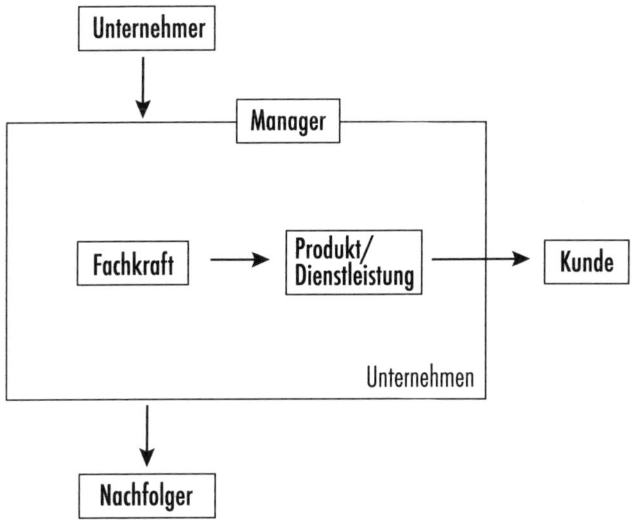

kann es auch nicht wie eine Maschine funktionieren. Und allein die Erwartung führt zu ständigem Stress und Frust. Stell dir vor, du würdest von deinem Hund Paul erwarten, er würde sich verhalten wie eine perfekte Maschine. Wie wäre das?«

»Paul rennt doch immer dahin, wo er will. Paul hat seinen eigenen Kopf. Paul freut sich und bellt. Paul ist ein eigenständiges Lebewesen. Ich käme nie auf die Idee, zu erwarten, dass er sich wie eine Maschine verhält.« Und nach einer kurzen Pause fügte Jan hinzu: »Und ich erwarte es auch von Leon nicht mehr.

Aber ich sehe die Verbindung zum Hotel noch nicht.«

»Nun, ein Unternehmen ist viel mehr Organismus als Maschine. Es *ist* ein eigenes Lebewesen, und wenn du morgen früh in dein Hotel kommst, dann springt es dich vielleicht fröhlich an oder vielleicht kackt es dir auch vor die Füße. Du weißt es nicht.

Du erwartest aber, dass es sich verhält wie eine Maschine. Und dann ärgerst du dich und willst es reparieren. Dadurch, dass du sagst, du ›arbeitest an deinem Unternehmen‹, denkst du so. Automatisch! Aber du sagst nicht, dass du ›an Paul arbeitest‹, und du willst Paul auch nicht reparieren, wenn er sich nicht so verhält, wie du dir das vorstellst. Deswegen denkst, fühlst und handelst du bei Paul anders.«

Jan schwieg: »Ich *arbeite* nicht *an* Paul. Ich *spiele mit* Paul. Ich respektiere ihn damit als eigenständiges Lebewesen und habe meine Freude mit ihm. Wenn er nicht gehorcht, dann pfeife ich, und meistens kommt er dann auch. Und selbst wenn er einen Dorn in der Pfote hat und ich mal etwas ›repariere‹, dann ist es doch Paul und ich achte darauf, ihm dabei nicht allzu wehzutun.«

Wolfgang wartete.

»Wenn ich meine Sprache verändern würde ... Ich *arbeite* nicht mehr *am* Unternehmen, sondern ich *spiele mit* dem Unternehmen. Und das Unternehmen *spielt mit mir*. Und die Mitarbeiter dürfen auch *im* Unternehmen *spielen*. Diese Bilder erzeugen eine ganz andere Leichtigkeit und Freude in mir. Das wäre eine Art Unternehmersein, in der meine Lebensfreude in jedem Moment zum Ausdruck kommen könnte. Und wenn das Unternehmen Unfug macht, dann könnte ich mich darüber genauso totlachen wie bei Paul. Es fühlt sich frei an!«

»Spürst du, dass wir jetzt in Regionen kommen, in denen es wirklich cool ist, Unternehmer zu sein?«, fragte Wolfgang lächelnd. »Und vielleicht kannst du jetzt nachvollziehen, warum ich bei Systemen, Prozessen und Methoden immer so abweisend war. Unter einer gewissen Perspektive funktioniert ein Unternehmen zwar manchmal wie eine Maschine. Genau wie bei Paul das Blut schneller durch die Adern strömt, wenn das Herz schneller schlägt. Nur hast du damit nicht das Wesen von Paul erfasst.

Es ist sogar so, dass Systeme und Prozesse, wenn ich sie zum dominanten Erklärungs- und Handlungsmodell werden lasse, entmenschlichen. Menschen werden zum Rädchen darin und sollen ersetzbar sein. Sie müssen sich so und so verhalten. Sie müssen nach einem Skript sprechen. Sie werden danach beurteilt, ob sie sich in die Maschine einfügen oder nicht. Ob das bildlich ist, wie in dem alten Chaplin-Film ›Modern Times‹, oder eher mental, spielt keine Rolle.

Und dann fühlen und verhalten sie sich auch so, wie wenn sie ersetzbar sind und keine Rolle spielen. Solange du in der System-, Prozess- und Methoden-Denke bist, wirst du niemals über längere Zeit Team-Flow oder gar Lebensfreude erschaffen können.

Und noch schlimmer wird es, wenn die Kunden in dem System mitspielen müssen. Am Flughafen haben sie sogar Gatter für die Gäste aufgestellt. Oder wenn du als Kunde merkst, dass du mal wieder in einen Sales-Funnel hineingeraten bist, dann gehst du schon innerlich in die Warnstufe über. Selbst wenn das, was dir angeboten werden soll, nützlich und hilfreich für dich sein könnte.

Du hast keine Lust, Teil eines Systems von jemand anderem zu sein. Auch dann nicht, wenn der Sales-Funnel richtig gut gemacht ist. Dabei ist das Problem gar nicht mal der Mechanismus, sondern dass du das Gefühl hast, der andere betrachtet dich als Teil seiner Geld-Maschine.«

»Du meinst, ich sollte beim Verkauf eher ein Leckerli hinhalten, wie bei Paul, und mit dem Kunden spielen?«

»Dürfte jedenfalls menschlicher rüberkommen, als den anderen zum Teil deines Systems zu machen«, grinste Wolfgang. »Du könntest Vertriebs-Trainer werden mit der ›Leckerli-Spiel-Strategie‹.«

Jan musste bei der Vorstellung laut lachen. Nach einigen Sekunden fasste er für sich zusammen: »Das Bild, mit meinem Unternehmen zu spielen, hat bei mir zu einer zweiten Befreiung geführt. Ich habe auf meinem Handy ein Bild, wie Paul direkt vor dem Eingang des Rockstrohhofs sitzt. Das Foto werde ich mir ausdrucken und als Reminder ›*mit* dem Hotel *spielen*‹ in mein Auto kleben und in mein Büro stellen. Diese beiden Durchbrüche heute werden mein Leben verändern. Danke, Wolfgang, ich weiß jetzt, was ich zu tun habe.«

Und so verabschiedeten sich die beiden, aber nur Wolfgang ahnte, dass dieser Abschied wohl einer für eine längere Zeit war.

6.2.4 Prioritäten

Jan konnte sich nicht erinnern, jemals so viel mit Mia und Leon gelacht und Spaß gehabt zu haben wie an diesem Donnerstagnachmittag im Streichelzoo. Dass er im Lebensfreude-Modus unterwegs war, hatte auf alle abgefärbt. Als sie wieder nach Hause kamen, stand Julia in der Türe, nahm die Kinder und Paul in Empfang und schüttelte nur ihren Kopf. Und so schlug Jan einfach glücklich vor, dass er am Sonntag wieder was mit den Kindern machen würde. Das quittierte Julia mit einem irritierten Nicken. Sonst war er doch immer bei der Arbeit?

Am Freitag tagsüber zeigte Wim ihm eine neue Bowl-Station, die er entwickelt hatte: morgens, mittags und abends konnte sie mit je anderen gesunden Zutaten bestückt werden, und so konnte jeder Gast gemäß seinen speziellen Ernährungswünschen zu jeder Zeit seine eigene Bowl zusammenstellen. Jan war begeistert. Und Wim war richtig stolz. Endlich mal experimentieren dürfen. Beide hofften, es würde ein solcher Erfolg, dass Birgit sich auch weiteren Experimenten gegenüber öffnen würde.

Im Service und auch im Veranstaltungsbereich sprachen sie noch mal die letzten Trainings durch, die sie auf Basis von Wolfgangs Konzepten entwickelt hatten. Als Lernen während der Arbeit, versteht sich. Die letzte Corona-Welle war durch und es waren wieder Gäste da. Für alle eine Art Generalprobe für die Konferenz. Jan spürte reine Freude, wenn er sich mit seinen Mitarbeitern austauschte. Auch bei denen, die er vorher gemieden hatte. Und er freute sich darüber, wie sie ihn ein klein wenig irritiert anschauten.

Am Freitagabend schließlich beschloss Jan, noch mit Carlos zu zoomen. Er entschuldigte sich für den abrupten Kontaktabbruch, nachdem Carlos Klartext geredet hatte. Dann erzählte er ihm von seiner Dämonen-Meditation. Carlos hatte die ganze Zeit aufmerksam zugehört.

Schließlich erwiderte Carlos: »Das war ein riesiger Sprung, den du da gemacht hast! Und ich spüre deine andere Ausstrahlung und bin mir ziemlich sicher, dass das im Hotel Spuren hinterlassen wird. Aber, compadre, irgendwas bedrückt dich noch. Magst du drüber reden?«

Jan zögerte einen Moment und beschloss schließlich, offen zu sein – verbergen machte vor Carlos sowieso keinen Sinn. Und so schilderte er seine Situation mit Julia und dass ihm dies keine Ruhe ließ. Dass sie beim Kennenlernen bis über beide Ohren ineinander verliebt waren und jetzt nur noch eine WG miteinander hatten, aus der er keinen Ausweg sah. Und dass sie ihn dann rausgeworfen hatte.

Carlos hörte aufmerksam zu. Schließlich sagte er: »Eine Partnerschaft ohne Kinder ist relativ einfach. Aber auch da kann schon einiges schiefgehen. Aber wenn Kinder kommen, dann verrutschen auf einmal die Prioritäten.«

»Ja«, stimmte Jan zu. »Als Leon da war, war ich abgemeldet.«

»Da kommt dir jetzt aber gerade gewaltig dein Ego in die Quere«, lachte Carlos. »Du warst nicht abgemeldet, sondern Leon war angemeldet und auf Priorität eins gerutscht. Das ist was völlig anderes. Hätte der Tag 48 Stunden, hättest auch du Zeit abbekommen. Hat er aber nicht. Dann warst du verletzt und hast ihr auch keine Zeit mehr gewidmet. Was sie wiederum nicht verstand und was sie verletzt hat.«

»Aber sie hatte für mich immer oberste Priorität«, verteidigte sich Jan. Und wusste im selben Moment, dass das nicht stimmte.

Carlos schwieg.

Nach gefühlten Minuten öffnete sich Jan: »Du hast recht. Julia hatte nie oberste Priorität für mich. Schon ganz zu Beginn unserer Partnerschaft trotz meiner Verliebtheit nicht. Meine oberste Priorität war immer die Aufrechterhaltung meines alten Ich-Ideals: Leistung, Erfolg, 8,5 Millionen. Dann meine Firmen. Und erst an Priorität drei Julia. Und dann, nachdem ich mich durch Leon abgemeldet fühlte, schob ich sie hinter Paul und Leon auf Rang 5. Und ganz zuletzt kam auch noch Mia. Natürlich musste Julia sich auch ignoriert und vernachlässigt fühlen. Ich werde sie jetzt zu meiner Priorität eins machen.«

Carlos schüttelte heftig den Kopf: »Mira! Die richtige Prioritätenreihenfolge für dich beginnt mit Jan. Nicht als Egoismus, sondern als derjenige, der seine Lebensfreude kultiviert, der dafür sorgt, dass er mit seinem innersten Kern, seiner Seele verbunden ist, der für seine Regeneration und Energie sorgt. Nur dann kannst du das Leben anderer bereichern. Ist wie im Flugzeug mit den Sauerstoffmasken. Zuerst nimmst du deine Maske, dann hilfst du Mitreisenden.

Und die richtige Prioritätenreihenfolge für Julia beginnt mit Julia. Genauso, wie du einer falschen Reihenfolge hinterhergerannt bist, ist sie es vermutlich auch. Sie hat nur die Kinder an Priorität eins gestellt und sich selbst – und dich auch – dabei verloren.«

»Ja, aber die Kinder brauchen doch unglaublich viel Zeit«, widersprach Jan.

»Zeitaufwand und Priorität ist nicht dasselbe. Du kannst den Sport mit einer höheren Priorität als die Arbeit versehen und trotzdem viel mehr arbeiten als Sport machen. Priorität bedeutet, dass du lieber die Arbeit etwas schleifen lässt als den Sport.«

»So habe ich das noch gar nicht gesehen«, stimmte Jan begeistert zu. »Das werde ich Julia erklären ...«

Carlos lachte laut auf: »Was sie jetzt am allerwenigsten gebrauchen kann, ist ein Klugscheißer, der ihr die Welt erklärt und ihr zeigt, wo sie bisher Fehler gemacht hat. Das wäre das sichere Rezept, noch ein paar Wochen im Hotel zu schlafen.«

»Ja, aber wie kann ich ihr dann helfen?«

»Völlig falsche Frage«, schüttelte Carlos wieder den Kopf. »Du klärst deine Prioritäten. Die beginnen mit Jan, dann kommt Julia, dann die Kids und dann Paul. Das Hotel kann an Position zwei vor Julia, an Position drei vor den Kids, an Position vier vor Paul oder sogar an Position fünf nach Paul stehen.«

»Aber wenn ich das Hotel vor Julia setze, gibt's doch wieder Stress«, warf Jan ein.

»Wenn du deine Schatten vor Julia setzt, gibt's Stress. Weil Schatten unersättlich sind. Für alles, was danach kommt, bleibt nichts mehr übrig. Außerdem ist die Frage nicht die, was Julia dir sagt, was sie will, sondern die, was *du* innerlich willst.«

Jan spürte tief in sich hinein. Und mit dem, was er da fühlte, konnte er im ersten Moment gar nicht umgehen. Dann beschloss er, sich zu öffnen: »Carlos, wenn ich in mich reinspüre, dann sind mir sowohl die Arbeit als auch meine Familie wichtig. Aber, wenn ich ganz ehrlich bin, dann ist mir meine Arbeit am oder genauer mein Spielen mit dem Rockstrohhof wichtiger.[98] Dort kann ich noch mehr geben. Und das macht mir ein unglaublich schlechtes Gewissen Julia gegenüber.«

Carlos schwieg einen Moment, bevor er antwortete: »Das ist nun sehr oft bei Unternehmern so, dass das Unternehmen in Wahrheit wichtiger ist als die Partnerin. Allerdings gestehen es sich die meisten

98 Zu dieser Prioritätenreihenfolge, seine Aufgabe vor die Partnerschaft zu setzen, siehe auch Jens Corssen: »Lieben!«, oder David Deida: »Der Weg des wahren Mannes«, oder viele andere. Oft führt diese Reihenfolge paradoxerweise auch zu einer besseren Beziehung.

nicht ein und behaupten aus einem schlechten Gewissen immer das Gegenteil, nämlich dass ihre Familie das Wichtigste wäre. Oft glauben sie das sogar selbst – nur sie verhalten sich anders.

Das Problem ist: Wenn du ein schlechtes Gewissen hast, wird diese negative Energie immer mit dir herumschwirren und Julia wird sie spüren, aber nicht einordnen können. Und dann wird sie Vermutungen anstellen, zum Beispiel, dass du eine Geliebte hast oder Ähnliches. Das würde eure Beziehung nicht besser machen. Wenn du ein schlechtes Gewissen hast, wirst du ihr die Wahrheit über deine Prioritäten sagen müssen.«

»Aber da wird sie bestimmt sauer, traurig oder frustriert sein«, warf Jan hilflos ein.

»Ist jetzt nun mal nur deine Vermutung«, lächelte Carlos. »All die Frauen, mit denen ich zusammen war, waren glücklich, dass ich mein Leben nicht nur ihnen widmete. Das ermöglichte ihnen, ein eigenes Leben zu führen – mit Freundinnen und einer eigenen Aufgabe. Und ohne Mann, der ihnen dauernd am Rockzipfel hängt.

Natürlich würde es ihnen schmeicheln und sie würden es eine Zeit lang genießen, wenn der Mann sie auf Händen trüge. Und wenn du sie fragst, was sie bewusst wollen, dann ist es ganz oft, dass sie die Priorität eins sind. Aber irgendwann fragen sie sich, ob er sich vielleicht nicht nur so klein *macht*, um sie als Göttin anzubeten, sondern ob er vielleicht auch so klein *ist*. Und dann wird er langweilig und diese Paarbeziehung ist am Ende. Kann sein, dass ich nur mit einem bestimmten Typus Frau zusammen war und alle anderen anders sind. Aber ich habe da so meine Zweifel an dieser Möglichkeit.«

»Keine Ahnung, wie Julia da tickt«, musste Jan gestehen. »Was mache ich jetzt? Ihr erklären, dass sie ihre Prioritäten ändern muss, geht nicht. Und ihr zu sagen, wie meine Prioritäten sind, traue ich mich noch nicht.«

»Mira! Du hast deinen Seelenkern gefunden«, antwortete Carlos. »Den hast du deinen Kindern schon gezeigt und das kam schon mal gut an. Im Hotel kam es bei deinen Mitarbeitern auch gut an. Bring ihr gegenüber auch deine Seele zum Ausdruck. Zeig deine Lebensfreude, spiel mit ihr, sorge für Kinderbetreuung und vereinbare mit ihr ein Date. So, wie ihr es früher gemacht habt.

Prioritäten in Einklang bringen

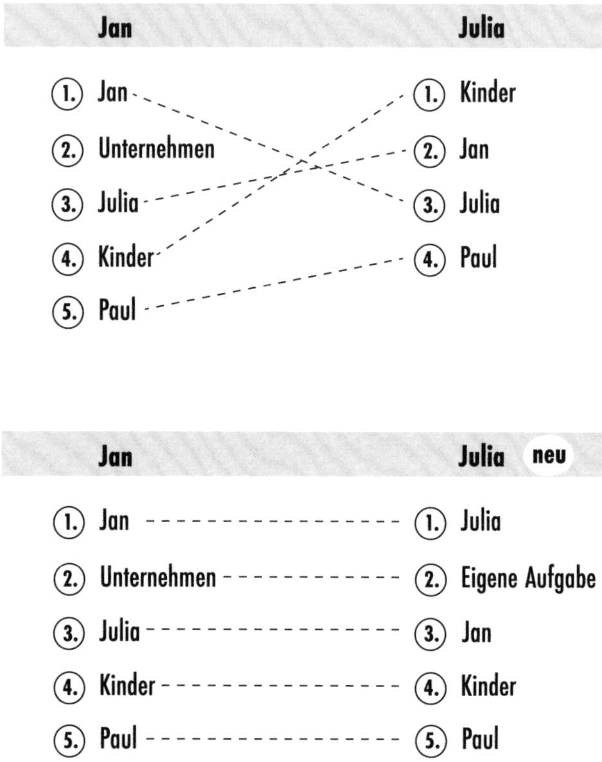

Zeig ihr, dass sie wichtiger ist als die Kinder oder Paul. *Lebe einfach deine Prioritäten.* Erwarte keine bestimmte Reaktion von ihr. Versuch dich nicht zu erklären und vor allem erklär ihr nicht, wie sie leben soll. Und wie bei jedem Spiel wird irgendwann eine Reaktion von ihr kommen. Dann spiel einfach weiter, halte Kontakt zu deiner Seele und hab Lebensfreude dabei. Und verlass dich auf ihre Spiegelneuronen.

Wenn sie dich irgendwann fragt, was sich bei dir verändert hat, dann öffne dich einfach. Erzähl ihr nicht das theoretische Konzept von

Schatten und von deinen Prioritäten, sondern *zeig dich als Jan*. Erzähl ihr von deinen Vorfahren und den Schatten und deinen Gefühlen dabei. Und schau, wie sie reagiert, und spiel dann wieder damit.

Auf Dauer ist es allerdings wichtig, dass eure Prioritäten in Einklang kommen. Wenn deine Reihenfolge ist: Prio 1 – Jan, Prio 2 – Rockstrohhof, Prio 3 – Julia, Prio 4 – die Kinder, Prio 5 – Paul und Julia bei Prio 2 eine Lücke hätte oder sie sich selbst nicht wieder an Prio 1 setzt, dann hättet ihr ein Problem.

Es würde dann immer Konflikte geben, weil sie sich zurückgesetzt fühlt und du nicht dauerhaft von deinem schlechten Gewissen wegkommst. Entweder wird sie dann wichtiger für dich als das Hotel. Oder sie findet für sich einen eigenen Lebensbereich, der bei ihr an Prio 2 rutscht.

Das Wissen darum behalte aber einfach erst mal im Hinterkopf. Jetzt ist Lebensfreude und Spielen angesagt. Allein dadurch werden sich eure Prioritäten verschieben. Und falls ihr dann weiter unlösbare Konflikte habt, hol das Modell raus und sprich mit ihr drüber.«

Jan schwieg lange, bis er schließlich antwortete: »Auch da sind letztlich die Gefühle, die ich unterwegs erlebe, die wir unterwegs erleben, viel wichtiger als das, was hinten rauskommt. Das ganze Leben ist der Raum zwischendrin, hat Wolfgang mal gesagt. Ich habe das bis heute nie richtig begriffen. Danke, Carlos. Du hast mir sehr geholfen.«

Und damit beendeten sie das Gespräch.

6.3 Die Belohnung (Fr., 10. Juni 2022)

Jan freute sich schon richtig auf den Call mit seiner Trainingsgruppe. Als er an der Reihe war, bedankte er sich zuerst bei allen Mitgliedern seiner Gruppe sowie bei seinen Trainern Thomas und Carlos für die Unterstützung im letzten Jahr. Und begann dann: »Ich glaube, euer Einsatz für mich hat sich gelohnt.

Seit ich mit Wolfgang diese Meditation gemacht habe, fühle ich mich voller Kraft und Lebensfreude. Ich möchte dieses Gefühl jeden Tag allen anderen um mich herum weitergeben. Zuerst hatte ich Angst, das würde schwächer werden oder ich würde mich einfach dran gewöhnen. Aber im Gegenteil: Es wurde jeden Tag stärker und intensiver. Und ich stecke immer mehr mein Umfeld damit an. Und dann kommt die Lebensfreude auch noch doppelt zurück. Das ist echt krass!«

»Mega«, nickte Caro anerkennend. »Und ich kann von meiner Seite aus sagen, dass die Bertram-Calls mit dir seither richtig Spaß machen. Großartig, dass du es so verankern konntest.«

Jan nickte glücklich.

»Und wie war deine Konferenz?«, wollte Peter wissen.

»Also, die Konferenz war mega!«, lachte Jan. »Mein ganzes Team hat sich selbst übertroffen. Die Teilnehmer genossen all das, was sie in einem normalen Hotel nicht bekommen: morgens ihren Bulletproof-Coffee mit MCT8-Öl. Die Bowl-Station, die Wim aufgestellt hatte, musste dauernd nachgefüllt werden. Die Proteinriegel auf den Zimmern waren alle weg.

In der Sauna war ihnen das normale Abkühlbecken zu warm und meine Spa-Leiterin trieb tonnenweise Eiswürfel auf. Die Kältesauna war praktisch andauernd besetzt und brachte allein in den drei Tagen 7000 € Zusatzumsatz. Da ich sie für 4000 € gebraucht gekauft hatte, sind die Kosten locker wieder drin.«

»Und dein Team?«, wollte Caro wissen.

»Das Team war Tag und Nacht im Einsatz. Gut die Hälfte von ihnen durfte auch an einem Vortrag teilnehmen und fand das megaspannend. Der absolute Hammer aber war, was dann passierte. Die Mitarbeiter, die im Vortrag waren, wurden am nächsten Tag von den Teilnehmern und Veranstaltern angesprochen und sie tauschten sich über Sport und Ernährung aus. Sie waren nicht mehr die unsichtbaren Servicemäuse im Hintergrund, sondern sie waren respektierter Teil des Ganzen. Das Ergebnis: Sie platzten fast vor Stolz.

Dann hat der Veranstalter gleich für die nächsten beiden Jahre gebucht und vier Teilnehmer wollen tatsächlich eigene Veranstaltungen bei uns durchführen. Die Kundenbewertungen gingen durch die Decke und lagen im Schnitt bei unglaublichen 1,1 nach Schulnoten. Kommentare auf Bewertungsportalen klangen so: Hammer-Leistung für diesen Preis!

Und die Social-Media-Posts, die Sabrina reihenweise absetzte, wurden vor allem in der Bio-Hacker-Community stark geteilt und kommentiert. Allein dadurch kamen ein paar Folgebuchungen für Urlaube im Sommer und noch zwei weitere Buchungen für Veranstaltungen rein.

Wir haben dann auch eine richtig geile Party im Hotel gemacht, um diesen gemeinsamen Erfolg zu feiern. Allerdings habe ich jetzt Angst und ich bräuchte nochmals einen Termin mit dir, Thomas.«

Thomas dachte einen Moment nach: »Du hast Angst davor, dass dir jetzt alles zusammenbricht, weil nach der Konferenz das gemeinsame Ziel für den Team-Flow weg ist, oder?«

Jan nickte und Thomas stimmte zu: »Ich habe in 14 Tagen Zeit.«

»Bevor ihr beide zu sehr miteinander kuschelt«, unterbrach Carlos kopfschüttelnd, »wie läuft es mit Julia?«

»Jede Woche besser«, lächelte Jan. »Ich habe nicht nur den Sonntag, sondern auch noch den Mittwoch direkt vor der Konferenz mit den Kindern verbracht. Das hat sie überhaupt nicht verstanden, weil sie doch wusste, dass ich voll eingespannt war. Aber es war mir wichtig, Leon und Mia meine Lebensfreude zu schenken. Und als wir Mittwoch freudestrahlend von einer Bootsfahrt zurückkamen, wirkte sie nicht mehr so abweisend.

Aus einer spontanen Eingebung heraus fragte ich sie herzklopfend nach einem Date für die nächste Woche. Ich würde auch die Kinderbetreuung organisieren. Und sie stimmte erstaunt zu. Ich war wieder richtig verliebt in sie in diesem Moment. Und dann hatte ich die Woche drauf das erste Mal seit sechs Jahren wieder ein Date mit meiner Frau. So mit Herzklopfen und rosarot und allem Drum und Dran. Und im Anschluss lud sie mich wieder nach Hause ein.

Am nächsten Tag schlug ich ihr vor, dass wir mindestens einmal pro Woche ein gemeinsames Date machen sollten – essen oder tanzen gehen oder irgendwas anderes. Ich würde mich drum kümmern, was wir machen. Und darauf erwiderte sie, dass ich das erste Mal wirklich präsent und aufmerksam wirken würde. Etwas, das sie seit vielen Jahren nicht mehr erlebt hätte. Und dann lagen wir uns weinend in den Armen.«

»Megaentwicklung« warf Caro vorsichtig ein. Und die anderen stimmten zu, bis alle klatschten und Zoom mit Herzchen überfüllt war.

Jan nickte: »Ich hatte ja nicht geglaubt, dass das noch was wird. Aber nachdem ich meine Schatten angenommen und zu meiner Seele gefunden habe, war das ganz einfach. Vor allem spüre ich, wie ich jetzt auch meine Gefühle gegenüber Julia vor mir selbst zulassen kann. Das war vorher alles weggesperrt. Ich bin megahappy!

Ich habe nur noch eine Sache, bei der ich nicht weiterkomme und die mich beschäftigt. Sabrina ackert auch nach der Konferenz 60 Stunden. Ich habe Angst, dass sie sich aufzehrt, weiß aber nicht, was ich da tun kann. Auf einen dezenten Hinweis von mir, dass sie es doch etwas ruhiger angehen könnte, reagierte sie ziemlich ärgerlich. Ich mache mir echt Sorgen und sie ist mir wirklich wichtig. Also nicht nur als Mitarbeiterin, sondern auch als Mensch.«

»Wahrscheinlich schleppt sie ihren eigenen Schatten mit sich rum«, warf Caro ein. »Und das geht nicht schneller, wenn man dran zieht. Ich glaube, wenn du weiter deine Lebensfreude ausstrahlst und ihr einfach vermittelst, dass du für ein Gespräch jederzeit da bist, wird sie von allein kommen, wenn die Zeit reif ist. Oder meint ihr als Trainer, dass man da noch anders rangehen könnte?«

Carlos und Thomas schüttelten ihre Köpfe: »Vorbild sein und Gesprächsangebot machen, und wenn es so weit ist, wird sie kommen.«

»Dank euch«, nickte Jan. »Wir können dann mit dem Nächsten in der Runde weitermachen.

6.4 Sabrinas Öffnung (Mo., 13. Juni 2022)

Sabrina hatte das ganze Wochenende mit sich gekämpft und schließlich eine Entscheidung getroffen. Und so stand sie gleich Montagfrüh bei Jan im Büro und fragte: »Hast du eine Stunde Zeit für mich?«

Jan blickte überrascht auf und spürte widersprüchliche Gefühle in sich aufsteigen – eine leichte Furcht vor dem, was jetzt käme, Neugier und ein bisschen Freude, weil Sabrina praktisch noch nie mit einem persönlichen Thema auf ihn zugekommen war. Und so nickte er: »Gerne. Was hast du?«

Sabrina hatte sich alles gut zurechtgelegt, aber jetzt platzte es einfach aus ihr heraus: »Ich will hier mittelfristig Hotelmanagerin werden. Und zugleich fühle ich mich jetzt schon mit der Führung von Markus überfordert. Ich arbeite gerade 60 Stunden und bin völlig fertig.« Boah, war das dumm und peinlich. In dem Moment, wo sie es ausgesprochen hatte, wäre Sabrina am liebsten im Boden versunken.

Aber Jan lächelte nur: »Sabrina, ich weiß das wirklich zu schätzen, dass du zu mir kommst und den Mut hast, das vor mir auszusprechen. Lass uns eine Runde spazieren gehen. Da redet es sich entspannter.«

Als sie einige Minuten später in der Natur waren, hatte sich das Herzklopfen von Sabrina etwas gelegt und sie begann zu erzählen. Sie erzählte von Markus, der in ihren Augen nichts hinbekam und immer mehr auf stur schaltete. Sie erzählte vom Gespräch mit ihrer Tante Iris, die ihr gesagt hatte, dass es nicht an Markus, sondern an ihrer Führung läge.

Und schließlich sagte sie: »Ich hatte bis vor drei Wochen den Eindruck, dass du genau dieselben Probleme hattest. Mal hast du uns Mitarbeitern Aufgaben gegeben und vertraut, am nächsten Tag hast du wieder Kontrollen eingeführt. Dann hast du Ziele erhöht und tags drauf Ziele einfach wieder umgeworfen. Dann wolltest du uns selbst lernen lassen und am nächsten Tag hast du uns erklärt, wie es gemacht werden soll.

Einige Führungskräfte und Mitarbeiter entwickelten eine solche Angst vor dir, dass sie dir ausgewichen sind. Und ich glaube, bei mir und Markus ist es genauso. Aber seit drei Wochen wirkst du wie ein völlig anderer Mensch. Du strahlst Ruhe und Lebensfreude aus. Du vertraust uns und du bleibst auf einem geraden Weg. Was hat sich geändert? Und kann ich da von dir lernen?«

Puuh, das hatte Mut gekostet. Aber jetzt war es raus. Und meinetwegen könnte er sie jetzt degradieren oder rauswerfen oder auslachen, weil sie ihn kritisiert hatte. Aber zugleich hoffte Sabrina, dass Jan anders reagieren würde.

Jan lachte jedoch kopfschüttelnd: »Echt, so ein Ekel war ich? Ja, dass ich nicht immer gut geführt hatte, ist mir die letzten Wochen klar geworden. Aber dass das so krass war, war mir nicht bewusst. Dafür möchte ich mich entschuldigen. Und ich möchte mich von Herzen bei dir für deine Offenheit bedanken und noch eine Bitte anschließen.

Mir ist bewusst, dass es unglaublich Mut erforderte, mir das zu sagen. Ich möchte dich bitten, in Zukunft früher auf mich zuzukommen, dann kann ich das schneller abstellen. Ich habe es selbst einfach nicht gesehen. Und wenn du möchtest, kann ich dir dasselbe umgekehrt anbieten.«

Sabrina fragte vorsichtig nach: »Du machst mich für die Kritik nicht zur Schnecke?«

»Ganz im Gegenteil«, lächelte Jan. »Falls du mal Hotelmanagerin wirst – nicht jetzt –, dann brauche ich eine, der ich hundertprozentig vertrauen kann, dass sie mir die Wahrheit sagt, auch wenn das unangenehm ist. Du bist gerade unglaublich im Status bei mir gestiegen!«

»Echt?«, atmete Sabrina auf. »Wird mich zwar jedes Mal viel Energie kosten, das zu tun, aber ich mache es gerne. Nur bin ich immer noch neugierig, was bei dir vor drei Wochen passiert ist.«

Jan ging einen Moment in sich und nickte schließlich. Er erzählte von Julia und dem Rauswurf. Er erzählte ihr von Leon und dass er die Kette unterbrechen musste. Dann erzählte er von Johann, Werner und Hans. Dass er immer erfolgreich sein musste. Und schließlich von der Meditation mit Wolfgang.

»Weißt du, Sabrina, was ich da erkannt habe, ist, dass meine Vorfahren vordergründig zwar Erfolg wollten, aber in Wahrheit Lebensfreude brauchten. In diesem Moment fiel alle Last von meinen Schultern und ich fühlte mich erstmals wirklich frei. Also so richtig frei!

Als ich dann erlebte, innerlich spürte, dass die Lebensfreude längst in mir war, vielleicht sogar, dass es meine Berufung ist, diese Lebensfreude hier auf die Erde zu bringen, entstand eine neue Kraft in mir. Ich konnte meine Ahnen mit Lebensfreude überströmen und sie wurden dadurch zu einer inneren Kraftquelle. *Sie dienen jetzt mir und nicht ich ihnen.*

Und seither strömt diese Lebensfreude überall aus mir heraus. Im Hotel geht es mir nicht mehr um unseren Erfolg. Es geht mir um die gemeinsame Lebensfreude aller Mitarbeiter und Kunden. Und ich finde jeden Tag neue Möglichkeiten, diese zu schaffen – das macht es unglaublich spannend. Und natürlich wende ich mein Erfolgswissen an, wenn es passt. Aber ich bin nicht mehr der Knecht meiner Erfolgsgetriebenheit. Es fühlt sich unglaublich leicht und frei an. Und ist zugleich viel wirksamer als früher.«

Sabrina hatte mit wachsender Spannung zugehört. Sie hätte es nie für möglich gehalten, dass ein Chef so mit ihr sprechen würde. Wie anders war doch dieser Jan im Vergleich zu dem Jan vor einem Jahr, der sie mit undurchdachten Ideen wie einem Sales-Funnel traktierte.

Und zugleich taten sich Parallelen auf und sie beschloss, sich auch zu öffnen: »Ich habe zwar keine Geschichte mit meinen Eltern, Großeltern und Ureltern, aber ich habe sechs ältere Brüder. Hatte ich im Herbst mal erwähnt. Ich war immer die Kleine. Alle wollten mich dauernd beschützen. Sie hielten Anforderungen von mir fern. Wenn irgendwas schwierig war, nahmen sie es mir weg und machten es für mich. Ich fühlte mich klein, nutzlos und nicht ernst genommen.«

Jan spürte dem nach, was Sabrina gesagt hatte. Dann erwiderte er: »Für mich waren folgende Fragen von Wolfgang der Schlüssel: Was wollten sie von dir und was brauchen sie wirklich? Lässt sich das übertragen?«

Sabrina dachte einen Moment nach, schüttelte dann aber ihren Kopf: »Nein, eher nicht. Sie wollten nichts von mir. Also genau genommen war es so: Wenn ich etwas tat, war es schon zu viel. Ich sollte einfach nur da sein. Als Objekt, das man beschützen kann, das aber nichts tun sollte.«

»Dann wollten sie doch was von dir«, lächelte Jan. »Du solltest dich in die Rolle der passiven Kleinen einfügen.«

»Und diese Rolle habe ich gehasst wie die Pest!«, stimmte Sabrina zu. »Ich wollte anerkannt und geliebt werden für das, was ich bin und kann. Und genau das habe ich nie bekommen.«

»Und was brauchten sie wirklich von dir?«, fragte Jan.

»Keine Ahnung«, schüttelte Sabrina ihren Kopf.

»Versetz dich mal in sie«, forderte Jan auf. »Niemand macht das aus Böswilligkeit. Zumal nicht alle sechs Brüder gleichzeitig.«

Sabrina schwieg lange. Dann begann sie: »Ich glaube, sie wollten sich als Helden fühlen. Sie wollten anerkannt werden dafür, dass sie mir halfen. Sie wetteiferten so um die Liebe meiner Eltern – bei sechs Brüdern bleibt für den Einzelnen nicht so viel übrig.«

»Sie brauchten also Liebe und Anerkennung. Und das haben sie von deinen Eltern nicht ausreichend bekommen. Jetzt habe ich mal eine harte Frage, ist das okay?«

Sabrina nickte. Sie vertraute Jan nun völlig.

»Gut«, fuhr Jan fort. »Haben deine Brüder diese Liebe und Anerkennung von dir bekommen?«

»Dafür, dass sie mich klein gehalten haben?«, entgegnete Sabrina entrüstet. Aber im selben Moment zündete etwas bei ihr. »Nein, das habe ich ihnen nicht gegeben. Vielleicht sehnten sie sich deshalb nach noch mehr Liebe und Anerkennung?«

»Könnte sein«, stimmte Jan zu. »Und was war in ihrer Welt die beste Möglichkeit, mehr Liebe und Anerkennung zu bekommen?«

Sabrina schwieg lange. Schließlich nickte sie: »Der einzige Weg in ihrer Welt war, mich, die Kleine, zu beschützen. Und ich hasste sie dafür noch mehr und sie bekamen noch weniger Liebe und Anerkennung. Das ist ein Teufelskreis. Und ich bin mittendrin!«

Betroffen schwieg Sabrina einige Zeit.

»Und wie könntest du den Teufelskreis auflösen?«, fragte Jan.

»Indem ich ihnen Liebe und Anerkennung gebe«, erwiderte Sabrina widerwillig. »Keine Ahnung, ob ich das kann. Ich finde es ja falsch, was sie tun.«

Jan nickte langsam: »Eine befreundete Unternehmerin, Sofia, hat mir einmal ein Modell erklärt, das ich damals nicht richtig verstanden habe. Ich glaube, es ist von einem Tony Robbins. Aber hier passt es. Sie sagte, dass jeder Mensch Grundbedürfnisse hat. Nach Liebe, nach Anerkennung, nach Sicherheit, nach Wachstum und so weiter. Diese Bedürfnisse sind menschlich und gut. Nur die Wege, diese Bedürfnisse erfüllen zu wollen, sind nicht immer so schlau. Manche wollen Liebe und erdrücken den anderen. Manche wollen Anerkennung und schließen sich deshalb irgendwelchen terroristischen Gruppen an. Manche wollen Zugehörigkeit und fangen deshalb an, Drogen zu nehmen.

Natürlich kann ich diese dummen Wege nur schwer lieben und anerkennen. Vielleicht kann ich Mitgefühl entwickeln, wenn ich erkannt habe, dass ich selbst auch alle möglichen dummen Methoden nutze. Anerkennung ist in Bezug auf die Wege und Methoden aber schwer. Ich kann jedoch immer die Menschen für die zugrundeliegenden Bedürfnisse und Motive lieben und anerkennen.«

»Du meinst, ich könnte meine Brüder dafür lieben und anerkennen, dass sie nach Liebe und Anerkennung suchten, genau wie ich auch?«

»Kannst du?«, fragte Jan zurück.

Sabrina spürte in sich hinein. Und nach einer Minute nickte sie lächelnd: »Ja, kann ich!«

»Vertiefe das Gefühl bitte noch ein bisschen!«, forderte Jan auf.

Sabrina horchte weiter in sich hinein, und nach einigen schweigenden Minuten platzte es plötzlich aus ihr heraus: »Das, was ich von außen gesucht habe, Liebe und Anerkennung, ist gar nicht außen. Liebe und Anerkennung sind in mir. Ich habe diese Kraft die ganze Zeit verschlossen, weil ich meine Brüder bestrafen wollte. Und letztlich habe ich mich damit selbst bestraft. Diese Kraft, dieses Gefühl hat die ganze Zeit in mir geschlummert! Und wenn ich das anderen schenke, dann erfahre ich es selbst.«

Nach einer langen Pause nickte Jan »Ja, ist dasselbe wie bei mir. Bei mir ist es die Lebensfreude. Indem ich diese anderen schenke, erfahre ich sie selbst. Bei dir Liebe und Anerkennung.«

»Das geht echt tief«, gab Sabrina nach einer Weile zu. »Und das Ganze könnte ich dann auch auf andere übertragen. Ich könnte Markus also Liebe und Anerkennung geben, statt die Beschützerin zu spielen. Im Grunde hab ich bei ihm genau denselben Mist gemacht, den ich selbst abgekriegt habe. Und jetzt könnte ich aus diesem verrückten Kreislauf ausbrechen, genau wie du bei deinem.

Aber ich hab echt Schiss, dass ich wieder in alte Muster zurückfalle. Das war gerade nur ein einzelnes Gespräch und keine so megaintensive Erfahrung wie bei dir.«

»Ja, davor habe ich auch manchmal Angst. Ich habe immerhin meine Unternehmergruppe, die mir hilft, dranzubleiben. Sie geben mir Feedback, wenn ich wieder in alte Muster zurückfallen sollte. Magst du, dass ich dir Feedback gebe, wenn ich das bei dir beobachte?«

»Ja«, stimmte Sabrina begeistert zu. »Und ich werde Iris bitten, dass sie mir hilft. Und mir Gedanken machen, welche unterstützenden Gewohnheiten ich selbst dazu aufbauen kann, damit das bleibt. Jetzt kommt das richtig gelegen, dass du uns das mit den Gewohnheiten beigebracht hast.«

Und nach einem langen Schweigen fügte sie hinzu: »Ich würde immer noch gerne irgendwann mal Hotelmanagerin werden. Aber mein Motiv dahinter hat sich gerade verändert. Ich will es nicht mehr, um Anerkennung von außen zu bekommen. Die hätte ich sowieso nie in dem Umfang bekommen, wie ich sie mir gewünscht hätte. Wie will man auch ein unendlich großes inneres Loch füllen?

Ich will es, weil ich daran wachsen kann. Ich will es, weil es eine Möglichkeit ist, zu geben. Und – das wäre mir früher nie über die Lippen gekommen – *ich will es noch nicht jetzt*. Ich will in meinem Bereich wachsen, und wenn ich bereit bin und wir bis dahin noch keinen neuen Manager haben, komme ich auf dich zu. Einverstanden?«

Jan lächelte in sich hinein. Ihm war plötzlich klar geworden, dass Sabrina nun nicht mehr so getrieben war. Und dass sie deshalb von ganz allein zu normalen Arbeitszeiten zurückkehren würde und er das gar nicht mehr ansprechen musste. Schließlich nickte Jan: »Zurzeit kommen wir ganz gut ohne Hotelmanager zurecht. Wenn sich Markus um die Digitalisierung kümmert – wir haben da echt Bedarf, den Informationsfluss über Kunden zwischen den Abteilungen besser zu regeln oder die Weiterbildung unserer Mitarbeiter digital abzubilden –, brauche ich vorerst keinen Manager.«

»Gut«, lächelte Sabrina. »Dann vergessen wir das Thema Hotelmanager erst mal und du konzentrierst dich darauf, Lebensfreude zu geben, und ich mich auf Liebe und Anerkennung. Und wir wachsen daran beide.

Wäre schön, wenn wir diese Vertrautheit untereinander halten könnten.«

Jan nickte: »Können wir!«

Zwanzig Minuten später kamen sie wieder im Hotel an. Beide waren glücklich, dass die Zusammenarbeit nun diesen Weg gehen würde.

7. Die Seele zum Ausdruck bringen

(AB SOMMER 2022)

Julia und ihre Freundin trafen sich am Freitag, dem 24. Juni wieder in ihrem gewohnten Café. Die Sonnenstrahlen tanzten auf dem Tisch, während Julia mit leuchtenden Augen ihre Neuigkeiten teilte.

»Ich habe Jan vor fünf Wochen rausgeworfen, weil er Leon angebrüllt hatte. Und dann hat etwas in ihm Klick gemacht«, begann sie mit einer Mischung aus Erstaunen und Erleichterung. »Eine knappe Woche später machte er mit den Kindern einen Ausflug. Als sie zurückkamen, strahlten sie und sprudelten vor Geschichten über, wie ich es noch nie zuvor erlebt hatte. Und dann, nur wenige Tage später, wiederholte sich das gleiche Bild. Es war, als hätte er endlich realisiert, was er zu verlieren hatte.«

Sie lächelte verlegen. »Und dann lud er mich zu einem Date ein. Er kümmerte sich sogar um die Betreuung von Mia und Leon. Er war so anders, so aufmerksam. Es fühlte sich an, als würden wir uns zum ersten Mal treffen, und ich … ich habe mich neu in ihn verliebt. Er ist wieder zu Hause eingezogen und wir daten uns jetzt jede Woche. Am Sonntag haben wir alle zusammen seinen 41. Geburtstag gefeiert. Es war magisch.«

Ihre Freundin hörte aufmerksam zu, die Freude für Julia in ihren Augen spiegelnd, doch auch eine Spur von Besorgnis. »Das klingt wirklich wunderbar, Julia, und ich freue mich so für dich. Aber«, sie zögerte und wählte ihre Worte sorgfältig, »sei vorsichtig. Menschen können sich verändern, aber es braucht Zeit, um sicherzustellen, dass diese Veränderung dauerhaft ist. Es könnte auch sein, dass er aus einer

Panik, dich zu verlieren, jetzt nur ein paar Wochen so tut. Ich möchte einfach nicht, dass du wieder verletzt wirst.«

Julia nickte und schätzte die ehrliche Besorgnis ihrer Freundin. »Ich weiß«, murmelte sie, »und ich werde vorsichtig sein. Aber momentan … momentan möchte ich einfach nur das Glück genießen, das mir so lange gefehlt hat.«

*

»Hallo Jan, schön dich wiederzusehen«, begrüßte ihn Thomas. »Du siehst echt völlig anders aus als vor einem Jahr. Du bist in Form, du wirkst hellwach und dir scheint die Sonne aus dem Ar… Coole Entwicklung!«

»Absolut«, strahlte Jan. »Auch im Hotel und in meiner Familie gab es riesige Änderungen zum Positiven. Hatten wir ja schon vor zwei Wochen beim Call drüber gesprochen. Und da hast du auch einen riesigen Anteil dran. Danke! Wenn ich dir umgekehrt mal helfen kann, zum Beispiel mit Bio-Hacking-Tricks, komm gerne auf mich zu.«

Thomas lächelte: »Ja, das kann gut geschehen!« Und nach einer kurzen Pause fuhr er fort: »Du hattest vor zwei Wochen über deine Angst gesprochen, dass ohne ein Teamziel wie die Konferenz alles wieder in sich zusammenbrechen könnte. Wie sieht es da aktuell aus?«

»Die Stimmung im Hotel ist super. Jeder hat ein Lächeln auf dem Gesicht und ich scheine mit meiner Lebensfreude alle anzustecken. Sabrina hat ihren Schatten angenommen und macht gerade einen extremen Wandel durch.

Aber im Vergleich zu vor vier Wochen, vor der Konferenz, ist der Drive raus. Dass wir erst mal zwei Wochen regenerieren, meinetwegen. Aber jetzt mache ich mir Sorgen. Keine neuen Ideen, keine neuen Ansätze, wieder schlechtere Kundenbewertungen. Ich habe Angst, dass mich das wieder in meine alte Stimmung zurückzieht. Und dann stehe ich irgendwann wieder da, wo ich vor einem Jahr auch war.«

Thomas lächelte: »Das wird nicht passieren. Weißt du auch, warum nicht?«

Jan schüttelte den Kopf.

»Ganz einfach: weil du frühzeitig erkennst, was passieren würde, wenn du es jetzt einfach laufen lässt. Und weil du zum frühestmöglichen Zeitpunkt, nämlich jetzt, wo die Energie aller noch hoch ist, etwas ändern willst. Meinen Respekt dafür!«

»Meinst du?«, fragte Jan überrascht und auch ein wenig stolz.

Thomas nickte: »Erinnerst du dich noch an das Thema Standards, das wir bei unserem ersten Strategie-Meeting kurz angesprochen hatten?«

»Du meinst, dass ich, wenn ich unterhalb des Flow-Kanals bin, meine Standards erhöhen sollte?«, fragte Jan.

»Ja, auch«, stimmte Thomas zu. »Zum einen hast du deine Standards schon unbewusst erhöht, sonst wäre dir die Gefahr, wieder in alte Muster zurückzufallen, gar nicht bewusst geworden. Zum anderen hat Phil Knight von Nike mal gesagt: ›Die Konkurrenz zu schlagen, ist relativ einfach. Sich selbst zu schlagen, ist eine nie endende Verpflichtung.‹

Dazu brauchst du eine Lebensform, bei der du permanent deine Standards erhöhst. Es gibt Regenerationspausen, Zeiten in der Komfortzone. Aber dieser Weg des Schwarzgurt-Unternehmers®, den du eingeschlagen hast, ist eine nie endende Verpflichtung, deine eigenen Standards zu erhöhen. *Schwarzgurt-Unternehmer sein ist das Leben mit einer bestimmten Grundhaltung.* Diese Grundhaltung nennen wir Unternehmer-Budō®, angelehnt an den Budō-Kodex der Samurai.«[99]

»Und das hilft mir jetzt weiter?«, gab Jan neugierig zurück.

»Ich sehe für heute zwei Aufgaben«, erklärte Thomas. »Zum einen besprechen wir das Unternehmer-Budō, damit du einen Kodex hast, um nie mehr in alte Muster zurückzufallen. Vieles von dem, was du im letzten Jahr gelernt hast, findet sich darin wieder, aber der Kodex als Ganzes integriert das Gelernte nochmals und hebt es auf ein neues Level. Zum anderen brauchst du ganz einfach ein neues Ziel für deinen Team-Flow. Das dürfte einfach sein. Lass uns mit dem Budō beginnen.«

Jan nickte gespannt.

---

99 Natürlich gibt es diese Grundhaltung ähnlich auch in vielen anderen Geistesströmungen wie dem Stoizismus oder dem Ehrenkodex der Ritter. Nach einer ausführlichen Analyse passt jedoch der Ehrenkodex der Samurai am besten zu Unternehmern.

7.1 Unternehmer-Budō®

Thomas fuhr fort: »Die Samurai haben nicht nur einmal eine Kampfsportausbildung gemacht und waren dann fertig. Sie perfektionierten ihre Kunst bis zum Lebensende und setzten ihre Standards immer höher. *Diese Haltung ist eine Lebensform, die du bis an dein Lebensende trainierst und verfeinerst. Genau genommen werden das Training und die Lebensform zum Wesentlichen,* während deine konkreten Unternehmen nur Ausprägungen und Trainingsfelder sind.

Aus diesem Grund müssen Trainierende in manchen Kampfstilen ab einem bestimmten Niveau eine Entscheidung treffen zwischen Kampfsport und Kampfkunst. Beim Kampfsport geht es nur darum, Turniere zu gewinnen. Bei der Kampfkunst geht es um die Lebensform der lebenslangen Perfektion. Das ist wie beim Unternehmersein, auch da gibt es zwei völlig unterschiedliche Arten. Innerlich stehen sie sich diametral gegenüber. Die einen wollen nur erfolgreich sein, die anderen wollen die Lebensform des Schwarzgurt-Unternehmers perfektionieren. Um was geht es dir?«

Jan spürte, dass diese Frage zwar unschuldig klang, aber ihre Beantwortung zu zwei völlig unterschiedlichen Lebensweisen führen würde. Im ersten Moment war er versucht, mit dem Budō und der Lebensform des Schwarzgurt-Unternehmers zu antworten. Von dem reinen Erfolg mit den 8,5 Millionen hatte er sich ja schon vor einem Jahr verabschiedet. Aber dann hielt ihn etwas davon ab. Er spürte, dass er für diese Antwort eine Tiefe brauchte, die er noch nicht hatte. Und so bat Jan: »Erkläre mir dieses Unternehmer-Budō® – ich will mich erst dann entscheiden.«

Voller Respekt, dass Jan eine tiefe bewusste Entscheidung treffen wollte, lächelte Thomas: »Gut, lass uns die sieben Elemente des Unternehmer-Budō mal einzeln betrachten:

7.1.1 Selbstverantwortung

Beginnen wir mit Selbstverantwortung. Selbstverantwortung ist ein sehr tiefes Konzept. An der Oberfläche bedeutet es, dass ich für die Folgen meiner Handlungen verantwortlich bin.«

Jan unterbrach: »Also zum Beispiel, dass ich die Verantwortung dafür übernommen habe, was passierte, als ich Joachim rausgeworfen hatte. Oder für die direkten Folgen meiner strategischen Entscheidungen. Das verstehe ich. Aber es hätten ja auch danach andere Menschen weitere Entscheidungen treffen können. Joachim hätte nach der Kündigung beispielsweise einen Arbeitsgerichtsprozess anstrengen können. Oder nach meinen strategischen Entscheidungen hätten beispielsweise Birgit oder Katharina kündigen können. Und für diese nachgelagerten Folgen wäre ich dann doch nicht verantwortlich?«

»Selbstverantwortung klingt für die meisten Menschen cool. Aber wenn Menschen einige Zeit mit uns arbeiten, *dann hassen sie uns für unser radikales Konzept der Selbstverantwortung.* Selbstverantwortung ist eine Entscheidung! *Bei jeder Handlung, die du ausführst, ergeben sich immer nachgelagerte Folgen, die du nicht absehen konntest.*

Wir leben in einem nicht komplett kontrollierbaren System. Würdest du dich nur für die Folgen verantwortlich fühlen, die du vorher absehen konntest, könntest du dich immer herausmogeln. Und sobald du dir vormachst, dass jemand anderer schuld sei, entgeht dir die Chance, aus der Situation zu lernen und dich zu verändern.

In dem Moment, als du Joachim gekündigt hast, hast du auch die Möglichkeit eingekauft, dass er dich verklagt. Selbst dann, wenn du diese Möglichkeit vorher nicht auf dem Schirm hattest. Dasselbe gilt auch für die Strategie und potenzielle Kündigungen. Und dann dazu zu stehen, ist die unterste und leichteste Form der Selbstverantwortung.«

»Unterste Form?«, fragte Jan überrascht.

Thomas nickte ernst: »Ich finde, diese Überlegung deckt nicht mal fünf Prozent des Konzepts ab. Es basiert vielmehr auf der Idee, dass ich zwar nicht für alle Ereignisse verantwortlich bin, mit denen ich konfrontiert werde, aber für die Art, wie ich darauf reagiere. Immer! Rein praktisch als Handlung, aber auch in dem Sinne, welche Gedanken und Gefühle hochkommen und wie ich dieses Ereignis wahrnehme.

Selbstverantwortung heißt also, verantwortlich dafür zu sein, was ich wahrnehme, fühle und erlebe. Und dann für die Folgen meiner Handlungen einzustehen.«

Selbstverantwortung heißt, mich jeden Moment immer wieder zu entscheiden, verantwortlich dafür zu sein, was ich wahrnehme, fühle und erlebe. Und dann für alle Folgen meiner Handlungen einzustehen.

»Das würde bedeuten«, warf Jan ein, »ich war auch verantwortlich für das, was ich bei Julia, Mia und Leon wahrgenommen, gefühlt und erlebt habe? Wenn ich mir das genau überlege, stimmt das sogar. Mein Schatten führte zu alledem. Obwohl ich vorher gar nicht wusste, dass da ein Schatten war. Und dasselbe galt, als ich sauer auf Carlos wegen des Mount Stupid war: Es waren meine Gefühle und ich hätte die Verantwortung übernehmen müssen.«

»Immer dann, wenn wir behaupten, dass jemand anderes schuld sei«, erklärte Thomas, »ist das ein ziemlich sicheres Zeichen dafür, dass wir selbst einen Schatten herumschleppen. Du hast gerade auch einen wichtigen Punkt berührt: Selbstverantwortung benötigt zugleich Selbstwahrnehmung.

Ich kann diese Selbstverantwortung nur aus der Ruhe meines Geistes entwickeln, indem ich einen Spalt zwischen Reiz und Reaktion schaffe. Das bedeutet, achtsam gegenüber meinen Gedanken, Glaubenssätzen, Wahrnehmungen und Gefühlen zu sein. Das bedeutet, erst einmal das anzunehmen, was ist. Das bedeutet, nach wahrer Klarheit zu streben und aufgrund dieser Klarheit vollkommen aufrichtig und damit auch authentisch zu sein. Aus dieser Haltung kann ich dann tiefe, fundierte, selbstverantwortliche Entscheidungen treffen.«

»Und das gilt«, ergänzte Jan nachdenklich »für alle Situationen, gegen die ich mich wehre. Corona oder Finanzkrisen sind einfach da, aber ich bin dafür verantwortlich, wie ich es wahrnehme, fühle und erlebe. Im ersten Moment wirkt das ziemlich masochistisch.«

Jan dachte eine Zeit lang nach und fuhr dann fort: »Aber in Wahrheit macht es frei. Dass ich selbst radikal die Verantwortung übernehme, ist die einzige Chance, grundsätzlich immer lernen und alles ändern zu können. Masochistisch wäre, wenn ich weiter Julia die Verantwortung für irgendwelche zukünftigen Streits geben würde. Dann wäre ich nämlich ihr Opfer.«

Thomas ergänzte: »Genau! Und solange du in einigen Lebensbereichen Opfer bist, wirst du auch in anderen Lebensbereichen Opfer sein und nie richtig führen können.

Die Selbstwahrnehmung, aus der dann die Selbstverantwortung erwachsen kann, trainierst du in der Meditation, im tiefen, verbundenen Gespräch, in der Reflexion mit dem Selbstgesprächsnotizblock, dem Unternehmersystem[100] oder deinem Tagebuch. Da Selbstwahrnehmung die Voraussetzung für Selbstverantwortung ist, kannst du nicht einfach von einem Tag auf den anderen umschalten, sondern musst geduldig Monate und Jahre trainieren. Und, ganz wichtig, die Selbstwahrnehmung muss sich mit entwickeln, wenn du deine Identität wechselst.«

»Wie meinst du das?«, wollte Jan wissen.

»Du solltest ja als Unternehmer den größten Teil deiner Zeit in der Team- oder gar Community-Identität verbringen. Auch ein Team oder eine Community als Ganzes haben eine Wahrnehmung und Gefühle. Du kommst in ein Unternehmen und hast oft sofort ein Gefühl dafür, wie dort die Grundstimmung ist. Wenn du dich einige Zeit mit dem Unternehmen beschäftigst, erkennst du auch die kollektiven Glaubenssätze und Blindheiten, letztlich die kollektiven Schatten.«

»Krass!«, unterbrach Jan. »So habe ich das noch gar nicht gesehen. Schatten einer ganzen Organisation! Und diese organisationalen Schatten sind der Grund dafür, dass manche Unternehmen immer wieder in die gleichen Probleme laufen. Dann wäre es meine permanente Aufgabe als Unternehmer, dieses Verborgene zu suchen, ans Licht zu holen und zu integrieren? Was aber nicht ganz einfach ist, da ich als Unternehmer zugleich auch für die Schatten verantwortlich bin?«

»Genau. Ed Catmull von Pixar beispielsweise beschreibt dies als eine seiner Hauptführungsaufgaben: das Verborgene sehen zu lernen. Und das gemeinsam mit dem Führungsteam zu machen: Euch also zu fragen, was ihr nicht seht, ist die hohe Kunst.

Wenn du dann die Selbstwahrnehmung in den unterschiedlichen Identitäten trainiert hast, dann ist Selbstverantwortung eine Entscheidung, die du immer wieder aufs Neue treffen musst.«

---

100 www.uc-link.com/unternehmersystem

Jan ergänzte: »Und das geht am besten in einer Gemeinschaft von Menschen, die offen und direkt miteinander sind, wie in eurer Schwarzgurt-Community oder jetzt mit Sabrina – einfach, weil wir selbst bei uns oft gar nicht wahrnehmen, wenn wir im Jammermodus sind.«

»Ja«, nickte Thomas. »Lass uns jetzt zum zweiten Element des Unternehmer-Budō kommen, der Liebe. Die Reihenfolge spielt dabei eine zentrale Rolle: Ohne Selbstverantwortung kannst du nicht lieben. Insofern ist die Selbstverantwortung die Grundlage von allem.«

7.1.2 Liebe

»Das zweite Element ist also die Wertschätzung, die Liebe und die Verbindung zu den Menschen« begann Thomas. »Und diese Liebe beginnt mit der Selbstliebe. Indem wir uns vollkommen annehmen – inklusive unserer Schatten –, lernen wir uns zu lieben.«

7.1.2.1 Selbstliebe

»Ja«, stimmte Jan zu. »Das war fast das Verrückteste an der Meditationserfahrung mit Wolfgang. Früher und bei den Seminaren, die ich besucht hatte, wollte ich stattdessen immer ein anderer werden. Eine andere Jan-Version. Nicht mehr so ein Loser wie zuvor.«

»Da hast du was Wichtiges erkannt«, nickte Thomas. »Es geht nie darum, ein anderer zu werden. Wenn dir Leute sagen, dass du ein Loser bist, und sie dich zum Gewinner machen wollen, ist die Wahrheit, dass sie dich abhängig machen wollen. Es geht aber darum, das zum Ausdruck zu bringen, was du bereits bist. Du warst schon immer Unternehmer und wir haben das gemeinsam auf ein höheres Level gehoben. Die Lebensfreude war schon immer in dir und wir haben sie gemeinsam ausgegraben. Und die Leistungsorientierung war auch da, wir haben ihr nur den richtigen Platz zugewiesen. Zur Selbstliebe gehören alle Seiten von dir. Die gilt es lediglich anzunehmen und zu lieben.«

»Genau. Früher hätte ich versucht, mit allen Mitteln die Leistungsdenke abzulegen, nachdem ich die Lebensfreude in den Mittelpunkt rückte. Aber bei dieser Meditation konnte ich die Lebensfreude als Motiv in den Vordergrund rücken UND zugleich die Leistungs- und Erfolgsdenke als Stärke bewahren. Genaugenommen wurde damit beides auf eine neue Ebene gehoben und in eins integriert. Und diese Selbstliebe funktioniert, unabhängig davon, ob ich von außen Liebe bekomme oder nicht.«

7.1.2.2 Andere lieben

»Und erst, als ich mit mir selbst im Reinen war«, fuhr Jan fort, »war ich in der Lage, Leon und Julia wirklich zu lieben.«

»Dasselbe wird vermutlich in deinem Unternehmen geschehen sein«, warf Thomas ein.

»Ja, ich war plötzlich in der Lage, alle Mitarbeiter zu lieben und mit meiner Lebensfreude zu überschütten.«

»Und plötzlich änderte sich alles!«, ergänzte Thomas. »Denn ohne andere zu lieben, werde ich bei niemandem eine Entwicklung bewirken.[101] Auch eine Gruppe, egal ob deine Unternehmertrainingsgruppe oder die eigene Firma oder die weitere Kunden-Community, wird ohne bedingungslose Liebe nicht funktionieren. Bedingungslose Liebe heißt aber nicht, alles zu akzeptieren.«

»Ja, das hat mir Sofia schon erklärt«, unterbrach Jan. »Das war das mit den menschlichen Grundbedürfnissen, die ich lieben kann – ich muss aber nicht die manchmal dummen Wege, diese zu befriedigen, lieben. Das hat es mir auch leichter gemacht, diejenigen, die ich vorher als Vollpfosten bezeichnet habe …«

»… was kein Kennzeichen maximaler Liebe war«, warf Thomas lachend ein.

»… annehmen zu können. Ich fühlte, dass sie letztlich meist aus einer inneren Angst heraus so handelten. Und weil ich nun auch meine eigene Angst und Planlosigkeit viel besser annehmen kann, ist es möglich, dass ich mich mit ihnen verbinde und ihnen Wege zeige. Und

---

101 Vergleiche dazu auch den neunstufigen Veränderungsprozess, den wir in unserem Führungsseminar lehren. www.uc-link.com/fuehrung-seminar

wie durch Zauberhand wird das plötzlich von vielen auch angenommen.«

»Ja, ist ganz einfach. Wenn jemand zu dir kommt und du spürst, dass er dich in Wahrheit für einen Idioten hält, kann er machen, was er will – du wirst das nicht annehmen. Sobald du jedoch eine innere Zuneigung und Wertschätzung spürst, hörst du zu. Das ist der Grund, warum Führung in den meisten Fällen nicht funktioniert. Sie geschieht aus der falschen Grundhaltung. *Jemanden, den ich nicht liebe, kann ich nicht führen.*«[102]

7.1.2.3 Selbstoffenbarung

»Aber damit wirkliche Bindung entsteht, braucht es noch etwas: Selbstoffenbarung. Du musst dich verletzlich zeigen können«, schloss Thomas.

»Ja, das habe ich erst letzte Woche erfahren«, strahlte Jan. »In dem Moment, als sich zuerst Sabrina öffnete und mir ihre Begrenzung zeigte und ich dann ihr ganz offen von meiner Schatten-Meditation erzählte, entstand plötzlich Verbindung. Lass mich mal überlegen, warum das so ist.«

Nach einer kurzen Pause fuhr Jan fort: »Menschen, die sich verletzlich zeigen, wirken authentisch und denen vertraut man. Menschen, die so tun, als wären sie Superman, vertraut man nicht, weil es keinen Superman gibt, und alle wissen das. Selbst der echte Superman hat sein Kryptonit. Und deswegen wissen auch alle, dass es da noch irgendwelche Geheimnisse gibt. Dann behalten die anderen – die Spiegelneuronen lassen grüßen – auch ihre Geheimnisse für sich und dann war's das mit der Offenheit und dem Team-Flow.«

Thomas nickte und wartete.

Jan dachte noch einen weiteren Moment nach: »Damals bei den Loveparade-Touren waren wir sehr offen miteinander. Ein paar Mal hatte ich echt Angst, was Intimes zu erzählen. Aber als ich es gemacht

---

102 Natürlich geht es mit Zwang, Regeln oder Hierarchie auf eine gewisse dumme, unkreative Art trotzdem. Aber sobald ich innere Beteiligung erwarte oder mich umdrehe, sieht man, dass es doch nicht geht.

hatte, machte ich jedes Mal die Erfahrung, dass die anderen dann auch begannen, von sich zu erzählen. Und daraus entstand Tiefe und Freundschaft.«

»Ja«, nickte Thomas. »Wenn man sich selbst mitteilt, entsteht immer Großartiges.«

Jan schüttelte den Kopf: »Verrückt eigentlich, im Business wird einem immer gesagt, dass man Distanz wahren und Emotionen vermeiden soll. Nur so könne man ein gutes System aufbauen, das wie eine Maschine läuft. Eure Variante fühlt sich angenehmer und menschlicher an, wäre mir aber bis vor kurzer Zeit sehr fremd erschienen. Und sie erfordert unvergleichlich mehr Mut.«

»Ja, das erscheint den meisten sehr fremd«, schüttelte Thomas traurig den Kopf. »In den meisten Unternehmen *brauchst* du sogar innere Distanz, um zu überleben. Das ist für mich persönlich eines der elementarsten Dinge dessen, was Wolfgang geschaffen hat. Ein Konzept für Unternehmer, auf natürliche Weise menschliche Unternehmen entstehen zu lassen.«

7.1.2.4 Seele ist eins

»Aber lass uns bei der Liebe und Verbindung noch einen Schritt tiefer gehen.«

»Noch einen?«, warf Jan überrascht ein.

»Bei der Schatten-Meditation tauchten doch deine Vorfahren auf. Wie hast du dich am Ende ihnen gegenüber gefühlt?«

»Verbunden«, überlegte Jan. Aber er hatte das Gefühl, dass es das noch nicht ganz traf. »Ich fühlte mich eins«, sagte er schließlich.

Thomas lächelte: »Das ist das Geheimnis bei jeder Seelenerfahrung. Die Seele ist nicht nur eins in dem Sinne, dass die Ich-Ideal- und die Schatten-Seite integriert werden, sondern mehr noch, dass Ich und Du integriert werden. Die Seele ist immer schon mit allen anderen Menschen verbunden. Vielleicht gibt es sogar nur eine gemeinsame Seele von uns allen.«[103]

---

103 Die Kurzgeschichte von Andy Weir »Das Ei« drückt das gut aus: www.uc-link.com/ei (Zugriffsdatum August 2023).

Jan spürte lange in sich hinein: »Indem ich Zugang zu meiner Seele habe, bin ich zugleich mit allen anderen verbunden. Dann geschehen die Dinge von allein. In der Partnerschaft und auch im Unternehmen.

Teams im Flow zeichnen sich dadurch aus, dass alle sich jederzeit gegenseitig spüren und wahrnehmen – nur so können sie überhaupt im Flow agieren. Kann der Leader das nicht, kann es auch das Team nicht. Ich verstehe immer besser, was du damit meinst, dass die Grundhaltung des Leaders entscheidend für alles ist. Und so betrachtet sind die Liebe zu sich selbst, die zu anderen, die Verbindung mit allen zugleich die Grundlage der Lebensfreude, richtig?«

Thomas nickte und ließ diesem Gedanken den Raum, sich zu setzen.

Nach einiger Zeit bat Jan: »Die ersten zwei Elemente waren schon krass, aber lass uns zum dritten Element kommen.«

7.1.3 Hingabe und Demut

»Dabei handelt es sich um Hingabe und Demut« erklärte Thomas.

»Klingt recht altmodisch«, warf Jan ein.

Thomas nickte lächelnd: »Lass uns erst mal einen Aspekt der Demut allein betrachten und danach noch den anderen Aspekt, der Hingabe und Demut integriert. Den Dunning-Kruger-Effekt mit der entsprechenden Kurve hast du ja schon kennengelernt. Ich glaube aber, dass die Kurve auf der rechten Seite, wenn das Selbstvertrauen wieder nach oben geht, nicht ganz richtig ist.«

»Warum?«, wollte Jan wissen.

»Nun, jedem Anfänger ist unglaublich wichtig, Selbstvertrauen aufzubauen. Selbstvertrauen ist ihm wichtiger als Können. *Solange wir uns nach Selbstvertrauen und Sicherheit sehnen, sind wir noch auf der linken Seite des Mount Stupid* – in Wahrheit geht es dabei gar nicht um das Können, sondern um das Übertünchen der eigenen Ängste. Das ist zu Beginn ein notwendiger Prozess, aber später nicht mehr.[104] Der Meis-

104 Das ist die Welt der Erfolgsjournale und Affirmationen. Sie steigern nicht das Können, sondern das Selbstvertrauen. Das ist allerdings zu Beginn insofern nötig, weil man ohne Selbstvertrauen gar nicht beginnt und dann auch nicht besser wird.

ter weiß, dass er nichts weiß. Er liebt diesen Zustand. Deswegen ist ihm jedes Selbstvertrauen suspekt.

Ich erzähle dir ein Beispiel aus einem Bereich, den du gut kennst. Ich habe mich vor vielen Jahren stark mit Nahrungsergänzungsmitteln und Ernährung beschäftigt. Nahezu überall liest du, dass Proteine gut seien. Ich wusste das und mein Selbstvertrauen war hoch. Später machte ich einen Nahrungsmittelunverträglichkeitstest, weil mein Energiezustand nicht so gut war. Und ich hatte Unverträglichkeiten gegen Ei, Soja und Milcheiweiß …«

»Ups«, unterbrach Jan, »daraus sind die meisten Proteinpulver hergestellt … Ich verstehe, was du meinst: Dein Selbstvertrauen und deine Sicherheit hatten dich daran gehindert, die Wirklichkeit zu sehen.«

»Genau. Ich war auf der linken Seite des Mount Stupid. Es geht aber eher um folgende Grundhaltung: Es gab einen japanischen Kampfsportmeister mit dem achten Dan, dem höchsten schwarzen Gürtel, den man in dieser Disziplin vor dem Tod erreichen konnte. Aber er bat darum, im weißen Gürtel beerdigt zu werden. Die höchste Weisheit ist also, immer wieder zum Anfängergeist zurückzukehren und Selbstvertrauen bewusst abzulegen, weil man nur so lernen und besser werden kann.«

»Das braucht unglaubliche Demut«, stimmte Jan nachdenklich zu. »Denn die Wahrheit dürfte ja auch sein, dass wir immer wieder vor neuen Mount Stupids stehen?«

»Exakt«, nickte Thomas. »Deswegen brauchst du auch immer wieder einen Carlos, der dir das sagt.«

Jan musste grinsen: »Das ist cool! Ich muss dann auf diesen Bereich gar nicht selbst achten, wenn Carlos das macht. Erzähl mir aber von dem anderen Aspekt von Hingabe und Demut.«

Thomas begann: »Lass mich zum Verständnis mit einem scheinbar abseitigen Thema, der Selbstbestimmung, beginnen. Sie hat drei Stufen. Ohne ein klares Bild der dritten Stufe der Selbstbestimmung machen Hingabe und Demut keinen Sinn. Die erste Stufe ist die, welche die meisten Menschen anstreben: selbst bestimmen zu können, was man tut.«

»Gefällt mir auch«, grinste Jan.

»Ja, allerdings ist diese Stufe immer im Gegensatz zur Fremdbestimmung gedacht. Also nicht selbst bestimmen zu können, was man tut. Letztlich ist diese Haltung die eines Jugendlichen, der *gegen die Regeln* seiner Eltern rebelliert und Selbstbestimmung oder Freiheit will. Oder die Haltung von Unternehmern vor dem gelben Gurt, die aus diesen ganzen Zwangssituationen rauswollen. Das Problem ist, dass sie, wenn sie das erreicht haben, gar nicht wissen, was sie dann wollen. Die erste Stufe ist also ›weg von‹.«

»Okay, das kenne ich von letztem Jahr«, lächelte Jan. »Wie sieht die zweite Stufe aus?«

»Die zweite Stufe ist, dass ich mein Leben, genauer meinen Lebensstil, selbst bestimme. Ich erlebe also regelmäßig all die Gefühle, die ich erleben will.

Du erlebst zum Beispiel jetzt im Hotel den Team-Flow, den du damals bei den Loveparade-Touren erlebt hast, oder in deiner Beziehung die Liebe, die du dir ersehnt hast. Das ist ›hin zu‹. Das wäre die zweite Form der Selbstbestimmung.«

»Und was gibt es dann noch?«, wollte Jan wissen, ungläubig, dass danach noch was kommen sollte.

»Die dritte Stufe kann man sich aus der Perspektive der ersten beiden Stufen nicht vorstellen. Und man will sie nicht mal. Die dritte Stufe ist, sich etwas Größerem *unterzuordnen*, weil man innerlich nicht anders kann. Aus der Perspektive der vorherigen beiden Stufen erscheint dies als Unfreiheit.

Meist ergibt sich dieses Größere aus dem Zugang zur Seele und einer damit einhergehenden Berufung. Bei dir könnte das die Idee der Lebensfreude und des damit verbundenen Team-Flows sein. Und auch das Bio-Hacking als eine Idee, die menschliche Hardware überhaupt erst in den Zustand zu bringen, tiefe Lebensfreude empfinden zu können, geht in diese Richtung.«

»Plötzlich widmest du dein Leben etwas Größerem. Weil es Spiegelneuronen gibt, beginnen die Menschen um dich her, sich diesem Größeren anzuschließen«, überlegte Jan. »Das ist krass, plötzlich ist man aus der Ego-Nummer der ersten beiden Stufen der Selbstbestimmung raus!«

Thomas nickte: »Die wesentliche Konsequenz, wenn man sich etwas gemeinsamem Größerem[105] unterordnet, ist, dass man beginnt, mit den Geführten auf derselben Seite zu stehen. Man verfolgt gemeinsam dasselbe Ziel, statt gegeneinander zu kämpfen. Und das nennt sich dann Selbst-Bestimmung in dem Sinne, seinem Selbst eine Bestimmung zu geben. Und damit sind wir auch bei der Hingabe und Demut. Nur wenn du dich als Leader etwas Größerem unterordnest, kannst du ernsthaft erwarten, dass die Menschen, die du führst, sich auch etwas unterordnen.«

Nur wenn du dich als Leader etwas Größerem unterordnest, kannst du ernsthaft erwarten, dass die Menschen, die du führst, sich auch etwas unterordnen.

»Das ist dann ein weiterer Grund, warum Wolfgang mein 8,5-Millionen-Ziel kassiert hat: Es war nur Ego. Damit kann man zwar erfolgreich, aber kein großartiger Leader werden«, überlegte Jan. »Ich schaffe also nur mit dem Unternehmer-Budō dauerhaft Team-Flow. Sobald ich nur noch auf meinen Erfolg abzielen würde, wäre das vorbei. Das ist dann auch der Unterschied zwischen den beiden Arten des Unternehmerseins.«

Thomas lächelte: »Genau! Wirklich große Leader strebten Ziele nie für sich selbst an. Sie ordneten sich etwas größerem Ganzem unter. Bei Gandhi oder Nelson Mandela war es eine bestimmte moralische Grundhaltung. Beim späteren Steve Jobs eine Idee, wie Computer und Menschen interagieren sollten.

Bei Wolfgang die Idee einer Schwarzgurt-Unternehmer-Community. Bei dir Lebensfreude. Aus dieser Hingabe an etwas Größeres, das der eigenen Seele entspricht, entsteht das individuelle *Sinngefühl*. Aus dieser Hingabe entsteht dann Demut. Und daraus entsteht innere Größe.«

Jan und Thomas schwiegen einige Zeit, um diese Erkenntnis auf sich wirken zu lassen.

---

105 Und natürlich ist dies Größere nicht einfach die eigene Firma, sondern idealerweise eine größere allgemeinmenschliche Idee, die die Firma dann antreiben kann.

7.1.4 Mut

»Lass uns zum vierten Element kommen«, schlug Jan vor.

»Das ist der Mut.«

»Da habe ich schon einiges im letzten Jahr gelernt«, nickte Jan. »Zum Beispiel, als ich trotz meiner Angst bei Joachim klar war. Carlos nannte das damals ›den Preis zu bezahlen‹.«

Thomas stimmte zu: »Mut in der einfachsten Stufe heißt, trotz seiner Ängste zu handeln. Dazu muss ich bereit sein, meine Ängste und Dämonen anzunehmen, um zu innerer Freiheit zu gelangen. Es geht also nicht darum, Ängste zu verstecken oder vor sich selbst und anderen so zu tun, als hätte man keine Ängste. Das funktioniert nicht. Es geht darum, seine ›negativen‹ Gefühle anzunehmen und trotzdem, oder besser, genau deswegen zu handeln.

Der übliche Wunsch, seine negativen Gefühle loszuwerden, ist in Wahrheit nicht die Lösung, sondern das Problem: Durch Nichtannahme meiner negativen Gefühle folgen massiv energiezehrende Ausweichhandlungen, bei denen ich nicht reaktionsfähig bin.

Mal ein Beispiel: Viele Unternehmer gestehen sich ihre Ängste nicht ein. Da aber doch ein Gefühl da ist, wird dies einfach umbenannt, zum Beispiel in Stress. Also hat man nicht mehr Angst, weil das Konto leer ist, sondern man ist gestresst. Und dieser Stress dehnt sich dann über alle Lebensbereiche aus. Um den Stress zu reduzieren, beginnt man dann zum Beispiel mit Zeitmanagement. Statt sich seiner Angst zu stellen und ein paar notwendige finanzielle Entscheidungen zu treffen. Das Ausweichen vor der Angst führt also zu völlig falschen Handlungen.

Umgekehrt ergibt sich dann aus der Annahme dieser Gefühle und dem Handeln, also dem Mut, Schnelligkeit und Konsequenz.«

»Braucht der Mut dann nicht auch klare innere Standards?«, wollte Jan wissen. »Also zum Beispiel trotz der Angst zu handeln, dass der andere uns nach einer Entscheidung böse ist oder gar kündigt? Oder trotz der Angst, nicht mehr geliebt zu werden? Oder trotz der Angst, falsch zu entscheiden und zu scheitern?«

»Absolut«, stimmte Thomas zu. »Dazu kommen wir aber nachher beim Punkt ›Integrität‹ noch. Nur wenn du klare Standards hast, gibt dir das die Kraft, trotz der Angst zu handeln. Aber kommen wir zum fortgeschrittenen Teil von Mut – und den habe ich vorher bei dir erkannt. Du hast es über einen Mount Stupid und durch ein Tal der Tränen geschafft.«

»Ich weiß«, warf Jan ein. »Und jetzt bin ich ziemlich weit unten auf der hinteren ansteigenden Linie der Dunning-Kruger-Grafik. Oder vielleicht auch vor dem nächsten Mount Stupid. Aber wozu braucht es da Mut?«

»Nun, du stellst dich, obwohl gerade alles schön ist, der nächsten Herausforderung. Die Gefahr ist immens, genau in diesem Moment mit dem Training aufzuhören. So ähnlich wie die meisten Menschen, wenn sie einen Partner gefunden haben und verliebt sind, aufhören, sich um diesen Menschen zu bemühen. Und die Ergebnisse sind dann einige Zeit später offensichtlich.

Wirklicher Mut geht also weiter, als nur trotz der Angst, wenn sie gerade mal da ist, zu handeln. Wirklicher Mut bedeutet immer wieder, bewusst und aktiv seine Ängste und seinen Schmerz zu suchen. Denn darin liegt ungeheures Potenzial für Weiterentwicklung. Mut bedeutet also, jeden Tag bewusst an den Grenzen seiner Angst zu handeln.«

Mut bedeutet, jeden Tag bewusst an den Grenzen seiner Angst zu handeln.

»Ängste und Schmerz suchen? Das klingt jetzt aber schon wieder ziemlich masochistisch«, warf Jan ein.

»Deswegen liegt hier – nach dem Mount Stupid – der zweithäufigste Grund, warum Unternehmer wieder vom Weg abkommen.

Wenn du als Unternehmer dies bewältigst, mutierst du in zweierlei Hinsicht. Erstens beginnst du es zu *lieben*, die Standards hoch zu halten. Zweitens wirst du zu so einer Art Konflikt-Trüffelschwein. *Du liebst Konflikte geradezu, weil jeder Konflikt es ermöglicht, unterschiedliche Perspektiven zu integrieren und zu einer Wahrnehmung höherer Qualität zu gelangen.* Und damit brauchst du zur Auflösung der sonst oft unterschwellig moderndern Konflikte keine Kraft mehr.«

»Puuh, davon fühle ich mich aber noch ein Stück weit entfernt«, schüttelte Jan den Kopf. »Ängste, Schmerzen und Konflikte nicht nur durchzustehen, sondern zu suchen und gar zu lieben, ist echt krass.«

Thomas stimmte zu: »Ja, das braucht noch einige Zeit des Trainings. Dennoch bist du bereits auf dem Weg, sonst würden wir nicht über das Unternehmer-Budō sprechen. Der Wechsel der Identitäten wird dir beim Training helfen. Was aus der einen Identität wie ein Konflikt aussieht, ist in der anderen Identität vielleicht Weiterentwicklungspotenzial eures Team-Flows. Wenn du die Grundlage verstanden hast, ist das alles keine Raketentechnik – nur konsequentes Training.«

»Und wie trainiere ich das?«

»Eine einfache Möglichkeit[106] ist, jeden Tag bewusst eine Aufgabe zu suchen, die Mut erfordert.«

»Das kommt dann wohl in mein Gewohnheiten-Backlog«, lachte Jan. »Lass uns zum nächsten Element des Unternehmer-Budō kommen.«

7.1.5 Integrität und Standards

»Dann lass uns das fünfte Element anschauen«, fuhr Thomas nach einer kurzen Pause fort.

»Du meinst den Film?«, grinste Jan.

»Heute nicht«, musste Thomas schmunzeln. »Obwohl Bruce Willis ja cool ist. Aber wenn wir schon beim Film sind: Kennst du das Modell der Archetypen?«

»Ja, Wolfgang hat ganz zu Beginn drüber gesprochen. Er sprach von den Archetypen des Diebs und des guten Königs. Der Dieb steht nie zu seinem Wort. Er mogelt sich durch, vor allem, wenn es unangenehm wird. Wenn er erwischt wird, sind die anderen schuld. Und sowieso sei, meint er, ein bisschen Umverteilung in die eigenen Taschen ja gerecht. Damals fand ich das krass. Ich hatte mich angegriffen gefühlt.

Aber mittlerweile kann ich das nachvollziehen. Ich habe Mitarbeitern das Vertrauen ausgesprochen und wieder entzogen. Ich habe ver-

106 Weitere Möglichkeiten lernst du bei unserem zweijährigen Unternehmertraining: www.uc-link.com/unternehmertraining.

sucht, mich in meiner Partnerschaft durchzumogeln. Und ich habe Überbrückungsgelder vom Staat angenommen, die mir zwar wegen Corona rechtlich zustehen, aber mich dennoch wohlhabender gemacht haben als zuvor. Obwohl meiner Meinung nach der Staat zwei Drittel seines Haushalts völlig falsch einsetzt und verschwendet und es einfach wäre, mir mental eine Welt zu erschaffen, in der ich der Gute und der Staat der Verblödete ist, fühlt es sich für mich dennoch nicht richtig an. Ich bin am überlegen, diese Gelder zurückzuzahlen.«

»Wow«, nickte Thomas anerkennend.

»Warte mal«, unterbrach Jan und holte sein Handy heraus. Die folgende Debatte mit seinem Finanzberater war kurz und heftig. Am Ende gab Jan einfach den Auftrag, dass er recherchieren solle, wie diese Gelder am besten zurückgegeben werden können. Jan spürte in sich hinein und nahm wahr, wie Kraft und Klarheit in ihm entstanden. Er fühlte Stolz.

»Cool, dass du das angehst«, unterstützte Thomas anerkennend. »Genau darum geht es beim fünften Element: um die Integrität. *Wir machen das Richtige, nicht das Einfache oder Vorteilhafte oder Nützliche.* Die rein Erfolgsorientierten halten dich dann für bescheuert! Und reden sich damit raus, dass doch alle den Staat ausnutzen. Aber wir Schwarzgurt-Unternehmer sind nicht alle. Das konntest du eben nur tun, weil du dein altes oberstes Ziel mit den 8,5 Millionen innerlich schon lange losgelassen hattest.

Wir stehen zu unserem Wort. In allen Lebensbereichen.«

Jan dachte einige Zeit nach. »Deswegen haben wir die Integrität auch schon bei den Gewohnheiten trainiert. Wer eine neue Gewohnheit annehmen will und sich dann herausredet, wenn er es nicht hinbekommt, der belügt sich selbst. Und damit schwächt er sich jedes Mal. Wir sind zwar mitfühlend mit uns, weil wir nie 100 Prozent schaffen, aber wir nähern uns dem an und 95 Prozent sind machbar. Wir trainieren also täglich Verbindlichkeit und Selbstdisziplin und damit Integrität. Gibt es noch andere Trainingsfelder?«

Thomas nickte: »Jedes Spiel braucht Regeln und Standards – sonst wird daraus kein Spiel. Du willst Team-Flow? Dann musst du dafür ein paar Standards festsetzen. Zum Beispiel, dass jeder Konflikt direkt von den Beteiligten innerhalb von drei Tagen geklärt wird. Oder dass jeder die Pflicht hat, sofort zu unterbrechen, falls über einen Dritten gelästert wird. Oder dass niemand ungerechtfertigt kritisiert wird – wie damals Sabrina von Joachim. Oder dass sich alle verbindlich verhalten. Oder dass die Arroganz einzelner Personen, die glauben, über den anderen zu stehen, sofort angesprochen und unterbunden wird. Oder dass ein Flow-Team 20 Prozent Rendite vom Rohertrag macht.[107] Sorg aber dafür, dass die Regeln überschaubar bleiben.«

»Kommt in mein Backlog«, lächelte Jan.

Thomas fuhr fort: »Der Leader, egal ob nun Unternehmer oder angestellte Führungskraft, hat den Job, für die Einhaltung dieser Regeln zu sorgen. Und zwar sofort, direkt und klar. Vor allem auch dann, wenn es gegen seine persönlichen Interessen gehen würde. Das ist dann Integrität.

Am einfachsten geht das, indem du in eine Identität gehst, die an den Archetyp des guten Königs angelehnt ist. Dieser ordnet sich voller Hingabe und Demut dem Wohl seines Reichs unter. Und er schafft den Rahmen, dass die Menschen in diesem Reich sicher leben, lieben und wachsen können. Wenn du dich damit identifizierst, weißt du eigentlich immer, was zu tun ist. Du kannst also erst ab Stufe drei der Selbstbestimmung wirklich integer handeln.

Lass uns aber noch einen letzten Punkt bei der Integrität ergänzen: Hohe Ziele sind ein zweischneidiges Schwert!«

»Du meinst wegen dem Weg- und Ziel-Ding und dem Ziele-Paradox?«, wollte Jan wissen.

»Deswegen natürlich auch«, grinste Thomas. »Aber noch mehr aus einem anderen Grund. Sie machen Integrität für alle sehr viel schwerer. Hast du hohe Ziele, führen diese zu innerem Stress. Dein Stress führt dann zu Druck bei Mitarbeitern. Dieser führt zu Angst und Unsicherheit und dann sind nicht nur Flow und Vertrauen vorbei, sondern es werden auch essenzielle Informationen zurückgehalten oder es wird gar betrogen. Letztlich war die Ursache für zum Beispiel den

---

107 Das Rendite-Thema scheint oberflächlich betrachtet herauszufallen, aber ein Flow-Team, das keinen Gewinn macht, kann sich selbst nicht erhalten und wird auch auseinanderfallen. Deshalb braucht es diesen Standard auch.

Dieselskandal bei VW[108] oder das AKW-Unglück in Fukushima[109] auf Stress der Führenden zurückzuführen, die diesen Stress in die Organisation trugen.

Vor diesem Hintergrund sind hohe Ziele ein zweischneidiges Schwert, da sie immer auch Stress auslösen. Und Stress hat einen Kipppunkt: Ich brauche einen gewissen Grad von Stress, um in den Flow-Kanal zu kommen. Wird er jedoch zu groß, lande ich mit meinem Team in der Panikzone. Und in der Stress- und Panikzone verhält sich normalerweise kaum mehr jemand integer.«

»Das ist letztlich auch der Grund«, überlegte Jan, »warum nicht nur Unternehmer, sondern die meisten Menschen auf der Welt ihr Unternehmen oder ihren Staat ausnutzen, wo sie nur können. Sie bringen sich selbst durch ihre Wünsche und Ziele in Stresssituationen und können sich nicht mehr richtig verhalten. Das mit der Integrität scheint mir ein lebenslanger innerer Kampf zu sein.«

»Ja, aber einer mit unglaublicher Strahlkraft nach außen. Warum, meinst du, hatten Gandhi oder Nelson Mandela so starken Einfluss? Weil jeder wusste, dass sie sich richtig verhalten werden. Nicht ein Mal, sondern dauernd. Auch wenn sie dafür ins Gefängnis mussten.«

---

108 Martin Winterkorn wollte – unter Druck von Börse und Piëch – unbedingt größter Automobilhersteller der Welt werden. Dazu mussten sich die Dieselverkäufe in den USA verdreifachen. Kombiniert mit einer Kultur der Angst und der technischen Unmöglichkeit, die Zielvorgaben umzusetzen, wurde eben das Schummeln gewählt. Genaue Story in Edmondson: Die angstfreie Organisation.

109 Natürlich hätte der Tsunami nicht verhindert werden können, aber es gab genügend Wissenschaftler und Techniker, die deutlich höhere Staumauern für den Fall eines Tsunami forderten. Aufgrund der hohen Zielvorgaben, sich von fossilen Rohstoffen, die importiert werden mussten, unabhängig zu machen, entstand enormer Druck, der darin gipfelte, dass alle warnenden Stimmen ignoriert wurden. Genaue Story in Edmondson: Die angstfreie Organisation.

7.1.6 Führungsanspruch

»Lass uns das sechste Element anschauen«, schlug Jan vor.

»Ist das die Fortsetzung mit Bruce Willis?«, zwinkerte Thomas ihm zu.

»Nein, meine Neugier«, lächelte Jan. »Also schieß schon los!«

»Okay, wir sind Unternehmer und haben nicht nur eine Verpflichtung, zu führen, sondern wir haben einen Führungsanspruch«, begann Thomas. »Wir stehen vor uns selbst und vor anderen zu diesem Anspruch. Und wir verdienen uns diesen aus fünf Gründen.

Erstens, weil wir wertvolle und liebenswerte Menschen sind und uns diesen Wert und diese Liebe selbst geben.

Zweitens, weil wir uns unter etwas Größerem unterordnen und uns damit für das Gute einsetzen. Wir sind bereit, in der Rolle des Führenden unsere Identität zu wechseln und aus der Identität des Ganzen zu handeln. Und halten dadurch den Fokus im ganzen Team.

Drittens, weil wir mehr, klüger und konsequenter trainieren als andere – das bedeutet auch, den eigenen Körper und Geist in den bestmöglichen energetischen Zustand zu bringen und ihn dort zu halten.

Viertens, weil wir uns bewusst am Positiven ausrichten und dies stärken.

Und fünftens, weil wir uns jeden Tag am Unternehmer-Budō ausrichten.«

»So einfach?«, wollte Jan nicht ganz ernst gemeint wissen.

»Im Prinzip ganz einfach zu verstehen«, lachte Thomas. »Nur unendlich schwer umzusetzen. Lass uns zum letzten Element kommen.«

7.1.7 Gemeinschaft

»Welches ist das?«, wollte Jan wissen.

»Das letzte Element macht das Ganze um den Faktor zehn einfacher und schneller. Ohne dieses Element würden praktisch alle Unternehmer am Anspruch der anderen sechs Elemente scheitern. Wir agieren in einer Gemeinschaft nach dem Unternehmer-Budō. Gemeinschaft heißt, dass es nicht nur Wolfgang gibt, der das Ganze inspirierte, oder uns als Trainer, sondern dass alle Unternehmer sich in dieser Gemeinschaft mit ihrer Erfahrung gegenseitig unterstützen.«

»Ja«, spürte Jan in sich hinein. »Das ist das, was ich schon am ersten Abend vor einem Jahr im Hotel zwischen dir, Sofia und Carlos gespürt habe. Ihr wart füreinander da. Ihr wart verbunden. Und ihr habt mich aufgenommen. Ohne euch wäre ich niemals da, wo ich jetzt stehe. Vermutlich auch in zehn Jahren noch nicht. So viel zum Faktor zehn …«

Thomas ergänzte: »Und jedes der anderen sechs Elemente funktioniert in einer Gemeinschaft besser: Die Gemeinschaft kann dich darauf aufmerksam machen, wenn du von der Selbstverantwortung abkommst. Die anderen spüren es, wenn du ausweichst und nicht mutig handelst.

Jeder weist dich darauf hin, wenn du nicht aus Liebe agierst. Ego-Nummern werden sofort aufgedeckt und du bekommst einen Reminder in Demut. Deine Standards und deine Integrität werden von anderen gespiegelt. Und die Entwicklung deines Führungsanspruchs geschieht auch gemeinsam. Allein oder nur mit einem Lehrer ist das nicht möglich.

Allein ein Unternehmen zu betreiben, vielleicht sogar erfolgreich zu sein, das ist was völlig anderes, als Unternehmersein zu leben und zu trainieren. Letzteres geht nur in Gemeinschaft.

Es gibt zwei gute Gründe, warum schon seit vielen Hundert Jahren auch Kampfsport in einer Gemeinschaft, einem Dojo, trainiert wird. Zum einen könntest du beispielsweise Karate auch aus einem Buch lernen. Nur würdest du gar nicht die Motivation aufbringen, das Training über Jahre durchzuhalten. Zum anderen würde dir das Feedback nicht nur des Lehrers, sondern auch all der anderen fehlen. Und das ist als Unternehmer nicht anders. Natürlich kannst du allein ein Unternehmen betreiben, vielleicht sogar erfolgreich sein, aber das ist was völlig anderes, als *Unternehmersein zu leben und zu trainieren*. Letzteres geht nur in Gemeinschaft.«

Jan schwieg lange, bis er sagte: »Jetzt, nachdem ich alle sieben Elemente des Unternehmer-Budō kenne, spüre und weiß ich, dass ich gar nicht mehr auf die klassische Art Unternehmer sein könnte, der einfach nur dem Geld und dem Erfolg hinterherjagt und eigentlich vor der inneren Leere wegläuft. Mein Weg ist der des Trainings, des Team-Flows und der Lebensfreude. Da erlebe ich Sinn und Erfüllung. Der Weg des Unternehmer-Budō ist also der Weg, meine Seele zum Ausdruck zu bringen. Und nicht nur das, sondern ich möchte die Gemeinschaft, die ich von euch erfahren habe, stärken und weitergeben.«

Thomas lächelte: »Respekt für deine Entscheidung. Es gibt da ein paar Unternehmer, die aktuell an demselben Punkt stehen wie du vor einem Jahr. Hilf ihnen, zum Beispiel als Bertram, und über weitere Formen des Weitergebens[110] können wir uns später unterhalten.«

»Gerne«, nickte Jan. »Mir ist klar, dass diese sieben Elemente ein Trainingsprogramm für viele Jahre beinhalten. Kommt in mein Backlog.«

7.1.8 Unternehmer-Budō® für Mitarbeiter

»Ich habe jetzt noch eine Frage zum Unternehmer-Budō: Kann ich diese Grundhaltung auch bei meinen Mitarbeitern trainieren?«

»Was glaubst du?«, gab Thomas lächelnd zurück.

Jan ging einige Sekunden in sich. Schließlich erwiderte er: »Wir haben bei mir nicht mit dem Budō angefangen, sondern ich bin erst jetzt nach einem Jahr so weit. Das wird bei meinen Mitarbeitern genauso sein. Und ich werde ihnen Zeit lassen müssen.

Sabrina zum Beispiel hat kürzlich großen Mut gezeigt, als sie mit einem persönlichen Thema und einem nicht ganz so positiven Feedback an mich zu mir kam. Und seit sie beginnt, ihren Schatten zu integrieren, hat sie auch Zugang zu Liebe, Hingabe oder Demut. Auch den Führungsanspruch hat sie. Bei der Selbstverantwortung schiebt sie die Schuld noch öfter mal auf mich und mit der Integrität steht sie noch am Anfang. Aber ich glaube, sie könnte all das auf sich übertragen und sie würde es auch wollen.

---

110 Bei Unternehmercoach sind fast alle Coaches ehemalige Kunden, die das Unternehmertraining durchlaufen haben und deren Motiv in der Tat das Weitergeben ihrer Erfahrung ist. Natürlich bekommen sie dafür auch Geld, aber in den allermeisten Fällen verdienen sie im eigenen Unternehmen viel mehr, als sie im Coaching je verdienen könnten.

Die anderen sind noch weiter weg. Katharina macht zwar einen super Job, aber ich glaube aktuell nicht, dass sie das Budō annehmen könnte und wollte. Ich glaube, sie ist oft noch zu unsicher und hat Angst. Auch Wim macht einen super Job, aber auch bei ihm glaube ich, dass sein Wunsch zu experimentieren noch vor allem anderen steht. Und Birgit? Sie ist ebenfalls voll dabei, aber aktuell scheint sie eher noch auf der Erfolgsschiene unterwegs zu sein. Ich befürchte, sie würde das Budō nicht verstehen oder sich – zumindest jetzt – für die andere Seite entscheiden.«

»Siehst du«, lächelte Thomas, »du kannst dir die Antworten selbst geben. Und damit weißt du selbst schon sehr genau, wo der nächste Entwicklungsschritt bei deinen Mitarbeitern liegt, und auch, wo sich eventuelle Konflikte auftun werden. Du brauchst mich gar nicht mehr dazu. Aber deine Frage mit den Mitarbeitern war ungemein wichtig. Sie hilft dir zu erkennen, ob irgendein Unternehmer nur für seinen Ego-Erfolg arbeitet oder den Weg des Unternehmer-Budō geht.«

»Wie meinst du das?«, wollte Jan wissen.

»Nun, die meisten Ego-Unternehmer sind recht gut darin, dir zu verkaufen, dass sie nur für dich da sind, obwohl es in Wahrheit nur um ihren Erfolg geht. Hör ihm gar nicht zu, sondern teste seine Mitarbeiter. Wollen sie dir helfen oder wollen sie verkaufen? Ordnen sie sich etwas Größerem unter? Wirken sie integer? Spürst du den Team-Flow? Oder nur Verkaufsdruck? Dann weißt du Bescheid. Schwarzgurt-Unternehmer haben nach einiger Zeit ein Team, bei dem sich die meisten gemäß des Budō verhalten.«

Jan nickte: »Guter Gedanke, um mittagessen zu gehen.«

7.2 Flow von innen nach außen

7.2.1 Die nochmalige Zielgruppeneingrenzung

Nach dem Mittagessen kam Thomas auf die Themen des Morgens zurück: »Wir besprachen das Unternehmer-Budō als Kodex, um nie wieder in alte Muster zurückzufallen. Merk dir am besten den Satz von

Bruce Lee: ›Wir entwickeln uns nicht auf unser Ziel-Level, sondern wir fallen auf unser Trainings-Level.‹ Wer aufhört zu trainieren, landet wieder da, wo er war – egal, wie sehr er Schwarzgurt-Unternehmer sein will.«

Jan ließ diesen Satz auf sich wirken und schrieb ihn auf. Dann fuhr er fort: »Wir wollten heute Morgen außerdem noch ein neues Teamziel finden, um zukünftigen Team-Flow sicherzustellen. Vielleicht können wir ja dieses Mal die Kundenzufriedenheit nehmen – die hatten Wolfgang und ich bei unserem Coaching zum Team-Flow damals zurückgestellt. Und die Werte gehen ja auch wieder runter. Wir müssen unsere Leistung noch weiter optimieren. Nur habe ich zugleich das Gefühl, da wird mein Team nicht andocken.«

»Vielleicht denkst du zu kompliziert«, warf Thomas kopfschüttelnd ein. »Und vielleicht suchst du an der falschen Stelle. Erinnerst du dich daran, als ich dir erklärt hatte, dass die Zielgruppe so groß sein sollte, dass du mit ihr vielleicht zehnmal mehr Umsatz machen kannst als jetzt bei Vollauslastung? Mein Gefühl ist, dass deine aktuelle Zielgruppe immer noch viel zu groß ist.«

»Du meinst«, gab Jan, bei dem eine Mischung aus Angst und Freude aufstieg, »ich sollte meine Zielgruppe noch mal verkleinern? Auf Bio-Hacker zum Beispiel? Geht das?«

»Hätte den Vorteil, dass diese Zielgruppe mit eurer Leistung megahappy wäre und ihr nicht mehr viel verändern müsstet. Wie groß und wie zahlungskräftig ist die Szene?«

»Sie ist stark wachsend und gerade in den USA, wo die Bewegung herkommt, sind es vor allem reich gewordene Entrepreneure, die sich damit beschäftigen. Einige deutsche Gründer waren jetzt bei uns auch da. Ich glaube, da ist Geld, aber ich weiß es nicht«, erwiderte Jan.

»So wie ich deine Marketingleiterin Sabrina einschätze, hat sie das schon längst recherchiert – du weißt es nur noch nicht«, lachte Thomas.

»Das wäre echt mega«, kam Jan in Fahrt. »Bio-Hotels gibt es schon einige. Aber wir könnten den Rockstrohhof zum ersten Bio-Hacker-Hotel Deutschlands machen. Die Leistung würde sich so dramatisch von allen anderen Hotels in Deutschland abheben, dass wir keine Konkurrenz hätten. Zum Beispiel könnten wir noch Höhentrainings-

Geräte im Spa anbieten oder auf den Zimmern Rotlichttherapie statt Glotze. Eine spezielle Bücherauswahl mit Größen der Szene wie Dave Asprey, David Sinclair, Bryan Johnson, Tim Ferris oder Joel Greene auf den Zimmern und vieles mehr.

Und wir hätten ganz nebenbei das Problem mit der Kundenzufriedenheit gelöst. Außerdem könnten wir dann die Preise anheben. Damit wären sowohl Inflation als auch Mehrkosten wegen der dramatisch höheren Lebensmittelqualität mehr als ausgeglichen. Das wäre der Hammer! Mein Team wäre da sicher auch dabei. Die haben sich jetzt schon mit den Kongressteilnehmern, die sie kennengelernt haben, auf den Socials verbunden.«

»Stopp!«, unterbrach Thomas lachend. »Für die Zielgruppeneingrenzung brauchst du mich nicht mehr. Das checkst du gemeinsam mit Sabrina. Allerdings habe ich bei dem, was du mir gerade erzählt hast, etwas herausgehört, das dich noch mehr von allen anderen abheben könnte.

Bei vielen Unternehmen hört es damit auf, wenn sie jeweils einzelne Kunden glücklich machen. Das, was du eben geschildert hast, scheint aber der Kern einer Community werden zu können. Vor allem, wenn sich die Community schon von allein zu bilden beginnt. Und wenn du Teil einer Community bist, ändert sich alles.

Du erzeugst dann nicht nur den Team-Flow in deinem Team, sondern den übergreifenden Group-Flow mit deinen Kunden. Und dann befreunden sich deine Kunden mit deinen Mitarbeitern und die Bindung nimmt fanartige Züge an. Manchmal fast religiös. Apple hatte so was in den 80ern. Da hießen dann die Partner-Manager nicht Partner-Manager, sondern Software-Evangelisten.

Du bist dann nicht einfach Dienstleister für die Veranstalter, sondern Partner für die Veranstalter und deren Kunden. Du brauchst dir dann um Vertrieb nie wieder Sorgen zu machen. Deine Kunden verkaufen für dich.«

»Klingt mega«, erwiderte Jan. »Aber was machen wir mit den anderen Kunden? Die werden ja noch unzufriedener.«

»Erstens brauchst du sie nach einer gewissen Übergangszeit nicht mehr, zweitens gibt es sicher einige, die neugierig werden, wenn ihr euch als erstes Bio-Hacker-Hotel bezeichnet. Und drittens, das weißt du ja schon, ist eine gewisse Angst vor diesem Schritt gut. Zum einen seid ihr als Team dann voll wach. Zum anderen ist es ein geiler Konkurrenzschutz: Die meisten Wettbewerber werden sich nicht trauen, so konsequent zu sein. Dieses Strategie- und Community-Projekt könnte das Anschlussprojekt sein, damit der Team-Flow jetzt nach der Konferenz nicht wieder in sich zusammenbricht.«

Jan dachte einen Moment nach: »Das wäre echt mega. Katharina wäre sofort dabei, weil mit dieser Zielgruppe ihr Problem mit den preissensitiven Kunden komplett verschwinden würde. Wim wäre dabei, weil er dann experimentieren könnte. Lea, Birgit und Sabrina sind sowieso dabei. Ich glaube, die Energie würde sofort wieder ansteigen! Dann muss ich aber noch wissen, wie ich eine Community aufbaue und Group-Flow erzeuge.«

»Das machen wir jetzt«, stimmte Thomas zu. »Zuerst gibt es vier Flow-Arten. Die haben wir alle schon mal erwähnt: Individueller Flow, Team-Flow, Customer-Flow und Group-Flow. Individuellen Flow und Team-Flow haben wir schon durch. Beim Customer-Flow geht es darum, einzelne Kunden in den Flow-Zustand zu bringen.«

»Da nutze ich dann im Wesentlichen dieselben Methoden wie beim individuellen Flow?«, fragte Jan.

»Genau. Du sorgst dafür, dass zum Beispiel der jeweils nächste Schritt für den Kunden immer klar ist. Lediglich beim Thema ›Anforderungen etwas größer als Fähigkeiten‹ musst du ein wenig kreativ sein. Denk mal an einen Freizeitpark. Wenn du da nur die einfachsten Fahrgeschäfte anbietest, wird's langweilig. Das heißt, du musst verschiedene Level einbauen.«

»Dazu brainstormen wir mal. Wird uns bestimmt was einfallen, wie man das übertragen kann.«

»Das ist übrigens dann deine nächste Aufgabe in deiner täglichen Strategiezeit. Wenn die Zielgruppe, das brennendste Problem und alle anderen Strategiethemen einigermaßen funktionieren, kümmerst du dich um den Customer-Flow. Und danach kommt dann der Group-Flow. Ich zeichne dir hier mal die Beziehungen auf.

Flow geschieht immer von innen nach außen. Es beginnt damit, dass du selbst in den Flow kommst. Erst dann kannst du glaubwürdig dein Team mitnehmen. Und erst wenn dein Team glaubwürdig im

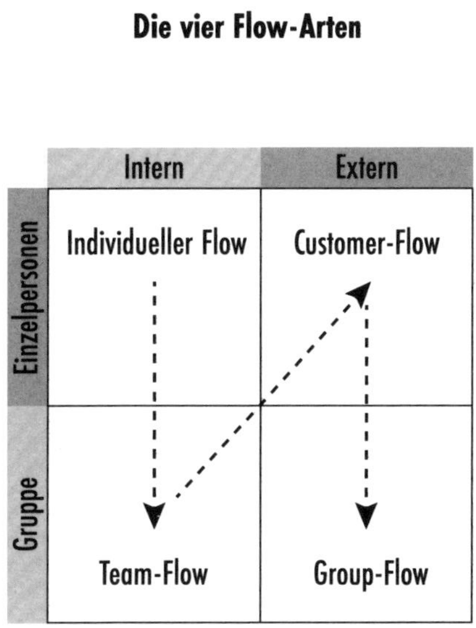

Flow ist, kannst du Kunden mitnehmen. Und diese dann wiederum die Noch-nicht-Kunden, die sie kennen.

Natürlich kannst du versuchen, Flow-Techniken ohne Team-Flow beim Kunden einzusetzen. Zum Beispiel könntest du statt eines klassischen Sales-Funnel Storytelling einsetzen und so dem Kunden die Kontrolle zurückgeben, statt zu versuchen, ihn fernzusteuern.[111]

Solche Techniken sind schon mal gut. Aber spätestens, wenn der Kunde mit einem Menschen in Kontakt kommt – bei Vertrieb, Leis-

111 Bei einer Story kann der Leser oder Hörer selbst entscheiden, ob er sich mit dem Helden identifizieren will oder nicht. Er behält die Kontrolle. Kann man in unserem Seminar Storytelling, das wir seit 2009 anbieten, lernen. Ein Teilnehmer, der schon viele Storytelling-Seminare besucht hatte, beschrieb mir mal den Unterschied wie folgt: »Nach den anderen Storytelling-Seminaren wusste ich, was Storytelling ist und wie es geht. Nach eurem Seminar konnte ich Storytelling.« Das Storytelling-Seminar ist auch Teil des zweijährigen Unternehmertrainings. www.uc-link.com/storytelling

tungserbringung oder Service –, entscheidet sich, ob wirklicher Customer-Flow entsteht. Das geht nur mit einem Flow-Team. Und das geht dauerhaft nur mit einem Flow-Unternehmer.«

Jan nickte: »Okay, das ist nachvollziehbar. Deswegen sind wir mit dem Team-Flow und dem roten Training noch nicht fertig, sondern in gewissem Sinne beginnt die Magie erst hier, richtig?« Thomas nickte.

7.2.2 Group-Flow

7.2.2.1 Die Bedeutung des Group-Flows

Thomas fuhr fort: »Lass uns mit dem Group-Flow beginnen. Zu Beginn möchte ich dir dessen Bedeutung nahebringen. Zuerst in einem negativen Sinne. Es gibt Angebote, die müssten eigentlich unter das Betäubungsmittelgesetz fallen, weil sie so süchtig machen. Das sind zum Beispiel Social Media und Massive-Multiplayer-Onlinespiele (MMO). Sie nutzen die größte Sehnsucht der Menschen, die nach Zugehörigkeit, schamlos aus. Menschen gehören in MMO zum Beispiel Gilden an und werden mit diesen gemeinsam erfolgreich. Irgendwann sind sie anderen Mitspielern dann Gefallen schuldig und melden sich deshalb nicht ab. Sie beginnen sich mit ihrer Gilde zu identifizieren, und wenn du manchmal epische (Verbal-)Schlachten bei solchen Games verfolgst, dann kannst du eigentlich nur den Kopf schütteln.«

»Habe ich auch gemacht, bevor ich euch kennenlernte«, gab Jan zu.

»Ich auch«, lachte Thomas. »Wie sonst sollte ich dir jetzt glaubwürdig davon erzählen? Aber der entscheidende Punkt ist: Du bekommst keine Zugehörigkeit! Du hast die anderen Menschen nie gesehen. Es ist Ersatz! Um was es beim Group-Flow geht, ist echtes Erleben! Voller Verbindung, mitgestaltet, ekstatisch …«

»Wie unsere Loveparade-Touren«, lächelte Jan.

»Exakt!«, stimmte Thomas zu. »Oder wie Konzerte und Festivals, Clubs, oder ganz selten Seminare.[112] Die größte fehlende Zutat, nach

---

112 Sieh dir dazu unser Grand-Canyon-Video www.uc-link.com/grand-canyon oder unser Video zu dem Seminar »Der Weg zum erfolgreichen Unternehmer« an: www.uc-link.com/weg-seminar.

der sich jeder immer noch sehnt, ist die echte, ehrliche Gemeinschaft. Und darum geht es beim Group-Flow.«

»Dann wäre ich wirklich beim Ausgangspunkt, an dem ich vor einem Jahr mit Wolfgang gestartet bin, angelangt«, leuchteten Jans Augen auf. »Wir hätten nicht nur einen einmaligen Kongress, sondern eine permanente Loveparade voller Lebensfreude im Hotel. Aber wie soll das aussehen?«

7.2.2.2 Der Unterschied zwischen Team- und Group-Flow

»Lass uns zuerst die prinzipiellen Unterschiede zwischen Team- und Group-Flow klären«, fuhr Wolfgang fort. »Um diese deutlich werden zu lassen, nimm als Team-Flow-Bilder einfach mal die deutsche Fußballnationalmannschaft beim WM-Gewinn 2014 oder dein derzeitiges Führungsteam. Und als Group-Flow-Bilder die Fans bei der WM oder die Kunden bei deinem Kongress. Dann sehen wir recht schnell Unterschiede, ich schreibe sie mal auf.«

	Team-Flow	Group-Flow
Bezahlung	Der Leader – bzw. in letzter Instanz der Projektkunde – bezahlt die Mitglieder.	Die Mitglieder bezahlen selbst.
Anliegen und Ziel	Beides. Alle müssen mitwirken, um das Ziel zu erreichen	Nur Anliegen. Um das Anliegen zu erfüllen, müssen nicht alle mitmachen (im Club müssen nicht alle tanzen, damit Flow entsteht).
Folge von Ziel und Anliegen	Team ist nur so stark wie schwächstes Glied. Manchmal entstehen deshalb Konflikte oder werden Konsequenzen gezogen.	Jeder agiert auf seinem Fähigkeits-Niveau (es müssen nicht alle wie John Travolta tanzen).

	Team-Flow	Group-Flow
Ausrichtung und Orga	Gemeinsame Vision, Strategie, Projektpläne usw.	Weitestgehend vom Veranstalter vorgegebener Ablauf
Mitwirkungsmöglichkeiten	Abgesehen von der Grundausrichtung, die Kunde und Leader bestimmen, weitestgehende Mitwirkungsmöglichkeiten	Nur begrenzter Einfluss
Zusammenstellung	Teammitglieder werden von der Führung gezielt für eine Rolle/Aufgabe gesucht.	Wer mitmachen will, macht (bis auf Ausnahmen wie Einlasskontrolle) mit.
Folge der Zusammenstellung	Teammitglieder sind idealerweise sehr gut aufeinander abgestimmt.	Gruppen sind bunt und vielfältig.
Regeln und Kultur	Ausgeprägte, komplexe Kultur und Regeln	Nur sehr wenige klare Regeln (wer prügelt, fliegt aus dem Club …) und manchmal ausgeprägte Kulturen (Fan-Clubs von Fußballvereinen)
Führungsstile	Meist klare und direkte Führung in Bezug auf Vision, Kultur, Finanzrahmen, Anliegen und Ziel. Großer Freiraum bei allen anderen Entscheidungen	Abgesehen von Regelverletzungen (Rauswerfer) sehr indirekte Führung. Zum Beispiel durch die Reihenfolge der Playlist oder durch Nudges (s.u.)

Wenn du dir das also genau anschaust, dann sind das von der Funktionsweise und inneren Architektur zwei völlig unterschiedliche Arten von Gruppen, die komplett anders geführt werden müssen.«

Jan nickte: »Die Gruppe, die damals die Loveparade-Fahrten organisierte, war im Team-Flow. Die Teilnehmer jedoch waren im Group-Flow. Wenn etwas nicht funktionierte, bin ich auch ganz anders auf

Mitglieder beider Arten von Gruppen zugegangen. Krass! Ich hätte den Unterschied in der Funktionsweise der Gruppen gar nicht gesehen.

An welchen Stellen wirkt sich das jetzt auf den Flow in der Gruppe aus? Moment, ich hole hier noch mal die Einflussfaktoren auf den Team-Flow heraus, die mir Wolfgang erklärt hat:

Einflussfaktoren des Team-Flows

- Gemeinsames Ziel und Anliegen
- Die individuellen Flow-Kanäle
- Sicherheit und Vertrauen
- Aufeinander einschwingen und Kommunikation
- Identität
- Umgebung und Kontext
- Feiern
- Regeneration
- Das Erleben

Wollen wir die im Einzelnen in Bezug auf mein Hotel durchgehen?«

7.2.2.3 Nutzung der Unterschiede für den Group-Flow

»Gerne« nickte Thomas.

»Lass uns mitten rein springen, nämlich zur **Identität**. Ohne die ist der Rest kaum zu verstehen. Aktuell seid ihr ein Hotel. Du bist bislang Hotelbetreiber. Wenn es dir wirklich ernst ist, dann bist du danach kein Hotelbetreiber mehr, sondern der Hub einer Community. Das wird was völlig anderes.«

»Krass«, entfuhr es Jan nach einem kurzen Moment. »Diese neue Identität ändert ja alles! Wir brauchen eine Onlineplattform, auf der sich die Community verbinden kann. Ich könnte einen Bio-Hacker-Podcast starten. Wir bieten nicht mehr nur getrennten Veranstaltern Seminarräume, sondern wir bringen diese und die Teilnehmer unterschiedlicher Veranstaltungen zusammen und integrieren sie.

Wir wären dann kein Dienstleister mehr, sondern Partner. Und wenn wir Partner sind, dann müssten wir einen völlig neuen Umgang mit den Veranstaltern etablieren. Wir müssten ihnen den Nutzen dieser Änderung transparent machen, zum Beispiel durch Unterstützung bei der Kundengewinnung durch unsere Community. Und um bekannt zu werden, müssen wir zu Beginn bei allen unseren Bio-Hacking-Kunden via Newsletter als DAS Bio-Hacking-Hotel und später als DER Bio-Hacking-Hub präsent sein.«

»Mächtiges Tool, diese Identitäten«, grinste Thomas. »Da ist aber noch ein weiterer Aspekt in Bezug auf die Identitäten. Und der ist etwas diffiziler. Nicht nur du, dein Team und dein Hotel müssen die Identität wechseln, sondern eure Kunden auch: Bislang umfasste ihr Horizont ihre Veranstaltung und ihre Kunden. Dein Ziel ist, das so zu verändern, dass sie und ihre Kunden Teil einer größeren Community sein *wollen*.«

»Und wie mache ich das?«, wollte Jan wissen.

»Im Detail wirst du das mit deinem Team selbst ausarbeiten müssen, aber ich gebe dir ein paar Ideen. Du erklärst schon im Erstgespräch mit potenziellen Veranstaltern aus dieser Zielgruppe, dass ihr der Bio-Hacking-Hub seid und dass ihr zu ihrem Erfolg mit beitragt.

Du erklärst, dass euer Team-Flow zu einem völlig anderen Veranstaltungserleben beiträgt, nennst konkrete Beispiele und was der Nutzen daraus für den Veranstalter ist. Und wenn die Veranstaltung dann vor Ort stattfindet, macht ihr das nochmals, weil oft die Leute, die die Veranstaltung organisieren, und die Seminarleiter unterschiedliche Personen sind. Ihr braucht sie alle an Bord.

Und die, die vor Ort sind, nehmt ihr so in eure Gemeinschaft auf, dass sie vor Ort den Team-Flow spüren. Oft sind sie zum Beispiel schon am Vorabend im Hotel. Macht da was Gemeinsames mit ihnen – einerseits organisiert ihr den Aufbau als Erlebnis eines gemeinsamen Teams, andererseits ladet ihr die Veranstalter hinterher zum Essen ein und lasst sie eure Energie erleben. Und über das Erleben ändert sich die Identität.«

»Okay, da fällt uns sicher eine Menge ein«, stimmte Jan zu. »Aber krass, wie solche einfachen Shifts im Denken zu völlig neuen Angeboten führen können.«

Thomas nickte: »Lass uns nun zum **Ziel und Anliegen** kommen. Ein gemeinsames Ziel in dem Sinne, dass alle mitwirken müssen, um das Ziel zu erreichen, gibt es beim Group-Flow eher selten. Aber die Kunden kommen zu einem Group-Flow-Event aus einem bestimmten Anliegen.«

»Das ist, da ich mich jetzt auf Veranstalter von Bio-Hacker-Events konzentriere, ziemlich klar«, erwiderte Jan. »Sie wollen lernen und sich austauschen. Sie wollen physisch und mental die bestmögliche Version ihrer Selbst werden. Um ihr Leben in einer anderen Intensität zu leben. Und das wiederum kann ziemlich gut an mein Lebensfreude-Thema andocken.«

»Das Anliegen ist also eine Kombination aus Verbindung mit anderen und Wachstum«, stimmte Thomas zu. »Und nun ist es deine Verantwortung, attraktiven und engagierenden Inhalt anzubieten, um dieses Anliegen bestmöglich zu erfüllen.«

»Moment«, unterbrach Jan. »Wir machen die Veranstaltungen ja nicht selbst. Das machen die Veranstalter. Wir bieten nur den Rahmen ...« Und hier unterbrach sich Jan selbst. »Halt, mit unserer neuen Identität des Bio-Hacking-Hub machen wir viel mehr. Wir könnten im Sommer, wenn – falls das klappen sollte – Bio-Hacker bei uns Urlaub machen, diesen Urlaub durch Veranstaltungen, die wir organisieren, aufwerten. Für unsere Kunden ist das megaspannend und für die Veranstalter ein neuer Vertriebskanal.

Und wenn wir beginnen, uns damit zu beschäftigen, dann gewinnen wir auch Informationen darüber, welche Art von Inhalt und Präsentation für die Zielgruppe am spannendsten wird. Mit diesem Wissen können wir uns den Veranstaltern wieder ganz neu als Partner präsentieren.«

Thomas lächelte: »Du siehst, dass du letztlich überall selbst weitermachen kannst, wenn du mal ein paar Start-Ideen hast. Und du beginnst, nicht nur Räume, Essen, Betten und Technik zur Verfügung zu stellen, sondern du erfüllst das gemeinsame Anliegen deiner Gäste und verbindest sie damit.

Lass uns zum nächsten Einflussfaktor kommen, den **individuellen Flow-Kanälen**. Auch das ist wieder etwas diffiziler. Im Team hast du da ganz andere Führungsmöglichkeiten. Du kannst ein Teammitglied einfach an eine Position verschieben, wo für dessen Fähigkeit der richtige Flow-Kanal liegt. Oder du kannst das Teammitglied trainieren. Das kannst du beim Kunden eher nicht. Und da Kunden unterschiedliche Fähigkeiten mitbringen, brauchst du unterschiedliche Herausforderungen.«

»Du meinst das Beispiel mit dem Freizeitpark vorher? Wie kann ich so was im Hotel anwenden?«

»Du meinst im Bio-Hacker-Hub?«, grinste Thomas.

»Klar«, schlug sich Jan an den Kopf. »Das ändert natürlich auch hier alles. Manche könnten als Experten bei einem Podcast dabei sein, andere könnten Fragen in einer Community beantworten und wieder andere ihre Erfahrungen beisteuern. Und beim Ausleben des Bio-Hacking im Hotel können sich ebenfalls alle gegenseitig bereichern – beim Sport, in der Kältesauna, bei der Ernährung.«

»Moment«, unterbrach Thomas. »Bei der Ernährung seid ihr mit eurer Küche ja auch Experten. Könnt ihr das mit Herausforderungen, Lernmöglichkeiten oder Aufgaben verbinden? Ist zwar völlig abgefahren, aber ich war mal auf einem Seminar als Teilnehmer, da gab es als Aufgabe, seinen Buddy mit seinem Lieblingsessen vom Buffet zu füttern. Führte zu Interaktion, Achtsamkeit und jeder Menge Spaß.«

»Klingt witzig«, lachte Jan. »Habe aber meine Zweifel, ob sich das direkt übertragen lässt. Aber aus dem Essen ein soziales Event mit der einen oder anderen lustigen Herausforderung zu machen, statt die Leute einfach stupide Zeug in sich hineinschaufeln zu lassen, sollte schon gehen. Ich denke, Wim und auch dem Service wird dazu was einfallen.«

»Vielleicht noch ein Punkt dazu. Wir können die Gäste ja nicht so direkt führen wie die Mitglieder eines Teams. Als Methode bietet sich hier Nudging[113] an. Nudging ist ein Konzept der Verhaltensökonomie. Es zielt darauf, Menschen zu ermutigen, Entscheidungen zu treffen, die in ihrem besten Interesse sind, ohne ihnen jedoch spezifische Vorschriften zu machen. Es geht also – zumindest ursprünglich – nicht um Manipulation.

---

113 Richard H. Thaler, Cass R. Sunstein et al: Nudge. Wie man kluge Entscheidungen anstößt.

Ein ›Nudge‹ ist nun ein ›sanfter Schubs‹. Dieser lenkt Entscheidungen in eine bestimmte Richtung, ohne dabei die Freiheit zu beschränken. Nudging-Techniken basieren auf Erkenntnissen darüber, wie Menschen Entscheidungen treffen und wie sie von bestimmten Kontextfaktoren beeinflusst werden können.

Wenn du also willst, dass die Leute mehr interagieren, stell größere Tische ins Restaurant oder bau irgendwo Sitzecken hin. Wenn du willst, dass die Leute spezielles Bio-Hacking-Food essen, stell das weiter nach vorn und mach das Licht, das draufscheint, heller und wärmer.«

»Verstanden«, nickte Jan. »Auch dazu fallen uns eine Menge Möglichkeiten ein.«

»Gut«, fuhr Thomas fort, »dann lass uns zu **Sicherheit und Vertrauen** kommen. Natürlich gehören da alle Dinge dazu, die eben Sicherheit und Vertrauen einflößen. Authentische und integre Mitarbeiter, ehrlich zu Fehlern zu stehen, Vertraulichkeit und all diese Dinge. Aber ganz wesentlich für den Group-Flow ist, einen sicheren Raum zu schaffen, für diesen einzustehen und ihn zu verteidigen. Im Club musst du dafür sorgen, dass niemand von irgendwelchen betrunkenen Idioten blöd angemacht wird. Und falls das doch geschieht, muss es in Millisekunden unterbrochen werden.«

»Betrunkene Idioten haben wir zurzeit nur noch an den Wochenenden manchmal bei irgendwelchen Familienfeiern. Doch diese Kundengruppe will ich sowieso loswerden«, gab Jan zurück. »Aber etwas softer gibt es Veranstalter, die unglaublich laut sind und andere stören. Oder Kunden, die mit ihren Hummus-Fingern an der Kaffeemaschine im Tagungsbereich rumfummeln, weil sie nicht funktioniert, und dann muss man alles erst mal wieder putzen.«

»Genau da braucht es klare Regeln, die sofort durchgesetzt werden. Zum Beispiel bei der Lautstärke. Oder wieder einen Nudge an der Kaffeemaschine. Kleb da einfach einen QR-Code dran und schreib drunter: ›Kaffeemaschine funktioniert nicht? QR-Code scannen und in max. 60 Sekunden kümmert sich jemand.‹ Ich als Gast würde das machen – schon allein, um zu testen, ob ihr das hinbekommt.«

Jan nickte: »Das heißt, wir müssten uns einfach mal hinsetzen und überlegen, welche Regeln unseren Kunden soziale Sicherheit und Vertrauen geben würden und was wir jeweils tun müssen, wenn dagegen verstoßen wird. Und dann wird das für alle Mitarbeiter geschult.«

»Ja, ist ein Weg. Lass uns zum Punkt **Aufeinander einschwingen und Kommunikation** kommen. Zuerst einmal stellst du dir die Frage nach dem typischen Tagesablauf eines Bio-Hackers.«

»Wann er welchen Sport macht, wann er seinen Bulletproof-Coffee trinkt und solche Sachen?«, fragte Jan.

»Genau«, stimmte Thomas zu. »Und dann baust du da außen herum Events. Also gemeinsamer Kraftsport zu einer bestimmten Zeit. Oder ein Bulletproof-Coffee-Brewing-Event morgens um 6 Uhr. Oder wenn die morgens Podcasts zu Bio-Hacking-Themen hören, dann gibt's um 6:30 Uhr den Bio-Hacking-Podcast im Frühstücksraum mit anschließender Pause, sodass die Leute auch ins Gespräch kommen.

Ihr baut also kleinste, exakt an der Zielgruppe ausgerichtete soziale Events als Anreicherung ein. Damit schafft ihr vor allem auch, dass Teilnehmer unterschiedlicher Veranstaltungen ebenfalls miteinander in Kontakt kommen. Und ihr bietet eine Bereicherung für die Veranstalter selbst – die meisten dürften so klein und teils auch unerfahren sein, dass sie gar nicht auf solche Ideen kommen oder sie von ihren Ressourcen her nicht verwirklichen können.«

»Klingt mega«, nickte Jan. »Ich muss da gerade an Freddie Mercury von Queen denken.«

»Warum?«, wollte Thomas irritiert wissen.

»Schau dir einfach mal Videoaufnahmen von ihm an«, erwiderte Jan. »Der war ein Genie darin, Teilnehmer eines Konzerts zum Mitmachen zu bringen und damit ein gemeinsames Erlebnis zu schaffen. Einfach Gänsehaut, wenn Zehntausende Leute ›We will, we will rock you‹ mitsingen.«

»Wenn dir da Ideen kämen, wie du dieses Modell auf dein Hotel übertragen könntest, wäre das eine Megashow«, stimmte Thomas zu.

»Ach, Ideen sind kein Problem mehr, wenn man mal die richtige Frage gestellt hat«, grinste Jan. »Ich habe aber noch einen Punkt, der vielleicht auch in diese Kategorie passt. Ich würde gerne die Kommunikation zwischen Gästen und Team noch verbessern. Kürzlich beim Kongress war der absolute Hammer, was da entstand, als Mitarbeiter auch die Leerplätze der Veranstalter auffüllen durften.«

»Warum machst du es dann nicht immer so, wenn es inhaltlich passt?«

»Stimmt, das müsste eigentlich gehen« überlegte Jan. »Durch den ersten Teil der Strategieentwicklung haben wir für unsere Veranstalter solch herausragende preisliche Konditionen, dass sie uns bestimmt entgegenkommen. Und wenn wir ihnen dann auch noch den Nutzen erklären, dann sollte das kein Problem sein.

Damit halte ich das Interesse meiner Mitarbeiter an meinen Gästen hoch und sie werden danach zugleich physisch fitter und mental energiegeladener sein. Ich habe nur an einer Stelle Bauchschmerzen.«

»Wo?«, wollte Thomas wissen.

»Na ja, dass die Rollentrennung dann schwierig wird«, überlegte Jan. »Einerseits sind sie Servicekräfte, andererseits Teilnehmer. Wie verhalte ich mich dann in bestimmten Situationen? Und vor allem: Der Bio-Hacker-Bereich ist zurzeit eher noch männlich geprägt und meine Mitarbeiterinnen im Hotel sind überwiegend weiblich. Ich glaube nicht, dass da die Grenzen immer eingehalten werden.«

»Könnte ein Problem werden«, stimmte Thomas zu. »Dem wirst du nie komplett ausweichen können. Was du aber auf jeden Fall machen kannst, ist ein Identitäts- und Verhaltenstraining. Wann bin ich als Mitarbeiterin in welcher Identität unterwegs? Wie gehe ich als Mitarbeiterin damit um, wenn ich als Teilnehmerin in einer Veranstaltung auf X oder Y angesprochen werde? Wie setze ich klare Grenzen?«

»Das dürfte schon helfen«, nickte Jan. »Aber das sollte ich besser mit Birgit besprechen. Sie kann sehr viel besser einschätzen, was da passiert und was wir dann trainieren müssen.«

Thomas stimmte zu und fuhr fort: »Lass uns den nächsten Punkt anschauen: **Umgebung und Kontext**.«

»Das dürfte bei uns recht einfach sein. Wir haben coole Sitzecken, die den Austausch fördern, und eine schöne Umgebung in der Natur, die zum gemeinsamen Laufen einlädt. Kann ich noch was machen?«

»Vor Ort wird dir genug einfallen, aber Kontext in diesem Zusammenhang ist mehr. Der Fußballfan, der im Stadion den Group-Flow erlebt hat, will das ja hinterher mit seinen Freunden, die nicht dabei waren, teilen. Und sie auch begeistern. Das ist zwar im Resultat für den

Anbieter Werbung, aber das ist nicht das Motiv des Fans. Er will sein Erleben über das eigentliche Event hinaus verlängern.

Als ITler fällt mir natürlich als Erstes Apple ein. Als die ihr iPhone rausbrachten, legte das jeder Besitzer stolz vor sich auf den Tisch. Im Meeting oder im Restaurant. Und plötzlich entbrannten Gespräche darüber, die dazu führten, dass der neue Inhaber sein Produkt pries und verteidigte. Jede Art von Batches, Kennzeichnung usw. geht in die Richtung.

Dann kenne ich viele Leute, die, wenn sie von einem Buch begeistert sind, erst mal 50 Bücher kaufen und diese an ihr Umfeld verschenken. Je nach Buch und Umfeld melden sich nach dem Lesen zwischen zwei und zehn Leute und diese tauschen sich dann intensiver über diese Themen aus, was den Flow nochmals verstärkt.«[114]

»Bücher habe ich jetzt aber keine«, überlegte Jan. »Ginge das auch mit dem Bio-Hacking-Podcast, den wir vorher kurz angesprochen hatten? Wenn die Gäste den morgens im Hotel hören, hören sie ihn vielleicht auch zu Hause. Und empfehlen ihn und das Hotel auf den Socials weiter.

Ich wäre beim Podcast der Moderator und lade die ganzen bekannten Bio-Hacker aus der Szene zum Interview ein. Und wenn ich dann eh schon Kontakt mit ihnen habe, kann ich ihnen ja auch nahelegen, eine Veranstaltung bei uns zu machen, und dabei kann ich dann mein Verkäufertalent noch ein bisschen spielen lassen. Damit bin ich klar. Lass uns zum nächsten Punkt kommen!«

»Du willst **feiern**«, lachte Thomas. »Seminarveranstalter kümmern sich oft überhaupt nicht um das Abendprogramm. Das bedeutet, dass du das Essen auch als Happening designen kannst. Aber das hatten wir ja schon vorher.

Ich würde Feiern als Fokus auf das Positive und das Mitteilen erweitern. Lass zum Beispiel Mitarbeiterinnen zu Zeiten, wo sie nicht komplett ausgelastet sind, im Service einen Batch tragen: ›Teile mit

---

114 Geht natürlich auch mit diesem Buch, wenn es dich bis hierher begeistert hat ;-). Natürlich gehen auch Posts in deinem Social-Kanal – das ist preiswerter ;-). Die Belohnung: Die Leute, die ähnlich ticken, kommen auf dich zu, und mit denen kannst du dich dann produktiv weiter austauschen – nebenbei auch ganz ohne dass du bei uns Kunde wirst …

uns, was du heute gelernt hast!‹ Die Gäste denken sich: ›Echt, das interessiert sie?‹ Und manche öffnen sich und teilen es mit. Dabei konzentrieren sie sich aufs Positive und deine Mitarbeiterinnen haben als Aufgabe, das zu bestärken.«

»Krass, wo du die ganzen Ideen herholst«, schüttelte Jan ungläubig den Kopf. »Ich hätte diese Ideen nicht.«

»Ach, es ist mittlerweile über 15 Jahre her, dass ich begonnen habe, mich mit Wolfgangs Hilfe mit Unternehmersein zu beschäftigen. Ich hatte einige eigene Unternehmen und ich habe mittlerweile selbst Hunderte Unternehmer gecoacht. Und dann tausche ich mich mit Leuten wie Carlos aus, die auch Hunderte Unternehmer gecoacht haben.

Deshalb habe ich einen solchen Erfahrungsschatz, dass ich die Ideen, die woanders entstanden, recht leicht auf andere Branchen übertragen kann. Und das Coolste dabei: Ich lerne so, auch in meinen eigenen Firmen dramatisch besser zu werden. Macht einfach einen Unterschied, ob man nur auf die Erfahrungen von seinen wenigen eigenen Firmen oder auf die Erfahrungen von vielen Hundert Unternehmern zugreifen kann.«

Jan nickte: »Plausibel. Vielleicht mache ich das später auch mal bei euch. Vorher muss ich aber noch ein bisschen was lernen. Und wir haben jetzt noch zwei Punkte übrig.«

»Ja, zuerst zur **Regeneration**«, erwiderte Thomas. »Das dürfte bei dir im Hotel mit Spa und ein paar spezifischen Angeboten wie Kältesauna recht einfach gehen.«

»Ja, aber auch da ist viel Potenzial drin. Ein Bio-Hacker will zum Beispiel im völligen Dunkeln schlafen, also könnte man alle LEDs in den Zimmern, etwa an der Klimaanlage oder so, abkleben. Und Schlafbrillen aufs Zimmer legen. Da viele auch stark auf die Sauberkeit ihrer Luft achten und versuchen, Schimmelsporen, die immer irgendwo sind, zu vermeiden, könnte man noch einen Luftreiniger aufs Zimmer stellen oder die Klimaanlage mit speziellen Sporenfiltern versehen. Oder im Seminarbereich irgendwo Massagestühle mit Kurzmeditationen.«

»Ich sehe, auch da brauchst du mich nicht mehr«, lachte Thomas. »Und beim letzten Punkt brauchst du mich auch nicht. Das war nämlich das **Flow-Erleben**. Das genießt ihr dann einfach. Alle Punkte zusammengenommen führen dann zu einer ganz eigenen Kultur, die sich nach und nach bei deinen Kunden etabliert. Solche Kulturen sind dann erprobt und schaffen Effizienz.«

»Wie meinst du das?«, fragte Jan.

Thomas dachte einen Moment nach und erwiderte dann: »Lass uns noch mal den Vergleich zu MMO-Games machen. Dort gibt es Gilden. Man kommt in Gilden schneller voran. Es macht mehr Spaß. Das Problem bei den Games: Jede Gilde legt ihre eigenen Regeln von vornherein fest und durchläuft immer wieder dieselben Konflikte. Bei deiner Community kannst du eine Kultur[115] schaffen und die Erfahrung akkumulieren. Kunden kommen dann in etablierte Flow-Kulturen und spüren den Group-Flow sofort oder nach wenigen Stunden.«

»Das heißt, ich werde jetzt damit beginnen und dabei einige Fehler machen. Und jeder bewältigte Fehler bringt mir mittelfristig einen uneinholbaren Wettbewerbsvorteil.«

»Ja, definitiv. Lass uns jetzt noch die wichtigsten Punkte von heute zusammenfassen und schauen, wie du bei den Tätigkeiten in Flow kommst und was ins Back-Log kommt.«

»Ach, da bin ich mittlerweile weiter«, lachte Jan. »Mein Führungsteam kennt diese Methodik mittlerweile auch. Ich werde also nur unsere Ideen ins Führungsteam werfen. Sie arbeiten das dann ohne mich aus und überlegen selbst, wie sie bei der Umsetzung in den Flow kommen.«

Anerkennend klopfte Thomas Jan auf die Schulter: »Ich habe wirklich selten jemanden erlebt, der innerhalb eines Jahres so weit gekommen ist wie du.

Ich möchte dir deshalb zum Abschluss noch eine kurze Geschichte erzählen, weil die Gefahr groß ist, dass du die nächsten Monate immer wieder frustriert bist, dass es mit dem Unternehmer-Budō, der neuen Zielgruppe oder dem Group-Flow nicht richtig hinhaut.

---

115 Die Unternehmercoach-Kultur wurde seit 2008 entwickelt und Kunden von damals sind teils noch immer dabei. Und mit Kultur meine ich jetzt nicht eine Mastermind-Gruppe, die sich um einen Guru versammelt, und mit Community auch keine Facebook-Gruppe, sondern die Qualität und den Stil des Austauschs, echte Freundschaften und Unterstützung der Menschen untereinander – egal, ob sie gerade ein Angebot von uns nutzen oder nicht.

Es gab einen japanischen Aikido-Meister, Sensei Ueshiba, der es zu Demonstrationszwecken öfter mal mit acht Schwarzgurt-Kämpfern gleichzeitig aufnahm. Und zwar nicht wie in den schlechten 70er-Jahre-Kung-Fu-Filmen, wo einer kämpft und die anderen sieben rumstehen und warten, bis der eine so richtig auf die Nuss bekommen hat, und dann der Nächste seine Klatsche abholt, bis alle am Boden liegen. Sondern alle acht griffen gleichzeitig an.

Diese Kämpfe waren extrem schnell und mit ungeübtem Auge betrachtet erschien dies nur wie chaotisches Herumwirbeln. Eines Tages fragte einer seiner Schüler den Sensei, wie er es schaffen würde, in all diesem Chaos seine innere Mitte und sein Gleichgewicht zu halten.

Die Antwort des Sensei war: ›Gar nicht. Man sieht nur nicht, wie schnell ich wieder ins Gleichgewicht zurückfinde.‹«

Jan hatte aufmerksam zugehört und dachte noch einige Sekunden nach: »Geniale Geschichte. Ich habe verstanden: Wir geraten als Unternehmer immer wieder aus dem Flow. Sowohl aus dem individuellen, aber auch aus dem Team-, Customer- und Group-Flow. Auch die Gewohnheiten brechen mal zusammen und ich komme vom Weg des Unternehmer-Budō ab. Auch die Bindung zu meiner Seele werde ich immer mal wieder verlieren. Das ist völlig egal, solange ich schnell wieder zurückfinde. Und mein Training ist, immer schneller zurückzufinden.«

»Und dieses Training dauert lebenslang«, nickte Thomas. »Ich habe übrigens noch was für dich. Hast du absolut verdient.« Und mit diesen Worten pinnte Thomas Jan einen kleinen Löwen-Pin mit einem roten Gurt[116] ans Shirt: »Bring deine Seele zum Ausdruck und mach dein Training zu einer wirklichen Lebensform. Perfektioniere deine Master-Gewohnheit. Dann bist du reif für Schwarz. Ich freue mich drauf!«

Jan dankte Thomas freudestrahlend und versprach, dass er weiter trainieren würde. Und damit verabschiedeten sie sich.

---

116 In der Realität gibt es dafür eine Prüfung …

7.3 Trainingsjahre und Schwarzgurt-Unternehmer®

Die nächsten Monate[117] vergingen wie im Flug. Für Jan war das Emotionalste, dass Julia und er als Paar zusammenwuchsen. Sie dateten sich weiter regelmäßig und verbanden sich dabei auf einer emotionalen Ebene, wie es Jan vorher nicht möglich war. Sie lernten sich in einer ganz anderen Tiefe wirklich kennen und spüren.

Im Herbst fragte Julia schließlich, was sich bei Jan geändert habe, weil ihr die Änderung dauerhaft vorkam. Jan öffnete sich, erzählte von der ganzen Reise zum Schwarzgurt-Unternehmer und von seinen Schatten. Er nahm einige Tage später auch seinen ganzen Mut zusammen und erzählte von der Prio-Rangfolge und wie unterschiedliche Rangfolgen zu Konflikten beim Paar führen würden. Und von seinen Prioritäten.

Daraufhin herrschte wieder eine Woche dicke Luft. Jan war versucht, zurückzurudern, aber ein Gespräch mit Carlos half ihm, zu seinen Prioritäten – erstens er selbst, zweitens Unternehmersein, drittens Julia – zu stehen. Er hatte sich entschieden und es war sein Wesen. Und deshalb war es ihm möglich, trotz dicker Luft weiter seine Lebensfreude auszustrahlen.

Eine Woche später kam Julia auf ihn zu und erzählte, dass sie wieder mit dem Malen begonnen habe. Dabei könne sie sich ausdrücken, aber sie hätte es mit dem Beginn ihrer Beziehung aufgegeben. Sie bräuchte es für sich. Und lächelnd fügte sie hinzu, dass sie schließlich auch was bräuchte, um ihrer beider Prio-Reihenfolgen in Einklang zu bringen.

Und noch ein paar Wochen später fragte sie, ob sie mal mit den Kindern im Hotel vorbeikommen dürfe. Als sie dort die Energie und Lebensfreude spürte, kamen ihr die Tränen. Als Jan sie fragend anschaute, erzählte sie von ihrer gruseligen Kindheit in diesem Hotel. Ihre Eltern waren dauernd am Arbeiten – es herrschten Stress und

---

117 Manchem Leser mag das Folgende etwas unglaubwürdig und konstruiert vorkommen. Aber wenn es nur erfunden wäre, hätte ich es nicht aufgeschrieben. Für mich sind Integrität und Authentizität – auch wenn ich das Letztere nicht aussprechen kann ;-) – sehr wichtig. Das Folgende ist das, was ich jedes Jahr bei den Abschlussfeiern der Teilnehmer des Unternehmertrainings höre. Nicht bei jedem alles, aber von allem eine ganze Menge.

Mangel. Immer gab es irgendwelche Konflikte und Probleme. Bis sie dieses Hotel hasste. Und sie hasste es, das Hotel zu erben. Und sie hasste es, Jan an dieses Hotel zu verlieren. Aber das, was sie jetzt erlebte, könnte sie zu lieben beginnen.

Jan nahm sich auch für Leon und Mia viel Zeit. Und diese Stunden, in denen er die Lebensfreude seiner Kinder in sich aufnahm und seine schenkte, wurden ihm lieb und teuer. Jeden Tag spürte und erlebte er, wie er die Kette des Erfolgszwangs unterbrochen hatte und wie wertvoll das für das Leben seiner Kinder war.

Da er dieses Leben maximal auskosten wollte, optimierte er sein Bio-Hacking weiter und spürte eine Energie und Lebensfreude, die weit größer war als das, was er in seiner Jugend erlebt hatte. Es war einfach für ihn: Er hatte gelernt, jede Art von Gewohnheit aufzubauen und zu verändern, und das auf eine Art und Weise, die seinen Flow förderte. Und er hatte über seine Kunden Zugang zu den besten und neuesten Bio-Hacks. Die Herzprobleme von Anfang 2021 waren dunkle Vergangenheit.

Endlich hatte Jan auch Zugang zur Meditation gefunden. Seine frühere Leistungsorientierung hatte ihm den Zugang zu seinen Gefühlen abgeschnitten und deswegen war jede Art von Meditation immer eine unangenehme Konfrontation mit etwas gewesen, das er gar nicht zulassen wollte. Nun war die Zeit der Meditation die freudvollste Zeit, in der er immer wieder die Verbindung zu seiner Seele und anderen Menschen aufnehmen konnte.

Im Rockstrohhof kam es zu einer ganzen Serie von Veränderungen. Diese erschienen ihm jeden Tag immer wieder unglaublich – hatte er doch gedacht, dass die Bio-Hacker-Konferenz im Mai der Höhepunkt gewesen wäre. Dabei erwies sie sich jetzt als der Anfangspunkt. Ab dem späten Herbst 2022 kamen etwa drei Viertel ihrer Gäste aus dem Bio-Hacking-Segment. Sie hatten eine Auslastung von 86 Prozent – normal in der Hotellerie vor Corona waren 60–70 Prozent.

Damit war er zwar noch etwas von den Spitzenhäusern mit über 90 Prozent entfernt, aber die Richtung stimmte. Und er konnte, nicht nur wegen der besseren Leistung für seine Kunden, sondern auch wegen der Auslastung, seine Preise nochmals problemlos anheben.

Als Folge all dieser Verbesserungen stiegen sein Umsatz und sein

Gewinn drastisch an. Jan freute sich daran, wie sein Vermögen wuchs, aber er hatte sein Ziel von 8,5 Millionen längst losgelassen. Und so gab er einen Teil seines Gewinns – über die Mindestlohnerhöhung hinaus – an seine Mitarbeiter weiter. Einfach so. Weil er es wollte.

Womit er überhaupt nicht gerechnet hatte, war, dass seine Mitarbeiter, die immer wieder an Veranstaltungen teilnehmen durften und sich mit Gästen anfreundeten, deren Bedürfnisse plötzlich ganz anders wahrnahmen. Seine Mitarbeiter lernten dadurch, die Identität der Gesamt-Community einzunehmen. Und sie kamen immer häufiger mit Ideen, was man den Gästen und Veranstaltern noch bieten könnte. Schließlich musste er ein System einführen, um von der Vielzahl der klugen strategischen Verbesserungsideen nicht erschlagen zu werden.

Nach einiger Zeit begann er seinen Mitarbeitern so sehr zu vertrauen, dass sie Verbesserungen bis zu einer gewissen Größenordnung ohne Rücksprache selbst vornehmen konnten, wodurch nochmals eine neue Dynamik und noch stärkere Identifikation entstanden. Wie durch Zauberhand fanden sich plötzlich Bio-Hacking-Bücher auf den Zimmern. Seine Mitarbeiter hatten die Referenten überzeugt, dass dies preiswerte Werbung war, und sie bekamen die Bücher deshalb kostenlos. Oder es gab gesunde Geschenke zum Mitnehmen für die Familien der Veranstaltungsteilnehmer. Und vieles mehr.

Plötzlich kamen auch – gefühlt wie von allein – neue Bewerbungen, was ihn angesichts des extremen Personalmangels in der Hotellerie überraschte. Und zwar in stetig wachsender Anzahl. Als er versuchte, die Ursache zu ergründen, stieß er darauf, dass seine Mitarbeiter begeistert in ihrem Umfeld von ihren tollen Jobs erzählten. Von der Lebensfreude, dem Flow, der persönlichen Weiterentwicklung, dem Sinn und der Bindung zu den Kunden.

Und da es in der Hotellerie eine große Fluktuation gibt, hatten die meisten Mitarbeiter schon in mindestens ein oder zwei anderen Hotels gearbeitet und waren mit den dortigen Mitarbeitern immer noch per Socials verknüpft. So hatte er allein über seine Mitarbeiter Zugriff auf fast 2000 andere Mitarbeiter in der Hotellerie. Auch wenn er seine Mitarbeiter auf externe fachliche Seminare von Verbänden schickte, brachten sie meist ein oder zwei Bewerbungen mit.

Während er früher fast jeden Bewerber, der nicht bei eins auf dem

Baum war, nehmen musste, war er nun gezwungen, mit Thomas' Hilfe ein Auswahlverfahren einzuführen, um die etwa 50 Bewerbungen pro freier Stelle abarbeiten zu können. Dies führte zu einer dramatischen Steigerung seiner Mitarbeiterqualität. Und dies wieder zu einem besseren Service. Der Positivkreislauf hatte begonnen.

Die für Jan erstaunlichste und zugleich auch erfüllendste Entwicklung war die Veränderung von Sabrina. Seit ihrem Gespräch hatte sie begonnen, Markus Anerkennung und Zuneigung zu geben und ihm zu vertrauen. Und nach wenigen Wochen begann sich das Verhalten von Markus zu drehen. Er wurde initiativ, brachte Ideen ein und versuchte von sich aus, Sabrina zu entlasten.

Da sie nicht mehr innerlich getrieben war, machte sie zuerst einmal Urlaub und dann konnte sie ihre Arbeitszeit deutlich reduzieren. Begierig lernte sie von Jan alles, was er seit Mitte 2021 gelernt hatte: den Aufbau von individuellen und organisationalen Gewohnheiten, das Schaffen der vier Arten von Flow, das Lernen während der Arbeit und auch einige Bio-Hacking-Tricks.

Zugleich begann sie die Idee des Bio-Hacking-Hub umzusetzen und schuf dafür – mit drei neuen Mitarbeitern – eine Plattform. Neben ihrer Arbeit im Marketing verbrachte sie ihre Zeit damit, auch alle anderen im Hotel zu unterstützen und ihnen, wo immer es ging, Anerkennung zu schenken.

Einmal erzählte sie Jan, dass sie früher die Positivrunden eben notgedrungen mitgemacht hätte, weil Jan sie eingeführt hatte. Aber seit ihrem gemeinsamen Spaziergang freute sie sich jeden Tag am meisten darauf, in den Positivrunden Anerkennung und Liebe schenken zu können.

Und so wurde sie nicht nur für Jan, sondern letztlich für alle im Hotel zu einer wichtigen Stütze und sie bekam die Anerkennung und Liebe tausendfach zurück. Und so war es, als Jan Sabrina zu ihrem 28. Geburtstag zur Hotel-Managerin beförderte, ein völlig natürlicher Schritt, den alle im Hotel feierten.

An einem Tag im Dezember 2022 kamen wieder einmal Thomas, Carlos und Sofia ins Hotel und baten ihn, bei ihrem Strategietag doch mit dabei zu sein und seine Ideen beizutragen. Dies erfüllte Jan mit unglaublicher Freude. Als die drei erlebten, welche Stimmung und

Energie Jan im Hotel geschaffen hatte, entstand die Idee, gemeinsam mit Wolfgang eine mehrtägige Veranstaltung ›Bio-Hacking für Unternehmer‹ zu machen. Diese sollte schließlich Anfang September 2023 stattfinden.

Im Juli 2023 meldete sich Sven wieder bei Jan. Er klang ziemlich elend und erzählte, dass er immer mehr Stress mit seinen Leuten gehabt hätte. Schließlich war ihm alles über den Kopf gewachsen und er landete vor vier Monaten in einer Burn-out-Klinik. In seiner Abwesenheit brach dann alles zusammen. Jan spürte voll Mitgefühl, wie Sven im Tal der Tränen der Dunning-Kruger-Kurve angekommen war. Ein Punkt, an dem wir alle immer mal wieder landen. Und wahrscheinlich der wichtigste Punkt einer jeden Reise. Und so lud er ihn kurzerhand zum Bio-Hacking-Kongress ein. Er beschloss, Sven dort mit Carlos zusammenzubringen.

Zwischendurch gab es natürlich auch Wochen, wo es sich anfühlte, wie wenn er selbst vom Weg abkommen würde. Dann überkam Jan der Frust, dass alles so langsam ging, und er sah nur noch die Dinge, die nicht funktionierten.

Aber dann wurde er immer wieder von seinen neuen Unternehmerfreunden oder dem leichten Umgang mit seinen Kindern oder Paul an seinen Weg erinnert. Und er fand immer schneller – wie Sensei Ueshiba – in sein Gleichgewicht zurück. Jede dieser Abweichungen erschien ihm dabei notwendig, weil sie ihm den Impuls gab, noch mehr und intensiver zu trainieren und sich am Unternehmer-Budō auszurichten. So wurden aus schlechten Wochen schlechte Tage und irgendwann nur noch schlechte Stunden. Vielleicht, so hoffte Jan, könnte er diese schlechten Phasen irgendwann auf Minuten und dann Sekunden kürzen, wenn er weiter trainierte.

Am 1. September 2023 überreichte Wolfgang beim Galadinner des Bio-Hacking-Kongresses für Unternehmer Jan feierlich den Löwen-Pin für den Schwarzgurt-Unternehmer.

Jan konnte nicht genau beschreiben, wie er sich fühlte. Große Freude, ganz bestimmt. Stolz auch. Dann Demut, weil er wusste, dass er noch so viel zu lernen hatte. Aber am verrücktesten fand er, dass ihm diese Auszeichnung in gewissem Sinne egal war. Obwohl er über zwei Jahre auf sie hingearbeitet hatte.

Er hatte das letzte Geheimnis längst erfahren. Es lag darin, jeden Moment zu trainieren, dabei Lebensfreude, also seine Seele zu spüren und damit das Leben aller anderen Menschen zu bereichern. Das Wesentliche war von Anfang an und schon immer in ihm. Mehr brauchte er nicht. Und so nahm er den Löwen dankbar an, lächelte und steckte einfach weiter alle an seinem Tisch mit seiner Lebensfreude an.

In den folgenden Monaten und Jahren richtete er sein Training immer wieder neu am Unternehmer-Budō aus. Dabei wurde seine innere Ruhe größer und sein Selbstbewusstsein tiefer. *Er war nicht mehr abhängig von äußeren Ereignissen, seinem Kontostand und anderen unwesentlichen Dingen.* Ja, er war nicht einmal mehr abhängig von der Existenz seines Hotels oder seiner Partnerschaft. Diese Lebensform des Trainings in einer Unternehmergemeinschaft würde nie enden. Und Jan wurde damit in letzter Instanz selbst-bestimmt und frei.

8. Dein Weg zum Schwarzgurt-Unternehmer®

Dieses Buch ist bewusst so geschrieben, dass du für dich selbst Lösungen finden und erarbeiten kannst. Du kannst also einfach loslegen und es so ähnlich machen wie Jan. Damit wirst du zu Ergebnissen kommen. Genauso, wie du einfach zu Hause mit deiner Partnerin oder deinem Partner mit einem Buch oder Video tanzen lernen kannst. Das geht. Bei nur kleinen Herausforderungen in deinem Unternehmen ist das auch völlig ausreichend. Dazu gibt es auf unserer Website auch einige hilfreiche kostenlose Downloads.[118]

Aber vielleicht willst du nach diesem Buch jetzt Teil der Community werden. Und mit dieser Unterstützung wirst du dramatisch schnellere und bessere Ergebnisse erzielen. In einem Umfeld aus Unternehmern, die genau dasselbe anstreben wie du, macht es deutlich mehr Spaß und die Entwicklung wird locker um den Faktor zehn beschleunigt.

Geschwindigkeit ist heute vor allem vor dem Hintergrund der exponentiellen Entwicklungen in der künstlichen Intelligenz der Unterschied zwischen Erfolg und Misserfolg. In den nächsten fünf bis zehn Jahren wird sich mehr verändern als in den letzten 250 Jahren. No joke! Untrainierte Einzelkämpfer-Unternehmer werden in wenigen Jahren gescheitert sein.

Und genau solch ein trainierendes Umfeld bietet die Unternehmercoach GmbH. Wir sind eine Lern- und Entwicklungsgemeinschaft aus

118 Na ja, ganz kostenlos nicht: Wir wollen dafür im Gegenzug deine E-Mail-Adresse. Das ist für unsere Mühe eigentlich fair. www.uc-link.com/downloads

Unternehmern mit meist 3 bis 100 Mitarbeitern. Manche haben aber auch noch gar keinen Mitarbeiter, manche haben schon alle möglichen Awards gewonnen und mittlerweile 800 und mehr Mitarbeiter. Manche beginnen erst, sich mit dem Unternehmersein zu beschäftigen, andere machen das schon seit 20 oder 30 Jahren. Aber alle eint die Grundeinstellung, gemeinsam besser werden zu wollen.

Du hast dich wahrscheinlich während des Lesens gefragt, ob das für dich genauso laufen könnte wie für Jan im Buch. Die Antwort ist: ja und nein!

Nein, weil ein wirkliches Training anders funktioniert. Um im Buch nicht stilistisch dauernd zwischen Training, Seminaren und Coaching hin und her wechseln zu müssen, habe ich in einer Art Kunst-Coachingform alle drei Lernformen integriert.

Und nein, es wird nicht genau so, weil ein gutes Buch mit einem Eisberg vergleichbar ist: Du siehst nur zehn Prozent. Die andern 90 Prozent sind das Wissen, das der Autor auch benötigt, um das Buch schreiben zu können. Da du ein anderer Mensch bist als Jan, werden in deinem Fall vielleicht andere zehn Prozent wichtiger sein. Vermutlich ist das Verhältnis sogar eher 1:99.

Und nein, weil die Community eine viel größere Bedeutung hat als im Buch – aber du willst dich als Leser sicher nicht mit 50 oder 100 Namen und Menschen beschäftigen, so wie in der Realität.

Aber die Antwort lautet **ja**, weil du dich wirklich verändern wirst! Wieso ich das – jenseits von Werbe-Blabla – sagen kann? Ich glaube, wir sind aktuell so ziemlich der einzige Anbieter[119] am Markt, der nicht nur die unmittelbare Begeisterung misst, sondern vor allem auch lange nach den Seminaren das, *was sich real verändert* hat.

Aus diesem Grund können wir zum Beispiel sagen, dass unsere Kunden 2021 ein durchschnittliches (!) Wachstum von 33 Prozent hatten – im Vergleich zur Gesamtwirtschaft von knapp 3 Prozent. Oder 90 Prozent der Seminarteilnehmer lösen innerhalb der nächsten Mo-

---

119 Wie bei all meinen Büchern wird es natürlich bald Nachahmer dabei geben. Die deutlichste Nachahmung war sicher diese: Vor meinem ersten Buch gab es noch keinen Unternehmercoach – deswegen war die Domain noch frei. Und es sprach in Deutschland auch noch niemand von Fachkraft, Manager und Unternehmer.

nate die Herausforderung, mit der sie gekommen sind. Oder 70 Prozent reduzieren deutlich ihre Arbeitszeit, 60 Prozent verbessern die Familiensituation zu Hause usw.

Aber viel wichtiger: Durch diese Messung erfahren wir auch, seit wir dies vor acht Jahren begonnen haben, was funktioniert und was nicht funktioniert. Und haben unser komplettes Angebot auf dieser Grundlage jedes Jahr optimiert. *Mich interessiert nicht, was im Erfolgsbücher-Mainstream gelehrt wird. Mich interessiert ausschließlich, was funktioniert.*

Wenn du also wie Jan an dir arbeiten möchtest, dann gibt es drei unterschiedliche Wege, zu beginnen.

1. Du hast im Buch erfahren, wie wichtig es ist, Gewohnheiten zu etablieren. Dies kannst du ganz einfach über unseren Onlinekurs »Meister deiner Gewohnheiten« beginnen. Du trainierst vor allem die von uns entwickelte Master-Gewohnheit – der entscheidende Unterschied zu den vielfältigen Büchern zum Thema. Das ist ein extrem wirksamer erster Schritt. Gemeinsam in einer Online-Community, allerdings ohne die Macht der Live-Community: www.uc-link.com/gewohnheitskurs.

2. Du denkst dir, dass das alles superspannend klingt, ich aber viel erzählen kann, wenn der Tag lang ist. Du bist noch am Zweifeln. Bevor du ein größeres zweijähriges Programm mit uns machen willst, willst du mich und mein Team erst mal live erleben und dir selbst einen Eindruck verschaffen. Das geht am besten im Seminar »Der Weg zum erfolgreichen Unternehmer« www.uc-link.com/weg-seminar.

Dieses Seminar war der Wendepunkt für viele Tausend Unternehmer. Du triffst dort nicht nur Entscheidungen – auch solche, die du jahrelang vor dir hergeschoben hast –, *sondern du beginnst direkt im Seminar mit der Umsetzung*. Vor allem aber lernst du andere Unternehmer aus der Community kennen und spürst den Group-Flow, der bei uns herrscht. Dieses Seminar ist für viele der Anfang einer spannenden Reise.

Und selbst wenn du nur dieses eine Seminar machst, wirst du mit einer hohen Wahrscheinlichkeit danach deine aktuellen Herausforderungen lösen.

3. Die dritte Möglichkeit ist »All In«: Du trittst nicht an, um auszuprobieren, sondern um Schwarzgurt-Unternehmer zu werden. Du willst Teil der Schwarzgurt-Community sein. Du bewirbst dich, wenn du mindestens drei Vollzeitmitarbeiter hast, für unser zweijähriges Unternehmertraining. Du hast im Buch gelernt, dass gute Unternehmer einmalige Entscheidungen treffen, wenn die Motivation am größten ist, also jetzt: www.uc-link.com/unternehmertraining. *Aber bitte bewirb dich nur, wenn deine Motivation und dein Commitment so hoch sind, dass du zwei intensive Jahre auch durchziehst.*

Wie geht es nach der Bewerbung weiter? Wir führen ein Bewerbungsgespräch mit dir und überprüfen dein Commitment und deine Bereitschaft, Teil eines Teams, einer Unternehmertrainings-Gruppe zu werden. Etwa die Hälfte der Bewerber lehnen wir in deinem Interesse ab: Du willst ja nachher nur mit einer Gruppe mit hohem Commitment lernen. *Du willst nur Teil einer Gruppe sein, deren Mitglieder die zwei Jahre mit einer hohen Wahrscheinlichkeit durchziehen.* Um es noch deutlicher zu sagen: Wir lehnen so jedes Jahr mehrere Millionen Umsatz ab. Und das ist kein Verknappungs-Trick, sondern wir wollen nur mit Unternehmern arbeiten, die sich reinknien.

Die Gruppen starten im Januar oder im Juli, und um dort teilzunehmen, muss man sich – das Bewerbungsverfahren dauert seine Zeit – spätestens zwei Monate zuvor, besser aber sofort bewerben. Warum sofort? Erstens ist deine Motivation jetzt am höchsten und zweitens ist das Training manchmal schon Monate zuvor ausgebucht.

Wirst du angenommen, wirst du Mitglied einer Trainingsgruppe, die über die zwei Jahre zusammenbleibt und von zwei Trainern angeleitet wird. Du erhältst eine Einstufung für ein Trainingsprogramm, ein erstes Trainingsziel und einen Bertram. Und du wirst für jemand anderen der Bertram. Ihr trefft euch immer wieder live in dieser Gruppe und entwickelt euch gemeinsam weiter. Monatlich gibt es weitere Online-Calls mit den Trainern. Und zudem alle zwei Monate Q&A-Sessions mit mir persönlich.

Der wichtigste Teil sind die Live-Treffen, und wir sind eine Live-Company. Warum? Weil mehr Oxytocin ausgeschüttet wird, wenn man sich live trifft. Damit steigt das Vertrauen und man wird offener. Mit größerer Offenheit entstehen Direktheit, Freundschaft und Magie. Es entsteht Group-Flow. Und nur in solcher Atmosphäre kommt es zu dauerhaften Veränderungen. Das ist per Zoom unmöglich.

Zusätzlich kannst du an allen Seminaren von Unternehmercoach teilnehmen, teils sogar mehrfach. Auch dort hast du bei den meisten Seminaren direkten Zugang zu mir persönlich. Du hast Zugang zum Unternehmercoach-Campus mit Kursen wie ›Meister deiner Gewohnheiten‹ und weiteren. Du hast einen individuellen Coach. Und einmal im Halbjahr geht's zur Gürtelprüfung, und wenn du dort bestehst, wird dein Trainingsprogramm angepasst.

Wenn alles gut läuft, bist du nach zwei Jahren Schwarzgurt-Unternehmer. Falls es länger dauern sollte, gibt es auch dafür Lösungen. Uns ist wichtig, dass die, die den Schwarzgurt erhalten, diesen auch wirklich verdient haben. Den Schwarzgurt als Unternehmer bekommt man nicht wie viele andere Unternehmer-»Auszeichnungen« durch Teilnahme oder dafür, dass man Geld hinlegt.

Du hast bis hier gelesen, also gehe ich davon aus, dass du Interesse an den Inhalten des Buchs hattest und dieselbe Entwicklung gerne für dich erleben würdest. Du erinnerst dich an die Halbwertszeit der Motivation? Wenn wir einmalige Entscheidungen treffen wollen, sollten wir sie sofort treffen.

Hier ist nun die Gelegenheit für dich, eine solche einmalige Entscheidung zu treffen. Buche den Kurs »Meister deiner Gewohnheiten«, komm ins Seminar »Der Weg zum erfolgreichen Unternehmer« oder gehe ›All In‹ und bewirb dich zum Unternehmertraining. Wenn du jetzt denkst: ›Ja, aber …‹, dann weißt du, wenn du ehrlich zu dir bist, dass dich gerade innere Unsicherheiten oder Ängste aufhalten. Manchmal muss man dann einfach trotz der Angst handeln. Das nennt sich Mut ;-).

Und wir können da unterstützen. Schreib einfach mal die wichtigsten drei Ängste, Zweifel und Unsicherheiten als Stichworte auf und ruf bei uns an. Eins noch: *Meine Mitarbeiterinnen und Mitarbeiter haben keine Umsatzvorgaben, sondern haben den Auftrag, Anrufern ehrlich und authentisch zu helfen und sich dafür alle Zeit zu nehmen, die nötig ist. Manchmal sind wir die Richtigen für dich und manchmal auch nicht. Mein Auftrag an meine Mitarbeiterinnen und Mitarbeiter ist, an dieser Stelle ehrlich und integer zu sein.*

Warum ich das so mache? Weil ich selbst kein finanzielles Ziel mehr habe und ich das, was ich tue, aus innerer Freude tue. Und diese innere Freude entsteht nur, wenn wir ehrlich und authentisch sein können. Außerdem würde jedes andere Vorgehen krass diesem Buch widersprechen. Ganz einfach.

Wenn du also bis hierher gekommen bist und etwas an deinem Unternehmerleben ändern willst, dann buche entweder direkt unter: www.unternehmercoach.com. Oder ruf bei uns an: 07634/50 89 6-0. Wir freuen uns auf deinen Anruf!

PS: Falls du kein Unternehmer bist, sondern Mitarbeiter in einem Unternehmen, dann *schenk dieses Buch einfach deinem Chef* – ohne ihn wird es sowieso schwer, etwas grundsätzlich in deinem Unternehmen zu verändern. Oder schau hier vorbei:
www.uc-link.com/schwarzgurt-mitarbeiter.

Oder bewirb dich bei uns: bewerbung@unternehmercoach.com ;-).

9. Warum ich das Buch geschrieben habe

Dieses Buch ist das wichtigste und grundlegendste meiner jetzt fünf Bücher. Wenn ich vor diesem Buch gefragt wurde, mit welchem meiner Bücher man beginnen sollte, dann war die Antwort immer: mit »Der Weg zum erfolgreichen Unternehmer«. Ab jetzt ist meine Antwort: Fang mit »Die Schwarzgurt-Unternehmer« an – meine anderen Bücher sind die Fußnoten. Warum hat sich meine Antwort geändert?

Der erste Grund ist, dass ich mittlerweile etwa 3-mal so lange Unternehmer bin, 7-mal so lange Unternehmercoach und mit mehr als 1000-mal so vielen Unternehmern als Kunden gearbeitet habe. Es liegt also unvergleichlich mehr Erfahrung in diesem Buch.

»Der Weg zum erfolgreichen Unternehmer« wurde vor 16 Jahren geschrieben. Manches sehe ich wie damals, zum Beispiel, dass wir bei der Unternehmerpersönlichkeit beginnen müssen. Aber viele Dinge habe ich die letzten Jahre gemeinsam mit dem ganzen Unternehmercoach-Team optimiert, angepasst und massiv verbessert. *Es brauchte nun also nicht nur ein Update, sondern einen ganz neuen Ansatz.*

Für den zweiten Grund muss ich etwas ausholen. In meinem ersten Buch schrieb ich vom »erfolgreichen« Unternehmer, habe aber für jeden offengelassen, was Erfolg bedeutet. In den 20 Jahren, die ich jetzt als Unternehmercoach tätig bin, habe ich viele Unternehmer getroffen, die der typischen gesellschaftlichen Erfolgsdefinition von Geld und Wachstum hinterherrannten. Einige haben ihre Ziele erreicht, viele nicht. Keiner war danach glücklich und erfüllt – zumindest nicht durch die Erreichung dieser Ziele.

Dies ist der Grund, warum wir zwischen Sven und Jan unterscheiden müssen. *Ich stehe heute für eine bestimmte Art des Unternehmerseins, für die Art, die Jan zu leben beginnt.*

Ich möchte das in folgendem Bild ausdrücken: Es gibt in China das weltbekannte Shaolin-Kloster. Dort leben und trainieren derzeit etwa 70 bis 80 Mönche. Es geht um Kung-Fu, aber vor allem um die innere Entwicklung, die Geisteshaltung, die Tiefe und den Weg.

Fünf Kilometer weiter gibt es eine Shaolin-Kung-Fu-Schule, die mit dem Kloster nichts zu tun hat. Dort lernen derzeit rund 34 000 Schüler. Es ist eine Art seelenlose Industrie, die Kung-Fu-Kämpfer für Film, Militär und Sicherheitskräfte produziert. Obwohl 500-mal größer und wirtschaftlich damit sicher *erfolgreicher*, kennen diese Schule nur Insider. Eine innere Entwicklung findet dort nicht statt.

Wenn ich die Wahl hätte, die eine oder andere Einrichtung zu führen, würde ich keine Sekunde zögern und das kleinere Kloster wählen. Warum? Weil das Kloster Seele und Tiefe hat. Weil das Kloster der Ursprung ist. Weil es um den ganzen Menschen geht. Weil es uns etwas von Bedeutung zu sagen hat. Und weil bloßer Erfolg innerlich leer ist.

Ich habe zwei oder drei Mal immer höhere Finanzziele erreicht und es hat mir schon diese Male nicht wirklich viel gegeben.[120] Da es mir eben nicht um den äußeren Erfolg, sondern um den inneren Kern und die Seele geht, haben wir bei Unternehmercoach zum Beispiel auch keine Umsatz- oder Wachstumsziele. Wir entwickeln uns qualitativ und gestalten unseren Weg. Wir und viele unserer Kunden zeigen, dass das geht. Und wenn wir dann als Resultat auch wirtschaftlich erfolgreich sind, nehmen wir das dankbar an. Zugleich entsteht daraus aber auch wieder eine innere Verpflichtung, zu geben.

Der dritte Grund ist: *Dieses Buch ist mein letztes großes Buch. Und deswegen war mein Anliegen, dieses Buch zu meinem Meisterwerk zu machen.* Ich hoffe, es ist gelungen – aber da ist natürlich deine Einschätzung die wichtigere. Manche fragen sich jetzt sicher: Warum das letzte Buch?

---

120 Das heißt nicht, dass ich mich nicht um die Finanzen kümmere. Nur ist das simple, eher langweilige Mechanik: www.uc-link.com/finanzen.

Hörst du auf? Nein, ich habe vor, noch mindestens 20 Jahre[121] in diesem Bereich tätig zu sein.

Aber ich persönlich brauche Zeit, selbst Neues zu erleben, bevor ich ein fundamental neues, besseres Buch schreiben könnte. Deswegen hatte ich 2016, nach dem Schreiben meines letzten Buches, geplant, erst 2023 dieses Buch zu schreiben. Und ich würde wieder sieben Jahre Erfahrungen benötigen. Bis 2030 werden jedoch sehr wahrscheinlich auch gute Bücher von künstlicher Intelligenz geschrieben.

Das ist eine coole Botschaft. Ich kann mich deshalb die nächsten Jahre auf das fokussieren, was ich am besten kann: mich, meine Unternehmercoaches und andere Unternehmer trainieren. Veränderungen bewirken. Team- und Group-Flow schaffen. Und die Unternehmercoach-Community wachsen lassen.

Der vierte und letzte Grund, warum es sinnvoll ist, mit diesem Buch zu beginnen: Die Welt hat sich in den letzten 16 Jahren dramatisch gewandelt. Und insbesondere durch die Entwicklungen in der künstlichen Intelligenz wird sie sich in den nächsten zehn Jahren mehr verwandeln als in den letzten 250 Jahren. Mir ist bewusst, wie sehr sich die Welt in den letzten 250 Jahren verändert hat, und dennoch meine ich das mit den zehn Jahren wörtlich! *Also müssen wir uns und unsere Unternehmen mindestens genauso schnell entwickeln. Mit den Ansätzen aus »Der Weg zum erfolgreichen Unternehmer« ist diese Geschwindigkeit aber nicht mehr zu erreichen.*

Es geht dabei nicht nur um dich oder mich, sondern um eine neue Form des Unternehmerseins und eine neue Kultur in Unternehmen und im Umgang mit Kunden. Es geht um die Bildung einer Community der Schwarzgurt-Unternehmer® und deren Schwarzgurt-Unter-

---

121 Das sollte gut klappen: Ich bin zum Erscheinen des Buchs gerade mal 60 und habe vor, kurz darauf im Kampfsport zum 2. Dan zu graduieren. Und mit Bio-Hacking und dem richtigen Lebensstil (Gewohnheiten!) schafft man, wenn man nicht gerade vom Auto überfahren wird, auch jetzt schon eine 10 bis 20 Jahre höhere Lebenserwartung. Außerdem kann ich mit dem selbstmörderischen Konzept der Rente nicht wirklich etwas anfangen – viele, die ich kannte, verloren plötzlich die Bindung zu anderen Menschen und den Sinn im Leben und man konnte den dann folgenden Zerfall fast täglich beobachten. Wieso sollte ich etwas offensichtlich Dummes tun ;-)?

nehmen. Es geht um eine kollektive Unternehmensführung. Nur so kommen wir gemeinsam zur notwendigen Geschwindigkeit.

Wenn man dies weiterdenkt, dann geht es auch um eine andere Kultur in diesem Land. Die Herausforderungen der nächsten zehn Jahre werden wir am besten bewältigen, wenn wir – und damit meine ich nicht nur Unternehmer, sondern alle – trainiert sind. Wenn wir aus einer inneren Haltung der Ruhe agieren. Wenn wir uns und alle, mit denen wir zu tun haben, in einen Zustand des Flow bringen. Wenn wir deshalb in Highspeed und voller Lebensfreude handeln. Wenn wir unsere Seele zum Ausdruck bringen und aus unserem innersten Kern agieren. Wenn wir dies auf Basis von Vertrauen und Mitgefühl, verbunden in einer Community und in einer Gemeinschaft mit allen anderen machen.

Je mehr wir alle – Unternehmer als Multiplikatoren, aber auch Mitarbeiter, Studenten und alle anderen – in unserem Umfeld diese Team-Flow-Kultur schaffen und verankern, desto mehr verändert sich das Gesamtsystem. Wir sind dann auch als Gesellschaft fähig, mit den Herausforderungen umzugehen – und das bei maximaler Lebensfreude.

Ob wir diese Veränderung gemeinsam bewirken können, hängt natürlich daran, dass das Buch gut geschrieben wurde. Aber noch mehr hängt es daran, dass das Buch möglichst viele Menschen erreicht. Es hängt an dir! Daran, dass du das Buch weiterempfiehlst oder verschenkst. Ich bitte dich deshalb: *Unterstütze dieses Buch durch deine Rezension bei Amazon oder in den Socials, durch deine Weiterempfehlung an deine Geschäftspartner und befreundete Unternehmer und auch an engagierte Mitarbeiter wie Sabrina. Oder durch jede andere Idee. Damit trägst auch du dazu bei, dass dieses Vorhaben gelingt.*

Und ganz wichtig: Durch deine Empfehlung kommen auch mehr Menschen, die genauso an ihr Leben und Unternehmersein herangehen wollen, zu dir.

Herzlichen Dank!
Stefan Merath, Bad Krozingen, November 2023

PS: Dieses Buch wurde zwar von mir geschrieben, aber es haben Hunderte Menschen mitgewirkt: unsere Unternehmercoaches und viele unserer Kunden. Ich lernte von Autoren und Rednern wie Tony Robbins oder Mihály Csíkszentmihályi, von meinen Coaches und vielen anderen. Aber wichtiger waren die praktischen Erfahrungen und der permanente Abgleich an der Realität: Was funktioniert wirklich? Und was steht nur seit Generationen in irgendwelchen Erfolgsbüchern?

Superwichtig für mich waren auch viele, die mir Einblicke in die Hotelbranche ermöglicht, das Manuskript gelesen und mir Feedback gegeben haben. Besonders danken möchte ich in alphabetischer Reihenfolge: Michael Beck, Carolina Böll, Niko Boesen, Achim Gralke, Oliver Heer, Louisa Hellmann, Dajana Hettich, Frank Langer, Mio Mioduszewski, Andreas Müller, Stefan Muhlack, Daniela Tigges, Saskia Vogel und Alexander Wurster.

Der größte Dank gilt jedoch meinem gesamten Team, das meiner Meinung nach zu den weltbesten Teams gehört und mich zuerst im unternehmerischen Experimentiermodus und dann acht Monate im Autorenmodus ertragen hat ;-). Und das voller Begeisterung diesen Weg gemeinsam mit mir geht!

Literaturverzeichnis

Zu den meisten der hier angeführten Bücher findest du ausführliche Besprechungen von mir persönlich unter: www.unternehmercoach.com.

Shawn Achor: Das Happiness-Prinzip. Wie Sie mit 7 Bausteinen der Positiven Psychologie erfolgreicher und leistungsfähiger werden

Tsültrim Allione: Den Dämonen Nahrung geben. Buddhistische Techniken zur Konfliktlösung

Jurgen Appelo: Management 3.0. Leading agile developers. Developing agile leaders

The Arbinger Institute: Leben ohne Selbstbetrug. Wie Sie aus der »Box« herauskommen

Dan Ariely: Denken hilft zwar, nützt aber nichts. Warum wir immer wieder unvernünftige Entscheidungen treffen

Dave Asprey: Super-Human. Der Bulletproof-Plan, um Ihr biologisches Alter zu senken und länger zu leben

Marc Aurel: Selbstbetrachtungen

Richard Bach: Die Möwe Jonathan

Roy Baumeister, John Tierney: Die Macht der Disziplin. Wie wir unseren Willen trainieren können

Don Edward Beck, Christopher C. Cowan: Spiral Dynamics. Leadership, Werte und Wandel

Warren Bennis: Geniale Teams. Das Geheimnis kreativer Zusammenarbeit

Steve Biddulph: Männer auf der Suche. Sieben Schritte zur Befreiung

Nathaniel Branden: Die 6 Säulen des Selbstwertgefühls. Erfolgreich und zufrieden durch ein starkes Selbst

Richard Branson: Business ist wie Rock'n'Roll. Die Autobiographie des Virgin-Gründers

Andreas Breitfeld: Biohacking für Sportler. Mit Heliotherapie, Mikrostrom und anderen Hacks die beste Performance erreichen und schneller regenerieren

Heike Bruch, Bernd Vogel: Organisationale Energie. Wie Sie das Potenzial Ihres Unternehmens ausschöpfen

Olaf-Axel Burow: Team-Flow. Gemeinsam wachsen im kreativen Feld

Ed Catmull: Die Kreativitäts-AG. Wie man die unsichtbaren Kräfte überwindet, die echter Inspiration im Wege stehen

Deepak Chopra: Die sieben geistigen Gesetze des Erfolgs. Eine präzise und prägnante Anleitung für jeden, der seine Träume im Leben verwirklichen will

Deepak Chopra: Mit dem Herzen führen. Management und Spiritualität

Yvon Chouinard: Lass die Mitarbeiter surfen gehen! Die Erfolgsgeschichte eines eigenwilligen Unternehmers

Arthur Ciaramicoli: Der Empathie-Faktor. Mitgefühl – Toleranz – Verständnis

James Clear: Die 1%-Methode. Minimale Veränderung, maximale Wirkung

Paulo Coelho: Der Alchimist

Jim Collins: Der Weg zu den Besten. Die 7 Management-Prinzipien für dauerhaften Unternehmenserfolg

Richard Conniff: Was für ein Affentheater. Wie tierische Verhaltensmuster unseren Büroalltag bestimmen

Jens Corssen: Der Selbstentwickler. Das Corssen Seminar

Daniel Coyle: Die Talentlüge. Warum wir (fast) alles erreichen können

Mihály Csíkszentmihályi: Flow. Das Geheimnis des Glücks

Mihály Csíkszentmihályi: Flow im Beruf. Das Geheimnis des Glücks am Arbeitsplatz

Mihály Csíkszentmihályi: Kreativität. Wie Sie das Unmögliche schaffen und Ihre Grenzen überwinden

Rüdiger Dahlke: Das Schatten-Prinzip. Die Aussöhnung mit unserer verborgenen Seite

Mark Divine: Der Weg des SEAL. Werde charakterstark, belastbar und instinktsicher wie ein Elitesoldat

Peter F. Drucker: Management im 21. Jahrhundert

Charles Duhigg: Die Macht der Gewohnheit. Warum wir tun, was wir tun

Carol Dweck: Selbstbild. Wie unser Denken Erfolge oder Niederlagen bewirkt

Amy C. Edmondson: Die angstfreie Organisation. Wie Sie psychologische Sicherheit am Arbeitsplatz für mehr Entwicklung, Lernen und Innovation schaffen

Paul Ekman: Gefühle lesen. Wie Sie Emotionen erkennen und richtig interpretieren

Anders Ericson: TOP. Die neue Wissenschaft vom bewussten Lernen

Jason Fried, David Heinemeier Hansson: Rework. Business intelligent & einfach

Dr. BJ Fogg: Die Tiny Habits Methode. Kleine Schritte, große Wirkung

W. Timothy Gallwey: Inner Game Coaching. Warum Erfahrungen der beste Lehrmeister sind

Mahatma Gandhi: Mein Leben

Jörg Gantert: Sieg über sich selbst. Erfolgstechniken eines Karateweltmeisters

Helmut Geiselhart: Das Managementmodell der Jesuiten. Ein Erfolgskonzept für das 21. Jahrhundert

Michael E. Gerber: Das Geheimnis erfolgreicher Firmen. Warum die meisten kleinen und mittleren Unternehmen nicht funktionieren und was Sie dagegen tun können

Gerd Gigerenzer: Bauchentscheidungen. Die Intelligenz des Unbewussten und die Macht der Intuition

Daniel Goleman: EQ. Emotionale Intelligenz

Daniel Goleman, Richard Boyatzis, Annie McKee: Emotionale Führung. Durch emotionale Intelligenz erfolgreich in Führungspositionen sein

Baltasar Gracián: Hand-Orakel und Kunst der Weltklugheit

Robert Greene: Die 24 Gesetze der Verführung

Robert Greene: Perfekt! Der überlegene Weg zum Erfolg

Robert Greene: Power. Die 48 Gesetze der Macht

Boris Grundl: Mach mich glücklich

Boris Grundl: Steh auf!

Boris Grundl, Bodo Schäfer: Leading Simple. Führen kann so einfach sein

Thich Nhat Hanh: The Art of Power. Die Kunst, mit Macht richtig umzugehen

Hans-Georg Häusel: Brain Script. Warum Kunden kaufen!

Hans-Georg Häusel: Emotional Boosting. Die hohe Kunst der Kaufverführung
Hans-Georg Häusel: Limbic Success. So beherrschen Sie die unbewussten Regeln des Erfolgs – die besten Strategien für Sieger
Hans-Georg Häusel: Neuromarketing. Erkenntnisse der Hirnforschung für Markenführung, Werbung und Verkauf
Jonathan Haidt: Die Glücks-Hypothese. Was uns wirklich glücklich macht: Die Quintessenz aus altem Wissen und moderner Glücksforschung
Chip Heath, Dan Heath: Switch. Veränderungen wagen und dadurch gewinnen
Philip Hodgson, Randall White: In der Ruhe liegt die Führungs-Kraft
Jef J. J. van den Hout, Orin C. Davis: Team-Flow. The psychology of optimal collaboration
Tony Hsieh: Delivering Happiness. Wie konsequente Kunden- und Mitarbeiterorientierung einzigartige Unternehmen schaffen
Gerald Hüther: Männer. Das schwache Geschlecht und sein Gehirn
Bill Hybels: Die Kunst des Führens. Meine Führungsprinzipien auf den Punkt gebracht
Bill Hybels: Mutig führen. Navigationshilfen für Leiter

Roland Jäger: Ausgekuschelt. Unbequeme Wahrheiten für den Chef
Bodo Janssen: Die stille Revolution. Führen mit Sinn und Menschlichkeit
Hans Rudolf Jost: Unternehmenskultur. Wie weiche Faktoren zu harten Fakten werden.
Markus Jotzo: Der Chef, den keiner mochte
Markus Jotzo: Loslassen für Führungskräfte. Meine Mitarbeiter schaffen das

Daniel Kahnemann: Schnelles Denken, langsames Denken
Gary Klein: Natürliche Entscheidungsprozesse. Über die Quellen der Macht, die unsere Entscheidungen lenken
Paul J. Kohtes: Dein Job ist es, frei zu sein. Zen und die Kunst des Managements
Steven Kotler, Jamie Wheal: Stealing Fire. Spitzenleistungen aus dem Labor: Das Geheimnis von Silicon Valley, Navy Seals und vielen mehr

Laotse: Tao te king
Bruce Lee: Tao des Jeet Kune Do
Bjørn Thorsten Leimbach: Männlichkeit leben. Die Stärkung des Maskulinen

Werner Lind: Budō. Der geistige Weg der Kampfkünste
Lothar Linz: Erfolgreiches Teamcoaching. Ein Team bilden – Ziele definieren – Konflikte lösen
James E. Loehr: Die neue mentale Stärke. Sportliche Bestleistung durch mentale, emotionale und physische Konditionierung
Dave Logan, John King, Halee Fischer-Wright: Tribal Leadership. Leveraging Natural Groups to Build a Thriving Organization.

Fredmund Malik: Führen, Leisten, Leben. Wirksames Management für eine neue Welt
Fredmund Malik: Wirksam führen. Fredmund Malik live im Gespräch mit Gertraud Gurschler (Hörbuch)
John C. Maxwell: Das Maxwell-Konzept. Entwickeln Sie Ihre Führungsqualität
Peter May: Der Unternehmer. Als Chef, Manager und Privatperson
Alan Loy McGinnis: Aus Freude am Erfolg. Wie Sie aus sich und anderen das Beste herausholen
Matthew McKay, Patrick Fanning, Carole Honeychurch, Catherine Sutker: Selbstwert. Die beste Investition Ihres Lebens
Matthew McKay, Patrick Fanning: Selbstachtung. Das Herz einer gesunden Persönlichkeit
Stefan Merath: Dein Wille geschehe. Führung für Unternehmer
Stefan Merath: Der Weg zum erfolgreichen Franchisegeber. Wie Sie die magische Hürde von 25 Franchisepartnern überwinden
Stefan Merath: Der Weg zum erfolgreichen Unternehmer. Wie Sie und Ihr Unternehmen neue Dynamik gewinnen
Stefan Merath: Die Kunst, seine Kunden zu lieben. Neurostrategie für Unternehmer
Dan Millman: Der Pfad des friedvollen Kriegers. Das Buch, das Leben verändert
Dennis Mourlane: Emotional Leading. Die Kunst, sich und andere richtig zu führen
Miyamoto Musashi: Das Buch der fünf Ringe. Klassische Strategien aus dem alten Japan

Friedrich Nietzsche: Jenseits von Gut und Böse. Zur Genealogie der Moral

Michael Paschen, Erich Dihsmaier: Psychologie der Menschenführung. Wie Sie Führungsstärke und Autorität entwickeln

Ayn Rand: Der Streik
Rüdiger Reinhardt (Hrsg.): Neuroleadership. Empirische Überprüfung und Nutzenpotenziale für die Praxis
Eric Ries: Lean Startup. Schnell, risikolos und erfolgreich Unternehmen gründen
Geshe Michael Roach: Der Diamantschneider. Die Weisheit des Diamanten. Buddhistische Prinzipien für beruflichen Erfolg und privates Glück
Anthony Robbins: Grenzenlose Energie – Das Power Prinzip. Wie Sie Ihre persönlichen Schwächen in positive Energie verwandeln
Anthony Robbins: The Edge – Der Vorsprung: Die Kraft, dein Leben jetzt zu ändern
Anthony Robbins, Peter Diamandis, Robert Hariri: Life Force. Steigern Sie Ihre Energie, Kraft, Vitalität, Lebensdauer und Leistungsfähigkeit mit den neuesten Durchbrüchen der Gesundheitsforschung
Jochen Röpke: Der lernende Unternehmer. Zur Evolution und Konstruktion unternehmerischer Kompetenz

Marcus Sassenrath: Management by Brain. Nutzen Sie die Erkenntnisse der Gehirnforschung für erfolgreiche Führung
C. Otto Scharmer: Theorie U. Von der Zukunft her führen
Edgar H. Schein: Organisationskultur. »The Ed Schein Corporate Culture Survival Guide«
Werner Schwanfelder: Konfuzius im Management. Werte und Weisheit im 21. Jahrhundert
Tony Schwartz, Jim Loehr: Die Disziplin des Erfolgs. Von Spitzensportlern lernen – Energie richtig managen
Martin Seligman: Pessimisten küsst man nicht. Optimismus kann man lernen
Ricardo Semler: The Seven-Day-Weekend. A Better Way to Work in the 21st Century
Peter M. Senge: Die fünfte Disziplin. Kunst und Praxis der lernenden Organisation
Han Shan: Achtsamkeit. Die höchste Form des Selbstmanagements
Werner Siefer: Das Genie in mir. Warum Talent erlernbar ist
Werner Siefer, Christian Weber: Ich. Wie wir uns selbst erfinden
Manfred Spitzer: Lernen. Gehirnforschung und die Schule des Lebens
Manfred Spitzer: Vom Sinn des Lebens. Wege statt Werke
Hartmut Stahl: Die Motivation des Unternehmers. Unternehmen erfolgreich und effektiv führen

Bruce Tulgan: Einer muss der Chef sein. So werden Sie die Führungskraft, die Ihr Team braucht
Art Turock: Competent is not an option. Build an Elite Leadership Team. Following the Talent Development Game Plan of Sports Champions

Frans de Waal: Der Affe in uns. Warum wir sind, wie wir sind

John Yokoyama, Joseph Michelli: Wenn Fische fliegen lernen. Ein ungewöhnliches Führungsbuch
Jeffrey Young, William L. Simon: Steve Jobs und die Erfolgsgeschichte von Apple

Weitere Seminare

NEUROSTRATEGIE

DAS STRATEGIE-SEMINAR FÜR UNTERNEHMER

Willst du für dein Unternehmen eine **glasklare Strategie** erarbeiten? Eine Strategie, mit der du auch in Krisenzeiten deine eigene Konjunktur machst? In drei intensiv fordernden Tagen entwickelst du eine für dich passende Strategie. Es ist nicht wichtig, ob deine Idee klein oder groß ist. Wichtig ist die **tatsächliche Veränderung deiner Zukunft**!

„Dieses Umfeld ist einmalig und Stefan Merath schafft es immer noch etwas obendrauf zu setzen und noch besser zu werden. Vielen Dank für alles, was ich bisher mit und durch dieses Umfeld erleben durfte."

Verena Berndt, IBB - Ingenieurbüro Verena Berndt

FÜHRUNG FÜR UNTERNEHMER: TEIL 1

Du willst deine **Führungspersönlichkeit weiterentwickeln** und nachhaltig daran arbeiten? In diesem 3-tägigen Seminar lernst du von Anfang an effektive Methoden zur **drastischen Steigerung deiner Führungsfähigkeiten** im Alltag. Du gewinnst **Klarheit** darüber, wie du bestehende Führungskonzepte in dein Unternehmen integrieren kannst. Dabei profitierst du von **ehrlichem und direktem Feedback** von Unternehmercoaches und anderen Teilnehmern, um deine unternehmerische Persönlichkeit zu formen.

„Zu jedem Impuls kommt ein Doing. Hier wird man nicht nur ins kalte Wasser geworfen, sondern fängt direkt an Bahnen zu schwimmen."

Michael Fuchs, Fuchs Raumingenieure GmbH

Informiere dich jetzt unter:
www.uc-link.com/seminare-2